畜禽粪便重金属
污染与防控

CHUQIN FENBIAN ZHONGJINSHU

WURAN YU FANGKONG

郑顺安　倪润祥　黄宏坤 / 主编

U0345642

中国环境出版集团·北京

图书在版编目（CIP）数据

畜禽粪便重金属污染与防控/郑顺安，倪润祥，黄宏坤
主编. —北京：中国环境出版集团，2019.5
ISBN 978-7-5111-3956-6

Ⅰ. ①畜… Ⅱ. ①郑… ②倪… ③黄… Ⅲ. ①畜禽—
粪便处理—重金属污染物—废物综合利用 Ⅳ. ①X713

中国版本图书馆 CIP 数据核字（2019）第 071996 号

出 版 人	武德凯
责任编辑	丁莞歆
责任校对	任 丽
封面设计	岳 帅

出版发行 中国环境出版集团
（100062 北京市东城区广渠门内大街 16 号）
网 址：http://www.cesp.com.cn
电子邮箱：bjgl@cesp.com.cn
联系电话：010-67112765（编辑管理部）
010-67175507（第六分社）
发行热线：010-67125803，010-67113405（传真）

印 刷	北京中科印刷有限公司
经 销	各地新华书店
版 次	2019 年 5 月第 1 版
印 次	2019 年 5 月第 1 次印刷
开 本	787×1092 1/16
印 张	18.5
字 数	450 千字
定 价	68.00 元

编委会

主　　编：郑顺安　倪润祥　黄宏坤

副 主 编：苏德纯　沈玉君　袁宇志　韩允垒

编 著 者：（按姓氏笔画排序）

王瑞波　文北若　邢可霞　朱平国　孙　昊

苏德纯　李冰峰　李欣欣　李晓华　李朝婷

李惠斌　吴泽嬴　沈玉君　周　玮　郑顺安

段青红　袁宇志　贾　涛　倪润祥　黄宏坤

梁　苗　董保成　韩允垒　焦明会　鲁天宇

审　　定：郑顺安　倪润祥

前　言

我国每年产生的畜禽粪便量约 38 亿 t，70%以上来自规模化养殖场。畜禽粪便等有机废弃物农用是最直接、最有效的措施，其中肥料化利用是有机废弃物资源化的一项重要手段。利用好畜禽粪便及以畜禽粪便为主要原料生产的商品有机肥，能够提高土壤肥力、实现养分的再循环，对于减少化学肥料的施用、保护生态环境、推动农业可持续发展具有十分重要的意义。与此同时，随着铜（Cu）、锌（Zn）、砷（As）等重金属元素作为饲料添加剂在规模化畜禽养殖中的广泛使用，加之畜禽对微量重金属元素吸收利用率低，这些重金属元素大部分积累在畜禽粪便中。据统计，我国每年使用的微量元素添加剂为 15 万～18 万 t，大约有 10 万 t 未被动物利用而随着畜禽粪便进入环境。畜禽粪便有机肥及以畜禽粪便为主要原料生产的商品有机肥既是作物高产优质的基础，又是环境污染因子，不合理利用就会污染农产品和环境。商品有机肥和有机废弃物在施用时应注意选择合适的种类及重金属含量状况，安全合理地施用，避免因过多带入重金属元素而造成环境和农产品污染。因此，有必要开展商品有机肥和有机废弃物高效安全施用及长期监测方面的应用研究，包括重金属积累特点、安全用量与土壤环境承载量，以及替代化肥的模式和比例，从而为商品有机肥和有机废弃物的科学施用及农产品达标生产提供依据。

2017 年以来，《国务院办公厅关于加快推进畜禽养殖废弃物资源化利用的意见》（国办发〔2017〕48 号）、《畜禽粪污资源化利用行动方案（2017—2020 年）》（农牧发〔2017〕11 号）、《开展果菜茶有机肥替代化肥行动方案》（农农发〔2017〕2 号）等文件密集出台，对"十三五"期间畜禽粪污的资源化利用工作做出全面战略部署。弄清畜禽粪便有机肥中的重金属含量状况，是确定畜禽粪便有机肥合理用量及其与化肥配合施用比例的基础。为深入贯彻落实相关文件要求，科学指导畜禽粪便安全利用，我们编写了《畜禽粪便重金属污染与防控》一书。本书基于近年的调查和研究结果，搜集国内外相关文献资料，对我国畜禽粪便重金属污染现状及其污染防控措施进行了较全面系统的分析，就相关问题进行了讨论，旨在为我国畜禽粪便重金属污染控制与安全利用提供参考。同时，书中还搜集整理汇集了相关法律法规和标准文件，希望能为从事畜禽粪便资源化利用的行业管理和技术人员提供帮助，为高等院校、科研院所从事相关行业研究的人员提供参考，并能在完善畜禽粪便污染防控、推动实践应用方面发挥一些作用。

本书在广泛征求相关专家、畜禽粪便资源化利用一线工作人员意见的基础上，经过多次讨论和修订后定稿。由于专业技术水平和时间有限，书中难免存在疏漏与不当之处，有待于今后进一步研究完善，也敬请读者和同行批评指正，并提出宝贵建议，以便我们及时修订。

编著者

2018 年 11 月

目　录

第1章 我国畜禽养殖发展历史与现状

1.1 我国畜禽养殖历史

1.1.1 古代畜禽养殖

我国是世界上畜禽养殖业发展最早的国家之一。考古资料显示，早在新石器时期我国就已经开始饲养家畜和家禽。陕西西安半坡新石器时代遗址中发现了大量偶蹄类（猪、牛、羊、斑鹿等）、食肉类（狗、狐、獾、貉、狸）、奇蹄类（马）、啮齿类（竹鼠、田鼠）、兔形类（兔及短尾兔）动物骨骼和少数鱼类及鸟类骨骼，这些动物骨骼的发现表明，半坡新石器时代的人类除了从事农业生产劳动，还进行狩猎、捕鱼和驯养动物。其中，猪的骨骼在半坡灰沟、探坑、圆房屋、方房屋等处的隔层中多有存在，研究者确认半坡新石器时期的狗和猪是驯养动物[1]。郭怡等（2011）[2]对陕西临潼姜寨遗址出土的不同时期（一期、二期）人骨进行了碳（C）、氮（N）稳定同位素分析，发现两期先民人骨中 $\delta^{13}C$ 和 $\delta^{15}N$ 值无显著性差异，表明先民一直从事粟作农业及家畜饲养活动。浙江余姚河姆渡遗址第三、第四层发现了 48 种之多的动物骨骼，经鉴定，家猪骨骼占其中很大一部分，这表明我国早期养猪的地区除了黄河流域和长江流域中部之外，还包括长江下游[3]。此外，西安半坡、临潼姜寨遗址中还发现了饲养家畜的栏圈和家畜粪便的堆积。以上说明，距今约 7 000 年以前，我国就有了原始的畜牧业。

陕西西安半坡新石器时代遗址中猪骨骼标本绝大多数是幼仔或者是年轻者，成年猪很少。研究者推断，新石器时代是人类驯养猪的初期，由于缺乏饲料等原因，养的猪不到一年即被屠宰吃掉，只有留作种猪的才能养到成年，根据遗址观察，新石器时代养猪规模较小[1]。新石器时代晚期，畜牧业已经形成了较大的规模。山东泰安大汶口遗址（距今 4 000～5 000 年，新石器时代晚期父系氏族遗址）的墓地中，130 多座墓葬中有三分之一随葬有猪头或猪下颌骨，且饲养的猪很多是成年的大猪和母猪。商周时期，我国大规模使用奴隶劳动，畜牧业发展迅速，牲畜养殖数量大幅度增加。据史料记载，殷商时代牛、羊、豕、犬、马、鸡等是重要的祭祀用品，其中又以牛、羊、犬最为多见，数量也大。商代祭祀，每次用祭品从一至千不等。另外，出土于殷墟的近 16 万片甲骨（不计无字卜骨）绝大多数取材于牛的肩胛骨，其数量令人惊叹不已。刘兴林（2013）[4]研究发现，殷商时期殷人祭祀对牲畜的形体、年岁、性别以及毛色等具有非常细致的要求，对祭祀用牲的挑剔必然需要发达的畜牧业作为支撑。这些都说明殷商时期我国的畜牧养殖业已经十分发达。

古人从狩猎生活逐步过渡到原始畜牧生产时，开始是把捕来的雁驯化，后来逐渐形成家禽养殖业。据史料记载，"雁食粟，则翼重不能飞。"（《博物志》）公元前 59 年，王褒著

《僮约》中曾记有"牵犬贩鹅"之句，这就是说西汉时期养鹅已经从家庭副业发展成为商品生产了。

1.1.2   古代畜禽养殖技术

中国古代的畜牧业曾在很长的历史时期内走在世界前列，被世界各国学习和借鉴。例如，我国古代的优良猪种曾被许多国家引进。早在新石器时代，我国华北和华南的居民各自驯化了当地的野猪，并培育出了优良猪种，即华南猪和华北猪。这两个类型的猪，无论在体型、毛色、繁殖力等方面都迥然不同，华北地区的家猪和华北野猪（Sus scrofa moupinesis，分布在华北、四川、安徽等地）相近，而华南地区的家猪与华南野猪（Sus scrofa Chrodontus，分布于华南）相似。华南猪种是最受国外欢迎的品种，成为世界范围内有名的猪种之一。古罗马时期，古罗马人从我国引入华南猪种，与本地猪进行杂交，培养出优良的罗马猪。18 世纪初，英国引入了我国的华南猪种，与约克夏地方猪种杂交繁殖培育出新的猪种，被称为"大中国种猪"。著名英国生物学家达尔文曾经说过："中国猪在改进欧洲猪品种中，具有高度的价值。"目前，世界上有许多著名的猪种，考察它们的家谱几乎都能够发现有中国猪的血统。

古代畜牧业的发展过程中，为了改善品种、提高畜牧产品的质量，古人不断总结经验，逐渐形成了一套较完整的畜牧科学。殷商时期发明了阉割术，也称为"去势"。阉割后的牲畜失去了生殖功能，性情温顺，体态增大，肉质提高，便于管理和使役。《礼记》上提到"豚曰腯肥"，即是说阉割后的猪长得膘满臀肥。《周礼·夏官司马》记载有"颁马攻特"，"攻特"就是阉割马。据考证，商代甲骨文中就有关于阉割猪的最早记载。秦汉时期，我国就掌握了用杂交方法选育优良牲畜的方法，因而我国的猪种具有早熟、易肥、食性杂、肉质好、繁殖力强等特点。

饲料添加剂技术看似是现代发展起来的畜禽养殖技术之一，其实在我国史料中早有记载，并形成了较为系统的育肥、提质体系。"栈"是我国古代农民发明的一套饲养畜禽的技术，即采用精细饲料加圈养的方法来催肥肉用畜禽，使得畜禽肉质肥腴鲜美，同时提高畜禽的出肉率。一般来说，"栈"具有五个方面的内容：一是用栅栏或者其他方式限制畜禽的活动范围，减少畜禽能量损耗，促进畜禽体内脂肪囤积，从而使食用时的口感鲜嫩、细软；二是"栈"养的畜禽需挑选体健易催肥的成年个体；三是"栈"育前，通过在饲料中添加药物，为畜禽补气疗疾、消灭传染病、去除体内寄生虫，以增强畜禽抵抗疾病的能力，此外还要经常对栅栏进行清洁和消毒处理，防止瘟疫等时病的出现；四是对不同的畜禽采用不同的育肥提质技术，如为减少畜禽性活动对能量的无效消耗，需采用不同的技术，"栈羊"选择阉割后的公羊（羯羊），"栈猪"的对象也是阉割过的公猪，对鹅、鸡等禽类则是去除尾部的髦毛，以降低禽类尾部性囊中性激素的分泌量；五是畜禽"栈"养的饲料需选用高蛋白、高脂肪的精料，同时考虑不同畜禽对不同种类饲料的嗜好及其肠胃消化的特点，如"栈羊"以高蛋白的大豆为宜，而"栈禽"则以油脂与米粉等混用为好。我国古代这种圈养加精细饲料育肥肉用畜禽的方法，早在北魏贾思勰的《齐民要术》中就有记载，但当时尚未构成体系。到了宋朝，随着朝廷祭祀用畜禽数量的增加和社会上对肥嫩细美的肉用畜禽的需求量提升，畜禽催肥提质的技术也日臻成熟。例如，宋人陶谷在《清异录》关于"玉尖面"是这样描述的："赵宗儒在翰林时，闻中使言：'今日早馈玉尖面，用消熊栈鹿为内馅，上甚嗜之。'问其形制，盖人间出尖馒头也。又问'消'之说，曰：'熊之极肥者曰消，鹿以倍料精养者曰栈。'"到了清朝，关于"栈"法短时间内催肥待食用畜禽的记载则更多，平步青《霞外裙屑》中记载，"越人晚岁蓄鹅，以精谷喂之，极肥循，以祀神，呼为栈鹅。"

随着古代畜牧业的发展，畜禽兽医的相关记载也在不断增加，逐渐形成了系统的兽医学。例如，《周礼》中记载了治疗牲畜内外科疾病的方法和诊疗程序；北魏贾思勰的著作《齐民要术》中辟有畜牧兽医专卷，详细地记载了家畜疾病治疗技术和方法 40 多种；唐代李石编著的《司牧安骥集》则是现存比较完整的一部中国兽医古典著作，也是我国最早的一部兽医教科书。

1.2　我国畜禽养殖业现状

1.2.1　畜禽养殖业发展现状

1. 整体情况

畜牧业是我国现代农业的重要组成部分，在国民经济中占有重要地位。改革开放以来，为促进农村经济发展，我国针对畜牧业的发展相继颁布了一系列的政策措施，使我国畜牧业逐渐转向专业化、规模化的发展模式，并取得了显著的成绩。近年来，我国畜牧业在经历了快速发展阶段之后增长速度开展变缓，对农林牧渔业总产值的贡献逐渐降低。《中国农业年鉴 2016》[5]数据显示，2015 年畜牧业产值为 29 780.4 亿元，较 2010 年提高 43.0%（图 1-1）；2015 年畜牧业产值占农林牧渔业总产值的 27.8%，较 2010 年降低了 2.2 个百分点（图 1-1、图 1-2）。2015 年，全国肉类总产量 8 625 万 t，比 2010 年增长 8.8%，连续 26 年位居世界第一；禽蛋产量 2 999.2 万 t，比 2010 年增长 8.6%，连续 31 年位居世界第一；牛奶产量 3 754.7 万 t，比 2010 年增长 5.0%，居世界第三位（图 1-3）。2015 年全国人均肉、蛋、奶占有量分别为 62.7 kg、21.8 kg、27.3 kg，比 2010 年分别增加 3.6 kg、0.8 kg、0.7 kg（图 1-4）。畜牧业综合生产能力不断增强，充分保障了城乡居民"菜篮子"产品供给，为改善和提高城乡居民营养水平发挥了重要作用。

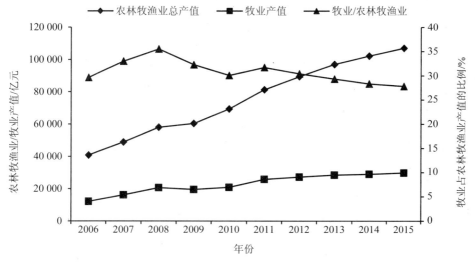

图 1-1　2006—2015 年畜牧业产值及其对农林牧渔业总产值的贡献

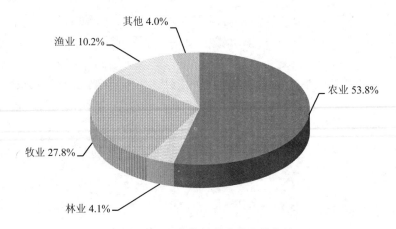

图 1-2　2015 年农林牧渔业产值占比

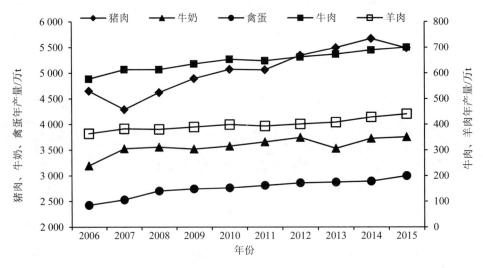

图 1-3　2006—2015 年畜禽产品产量

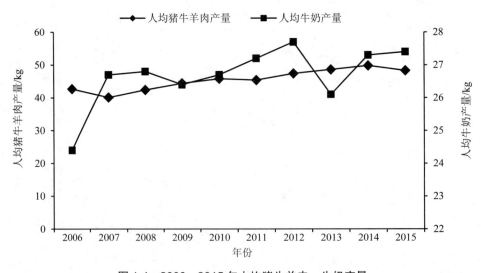

图 1-4　2006—2015 年人均猪牛羊肉、牛奶产量

2．规模化养殖

规模化养殖是畜禽养殖业发展的必经之路。我国的规模化养殖相对于国外畜牧业发达国家而言起步较晚、发展还不完善，目前正处于传统养殖向规模化养殖的过渡阶段。近年来，随着养殖结构的调整和养殖方式的转变，规模化养殖已成为我国畜牧业的主要生产主体。一是畜禽规模养殖场数量显著增加。2015 年，生猪年出栏 5 000 头以上、奶牛年存栏 200 头以上、肉牛年出栏 500 头以上、蛋鸡年存栏 5 万羽以上、肉鸡年出栏 10 万羽以上、肉羊年出栏 500 只以上的规模化养殖场数量分别为 11 930 个、7 424 个、4 253 个、3 342 个、8 415 个、45 958 个，较 2010 年分别增加了 24.3%、13.6%、5.1%、56.2%、50.4%、118.7%（图 1-5）。二是规模化养殖程度明显提升。2014 年，生猪、奶牛、肉牛、蛋鸡、肉鸡规模养殖比重分别达到 42%、45%、28%、69%、73%，比 2002 年各增加了 32%、33%、10%、41%、36%。三是规模养殖场数增速逐步放缓。2010 年，生猪年出栏 5 000 头以上、奶牛年存栏 200 头以上、肉牛年出栏 500 头以上、蛋鸡年存栏 5 万羽以上、肉鸡年出栏 10 万羽以上、肉羊年出栏 500 只以上的规模化养殖场数量增长速率分别为 15.6%、12.3%、18.0%、18.6%、36.4%、18.4%；2015 年以上规模化养殖场数量增长速率分别下降到−1.0%、−5.0%、−6.3%、5.4%、0.3%、3.2%（图 1-6）。

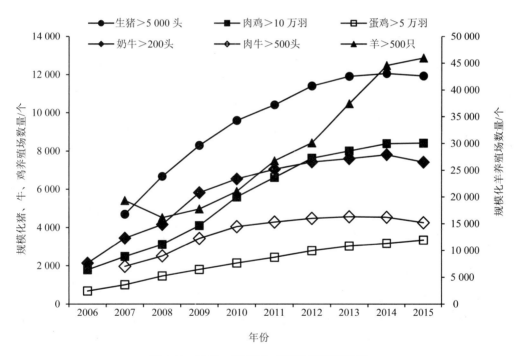

图 1-5　2006—2015 年规模化养殖场数量

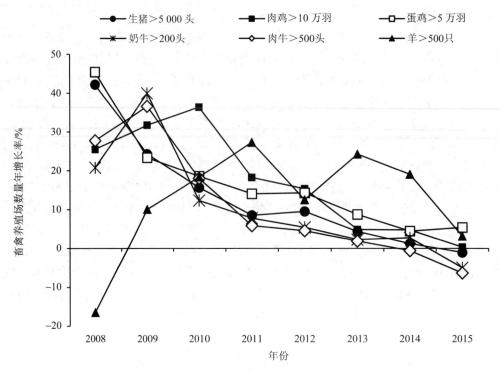

图 1-6　2006—2015 年规模化养殖场年增长比率

3. 生猪

生猪生产是农业的重要组成部分，猪肉是城乡居民的重要食品。我国既是养猪大国，也是猪肉消费大国，生猪饲养量和猪肉消费量均占世界总量的 50%。发展生猪生产，对保障市场供应、增加农民收入、促进经济社会稳定发展具有重要意义。改革开放以来，我国生猪生产稳定发展，标准化规模养殖持续推进，生产方法加快转变，综合生产能力显著增强，有效保障了城乡居民的猪肉消费需求。

（1）猪肉产量稳定增长。"十二五"期间，我国生猪生产总体保持稳定增长，生猪存栏量、出栏量和猪肉产量稳居世界第一位。猪肉占肉类总产量的比重约为 64%，始终是肉类供给的主体。

（2）生产效率明显提升。一是标准化规模养殖水平不断提高。在规模养殖场建设等政策的带动下，基础设施条件明显改善，自动饲喂、环境控制等现代化设施设备广泛应用，生猪标准化规模养殖发展步伐加快。2014 年，年出栏 500 头以上的规模养殖比重为 41.8%，比"十一五"末提高了 7.3 个百分点，已成为猪肉市场平稳供给的重要支撑。二是种业发展基础进一步巩固。生猪遗传改良计划继续推进，引进品种本土化进程加快，分子育种技术应用取得明显进展，育种能力不断提升，目前 96 个国家生猪核心育种场育种群存栏数达 15 万头；成立了国家种猪遗传评估中心，建立了武汉、广州等种猪质量监督检验测试中心；确立了国家级猪遗传资源保种场（区）54 个，育成了 10 个新品种和配套系统。人工授精覆盖范围不断扩大，主产区人工授精率达 85% 以上。伴随着现代化设施装备和先进实用技术的普及推广，生猪养殖效率持续提高，为构建生产高效、资源节约的现代生猪生产体系奠定了基础。

（3）产业格局优化调整。一是生产区域化、产业化进程加快。猪粮结构是我国农业生产的重要特征，传统的粮食主产区大多是生猪优势区。生猪生产主要集中在长江流域、中原、东北和广东、广西等地区。2015 年，排名前 10 位的省份生猪出栏量占全国总量的 64%；500 个生猪调出大县出栏量占全国总量的 70% 以上。产业化进程加快，大量社会资本投向生猪产业，涌现出一大批产业化企业集团，以生猪养殖为主导产业的上市公司已达 12 家。前十大养猪企业生猪出栏量占全国的 3%。二是生猪定点屠宰逐步规范。生猪屠宰布局和结构优化调整步伐加快，技术水平升级加速。全国规模以上屠宰企业 2 937 家，比"十一五"末增长 17.9%。生猪定点屠宰资格审核清理工作持续推进，屠宰企业标准化生产、品牌化经营势头良好。部分品牌屠宰加工企业跨省配置生产资源，实现了连锁经营、冷链配送、直供直销，优质猪肉产品跨区域流通格局初步形成。目前，规模化以上屠宰企业屠宰量占全国的 68%，前 50 名屠宰企业屠宰量占全国的 18%。

（4）信息化建设取得积极进展。生猪规模养殖场户的养殖档案管理不断规范，并逐步实现了从纸质档案向数字档案的转变，为构建猪肉产品质量安全体系奠定了基础。全国种猪遗传评估信息平台的不断完善，初步实现了种猪良种等级、生产性能等数据信息的电子化管理和网络化评估。猪饲料原料营养成分基础数据不断充实，精准配方水平持续提高。物联网、互联网等信息技术逐步推广应用，养殖、销售、服务等线上线下结合，提升了生产效率和管理效能。重庆、湖北、湖南和浙江等省市构建了生猪及产品电子交易平台。

（5）质量安全和疫病防控成效显著。持续开展饲料专项整治，实施抗生素残留和瘦肉精监测，推行屠宰检疫和肉品品质检验制度，规模养殖场和屠宰企业生产管理更加规范，猪肉质量安全水平持续提高。2015 年，畜产品质量监测合格率为 99.4%，其中"瘦肉精"监测合格率为 99.9%。生猪疫病防控措施不断加强，口蹄疫、高致病性猪蓝耳病、猪瘟等生猪疾病得到有效控制，疫病流行强度逐年下降，发病频次大幅度降低，发病范围显著缩小。

4. 草食畜牧业

草食畜牧产品是我国城乡居民重要的"菜篮子"产品，牛羊肉更是部分少数民族的生活必需品。近年来，在市场拉动和政策引导下，草食畜牧业综合生产能力持续提升，生产方式加快转变，产业发展势头整体向好。

（1）产品产量持续增长。2015 年，全国奶类、牛肉、羊肉、兔肉、鹅肉、羊毛和羊绒产量分别为 3 870 万 t、700 万 t、441 万 t、84 万 t、140 万 t、48 万 t 和 1.92 万 t，分别比 2010 年增加了 3.3%、7.2%、10.5%、22.2%、10.0%、12.6% 和 3.9%，草食畜牧产品市场供应能力逐步增强。

（2）标准化规模养殖稳步推进。2015 年，奶牛存栏 100 头以上、肉牛出栏 50 头以上、肉羊出栏 100 只以上的规模养殖比重达 45.2%、27.5%、36.5%，分别比 2010 年提高了 17.2%、4.3%、13.6%。国家级草食畜禽标准化示范场数量达到 1 063 家，占畜禽标准化示范场创建总数的 27.1%。

（3）生产技术水平明显提高。2015 年，全国泌乳牛平均单产达 6 t，肉牛和肉羊平均胴体重分别达到 140 kg 和 15 kg，比 2010 年分别提高了 15.4%、0.6% 和 1.7%。"十二五"期间，夏南牛、云岭牛、高山美利奴羊、察哈尔羊、康大肉兔等系列新品种相继培育成功，全混合日粮饲喂、机械化自动化养殖、苜蓿高产节水节肥生产和优质牧草青贮等技术加快普及，口蹄疫等重大疾病和布鲁菌病、结核病等人畜共患病得到有效控制。

（4）产业水平显著提升。我国草食畜牧业基本形成了集育种、繁育、屠宰、加工、销售为一体的产业化发展模式，产业链条逐步延伸完善。截至 2015 年，以草食畜牧业为主营业务的农业产业化国家重点龙头企业 105 家，占畜牧业龙头企业比重的 18%。"龙头企业+基地""龙头企业+合作社""龙头企业+家庭农（牧）场"等产业化经营模式稳步发展，草畜联营合作社等新型生产经营主体不断涌现。

（5）饲草料产业体系初步建立。全国牧草种植面积稳定增加，粮改饲①试点步伐加快，优质高产苜蓿示范基地建设成效显著，饲草料收储加工专业化服务组织发展迅速，粮经饲三元种植结构②逐步建立。2015 年，种草保留面积为 3.3 亿亩③，比 2010 年增加 3.4%，干草年产 1.7 亿 t；优质苜蓿种植面积 300 万亩，比 2010 年增加 5 倍，产量达 180 万 t；草产品加工企业达 532 家，比 2010 年新增 324 家，商品草产量 770 万 t；秸秆饲料化利用量达 2.2 亿 t，占秸秆资源总量的 24.7%。

1.2.2　畜禽养殖业发展阶段

改革开放以来，我国畜牧业开始进入快速发展阶段，大致经历了调整改革、快速发展、结构调整和发展方式转变四个阶段。

1. 调整改革阶段（1978—1984 年）

1979 年，党的十一届四中全会通过了《中共中央关于加快农业发展若干问题的决定》，鼓励家庭养畜和大家畜的养殖；1980 年，国务院批准了农业部《关于加速发展畜牧业的报告》，农民开始有了生产经营的自主权，农民养殖畜禽的积极性大大提高，这一时期生产体制的改革也加快了畜牧业的发展。

2. 快速发展阶段（1985—1995 年）

1985 年 1 月，国务院发布《关于进一步活跃农村经济的十项政策》，取消了多数畜产品的计划派养和统一定价。流通体制的改革也打破了畜产品的国家独营局面，城乡集贸市场兴起。同时，财政部和农业部开始有计划、有重点地推动畜产品商品基地的建设和发展。1988 年，"菜篮子工程"的实施，促进了畜牧生产的商品化、专业化和社会化，保障了市场供应。1992 年，农村改革全面向市场经济转轨，畜牧业开始全面快速发展。到 20 世纪 90 年代中期，初步实现了畜产品供求基本平衡的历史性跨越，奠定了畜牧业的农业支柱产业地位。

3. 结构调整阶段（1996—2006 年）

20 世纪 90 年代后期，我国畜牧业开始出现结构性过剩、饲料资源短缺、产品质量安全、环境压力加大等问题。1998 年《中共中央关于农业和农村工作若干重大问题的决定》和 1999 年《关于加快畜牧业发展的意见》的出台、农业行业标准专项制修订计划的启动、

---

① 粮改饲主要是采取以养带种方式推动种植结构调整，促进青贮玉米、苜蓿、燕麦、甜高粱和豆类等饲料作物种植，收获加工后以青贮饲草料产品形式由牛羊等草食家畜就地转化，引导试点区域牛羊养殖从玉米籽粒饲喂向全株青贮饲喂适度转变。

② 粮经饲三元种植结构指将粮食、经济作物的二元种植结构调整为粮食、经济、饲料作物的三元种植结构。

③ 1 亩=1/15 hm^2。

一系列促进畜牧业发展的政策措施的颁布，标志着我国畜牧业的结构调整拉开序幕，畜牧业开始逐步由数量增长型向质量效益型转变。畜禽养殖数量显著增加，养殖方式逐步由小规模的家庭散养向规模较大的规模化养殖转变，并初步形成了以长江中下游和华北为中心的生猪产区、中原和东北肉牛产区、东部省份肉禽产区、以山东、河北、河南等中原省份为重点的蛋禽产区以及东北和华北奶牛产区的优势区域布局，同时养殖场饲养专业化、集约化水平也不断提高。该阶段，我国畜牧业处于从传统畜牧业向现代畜牧业转型的关键时期，其基本特征如下（王济民等，2006）[6]：

（1）规模化饲养比例稳步提高，传统农户散养开始分化发展和接受不同程度的现代化改造。规模化饲养从 20 世纪 90 年代中期开始稳步发展，到 2003 年，中国 50 头以上的生猪规模养殖户出栏生猪量占生猪出栏总量的 28.7%；2 000 只以上的肉鸡规模饲养户出栏肉鸡量占全国出栏肉鸡总量的 67.1%；500 只以上的蛋鸡规模养殖户鸡蛋产量占全国鸡蛋总量的 56.9%；奶牛（存栏 20 头以上）、肉牛（出栏 10 头以上）、肉羊（出栏 30 只以上）的规模饲养程度分别达到 27.4%、28.1%、43.7%。规模饲养又呈现专业户饲养比重下降和工厂化饲养比重上升的迹象，3 000 头以上规模的生猪饲养比例已经从 1996 年的 5.2%提高到 2003 年的 10.3%。随着农村经济发展和劳动力向非农产业的转移，直接从事畜禽散养的农户数量有所减少，农户开始从多种畜种少量混养向单畜种专业化饲养发展，介于传统散养和规模饲养之间的养殖户发展迅速，2003 年，饲养 10～49 头猪、50～499 只蛋鸡和 100～2 000 只肉鸡的农户分别达到 481.5 万户、209.5 万户和 148.8 万户。养殖小区成为整合散养农户进入规模化饲养行业的新模式，浓缩饲料和订单生产作为科技载体，推动传统农户散养开始接受不同程度的现代化改造，全国新建各类畜牧生产小区达 4 万多个，大大加速了畜牧业产业化、规模化的步伐。中国畜禽养殖从农户散养为主进入散养与规模化饲养并重的时代，规模化饲养将逐步占据主导和主体地位。

（2）畜牧业生产由数量增长型向质量效益型转变，内涵式增长成为中国畜牧业发展的主要增长模式。由于畜产品长期供应短缺，中国畜牧业在改革开放的最初 10 多年中持续保持高速增长，年均增长率肉类为 8.7%、蛋类为 13.6%、奶类为 11.1%。20 世纪 90 年代后期，除奶类外其他畜产品生产均进入常规增长状态，猪禽产品增长速度保持在 3%～5%，牛羊肉增长速度保持在 5%～7%。对于中国畜牧业的快速发展，配方饲料和畜禽良种推广起到了非常关键的作用，特别是畜产品数量的提高在很大程度上来自畜牧技术的创新与推广。科技进步对畜牧业总产出的贡献率从"六五"时期的 34%增加到"九五"时期的 49%左右。当时，畜牧业的可持续发展正面临着饲料供给安全、畜产品质量安全、生态安全和公共卫生安全等严峻挑战，解决这些问题只能依靠科技进步。依靠科技进步的内涵式发展将成为中国畜牧业发展的主要增长模式。

（3）城市居民对畜产品消费进入追求质量安全的阶段，而农村居民仍然停留在数量扩张模式。1978 年，全国人均肉蛋奶消费量分别为 7.67 kg、1.97 kg 和 1 kg，人均动物蛋白摄取量只有世界平均水平的 34%。经过 1978—1985 年的快速增长和 1986—2006 年的持续稳定增长，人均动物蛋白摄取量超过世界平均水平。从 1995 年开始，城镇居民的鲜肉和鲜蛋消费量分别稳定在 25 kg 和 11 kg 左右，城市人口的中高收入阶层对畜产品的消费进入追求质量安全的阶段，调整畜产品消费结构，增加奶类、牛羊肉、特色畜产品和优质高档畜产品消费成为主导趋势。2003 年，中国农村居民的肉蛋消费量分别为 18.24 kg 和 4.81 kg，近期仍将以数量扩张为主。到 2020 年，全国居民消费可望全面进入质量安全型消费状态。

（4）区域集中、产业整合速度加快，龙头企业已成为中国畜牧业发展的火车头。中国畜产品生产已经基本形成以长江中下游和华北为中心的生猪产区，中原和东北牛肉产区，东部省份禽肉产区，以山东、河北、河南等中原省份为重点的禽蛋产区以及东北和华北牛奶产区的优势区域布局，区域集中度进一步强化。2003 年，内蒙古农牧民增收中 55.7%源于产业化经营；河南多个县市畜牧业产业化经营对农民增收的贡献也达到了 30%；吉林省牧业产业化组织已达 1 500 个，全省养殖业直接转移农村剩余劳动力近百万人，约占农村剩余劳动力的 1/3；山东省各类畜产品加工企业发展到 5 000 多家，年加工能力 600 多万 t，产值 800 多亿元。在产业化进程中，企业兼并重组和跨区域经营速度加快，伊利、光明、蒙牛、双汇、温氏集团等现代化畜牧业加工企业不断诞生，大量国际和民间资本将被吸引到畜牧行业中来，推动畜牧业现代化水平加速提升，大规模现代化龙头企业成为中国畜牧业发展的火车头。

（5）农业发展重心逐步从种植业向畜牧业转移，畜牧业在某些地区已经成为农业发展的核心和主导。中国畜牧业占农业总产值的比例已经超过 30%，成为与种植业并重的农业支柱产业，很多畜牧大省的畜牧业产值已经占到农业总产值的 40%以上。随着畜产品消费的增加，居民的口粮消费持续下降，1983 年，中国城乡居民的粮食消费量分别为 144.5 kg 和 260 kg，2002 年下降到 78.5 kg 和 235.3 kg。全国粮食总产量中约 35%直接用于畜禽养殖，畜牧业已经成为主产区粮食转化增值的重要途径和非籽粒农业生物体有效利用的主要途径。

4．发展方式转变阶段（2006 年至今）

这一时期国家对畜牧业的政策支持力度明显加大，宏观调控手段逐步加强。国务院 2007 年出台《关于促进畜牧业持续健康发展的意见》，明确指出新时期畜牧业的发展着重以构建现代畜牧业、促进畜牧业持续健康发展为目标。我国畜牧业的发展步入新的历史阶段，大力发展现代畜牧业是推进农业现代化、全面建成小康社会的必然要求。这一阶段，我国畜牧业发展呈现以下明显的特点（王向红，2006）[7]：

（1）畜牧业在农业和农村经济中的地位越来越突出。2005 年，畜牧业占农业总产值的比重接近 35%。在一些畜牧业发达地区，畜牧业现金收入已占到农民现金收入的 50%左右。全国从事畜牧业生产的劳动力达 1 亿多人。

（2）畜牧业结构调整逐步深入。全国畜禽品种结构逐步调优，良种化水平不断提高，产业结构不断优化。全国已经形成了较为明显的长江中下游和华北地区的生猪产业带，中原和东北地区的肉牛产业带，东北、西北和西南地区的肉羊产业带，东北、华北的奶牛产业带。

（3）规模化、产业化程度不断提高。全国各类畜禽规模化养殖小区已超过 4 万个。随着规模生产水平和畜产品市场化程度的提高，畜牧业合作经济组织和龙头企业迅速发展。我国畜牧业产业化组织约占整个农业产业化组织的 20%以上。

（4）饲料产品产量、规模化程度不断提高。2005 年，饲料产值超过 2 600 亿元，产品产量将突破 1 亿 t 大关。随着行业的发展，企业重组整合步伐加快，行业集中度不断提高。

全国年产 10 万 t 以上的饲料企业已有 80 多家，全国排名前 10 位的饲料企业集团饲料生产量已超过全国总产量的 20%，企业的综合实力和竞争力不断提高。

（5）饲料和畜产品安全水平稳步提高。2005 年，我国饲料产品平均合格率为 95.1%，比上年提高 1.8 个百分点；饲料中违禁药品检出率为 0.46%，下降 3.18 个百分点；养殖场瘦肉精检出率为 1.38%，下降 0.61 个百分点。京津沪无公害食品试点城市瘦肉精检出率首次降到零。全年共通报不合格兽药产品 2 191 批，重点监控企业 57 个，撤销批准文号 60 个，查处 13 家假疫苗案件，兽药残留监控取得实质性的进展。

1.2.3　畜禽养殖区域分布

为促进我国畜禽养殖业持续稳定健康发展，农业部先后于 2003 年和 2009 年制定了第一轮《肉牛、肉羊、奶牛优势区域布局规划（2003—2007 年）》和第二轮《全国优势农产品区域布局规划（2008—2015 年）》。从我国发展状况来看，畜禽养殖的区域分布特征逐渐明显。

1. 生猪

生猪生产不仅在我国肉类生产中占主导，而且在世界畜禽生产中占据举足轻重的地位。吴霞等（2013）[8]通过分析 1981—2011 年我国各省区的生猪养殖量和玉米产量等统计数据，探讨了我国生猪养殖区域分布变化趋势。研究表明，30 多年来我国生猪分布大幅度变化，养殖区域逐渐由南向北转移，华东、西南地区（尤其是四川）的主导优势逐渐下降，华中地区主导优势凸显，东北、西北、华南地区变化趋势不明显，其中，东北、西北地区依旧是产量最低的 2 个地区，分析其原因：

（1）华东（江苏、上海、浙江、福建）、北京、广东位于我国三大经济圈，随着我国区域经济结构的不断调整和优化，主要发展二、三产业，农业的发展受到抑制，养殖业产量降低。

（2）西南深居内陆，群山环绕，外界疾病较难传入，是我国主要的"无疫区"之一，气候温润，降水充足，温度、湿度适宜，除了玉米以外其他饲料资源也相对丰富，自古以来便是生猪养殖的核心区，虽然养殖规模化程度低但养殖的群众基础扎实，千家万户养猪，因此 30 年来出栏增长量比较大。但是随着经济发展、产业结构的调整，其饲养管理水平低、规模化程度不高、输出成本高的问题必然导致生猪养殖优势区向玉米高产区、交通便捷的省份发展。

（3）华中地区由于气候温润、温湿度适宜、交通便利，距"长三角""珠三角""环渤海"经济发达地区较近，有一定的地缘优势。此外，该地区饲养管理水平较高、规模化程度高，龙头企业多在这里集中。更为主要的是，华中距离玉米主产区东北、华北较近。1981 年，生猪养殖主产区与玉米主产区分布关系并不大，但 20 世纪 90 年代后，随着规模化养猪场数量的增加以及饲养管理水平的提高，生猪养殖主产区逐渐呈东北—西南的对角线分布，且随着玉米主产区变化趋势向东偏北方向转移。

（4）东北作为玉米主产区，30 多年来玉米产量增幅最大，在全国总产量中占比提高了 6.87%，为全国总产量的 33.07%。然而，东北地区生猪出栏量在全国总出栏量中占比仅提高了 0.83%，为全国总出栏量的 8.42%，主要原因是东北受北冰洋寒流影响冬季寒冷漫长，且比同纬度的其他地区大约低 10℃，生猪养殖业面临保温防冻的挑战，因而生猪产业发展长期滞后于其他地区。

2．奶牛

奶业属于资源型、劳动密集型、消费型行业，受草地资源、水资源、农业基础、饲料供给、乳制品生产和居民消费需求等因素的影响，其布局呈现逐渐趋于稳定和集中的特点。从地理区位上划分，目前我国基本形成了特色鲜明的 3 个奶业带（罗小红等，2016）[9]，即三大奶业生产区，分别是畜牧资源得天独厚的东北奶业产区，主要包括内蒙古和黑龙江；资源丰富与人口优势突出的华北奶业产区，主要包括河北、山西、内蒙古中南部；畜牧传统深厚的西北农牧区奶业产区，主要包括新疆、甘肃、宁夏、陕西。

我国三大奶业生产区都集中在北方，主要原因一是我国目前饲养的奶牛品种较单一，为荷斯坦纯种牛或其杂交后代，该品种耐寒畏热，南方高温、高湿的气候条件会导致奶牛的泌乳性下降、发病率提高，而北纬43°～53°有一条国际上公认的优质奶牛饲养带，属于中温带季风气候，而我国"三北"地区大部分省份和胶东半岛正处于这条"黄金奶源带"，气候适宜、地广人稀，农作物和饲草资源丰富；二是该区域饲草料资源丰富，具有成本优势；三是加工技术不断发展，实现了牛奶的长期保鲜和远距离运输。

3．肉牛

我国养牛有很久远的历史，但肉牛产业却是近十几年才逐步发展起来的，总体水平较低，发展形势粗疏，仍处于初始阶段。华连连等（2018）[10]运用空间基尼系数、赫芬达尔指数、空间聚集指数等方法，对 1996—2014 年我国肉牛地理聚集的时空特征和变化趋势进行分析。结果表明，我国肉牛产业呈现较明显的地理聚集特征，主要的地理聚集区域是中原和东北地区。从空间分布变化趋势来看，我国肉牛产业呈现向中原和东北地区聚集的趋势；从时间分布变化趋势来看，河南、河北的肉牛总产值呈下降趋势，但优势仍然明显；内蒙古的肉牛产业逐渐成为我国肉牛产业新的增长点。

4．肉羊

社会需求的变化促使我国养羊业主导结构由最初的毛用为主转变为如今的肉用为主。从我国肉羊饲养及屠宰加工的分布看，肉羊生产的区域性特征明显。根据中国农业信息网公布的统计数据，2009 年，西部地区年末羊存栏量为 12 164 万只，占全国当年存栏总量的 42.75%，而中西部地区这个比例则高达 82.25%。从各省情况看，2009 年年底，内蒙古羊存栏量占全国存栏总量的 18.27%，如果加上河南、河北、新疆和山东这个比例将为49.15%。肉羊的屠宰加工也表现出相对集中的趋势，河北、内蒙古、山东、河南、新疆五省区羊肉产量合计为 217 万 t，为全国羊肉产量的 56.04%。

从肉羊生产的优势区域布局来看，不断向中原地区、中东部农牧交错区、西北地区和西南地区这四大优势区域集中。其中，中东部农牧交错区和西南地区的集聚化趋势明显。从省际变动来看，肉羊生产在牧区不断向内蒙古、新疆和甘肃集中，农区不断向河南、山东、河北和四川集中。从区域变动影响因素的分析来看，虽然各影响因素对不同区域肉羊生产的作用方向和影响程度不尽相同，但综合看来，除自然条件这一传统重要影响因素外，区域经济发展水平、非农产业发展和政府的政策支持力度都是影响我国肉羊生产区域变动的关键因素。总体看来，我国肉羊生产已逐步向自然条件适宜、农村经济发展水平较低、非农产业发展相对落后的地区转移和集中。

5. 肉鸡

为摸清我国肉鸡养殖规模化发展现状，农业部畜牧业司下达了《关于畜禽规模化养殖有关情况调研的通知》（农监测便函〔2013〕第 124 号），2013 年 6—8 月，国家肉鸡产业技术体系在我国肉鸡养殖主要产区开展了大范围的调研活动，对我国肉鸡养殖规模的结构分布、经营模式等进行了详细调查与分析。通过研究分析，选定安徽、广东、广西、贵州、河北、河南、湖北、湖南、吉林、江苏、辽宁、山东、陕西、四川、浙江共 15 个省（区）作为调查对象，由肉鸡体系驻省（区）综合试验站站长牵头在相关省成立调研工作组，按区域养殖规模选取典型县开展入场（户）调研工作。结果显示，专业化的个体养殖和中等规模养殖是目前我国肉鸡养殖的主要生产形式，养殖规模越大，标准化、现代化的生产特征表现得越加明显。

根据《中国畜牧兽医年鉴 2016》的统计，2015 年年出栏 10 万羽以上的规模化肉鸡养殖场超过 500 个的省份有山东、湖北、河南、江苏、辽宁、河北 6 个（图 1-7）。

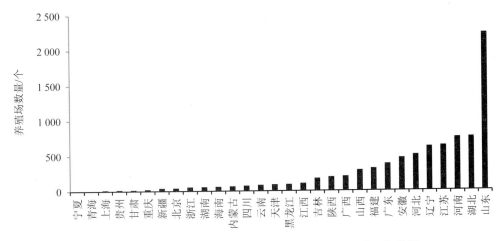

图 1-7　2015 年各省（区）年出栏 10 万羽以上肉鸡养殖场数量

6. 蛋鸡

王忠强（2016）[11]对我国蛋鸡业生产情况及未来发展格局进行了研究。结果表明，我国商品蛋鸡的饲养主要集中在长江以北，以山东、河南、河北、辽宁、江苏、湖北为主。近几年，南方商品蛋鸡养殖发展也比较快，最明显的是云南从以前的蛋鸡调入省完全变成调出省，贵州也有鸡蛋调出销往广州、深圳等地，新疆也由调入地区成为调出地区。

我国鸡蛋消费区主要有五大块：以北京、天津为核心的京津冀消费区，鸡蛋主要来自东北、河北、山西和内蒙古等地区；以上海、杭州、苏州为核心的长三角消费区，鸡蛋主要来自江苏、安徽、湖北、河南及山东部分地区；以广州、深圳以及香港、澳门为核心的珠三角消费区，鸡蛋主要来自湖北、河南、湖南、云南等地区；以成都、重庆为核心的西南消费区，鸡蛋主要来自四川、重庆以及湖北、山西部分地区；还有以青岛为核心的胶东半岛消费区，鸡蛋主要来自青岛周边区域以及东北地区。

1.2.4　畜禽养殖优势区域布局规划

　　为贯彻落实党中央、国务院一系列推进农业区域布局、加强农业基础建设、发展现代农业的工作部署，适应现代畜牧业发展的内在要求，农业部于 2009 年 1 月根据《全国优势农产品区域布局规划（2008—2015 年）》关于肉牛、肉羊、奶牛和生猪优势区域布局的总体思路，组织专家研究制定了《全国肉牛优势区域布局规划（2008—2015 年）》、《全国肉羊优势区域布局规划（2008—2015 年）》、《全国奶牛优势区域布局规划（2008—2015 年）》和《全国生猪优势区域布局规划（2008—2015 年）》。

1. 生猪

　　从我国实际出发，并借鉴美国依托粮食资源、丹麦发挥技术优势成为生猪生产、出口大国的有益经验，选择沿海地区的江苏、浙江、广东和福建 4 省，东北地区的辽宁、吉林、黑龙江 3 省，中部地区的河北、山东、安徽、江西、河南、湖北和湖南 7 省，西南地区的广西、四川、重庆、云南和贵州 5 省（区、市），共 19 个省（区、市）为优势区域。依据 19 个省（市、区）生猪生产的优势布局，共优选出 437 个生猪生产优势县（团、场），建设 4 个生猪优势产区。

　　（1）沿海地区生猪产区，包括沿海地区的江苏、浙江、广东和福建 4 省的 55 个基地县。主攻方向：该区域靠近我国港澳地区及东南亚等传统猪肉贸易地区，种猪产业基础好，生猪生产的规模化、集约化水平较高，商品猪在我国港澳市场有较强的竞争优势。发展的重点：确保一定的自给率，同时发挥种猪生产优势，建立出口猪基地，增加出口。

　　（2）东北生猪产区，包括吉林、辽宁和黑龙江 3 省的 30 个基地县。主攻方向：该区域是我国玉米主产区，饲料资源丰富，生产成本低，生猪生产的规模化、组织化程度较高，生猪加工业相对发达，双汇、得利斯、金锣等多家国内知名企业相继在此建立猪肉加工企业。发展重点：发挥成本优势，建设一批高标准的生产基地，做大做强龙头企业，进行精深加工，确保京、津等大中城市的供应，努力扩大对俄罗斯的猪肉出口。

　　（3）中部生猪产区，包括河北、山东、安徽、江西、河南、湖北和湖南 7 省的 226 个基地县。主攻方向：该区域为我国传统生猪主产区和粮食产区，主要特点是粮食资源丰富，生猪生产总量大、调出量大，不但区内人口众多，消费市场潜力大，而且邻近上海、广东等沿海经济发达地区，市场容量大。发展重点：一是进一步转变传统养殖方式，采取农牧结合的方式，不断提高规模化、标准化养殖水平，扩大屠宰加工能力；二是完善良种繁育体系，开发利用优良的地方品种资源，培育特色优势，立足于扩大本地市场，确保大中城市销售区的市场供应。

　　（4）西南生猪产区，包括广西、四川、重庆、云南、贵州 5 省（区、市）的 126 个基地县。主攻方向：该区域也是我国传统的生猪产区，大多数地方是丘陵山区。发展重点：因地制宜发展各种类型的生态养猪业，提高标准化规模养殖水平，改善生猪良种化水平，在确保本地区消费的同时，努力拓宽市场销售渠道，增加农民养猪收益。

2. 奶牛

　　2003 年，农业部组织制定并实施了《奶牛优势区域发展规划（2003—2007 年）》，北京、天津、上海、河北、山西、内蒙古、黑龙江 7 个奶业优势省（区、市）把奶业摆上重要位置，加大政策和资金引导扶持力度，生产迅速发展，促进了农民增收，丰富了国内乳制品市场供给，成效十分显著。为更好地发挥全国奶牛优势区域的带动作用，稳步推进我国奶业的持续健康发展，在第一轮《奶牛优势区域发展规划（2003—2007 年）》建设的基础上，按照"因地制宜、相对集中，立足当前、着眼长远，以农为本、理顺关系，保障质量、强化监管，市场导向、加大扶持"的发展原则，选择北京、上海、天津的郊区，东北的黑龙江、辽宁和内蒙古，华北的河北、山西、河南、山东，西北的新疆、陕西和宁夏，共 13 个省（区、市）的 313 个奶牛养殖基地县（团、场）建设了 4 个奶牛生产优势区域。

（1）京津沪奶牛优势区。该区域包括北京、上海、天津三市的 17 个县（场）。2007 年，17 个县的奶牛存栏量 33.9 万头，牛奶产量 131.6 万 t，分别占全国总量的 2.5%和 4.1%。该区域乳品消费市场大、加工能力强、牛群良种化程度高，部分农场的奶牛单产水平达到 8 000 kg 以上，但环境保护压力大、饲草饲料资源紧缺。主攻方向：巩固和发展规模化、标准化养殖，进一步完善良种繁育、标准化饲养和科学管理体系，培育高产奶牛核心群，提高奶牛育种选育水平，提高饲料利用效率，实施粪污无害化处理和资源化利用。发展目标：稳定现有奶牛数量，提高奶牛单产水平，到 2015 年平均奶牛单产水平从现在的 6 500 kg 提高到 7 500 kg 以上；基本实现机械化挤奶和规模化养殖；加快奶业产销一体化进程，率先实现奶业现代化，保障城市市场供给。

（2）东北内蒙古奶牛优势区。该区域包括黑龙江、辽宁和内蒙古三省（区）的 117 个县（场）。2007 年，117 个县奶牛存栏量 471.1 万头，牛奶产量 1 332.1 万 t，分别占全国总量的 34.6%和 41.7%。该区域特点是饲草饲料资源丰富、气候适宜、饲养成本低、奶牛群体基数大，但单产水平低，分散饲养比重较大，与主销区运距较远。主攻方向：重点发展奶牛大户（家庭牧场）、规范化养殖小区、适度规模的奶牛场，同时建设一批高标准的现代化奶牛场，尽快改变分散、粗放饲养比重大的不利局面，通过政策、技术、服务等综合手段，引导奶业生产尽快实现规模化、标准化和专业化，不断提高奶业效益和市场竞争力。发展目标：稳定增长奶牛数量，着力提高奶牛单产水平，到 2015 年，奶牛存栏量达到 730 万头，年均递增 5%；牛奶产量达到 2 700 万 t，年均递增 8%；平均单产提高到 6 300 kg。

（3）华北奶牛优势区。该区域包括河北、山西、河南、山东 4 省的 111 个县（场）。2007 年，111 个县奶牛存栏量 294.2 万头，牛奶产量 654.9 万 t，分别占全国总量的 21.6%和 20.5%。该区域特点是地理位置优越、饲草饲料资源丰富、加工基础好，但奶牛品种杂，单产水平低，奶牛改良与扩群任务比较繁重。主攻方向：重点发展专业化养殖场和规模化小区，扩大养殖规模，提高集约化程度；加快奶牛改良步伐，尽快提高奶牛单产水平；探索资源综合利用新模式，充分利用农业资源和加工业基础，形成种养加一体化产业体系。发展目标：到 2015 年，奶牛存栏量达到 540 万头，年均递增 7%；牛奶产量达到 1 700 万 t，年均递增 10%；产奶牛平均单产从现在的 3 700 kg 提高到 5 500 kg。

（4）西北奶牛优势区。该区域包括新疆、陕西、宁夏三省（区）的 68 个县（团、场）。2007 年，68 个县奶牛存栏量 250.9 万头，牛奶产量 352.6 万 t，分别占全国总量的 18.4%和 11.1%。该区域特点是奶牛养殖和牛奶消费历史悠久，但牛奶商品率偏低，奶牛品种杂，荷斯坦奶牛数量少，养殖技术落后，单产水平低。主攻方向：重点发展奶牛养殖小区、适度规模奶牛场；着力改良品种，大幅度提高单产水平；扩大优质饲草饲料种植面积，大力推广舍饲、半舍饲养殖，提高饲养管理水平。发展目标：发展特色奶业，大幅度提高奶牛单产水平，到 2015 年，奶牛存栏量达到 390 万头，年均递增 5%；牛奶产量达到 800 万 t，年均递增 9%；产奶牛平均单产从现在的 1 400 kg 提高到 3 300 kg。

3．肉牛

2003 年《肉牛肉羊优势区域发展规划（2003—2007 年）》发布以来，中央和优势产区各级政府相继出台了一系列扶持政策措施，加大了扶持力度，积极推进规划实施，优势区域肉牛业得到较快发展，优势区域建设取得明显效果。为发挥区域比较优势和资源优势，加快优势区域肉牛产业的发展和壮大，构筑现代肉牛生产体系，进一步提高牛肉产品市场供应保障能力和国际市场竞争力，综合考虑了优势区域的资源、市场、区位、肉牛业发展基础及未来发展潜力等多方面的因素，在上期规划的基础上，根据各地肉牛业发展变化的情况进行调整，建立了中原肉牛区、东北肉牛区、西北肉牛区和西南肉牛区共 4 个优势区域，涉及 17 个省（区、市）的 207 个县市。

（1）中原肉牛区。该区是我国肉牛业发展起步较早的一个区域，包括 4 个省的 51 个县，其中山东 14 个县、河南 27 个县、河北 6 个县和安徽 4 个县。该区域有天然草场面积 1 320 万亩，其中可利用草场面积约 1 240 万亩。该区域是我国最大的粮食主产区，每年可产 3 860 多万 t 各种农作物秸秆，目前秸秆加工后饲喂量约达 1 360 万 t，仍然有约 50% 的秸秆没有得到合理利用。主要特点：具有丰富的地方良种资源，也是最早进行肉牛品种改良并取得显著成效的地区。我国五大肉牛地方良种中，南阳牛、鲁西牛 2 个良种均起源于这一地区；农副产品资源丰富，为肉牛业的发展奠定了良好的饲料资源基础；区位优势明显、交通方便，紧靠"京津冀"都市圈、"长三角"和"环渤海"经济圈，产销衔接紧密，具有很好的市场基础。目标定位与主攻方向：以建成为"京津冀"、"长三角"和"环渤海"经济圈提供优质牛肉的最大生产基地为目标，未来发展结合当地资源和基础条件，加快品种改良和基地建设，大力发展规模化、标准化、集约化的现代肉牛养殖，加强产品质量和安全监管，提高肉牛品质和养殖效益；大力发展肉牛屠宰加工业，着力培育和壮大龙头企业，打造知名品牌。

（2）东北肉牛区。该区是我国肉牛业发展较早、近年来成长较快的一个优势区域，包括 5 个省（区）的 60 个县，其中吉林 16 个县、黑龙江 17 个县、辽宁 15 个县、内蒙古 7 个县（旗）、河北北部 5 个县。该区域有天然草场面积约 11.8 亿亩，其中可利用草场面积 8.85 亿亩，同时也是我国的粮食主产区之一，每年可产约 5 900 万 t 各种农作物秸秆，目前秸秆加工后饲喂量达 1 600 万 t，但仍有 50% 以上的秸秆没有得到充分利用。主要特点：具有丰富的饲料资源，饲料原料价格低于全国平均水平；肉牛生产效率较高，平均胴体重高于其他地区；肉牛良种资源较多，拥有五大黄牛品种之一的延边牛，以及蒙古牛、三河牛和草原红牛等地方良种。近年来，品种的选育和改良步伐进一步加快，育成了著名的"中国西门塔尔牛"，成为区域内的主导品种。同时，该区域紧邻俄罗斯、韩国和日本等世界主要牛肉进口国，发展优质牛肉生产具有明显的区位优势。目标定位与主攻方向：以满足北方地区居民牛肉消费需求、提供部分供港活牛，并开拓日本、韩国和俄罗斯等周边国家市场为目标，重点发展现代集约型草地畜牧业，通过调整畜群结构，加快品种改良，改变养殖方式，积极推广舍饲、半舍饲养殖，为农区和农牧交错带提供架子牛；全面推广秸秆青贮技术、规模化标准化育肥技术等，努力提高育肥效率和产品的质量安全水平；进一步培育和壮大龙头企业，在提升企业技术水平和加工工艺、产品质量和档次上下功夫，逐步形成完整的牛肉生产和加工体系。

（3）西北肉牛区。该区是我国最近几年逐步成长起来的一个新型区域，包括 4 个省（区）的 29 个县市，其中新疆 16 个县（师）、甘肃 9 个县市、陕西 2 个县和宁夏 2 个县。该区域有可利用草场面积约 1.2 亿亩，各种农作物秸秆 1 000 余万 t，约 40% 的秸秆没有得到合理利用。主要特点：天然草原和草山草坡面积较大，其中新疆被定为我国粮食后备产区，饲料和农作物秸秆资源比较丰富；拥有新疆褐牛、陕西秦川牛等地方良种，近年来引进了美国褐牛、瑞士褐牛等国外优良肉牛品种，对地方品种进行改良，取得了较好的效果。新疆牛肉对中亚和中东地区具有出口优势，现已开通 14 个口岸，为发展外向型肉牛业创造了条件。该区域发展肉牛产业的主要制约因素是开展肉牛育肥时间较短，饲养技术以及肉牛屠宰加工等方面的基础相对薄弱。目标定位与主攻方向：定位为满足西北地区牛肉需求，以清真牛肉生产为主，兼顾向中亚和中东地区出口优质肉牛产品，为育肥区提供架子牛；主攻方向：健全肉牛良繁体系和疫病防治体系，充分发挥饲料资源的优势，大力推广规模化、标准化养殖技术，努力提高繁殖成活率和牛肉质量，培育和发展加工企业，提高加工产品的质量和安全性，开拓国内外市场，带动本区域肉牛产业的快速发展。

（4）西南肉牛区。该区是我国近年来正在成长的一个新型肉牛产区，包括 5 个省（市）的 67 个县市，其中四川 5 个县、重庆 3 个县、云南 35 个县市、贵州 9 个县市、广西 15 个县市。该区域拥有天然草场面积 1.4 亿多亩，每年可产 3 000 余万 t 各种农作物秸秆，其中超过 65% 的秸秆有待开发利用。主要特点：农作物副产品资源丰富，草山草坡较多，青绿饲草资源也较丰富；三元种植结构的有效实施，饲草饲料产量将会进一步提高，为发展肉牛产业奠定了基础。主要限制因素是肉牛业基础薄弱，地方品种个体小，生产能力相对较低。目标定位与主攻方向：以立足南方市场、建成西南地区优质牛肉生产供应基地为目标，加快南方草山草坡和各种农作物副产品资源的开发利用；大力推广三元结构种植，合理利用有效的光热资源，增加饲料饲草产量；加强现代肉牛业饲养和育肥技术的推广应用，努力在提高出栏肉牛的胴体重和经济效益上下功夫。

4．肉羊

2003 年发布的《肉牛肉羊优势区域发展规划（2003—2007 年）》划定了 4 个肉羊发展优势区域，主要在全国 61 个优势县全面实施。5 年的发展实践证明，该规划对推动优势区域肉羊业全面发展起到了积极的引导作用，开展肉羊优势区域布局有利于增强肉羊产业可持续发展能力、增加农民收入、保障城乡居民肉类供给。为进一步整合资源、扩大优势、加快肉羊产业发展速度，在上一期规划实施的基础上，保留原有中原产区、西北产区和西南产区 3 个肉羊优势区域，增加了中东部农牧交错带优势区域，包括内蒙古中东部、东北三省、山西和河北的部分养羊县。在分析近年来各地肉羊生产发展和资源利用实际情况的前提下，按照相对集中连片的要求，选定 22 个省（区、市）的 153 个优势县形成 4 个优势区域。

（1）中原肉羊优势区域。该区域包括河北、山西、山东、河南、湖北、江苏和安徽 7 省共 56 个县（市、区、旗），其中河北南部 6 县、山西东部 4 县、山东 11 县、河南 26 县、湖北北部 7 县、江苏和安徽各 1 县。该区现有可开发利用草原草山草坡 207 万 hm^2，可利用秸秆总量达 3 715 万 t，现利用率仅为 31.5%；2007 年该区肉羊存栏量 3 575 万只，占优势区肉羊存栏总量的 28.8%，羊肉产量 58 万 t，占 30.4%，能繁母羊 1 486.2 万只，占 27.7%。该区肉羊养殖基础条件较好，发展农牧结合的肉羊产业仍有一定潜力。主要特点：该区的黄淮山羊、小尾寒羊是我国著名的地方品种，利用波尔山羊或无角道赛特杂交改良当地绵、山羊潜力较大；粮食等农副产品丰富，十分有利于肉羊精饲料补饲；肉羊加工企业较多，加工能力较强，且距南北各大城市消费市场较近，运销便捷。主要制约因素是肉羊的饲养、屠宰、加工与销售基本采用传统方式，标准化生产和产业化经营体系尚未建立，肉羊产品的档次普遍不高，羊肉加工企业较多，但规模较小且较分散。区域定位：该区是肉羊生产和消费的集中区域，重点发展秸秆舍饲肉羊业，主要向北京、天津、上海等大城市市场提供优质羊肉产品。主攻方向：加大地方优良品种保护，尤其是对黄淮山羊、小尾寒羊等的保护、开发与利用，保持合理的种群规模；加大推广杂交改良、秸秆加精料补饲高效饲养技术，以舍饲、半舍饲为主，大力发展规模化、标准化和产业化肉羊生产；大力推进三元种植结构，提高秸秆利用效率；整合现有加工企业，加大扶持大型羊肉加工和销售龙头企业的力度，加强技术改造，创建中原优质肉羊品牌。

（2）中东部农牧交错带肉羊优势区域。该区域包括山西、内蒙古、辽宁、吉林、黑龙江和河北北部 6 省（区）的 32 个县市。现有可开发利用草原草山草坡 143.8 万 hm^2（不含内蒙古和山西），可利用秸秆总量达 5 256.3 万 t，现利用率仅为 29.7%；2007 年该区肉羊存栏量 5 156.9 万只，占优势区肉羊存栏总量的 41.5%，羊肉产量 81.1 万 t，占 42.5%，能繁母羊 2 312.8 万只，占 43.4%。该区是我国主要的肉羊产区，通过发展农牧结合型养羊业，提高农作物秸秆利用率，肉羊养殖增产潜力仍然较大。主要特点：粮食生产条件较好，精饲料和秸秆资源丰富；地方良种个体大、产肉多、品质好，引进夏洛莱、萨福克、道赛特和德国肉用美利奴等国外优良肉羊品种进行杂交改良后生长速度加快，效果显著；羊肉加工能力较强，所产优质绵羊肉具有广阔的市场发展前景。存在的问题是气候寒冷，羊羔越冬困难，对棚圈建设的要求较高，缺乏专用肉羊饲料配方技术。区域定位：以发展高档肉羊生产为主，除满足该区和周边市场需求之外，可向俄罗斯等周边国家出口。主攻方向：加强良种肉羊推广，大力推广肉羊舍饲圈养和精饲料补饲增产配套技术，推广羔羊育肥技术，实现冬羔和早春羔秋季出栏，提高出栏率；推进肉羊生产标准化进程，建设高档肉羊生产基地，引导肉羊生产向饲养规模化、产品优质化、质量安全化、管理统一化的方向发展。

（3）西北肉羊优势区域。该区域包括新疆（含生产兵团）、甘肃、陕西、宁夏 4 省（区）的 44 个县市。其中新疆（含生产兵团）22 县、甘肃 12 县、陕西 7 县、宁夏 3 县。现有可开发利用草原草山草坡 1 309 万 hm^2，可利用秸秆总量达 1 864 万 t，利用率已达 76.8%；2007 年该区肉羊存栏量 2 715 万只，占优势区肉羊存栏总量的 21.9%，羊肉产量 36.5 万 t，占 19.2%，能繁母羊 1 670 万只，占 29.7%。该区是我国传统的肉羊产区，生态与资源负荷较大、不宜扩大养殖规模，应重点提高个体生产能力。主要特点：羊肉品质好，一些清真民族品牌享誉国内外市场，肥尾羊深受中东地区国家消费者喜爱；养羊历史悠久，肉羊产业基础较好，户均饲养规模较大。制约因素主要是气候寒冷，超载过牧，养羊设施落后，出栏率低。区域定位：该区是传统肉羊生产区域，但不宜继续扩大养殖规模，要重点进行品种优化，发展无污染优质羊肉生产；羊肉生产应以清真产品为主体，在确保该区消费的前提下，以中东和西亚地区市场为主，提高羊肉出口量。主攻方向：加大草场保护力度，确保草原生态所有改善；在有条件的地方建设人工草地，建立稳定的饲草料供给基地，积极应对突发自然灾害；在不增加或适当减少饲养规模的基础上，加强棚圈建设，大力推广肉羊舍饲、半舍饲技术，大幅度提高肉羊出栏率；培育肉羊加工龙头企业，创建民族特色和绿色有机知名品牌。

（4）西南肉羊优势区域。该区域包括四川、云南、湖南、重庆、贵州 5 省（市）的 21 个县市。其中四川 7 县、云南 2 县、湖南 5 县、重庆 4 县、贵州 3 县。现有可开发利用草原草山草坡 432 万 hm²，可利用秸秆总量达 1 051 万 t，利用率仅为 26.4%；2007 年肉羊存栏量 970.8 万只，占全部优势区肉羊存栏总量的 7.8%，羊肉产量 15 万 t，占 7.9%，能繁母羊 409.5 万只，占 7.6%。该区是我国新兴肉羊产区，基地县分布较散，肉羊养殖基数较小，草原、草山、草坡和农作物秸秆资源开发利用程度较低，肉羊生产潜力大。主要特点：草山、草坡面积大，地方优良品种较多，南江黄羊、马头山羊、建昌黑山羊等优良品系是杂交改良优秀母本，经改良后的地方山羊个体大、生长快、肉质好、市场反应良好；紧邻广东等消费水平较高的沿海市场，距我国港澳市场较近，出口活畜较为便利，市场条件优越。主要制约因素是草山、草坡改良难度大，群体规模小，饲养分散，气候湿热，防疫难度大，基础设施差。区域定位：以山羊养殖为主，在满足我国南方居民消费的基础上，积极开拓东南亚和南亚羊肉市场。主攻方向：加大保护地方优良品种力度，加快建设肉羊品种改良体系；加快草山、草坡改良，充分开发利用农作物秸秆，为肉羊养殖提供优质的饲草资源；加强技术推广体系建设，加快舍饲健康养殖技术的推广，做好肉羊疫病综合防治，提高规模化、专业化程度；积极培育肉羊加工龙头企业，加强加工产品质量控制，确保羊肉质量安全。

参考文献

[1]　李有恒，韩德芬. 陕西西安半坡新石器时代遗址中之兽类骨骼[J]. 古脊椎动物学报，1959，1（4）：21-34.

[2]　郭怡，胡耀武，高强，等. 姜寨遗址先民食谱分析[J]. 人类学学报，2011，30（2）：149-157.

[3]　钟遐. 从河姆渡遗址出土猪骨和陶猪试论我国养猪的起源[J]. 文物，1976（8）：24-26.

[4]　刘兴林. 从祭祀用牲看殷商畜牧业[C]. 中国活兽慈舟学术研讨会，2013.

[5]　中华人民共和国农业部. 中国农业年鉴 2016[M]. 北京：中国农业出版社，2017.

[6]　王济民，谢双红，姚理. 中国畜牧业发展阶段特征与制约因素及其对策[J]. 中国家禽，2006，28（2）：15-19.

[7]　王向红. 我国畜牧业进入新的发展阶段[J]. 农业知识，2006（15）：15.

[8]　吴霞，陈磊，潘红梅，等. 三十年来我国生猪养殖区域分布变化趋势[J]. 中国畜牧杂志，2013，49（16）：7-10.

[9]　罗小红，何忠伟，刘芳. 中国奶业区域布局及发展研究[J]. 农业展望，2016，12（2）：45-53.

[10]　华连连，董春凤，崔晓敏，等. 我国肉牛产业地理聚集时空特征及变化趋势分析[J]. 江苏农业科学，2018，46（1）：287-290.

[11]　王忠强. 我国蛋鸡业生产情况及未来发展格局[J]. 北方牧业，2016（13）：8-10.

第2章　畜禽粪便产生和利用

畜禽粪便中含有丰富的有机质和氮、磷、钾资源,在提高土壤有机质含量、增强土壤肥力、改善土壤结构、促进农作物增产、改善农产品品质中发挥着巨大作用。然而,畜禽粪便中通常含有很高浓度的抗生素、病菌、重金属等污染物,这些污染物若不经处理直接排放进入环境,很可能给局部地区土壤、水体等造成严重危害,进而可能影响人体健康。2017年7月,农业部印发的《畜禽粪污资源化利用行动方案(2017—2020年)》(农牧发〔2017〕11号)中提出,到2020年全国畜禽粪污综合利用率达到75%以上。实际上,除了畜禽粪便的质量,畜禽粪便的产生量也是影响畜禽粪便资源化利用的重要因素。因此,畜禽粪便产生量成为政府和研究者关注的热点。研究者们通过预测畜禽粪便产生量,为国家和地区畜禽粪便污染防治提供数据支持和决策支撑,如高定等(2006)[1]估算得出,2002年我国畜禽粪便产生量达27.5亿t;王方浩等(2006)[2]估算得出,2003年我国畜禽养殖业粪便产生量为31.90亿t;陶红军等(2016)[3]估算得出,2013年我国生猪养殖业共产生1.21亿t粪便和3.10亿t尿液,该数值相比2001年分别增加了23.41%和27.68%;周凯等(2010)[4]估算得出,2008年河南省主要畜禽粪便排放量为18 329.5万t,尿排放总量为9 790.8万t;郭冬生等(2012)[5]估算得出,2011年湖南省畜禽粪便总产生量为6 680.29万t;董晓霞等(2014)[6]估算得出,2010—2011年北京市各类畜禽粪尿产生量为892万t,比2000—2001年下降了21%;易秀等(2015)[7]估算得出,2010年陕西省猪、牛、羊、家禽、兔的粪便产生量分别为648.2万t、1 956.4万t、987.6万t、149.6万t、3.8万t,较2008年分别增长39.9%、119.7%、37.5%、25.8%、13.2%;陈绍华等(2017)[8]估算发现,2008—2013年清江流域猪、牛、羊、家禽的粪尿产生总量持续增长,年增长率为8.68%;丁伟等(2009)[9]估算得出,2005年宁夏黄灌区畜禽粪便产生量为289.45万t,尿液产生量为230.73万t;石建州等(2014)[10]估算得出,2012年河南省南阳市畜禽粪便产量471万t,尿液产量为444万t。基于估算得出的畜禽粪便产生量,研究者们对区域畜禽污染防治提出了相应的对策,如王方浩等(2006)[2]基于估算数据分析指出,2003年我国畜禽粪便的产生量已经超过工业固体废物,成为环境污染的主要来源。全国共有7个省(区)单位面积的畜禽粪便耕地承载量超过30 t/hm²,存在畜禽粪便过载的问题,其中4个省(区)耕地畜禽粪便氮负荷超过150 kg/hm²;考虑到畜禽粪便产生空间上的不均衡性,畜禽粪便在这些省份都直接存在着土壤和水体的氮、磷等污染问题。丁伟等(2009)[9]基于估算数据分析指出,宁夏黄灌区畜禽粪便总氮量达到土地最大承载量的26.71%,畜禽粪便中污染物对水体、土地等环境造成了一定的影响,建议宁夏黄灌区在发展养殖业的同时做好环境污染控制,对养殖业所产生的粪便、污水、臭气采用无害化处理、资源化利用和治理措施,防止其对黄河水体的污染。

受市场需求和经济发展的驱动,预计我国畜禽产品产量将持续增长;相应地,畜禽粪便产量也将持续增长。为保障生态环境安全和人民群众身体健康，将畜禽粪便"变废为宝"，我国政府和科研工作对畜禽粪便资源化利用给予了高度关注。农业部 2016 年发布的数据显示[11]，我国每年产生畜禽粪便 38 亿 t，综合利用率不到 60%。畜禽粪便资源化综合利用在一定程度上缓解了畜禽粪便对我国生态环境安全和群众身体健康的威胁。研究者们积极探索畜禽粪便资源化利用的方式，如廖青等（2013）[12]综合论述了我国畜禽粪便资源化利用的进展，指出我国畜禽粪便资源化利用方式主要有肥料化、饲料化和能源化；吴景贵等（2011）[13]概述了我国畜禽粪便资源化利用的常见技术，包括畜禽粪便的干燥处理、好氧堆制、厌氧发酵、诊断施用、动物消化分解、饲料化再利用、能源化再利用等。

　　本章对畜禽粪便产生量估算方法、畜禽粪便产生量及变化趋势、畜禽粪便资源化利用现状和方式进行简要论述。

2.1　我国畜禽粪便产生量估算方法

2.1.1　畜禽养殖业产排污系数

　　合理估算和预测畜禽粪便的产生量是实现畜禽粪便资源化利用的基础，而畜禽养殖业的产排污系数是其中最关键的参数。董红敏等（2011）[14]根据我国畜禽养殖业的特点，提出了畜禽养殖业产污系数和排污系数的定义：畜禽养殖业产污系数是指在典型的正常生产和管理条件下，一定时间内单个畜禽所产生的原始污染物量，包括粪尿量以及粪尿中各种污染物的产生量；畜禽污染物排污系数是指在典型的正常生产和管理条件下，单个畜禽每天产生的原始污染物经处理设施消减或利用后，或未经处理利用而直接排放到环境中的污染物量。

　　1. 第一次全国污染源普查畜禽产排污系数

　　2006 年 10 月 12 日，第一次全国污染源普查工作启动。为保证第一次全国污染源普查工作顺利实施，确保普查数据质量，根据国务院批准的《第一次全国污染源普查方案》和《第一次全国污染源普查农业源产排污系数测算组织实施方案》的要求，在农业部科技教育司、国家环境保护总局的指导下，中国农业科学院农业环境与可持续发展研究所、国家环境保护总局南京环境科学研究所共同牵头主持，会同地方农业部门、农业和环保领域的科研单位及大学开展了"畜禽养殖业源产排污系数"核算，历时一年多的辛勤工作，在地方农业和环保部门、科研、检测中心、相关企业的支持下，完成了这一核算项目，并以此为基础编写了《第一次全国污染源普查畜禽养殖业源产排污系数手册》（以下简称《手册》）。《手册》给出了全国大陆范围内规模化饲养的猪、奶牛、肉牛、蛋鸡、肉鸡 5 种畜禽在不同区域的产排污系数，应用于第一次全国污染源普查中畜禽养殖污染物产生量、排放量的计算，也可供畜禽养殖产业发展规划和产业政策制定工作参考。《手册》给出了畜禽养殖产污系数和排污系数涉及粪便产生量、尿液产生量、化学需氧量（COD）、总氮（TN）、总磷（TP）、铜（Cu）、锌（Zn），同时也给出了产排污系数的使用方法。

　　（1）产污系数的使用：首先确定需要查找的区域，然后在相应区域内查到相应畜种（猪、奶牛、肉牛、蛋鸡、肉鸡），再在相应畜种下查到相对应的饲养阶段，并仔细阅读相应注意事项,确定产污系数。

(2)排污系数的使用:首先,需要确定畜禽的饲养方式(规模化养殖、养殖小区、养殖专业户);其次,确定需要查找的区域,在相应区域内查到相应畜种(猪、奶牛、肉牛、蛋鸡、肉鸡),在相应畜种下再查到相对应的饲养阶段;最后,根据粪便收集处理利用方式,并仔细阅读相应注意事项,确定排污系数。

(3)注意事项:《手册》中产污系数和排污系数是根据不同畜禽在特定的饲养阶段和体重下测定的数据获得的,因此给出的系数是不同区域、不同畜种、不同饲养阶段在一定的参考体重下的产污系数和排污系数,如果该区域畜禽在每个阶段的平均体重与参考体重不符,可以按照式(2-1)进行折算:

$$FP(FD)_{site} = FP(FD)_{default} \times W_{site}^{0.75} / W_{default}^{0.75} \qquad (2\text{-}1)$$

式中,$FP(FD)_{site}$ ——折算后的产污系数(排污系数);

$\qquad FP(FD)_{default}$ ——《手册》中系数表中查出的产物系数(排污系数);

$\qquad W_{site}$ ——动物实际体重,kg;

$\qquad W_{default}$ ——《手册》中给出的参考体重,kg。

(4)猪、奶牛和肉牛产污系数的 COD 指标包括固体粪便有机质可能转化成的 COD 量和尿液中的 COD 含量两部分,为了便于区别粪便 COD 和尿液 COD,《手册》中在给出 COD 总量的同时,特别在 COD 指标下用括号的形式分别给出了粪便 COD 和尿液 COD。

2. 文献中的畜禽产排污系数

在《手册》印发之前,研究者们通过参考国外研究成果和实际调查结果确定了不同地区的畜禽粪便产排污系数。例如,彭里等(2004)[15]根据国内外相关研究成果,在对重庆市畜禽养殖业进行调查的基础上,确定了重庆市畜禽粪便排泄系数(表2-1);王晓燕等(2005)[16]根据 2000 年国家环境保护总局提供的产污系数估算了北京市密云区畜禽粪便产生量;高定等(2006)[1]参考全国农业技术推广中心[17]给出的畜禽粪便年(日)排放量,估算了2002 年我国畜禽粪便产生量;王方浩等(2006)[2]收集比较了我国 1994—2004 年公开发表的文章,取平均值确定了各种畜禽新鲜粪便的排泄系数(表2-2);罗磊等(2009)[18]、倪润祥等(2018)[19]在估算全国畜禽粪便产生量时沿用了王方浩等(2006)[2]统计得出的畜禽粪便排放系数;丁伟等(2009)[9]根据 2000 年国家环境保护总局提供的产污系数进行测算,并根据实地调查,综合王晓燕等(2005)[16]、高定等(2006)[1]和彭里等(2004)[15]的研究成果,确定了宁夏黄灌区各类畜禽排粪、排尿系数及氮、磷含量。

表 2-1　重庆市畜禽粪便日排放量　　　　　　　　　　　　　单位:kg

	肉猪	公(母)猪	牛	羊	马	肉禽	蛋禽	兔
粪	3.5	5.0	25	2.6	10.0	0.08	0.15	0.15
尿	3.5	5.0	10	—	5.0	—	—	—

表 2-2　我国畜禽粪便排泄系数

畜禽种类	粪便排泄量	美国农业工程学会数据
猪	5.3 kg/d	5.1 kg/d
役用牛	10.1 t/a	—
肉牛	7.7 t/a	7.6 t/a
奶牛	19.4 t/a	20.1 t/a
马	5.9 t/a	8.3 t/a
驴、骡	5 t/a	—
羊	0.87 t/a	0.68 t/a
肉鸡	0.1 kg/d	0.08 kg/d
蛋鸡	53.3 kg/a	42.1 kg/a
鸭、鹅	39 kg/a	32.3 kg/a
兔	41.4 kg/a	—

对于畜禽粪便中具体污染物的产排系数，董红敏等（2011）[14]根据中国畜禽养殖业的特点提出了我国畜禽养殖业产污系数和排污系数的计算方法。

（1）产污系数计算方法

考虑到畜禽的产污系数与动物品种、生产阶段、饲料特性等相关，为了便于计量畜禽养殖的产污系数，以天为单位，分别计算不同动物（生猪、奶牛、肉牛、蛋鸡、肉鸡、山羊、绵羊）、单个（头、只）动物在不同饲养阶段的产污系数。畜禽产污系数具体计算公式见式（2-2）：

$$FP_{i,j,k} = QF_{i,j} \times CF_{i,j,k} + QU_{i,j} \times CU_{i,j,k} \qquad (2-2)$$

式中，$FP_{i,j,k}$——每头（只）动物的产污系数，mg/d；

$QF_{i,j}$——每头（只）动物的粪便产量，kg/d；

$CF_{i,j,k}$——第 i 种动物第 j 阶段粪便中含第 k 种污染物的浓度，mg/kg；

$QU_{i,j}$——每头（只）动物的尿液产量，kg/d；

$CU_{i,j,k}$——第 i 种动物第 j 阶段尿液中含第 k 种污染物的浓度，mg/L。

由式（2-2）可知，畜禽原始污染物主要来自畜禽生产过程中产生的固体粪便和尿液两个部分，为了能够准确地获得各种组分原始污染物的产生量，首先需要测定不同动物每天的固体粪便产生量和尿液产生量，同时采集粪便和尿液样品进行成分分析，如固体粪便含水率、有机质、全氮、全磷、铜、锌、铅、镉等浓度，以及尿液中的 COD、氨氮、总氮、全磷、铜和锌、铅、镉等浓度，再根据式（2-2）就可以获得粪尿中各种组分的产污系数。

为了便于统计和分析比较，建议生猪分为保育、育成育肥和繁育母猪 3 个阶段，牛分为出生犊牛、育成牛和成乳母牛 3 个阶段，蛋鸡分为产蛋鸡、育雏育成 2 个阶段，肉鸡为 1 个阶段。

（2）排污系数计算方法

排污系数除受粪尿产生量及其污染物浓度的影响外，还应考虑固体粪便收集率、收集粪便利用率、污水产生量、污水处理设施的处理效率、污水利用量等因素。董红敏等（2011）[14]提出的排污系数计算方法见式（2-3）：

$$FD_{i,j,k} = \left[QF_{i,j} \times CF_{i,j,k} \times (1-\eta_F) + QU_{i,j} \times CU_{i,j,k} \right] \times (1-\eta_{T,k})$$
$$\times (1-\frac{WU}{WP}) + QF_{i,j} \times CF_{i,j,k} \times \eta_F \times (1-\eta_U) \quad (2-3)$$

式中，$FD_{i,j,k}$——每头（只）动物的排污系数，mg/d；

　　　η_F——粪便收集率，%；

　　　$\eta_{T,k}$——第 k 种污染物的处理效率，%；

　　　WU——污水利用量，m^3/d；

　　　WP——污水产生量，m^3/d；

　　　η_U——粪便利用率，%。

畜禽养殖业的排污系数也应考虑污水和固体废物 2 个部分：固体废物主要考虑收集粪便在贮存和处理过程中的流失率；污水则包括在畜禽舍中未收集的粪便、尿液和冲洗水等混合物，它是畜禽养殖排污系数的主要来源，畜禽养殖污水主要通过贮存、固液分离、厌氧沼气发酵、好氧处理、氧化塘及人工湿地等方式进行处理后利用或者排放。不同养殖场的处理方式和工艺组合不同，各种污染物的去除效率也不同，需要根据养殖场污水处理设施的实际运行情况，测试污水在各种处理系统前后的污染物浓度变化，计算得到不同污染物的处理效率。畜禽养殖污水的利用如灌溉农田、排入鱼塘的量计为利用量，污水经处理后的排放都认为是进入环境的污染物。

2.1.2　畜禽粪便产排量估算方法

产排污系数确定之后，研究者们对畜禽粪便产生量的估算方法无明显分歧。畜禽粪便产生量估算所用的关键参数包括畜禽的饲养量、饲养期和排泄系数。王方浩等（2006）[2]估算我国禽养殖业粪便产生量时所用的计算方法在研究中应用较为普遍。计算方法见式（2-4）：

$$Q = N \times T \times P \quad (2-4)$$

式中，Q——粪便产生量，kg/d 或 t/a；

　　　N——饲养量，只、头或匹；

　　　T——饲养期，天或年；

　　　P——排泄系数。

罗磊等（2009）[18]、倪润祥（2018）[19]等沿用该方法估算了我国不同时期的粪便产生量，侯世忠等（2013）[20]用该方法估算了 2010 年山东省畜禽粪便产生量，郭冬生等（2012）[5]用该方法估算了 2011 年湖南省畜禽粪便产生量，易秀等（2015）[7]用该方法估算了 2010年陕西省畜禽粪便产生量。

2.2 畜禽粪便产生量

2.2.1 全国畜禽粪便产生量

第一次全国污染源普查的标准时间点位为 2007 年 12 月 31 日，时期为 2007 年度。其中，农业源普查对象 2 899 638 个，包括种植业 38 239 个、畜禽养殖业 1 963 624 个、水产养殖业 883 891 个、典型地区（指巢湖、太湖、滇池和三峡库区 4 个流域）农村生活源 13 884 个。普查结果显示[21]，2007 年我国畜禽养殖业粪便产生量为 2.43 亿 t，尿液产生量为 1.63 亿 t；畜禽养殖业主要水污染物排放量为 COD 1 268.26 万 t、TN 102.48 万 t、TP 16.04 万 t、Cu 2 397.23 t、Zn 4 756.94 t；重点流域畜禽养殖业主要水污染物排放量为 COD 705.98 万 t、TN 45.75 万 t、TP 9.16 万 t、Cu 980.03 t、Zn 2 323.95 t。

王方浩等（2006）[2]基于文献调研结果和统计数据估算了 2003 年我国畜禽养殖业粪便产生量。其中，畜禽养殖数量来源于《中国畜牧业年鉴 2004》公布的统计资料，数据的截止时间是 2003 年年底；畜禽粪便排泄系数通过收集 1994—2004 年公开发表的文章取平均值确定。各类畜禽的饲养期：猪，平均饲养期一般为 199 天；牛，按用途分类分别计算，主要有用作役畜的水牛、黄牛以及肉牛和奶牛；羊、马、驴和骡，生长期一般长于一年；肉鸡，生长期为 55 天；鸭和鹅，生长期为 210 天；兔，生长期为 90 天。估算结果显示，2003 年我国畜禽粪便产生量约为 31.90 亿 t，远超过当年工业固体废物 10.00 亿 t 的总量；畜禽粪便中的 TN 为 1 394.60 万 t、TP 为 378.50 万 t。基于估算结果，笔者就畜禽粪便可能产生的环境效益进行了分析。首先，就畜禽粪便使用量而言，有研究认为每公顷耕地能够负担的畜禽粪便约为 30 t[22]；而王方浩等（2006）[2]的估算结果显示，全国耕地畜禽粪便负荷的平均值为 24 t/hm²，有 7 个省区超过 30 t/hm² 这一推荐值，其中以北京最高，达到 49 t/hm²。其次，就畜禽粪便中的氮、磷而言，王方浩等（2006）[2]的估算结果显示，2003 年我国单位面积耕地负荷的畜禽粪便纯氮（N）养分平均值为 107 kg/hm²，北京、河北、河南及山东 4 省（市）氮负荷超过 150 kg/hm²，其中，北京高达 230 kg/hm²；2003 年我国单位面积耕地负荷的畜禽粪便纯磷（P）养分平均值为 29 kg/hm²，8 个省区的磷负荷超过 35 kg/hm²，其中，北京以 70 kg/hm² 居全国首位。

林源等（2012）[23]利用全国第一次污染源普查的相关指标和相关文献中的排泄系数，在综合考虑畜禽饲养周期的情况下，估算了 2009 年中国畜禽粪尿产生总量。估算结果显示，2009 年全国畜禽粪便产生总量为 22.57 亿 t，其中蛋鸡粪便产生量约为 0.64 亿 t。全国不同省（市、区）中，河南的畜禽粪便中猪粪当量最高，达到 1.91 亿 t，占全国总猪粪当量的 8.74%，其后依次是山东、四川、内蒙古、河北和云南，畜禽粪便产生量均超过 1.10 亿 t 猪粪当量，它们总的猪粪当量占全国猪粪当量的 42.33%。由此可以看出，2009 年，我国畜禽养殖污染的中心仍在东部和南部，但已经不是张绪美（2008）[24]提出的北京、上海等大城市，河南、山东、四川以及河北等省份已经成为中国最大的养殖和污染风险省份。对于不同类型的畜禽，林源等（2012）[23]的研究数据显示，粪尿产生量较大的是牛（包括役用牛、肉牛和奶牛）、羊和生猪，分别占全国畜禽粪尿总量的 46.97%、15.99% 和 13.93%，比例最小的是兔，只占 0.26%。通过分析认为，造成此现象的原因是我国部分地区还保留着役用牛耕地的习惯，牛奶和牛肉的需求在逐年增加，所以牛的粪便产生量相对较高。

仇焕广等（2013）[25]结合宏观统计数据和实地调研数据，估算了我国总体和各省级行政区 2010 年畜禽粪便产生量，结果如表 2-3 所示。2010 年全国畜禽粪便总排放量为 19.00 亿 t，总污染量达到 2.27 亿 t，每公顷耕地面积的平均畜禽粪便污染量为 1.86 t。2010 年畜禽粪便排放量最多的 3 个省份分别是河南、四川、山东，3 省的污染量约占全国总污染量的 28%。北京、广东和福建是环境压力最大的 3 个省（市），单位污染量分别为 5.07 t/hm²、4.64 t/hm² 和 4.08 t/hm²，均超过全国平均值的一倍以上。总污染量超过 0.1 亿 t 的 10 个省（区）中，除四川、云南、广西外，其他基本集中于东部地区和东北地区。西藏、青海、宁夏、新疆由于畜禽养殖业欠发达，畜禽粪便污染程度相对较轻。除了畜禽污染总量，单位耕地面积的畜禽粪便污染量能更直观地反映畜禽养殖对区域环境的影响，如浙江虽然畜禽粪便污染总量仅为 0.05 亿 t，但由于耕地面积小，其单位耕地面积的畜禽粪便污染量高达 2.72 t/hm²。也就是说，我国东部地区畜禽集约化养殖高度发展，其面临的环境污染风险更高。

表 2-3　2010 年我国各省级行政区集约化畜禽养殖场污染物排放状况

地区	总排放量/亿 t	总污染量/亿 t	耕地面积/万 hm²	单位耕地平均污染量/（t/hm²）
全国	19.00	2.27	12 171.59	1.86
北京	0.09	0.01	23.17	5.07
天津	0.09	0.01	44.11	2.81
河北	1.19	0.13	631.73	2.04
山西	0.25	0.03	405.58	0.71
内蒙古	0.11	0.02	714.72	0.22
辽宁	0.95	0.11	408.53	2.63
吉林	0.76	0.07	553.46	1.33
黑龙江	0.92	0.08	1 183.01	0.68
上海	0.05	0.01	24.40	3.33
江苏	0.52	0.08	476.38	1.70
浙江	0.27	0.05	192.09	2.72
安徽	0.60	0.09	573.02	1.53
福建	0.32	0.05	133.01	4.08
江西	0.62	0.09	282.71	3.31
山东	1.52	0.19	751.53	2.47
河南	1.88	0.23	792.64	2.94
湖北	0.78	0.11	466.41	2.28
湖南	1.07	0.15	378.94	3.91
广东	0.74	0.13	283.07	4.64
广西	0.87	0.11	421.75	2.51
海南	0.15	0.02	72.75	2.56
重庆	0.38	0.04	223.59	1.84

地区	总排放量/亿 t	总污染量/亿 t	耕地面积/万 hm²	单位耕地平均污染量/（t/hm²）
四川	1.88	0.21	594.74	3.50
贵州	0.65	0.05	448.53	1.16
云南	1.14	0.10	607.21	1.64
西藏	0.00	0.00	36.16	0.03
陕西	0.34	0.04	405.03	1.02
甘肃	0.65	0.06	465.88	1.30
青海	0.01	0.00	54.27	0.29
宁夏	0.16	0.01	110.71	1.20
新疆	0.04	0.01	412.46	0.17

陶红军等（2016）[3]根据《中国畜牧业统计年鉴》确定生猪养殖量，并参考《第一次全国污染源普查畜禽养殖业源产排污系数手册》，估算了我国生猪养殖业粪便产生量。估算结果显示，2013 年，我国生猪养殖业共产生 1.21 亿 t 猪粪和 3.10 亿 t 猪尿，分别比 2001年增加了 23.41%和 27.68%；产生的猪粪尿中包含 COD 3 627.78 万 t、全氮 332.28 万 t、全磷 51.63 万 t、氨氮 73.55 万 t、Cu 1.68 万 t 和 Zn 2.73 万 t。

2.2.2　区域畜禽粪便产生量

在区域层面，根据实际调查结果估算畜禽粪便的产生量，对区域畜禽粪便污染防治具有更强的指导意义。区域层面的畜禽粪便排放量估算已有很多报道。

周凯等（2010）[4]基于河南 2008 年畜牧业统计年报数据和各种估算参数，估算了河南2008 年主要畜禽粪便排放总量。畜禽养殖量数据从河南省畜牧局 2008 年统计年报中获得，其中，奶牛和蛋鸡只考虑存栏数；存栏头数的饲养期按全年（365 天）计算，不同畜禽种类出栏头数的饲养期参考国内外资料确定，生猪平均饲养期 160 天，肉牛平均饲养期为 160天，肉兔平均饲养期为 140 天，肉鸡饲养周期平均为 45 天；排泄系数参考王新谋（1999）[26]和庞凤梅等（2008）[27]的研究结果，并结合对河南各类规模化养殖场的调查估算获得。估算结果显示，2008 年河南畜禽养殖业主要粪便排放总量为 28 120.3 万 t，其中粪的排放总量为 18 329.5 万 t，占排放总量的 65.2%；尿的排放总量为 9 790.8 万 t，占排放总量的34.8%。与王方浩等（2006）[2]的估算结果对比，河南畜禽粪便和尿液排放总量约占全国总排放量的 10%。从图 2-1 中可以看出，各类畜禽中生猪粪便排放量最高，占河南畜禽粪便排放总量的 39.5%；其次为肉牛、肉鸡、蛋鸡、肉羊，分别占排放总量的 27.0%、13.9%、8.3%、6.8%；肉兔和奶牛分别占排放总量的 0.8%和 3.7%，共占 4.5%。不同种类畜禽的尿排放总量以生猪最高，占河南畜禽尿排放总量的 83.4%；其次为肉牛，占 11.6%；肉羊、奶牛和肉兔分别占尿排放总量的 3.2%、1.5%和 0.3%，共占 5.0%。基于估算数据可以看出，河南省在大力发展生猪和肉牛养殖的同时，生猪和肉牛养殖也成为河南省畜禽粪便的主要来源。

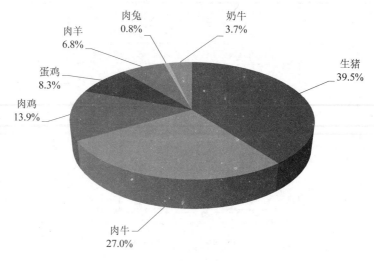

（a）粪便排放量

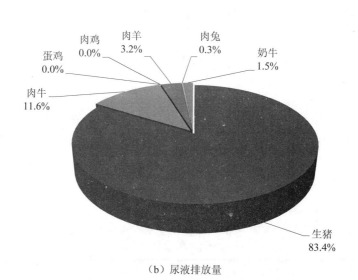

（b）尿液排放量

图 2-1　河南省 2008 年不同类型畜禽粪便和尿液产生量占比

　　郭冬生等（2012）[5]以《湖南农村统计年鉴 2011》中畜禽出栏数作为统计基数，估算了 2011 年湖南畜禽粪便排泄情况。其中，牛、猪、鸡、鸭的排泄系数参考国家环境保护总局文件《关于减免家禽业排污费等有关问题的通知》（环发〔2004〕43 号），羊和兔的排泄系数参考王方浩等（2006）[2]的研究结果。估算结果显示，2011 年湖南畜禽粪便产生总量为 6 680.29 万 t，猪和牛尿液总排泄量为 5 913.43 万 t，COD 为 327.49 万 t，BOD（生化需氧量）为 302.39 万 t，NH$_3$-N（氨氮）为 26.04 万 t，TP 为 30.78 万 t，TN 为 64.45 万 t。同时，参考刘荣乐等（2005）对畜禽粪便重金属含量的统计结果，估算了 2011 年湖南畜禽粪便重金属排泄量。结果显示，2011 年湖南畜禽粪便重金属排泄量依次为锌（Zn）3 802.54 t、铜（Cu）2 772.43 t、铬（Cr）335.67 t、铅（Pb）265.06 t、镉（Cd）51.11 t、镍（Ni）240.60 t、砷（As）47.63 t 和汞（Hg）2.16 t。

　　陈绍华等（2017）[8]依据 2008—2013 年清江流域畜禽养殖数据，估算了清江流域畜禽粪便产生量。其中，畜禽养殖量数据来自 2008—2013 年的《湖北统计年鉴》；畜禽饲养期参考国家环境保护总局公布的畜禽饲养周期数据和朱建春等（2014）[28]、易发钘（2013）[29]等的研究结果；畜禽排泄系数参考清江流域内各类养殖场的实地调查和易发钘（2013）[29]、刘杰等（2002）[30]的研究结果确定；畜禽粪便产生量估算方法与王方浩等（2006）[2]保持一致。估算结果如表 2-4 所示，2008—2013 年，清江流域猪、牛、羊、家禽的粪尿产生总量持续增长，年均增长率为 8.68%。在整个清江流域各类畜禽中粪尿产生量最大的是猪，占全部畜禽粪尿总量的 61.63%；其次是羊和牛，分别占 19.24% 和 15.91%；产生量最小的是家禽，仅占清江流域粪尿产生总量的 3.22%。基于估算数据可以看出，2008—2013 年，清江流域畜禽粪便农田负荷平均值为 20.30 t/hm²，畜禽养殖对整个流域的环境已经有了一定的影响。

表 2-4　2008—2013 年清江流域畜禽粪尿产生量[2]　　　　单位：10³ t/a

年份	猪粪	猪尿	牛粪	牛尿	羊粪	羊尿	家禽粪	总量
2008	2 016.6	2 933.3	798.8	479.3	999.1	499.6	244.1	7 970.8
2009	2 261.1	3 288.9	868.7	521.2	1 083.7	541.8	277.8	8 843.2
2010	2 430.6	3 535.4	969.3	581.6	1 215.1	607.5	314.4	9 653.9
2011	2 623.5	3 816.0	1 039.3	623.6	1 405.8	702.9	341.8	10 552.9
2012	2 816.6	4 096.6	1 128.3	677.0	1 464.2	732.9	370.1	11 285.2
2013	3 024.5	4 399.2	1 203.6	722.2	1 583.0	791.5	399.8	12 123.8
平均值	2 528.8	3 678.3	1 001.3	600.8	1 291.8	645.9	324.7	10 071.6
比例/%	61.63		15.91		19.24		3.22	

王晓燕等（2005）[16]根据 2000 年国家环境保护总局提供的产污系数估算得出北京畜禽粪尿年总产生量为 304.42 万 t。董晓霞等（2014）[6]依据北京 2000—2011 年的畜禽养殖量数据估算了北京畜禽粪便产生量。其中，畜禽饲养量方面，一般生长周期小于 1 年的按当年出栏数作为饲养量，生长周期大于 1 年的按年末存栏数作为饲养量；饲养周期方面，生猪为 160 天，牛和羊为 365 天，禽类为 176 天。排泄系数则参考日本《农业公害手册》和国内已有的研究结果[22]。估算结果显示，2000—2001 年，北京畜禽粪尿产生量为 1 129 104 t；2010—2011 年，北京畜禽粪尿产生量为 892 104 t；与 2000 年相比，2011 年北京畜禽粪尿产生量有所减少，但总量仍然较高。就不同畜禽类型而言，2000—2011 年，北京最严重的畜禽污染是牛（奶牛、肉牛）粪便污染，占全市畜禽粪便总量的 48.64%，其次是猪粪便与羊粪便，产生量分别占总量的 22.2% 和 21.8%，禽类粪便污染所占比重最小，仅为 7.32%。就不同区县而言，延庆县、怀柔区、海淀区、朝阳区、通州区牛粪便产生量所占比重均超过 50%，以延庆县比重最高，达到 72.1%。

李鹏等（2009）[31]以 2005 年为基准，估算了天津主要畜禽（猪、牛、羊、家禽等）的粪尿排放量。其中，畜禽饲养量数量来源于统计年鉴；存栏头数的饲养期按全年（365天）计算，出栏头数的饲养期参考国内外资料确定；畜禽排泄量通过调查天津各类规模化畜禽养殖场和养殖农户确定。估算结果显示，2005 年天津畜禽粪尿排放量为 1 306.32 万 t，其中，猪粪尿排放量最大（507.79 万 t），占总量的 38.87%；其次为牛（486.18 万 t），占总量的 37.22%；家禽（231.98 万 t）占总量的 17.76%，羊（80.37 万 t）占总量的 6.15%。

易秀等（2015）[7]在调查陕西各地（市）畜禽养殖数量、养殖结构的基础上，估算了各地（市）畜禽粪便排放量。其中，畜禽养殖量数据来自各地（市）的统计年鉴和农业部门的统计数据；畜禽饲养期和排泄系数等参考国内外有关资料。估算结果显示，2010 年，陕西猪、牛、羊、家禽、兔的粪便排放量依次为 648.2 t、1 956.4 t、987.6 t、149.6 t、3.8 t。

彭里等（2004）[15]通过对重庆畜禽养殖业进行调查，结合国内外有关研究，估算了重庆畜禽粪便产生量。畜禽养殖量数据从农业年报中收集；存栏头数的饲养期按全年计算，出栏头数的饲养期参考国内外资料和调查结果；排泄系数基于重庆各类畜禽养殖场和散养农户的调查结果确定。估算结果显示，2001 年，重庆畜禽粪尿总排放量为 7 421 万 t，其中排放量最大的是猪（4 570.8 万 t），占总量的 61.6%；其次为牛（2 119 万 t），占总量的 28.5%；家禽（391 万 t）占总量的 5.3%，羊（273.5 万 t）占总量的 3.7%，兔（53.4 万 t）占总量的 0.7%，马（13.2 万 t）占总量的 0.2%。

丁伟等（2009）[9]以 2006 年的《宁夏统计年鉴》为基础数据来源，估算了宁夏黄灌区畜禽粪便的产生量。其中，排泄系数参考 2000 年国家环境保护总局提供的产污系数，并根据实际调查和文献分析确定；畜禽饲养期，猪为 199 天、肉禽为 55 天、奶牛为 365 天。估算结果显示，宁夏黄灌区年产畜禽粪便 289.45 万 t、尿液 230.73 万 t。

侯世忠等（2013）[20]估算了 2010 年山东畜禽粪便产生量。其中，畜禽养殖量基础数据来源于 2010 年和 2011 年《山东农村统计年鉴》，畜禽排泄系数参考王方浩等（2006）[2]的研究结果。估算结果显示，2010 年，山东畜禽粪便产生量为 1.98 亿 t，超过当年工业固体废物（1.60 亿 t）的总量；畜禽粪便中 TN 为 98.53 万 t、TP 为 29.82 万 t。

2.3 畜禽粪便产生量影响因素

畜禽粪便的产生量受多种因素影响，如王方浩等（2006）[2]在估算我国畜禽养殖粪便产生量时曾对影响产生量的因素进行了分析。首先，畜禽饲养数量、饲养期、日排泄量及粪便中的养分含量是一组动态数据，特别是日排泄量和粪便中养分含量主要取决于畜禽个体大小和饲料成分，同时也与环境如季节、气候、管理水平等因素有关；其次，部分畜禽的饲养量有偏差，比如用作役畜的牛饲养数据采用的是水牛与黄牛的存栏数之和，实际上黄牛的存栏数包含了一部分还未达到出栏年龄的肉牛的存栏数，而役用牛的排泄系数较肉牛大，导致牛的粪便产生量计算结果可能偏大。统计数据也有一定的不准确性，比如在计算鸭和鹅的饲养数量时是将家禽出栏数减去肉鸡的出栏数之差作为鸭和鹅的饲养数量，但是广西和宁夏的结果为负数，所以在计算这部分粪便产生量时没有考虑这两个自治区，因此使计算的结果可能偏小。林源等（2012）[23]同样分析了影响畜禽粪便产生量的因素，与王方浩等（2006）[2]的分析结果类似。由此可知，畜禽饲养量、饲养周期、日排泄系数的不确定性，估算所用畜禽饲养量与实际存在偏差，未考虑畜禽形体大小等都可能影响估算结果。

除了畜禽本身，畜禽粪便的清理方式也直接影响畜禽粪便的产生量。一般情况下，采用人工干清粪工艺的废水中污染物浓度较低，对环境产生的污染小；而采用水冲粪工艺的废水中污染物浓度高，更容易导致污染物流向水体和土壤等环境中。祝其丽等（2011）[32]对全国 144 家规模化猪场清粪方式的调查结果显示，规模化猪场干清粪方式所占比例最高，为 63.0%，是规模化猪场主要的清粪方式；其次是水冲粪，占 23.6%；水泡粪方式仅占 3.4%，在小型养殖场没有水泡粪的清粪方式。郭卫广（2015）[33]对我国猪养殖数量最大的省份——四川的调查发现，2013 年，四川猪养殖的清粪方式主要是干清粪，占 71.1%，其次是水冲粪，占 27.6%。董晓霞（2014）[34]调查发现，我国 48.4%的奶牛场牛舍采用机械清粪的方式，43.8%的奶牛场仍采用人工清粪的方式，7.8%的奶牛场同时采用人工和机械清粪方式。通过对伊利和宜昌奶牛场的调查，人工清粪产生的尿液污水中污染物含量远低于机械清粪。

我国蛋鸡养殖的清粪方式主要有人工清粪、刮粪板清粪和传送带清粪三种。程龙梅等（2015）[35]调查显示，中小规模养殖场中有 50.30%采用人工清粪方式，50.71%采用刮粪板清粪方式，只有 0.71%采用传送带清粪方式；但在大型养殖场中，人工清粪方式只占 18.18%，刮粪板清粪方式占 77.27%，传送带清粪方式占 13.64%（部分养殖场/户使用了 2 种以上的清粪方式）。朱宁等（2013）[36]对我国 5 个蛋鸡主产省份（河北、辽宁、山东、湖北和四川）的 402 个规模蛋鸡养殖户清粪方式的调查结果表明，采用人工清粪方式的养殖户占总样本量的 50.50%，采用刮粪板清粪方式的占 49.50%，两种清粪方式的比例相当。

2.4 畜禽粪便资源化利用

2017 年 7 月，农业部印发的《畜禽粪污资源化利用行动方案（2017—2020 年）》提出，抓好畜禽粪便资源化利用，关系畜产品有效供给，关系农村居民生产生活环境改善，关系全面建成小康社会，是促进畜牧业绿色可持续发展的重要举措。针对畜禽粪便资源化利用，国家和研究人员给予了高度关注。

2.4.1 畜禽粪便资源化利用模式和现状

现阶段，畜禽粪便资源化利用的模式主要有肥料化、饲料化以及能源化。

1. 肥料化

畜禽粪便中含有丰富的氮、磷、钾和有机质等营养物质，是农业生产中一种优质的有机肥源。畜禽粪便肥料化利用不仅能够大量消化和转移规模化养殖所产生的废弃物，而且能够带动有机肥产业的发展，为化肥工业减负，并促进土壤改良、农产品品质改善和农业生态环境优化，推动生态农业的发展。畜禽粪便肥料化利用可分为直接还田和制作肥料两种。其中，直接还田是散养农户采用较多的方式，部分配套有耕地的养殖场也通过该方式处理部分粪便。采用直接还田可以节约粪便处理的成本，实现种养结合、循环利用，但是若粪便没有经过适当处理就直接施用，对土壤和周边水体可能会造成污染。

2. 饲料化

畜禽粪便不仅是优质的肥料，也是很好的饲料资源。实验证明，风干鸡粪中蛋白质含量为 24%～30%，猪粪为 3.5%～4.1%，牛粪为 1.7~2.3%。如果将我国畜禽粪便的 1/5 重新转化为饲料，则可以满足全国养殖业饲料的需求，同时可以节约 1 亿多 t 粮食资源。目前，畜禽粪便饲料化利用的途径主要有直接用作饲料、用作青贮原料、干燥处理以及分解利用等。

3. 能源化

畜禽粪便中纤维素类物质含量较高，通过糖酵解处理可以制成乙醇，也可通过直接热裂解释放能量。此外，畜禽粪便由于含水率较高，目前研究最多、应用最广泛的是沼气，即通过在密封容器内厌氧发酵，可以在释放热能的同时产生沼气，以用作建筑取暖，或用作燃料燃烧取暖做饭，实现能源化利用。利用畜禽粪便产生沼气不仅可以防止畜禽养殖业废弃物污染环境，也可以节省资源，同时沼气、沼渣也是一种高效的有机肥料。沼气发酵残留物中含有丰富的营养物质，浸种可以使种子的发芽率达到 98%以上，成活率提高 16%；用沼液作为助生长激素施于蘑菇，不仅可以使蘑菇产量提高 15%，同时还能缩短其生长周期 10 天左右。经过长时间对畜禽粪便用作沼气的研究，我国目前共兴建了大中型沼气工程 2 000 多座，农村沼气池用户达 1 060 万户，其数量占世界第一。但由于沼气工程一次性投资金额大、资金回收困难、日常维护费用高，使大部分养殖场因难以接受而无法大范围推广应用。

4. 畜禽粪便资源化利用现状

农业部 2016 年发布的数据显示[11]，我国每年产生畜禽粪便 38 亿 t，综合利用率不到60%。宣梦等（2018）[37]统计了我国畜禽粪便资源化利用模式的类别及比例，结果表明：不同规模、不同畜种粪便资源化利用模式存在一定差异，生猪、奶牛、肉牛养殖采用储存农用模式处理粪便的占 75%以上，蛋鸡、肉鸡养殖采用粪便生产有机肥的占 65%左右，粪便资源化利用模式主要与地区的自然特征、农业生产方式、养殖场规模、经济发展水平等相关。马建胜（2012）[38]分析了浙江省宁波市慈溪市畜禽粪便资源化利用状况。慈溪市以畜禽排泄物为原料的有机肥生产厂家有 2 家，合计年生产商品化有机肥 2.8 万 t，消化干粪3.2 万 t，相当于湿粪 10 万 t。截至 2014 年年底，该市共实施国家大中型沼气项目 6 个、省"811"规模化畜禽养殖排泄物治理项目 17 个、宁波市循环农业项目 6 个、宁波市规模化畜禽养殖场排泄物治理项目 15 个，累积建设沼气池 17 565 m³，完成 14 家规模畜禽养殖场截污纳管工程，规模化畜禽养殖场排泄物综合利用率达到 98%以上。

吕杰等（2015）[39]调查了辽宁省沈阳市辽中县规模化养殖畜禽粪便利用状况（图 2-2）。调查结果显示，2012 年辽中县畜禽粪便有机肥资源总量为 129.23 万 t，其中，用于生产商品有机肥的畜禽粪便资源为 10.5 万 t，约占总量的 8.1%；农户直接购买用于传统农家肥的畜禽粪便资源为 72.21 万 t，约占 55.9%；闲置丢弃的畜禽粪便资源为 46.52 万 t，约占 36.0%。

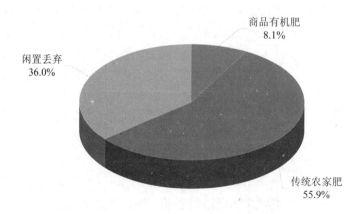

图 2-2　辽宁省辽中县畜禽粪便利用情况

2.4.2　畜禽粪便资源化利用方式

1. 肥料化

畜禽粪便中含有大量的有机质及矿物质元素，直接还田或经过堆肥发酵制成肥料还田后能起到比化肥更好的作用效果，不仅能提高土壤的肥力和有机质，而且能改善土壤的物理化学性质。

（1）直接施用。畜禽粪便直接还田是一种传统而又经济简便的方式。刘会强（2008）[40] 研究表明，巧施牛粪可治茄子根腐病。夏立忠等（2000）[41] 研究表明，生长牧草的土壤长期施用牛粪会使土壤对磷的吸附点位数量明显低于施用化肥；而畜禽粪便的直接还田对农作物也会产生一定的毒害，且其水分含量较高，大量施用时不方便。因此，在施用前需要一定的堆肥处理。

（2）腐熟堆肥法。堆肥化技术是目前应用最多、最广泛的一种畜禽粪便的处理方法，采用良好的堆制技术能在较短的时间内使粪便脱水、减量和无害化。畜禽粪便堆肥是在人工控制条件下，按照堆肥要求的水分、物料颗粒大小、碳氮比及通风量等条件，使物料混合均匀并堆积，依靠细菌、放线菌及微生物的作用进行生物化学反应，将畜禽废弃物中不稳定、复杂的有机成分加以分解，进而转变为稳定、简单的有机质成分。同时，随着温度的升高可消灭堆肥原料中的蛆蛹、虫卵及病原菌等，因而经过处理后的物料可以作为一种良好的有机肥施用。陈志宇等（2005）[42] 研究表明，通风、温度、含水率、碳氮比、填充料和 pH 值是堆肥过程中的主要影响因素。刘伟等（2008）[43] 提出，利用牛粪生产颗粒化有机肥解决了贮藏和运输不便的问题。

（3）生物处理法。王志凤（2007）[44] 研究了将利用蚯蚓处理过的畜禽粪便有机肥施用于农田中，与未利用蚯蚓处理的有机肥相比，农田土壤中磷、钾会增加。在国外，如美国、日本、巴西等已建成蚯蚓养殖场地并将其作为畜禽粪便处理的互补，进而解决了畜禽粪便的污染问题。周东升培育出北方寒地耐低温蚯蚓品种用于处理粪便，得到了由蚯蚓堆制的多功能有机肥，保障了土壤肥力资源的持续利用。Sang Wan P 等[45, 46] 研究表明，蚯蚓堆肥可以作为一种将滤泥转变为土壤肥料的处理技术。Tripathi 等[47] 研究发现，通过蚯蚓处理牛粪和厨房垃圾混合物会降低碳氮比。

2. 饲料化

畜禽粪便中含有丰富的矿物质、维生素及大量的营养物质，但病原菌微生物、寄生虫及其虫卵也同时存在于其中，需通过高温、膨化及微生物处理等手段消灭潜在的病菌及有害成分后再作为饲喂畜禽的饲料。

（1）直接喂养。直接饲喂法主要用于鸡粪，鸡所食的大部分营养物质没有消化就排出体外，排出的鸡粪中含有 25% 的粗蛋白。其中，氨基酸的含量大于谷物饲料中的含量，还含有大量的矿物质元素，所以可利用鸡粪来代替部分饲料饲养牛、猪。然而，此方法也存在许多问题，如鸡粪中的病菌、寄生虫易造成疾病的传播，但加入一定的化学试剂处理进而消灭病原微生物后再饲喂牛、猪效果良好。在美国，鸡粪混合垫草直接饲喂奶牛的方式已被普遍使用，用这种粪草饲喂奶牛，其结果与饲喂豆饼的饲料效果相同。此方法简单易行、效果较好，但是因鸡粪中含有病原微生物、寄生虫等，必须做好卫生防疫工作。潘国言等（2001）[48] 利用鸽粪饲养生猪，结果表明：添加 8.5%～12.5% 鸽粪的饲料可以加快猪的生长速度。

（2）干燥法。干燥法是在常温或高温条件下对畜禽粪便进行脱水处理的方法，分为生物干燥、自然干燥及机械干燥等。生物干燥法是美国科学家 Jew 最早提出的干燥畜禽粪便的方法，目的是利用微生物在堆肥过程中分解有机物的作用使粪便中的水分减少；而在堆肥过程中添加适量的处理剂可以提高粪便的温度，利于其水分的挥发。自然干燥法是在畜禽粪便中添加适量的麦麸并搅拌均匀，再摊在空旷通风的场地上，利用太阳光的照射和人为翻动让其达到干燥的目的，最后经机械破碎加入饲料中饲喂畜禽。虽然此方法投资少、易处理，但受天气影响较大且占地面积大，对病原菌、寄生虫及虫卵的处理效果不明显。机械干燥法通过压滤机或离心机对畜禽粪便强制脱水，可达到干燥的目的，此方法可以达到防疫和生产商品饲料的要求。新型的微波处理畜禽粪便也是有效的畜禽粪便干燥处理技术，其在保留畜禽粪便有机质的前提下，利用高频电磁波辐射达到快速干燥除臭的目的，可以采用连续进料的方式进行批量处理。该方法效率高，但成本投资也高。

（3）发酵法。发酵法是在畜禽粪便中加入酶制剂或微生物菌剂以及其他辅料，在适宜的温度下进行发酵，将所得产品饲养猪、鸡、鱼等动物。邹德松等（2009）[49]研究表明，用生物发酵牛粪制成的饲料无异味、消化率高、口感好。郭献岭等（2007）[50]将添加米糠和一些酶类物质的牛粪经发酵后制成猪饲料，能够节省 30%～40% 的常规饲料，且猪肉质量也很好。肖兵南（2008）[51]研究得出，脱水处理的牛粪经两个高低温进行发酵所得的饲料中粗蛋白的含量大大增加，具有良好的营养价值。发酵法处理具有节约资源、成本低、易推广等优点，同时也具有灭菌除臭的功能。

（4）分解法。分解法是通过蚯蚓、蜗牛和蝇对畜禽粪便进行处理以得到畜禽粪便的有机肥。可利用密闭的方式饲养蛆蝇，立体的模式套养蜗牛、蚯蚓，如此不仅可以提供动物蛋白质，而且能达到处理粪便的目的。日本学者已成功利用畜禽粪便制取单细胞蛋白，此方法经济可行、生态效益显著，但是畜禽粪便需经前期的灭菌及脱水处理，再经后期的蚯蚓和蜗牛饲喂、蝇蛆采收等，技术要求较高，并且温度要求较严格，还需要大量的人力、物力，故未得到大范围的推广。通过在养殖场地喷除臭制剂、收获蝇蛆时利用光照射把蝇蛆分开，可以使一些问题得以解决。

3. 能源化

（1）乙醇化利用。Liao W 等（2006）[52]研究表明，牛粪中半纤维素的含量为 12.7%、纤维素为 31.9%、木质纤维素为 55.4%，将畜禽粪便经过发酵处理后生成糖类物质，之后转变为酒精，即获得了以乙醇为主的原料物质。李静等（2008）[53]研究表明，超声波与碱联合预处理畜禽粪便能够强化预处理效果，还原糖的得率明显高于碱单独预处理时的得率，同时超声波与碱联合处理能够缩短反应时间，减少碱的用量。畜禽粪便是一种具有开发利用价值的宝贵资源，其中含有大量的纤维素。国内外已初步研究了畜禽粪便纤维素的乙醇化，然而我国仍未见报道。由于畜禽粪便纤维素具有结构紧密性，在微生物酶解乙醇化之前必须对纤维素进行预处理，才能提高酶解效率。

（2）热解化利用。畜禽粪便在缺氧或无氧条件下通过高温分解、直接液化和气化，最终可以生成经济价值较高的生物油、木炭及热解气等。K. S. RO 等（2009）研究表明，碳化或低速高温分解能提高猪粪中木炭的转化率。涂德浴等（2007）[54, 55]在研究畜禽粪便的热解中发现，温度为 450℃时生物油产率最大，并且小于 1 mm 的物料粒径对生物油的产率无影响。涂德浴等（2007）[54, 55]利用热重-微商热重分析法研究畜禽粪便热解时的动力学参数发现，畜禽粪便具有良好的受热性能。崔益华等（2006）[56]处理畜禽粪便后产生了一种可燃气体，此种可燃气体既可以直接燃烧，也可以用于发电。韩磊等（2009）[57]验证了煤和畜禽粪便混合之比为 6∶4 可压缩成蜂窝煤，其硫含量低于原煤。利用加入少量木屑的畜禽粪便可烧制成活性炭，作为生产火药、电池芯的优质原料，此方法与传统生产活性炭的方法相比大大减少了木材的使用量，既环保又经济。对畜禽粪便进行热解处理，不仅减轻了化石能源对环境的污染，也解决了燃煤能源短缺的问题，因此对畜禽粪便的生物质利用在实际推广过程中具有十分重要的现实意义。

（3）沼气化利用。沼气化发酵技术是在厌氧细菌的同化作用下，有效地对畜禽粪便中的有机质进行转化，最后生成具有经济价值的甲烷及部分二氧化碳，既可作为燃烧及发电使用，又可以将沼渣作为动物饲料或土地肥料，沼液还可以作为农作物的营养液。因此，沼气化利用是具有多种功能的生物质资源循环利用的一种生物技术，不仅适合于工厂化大规模生产的畜禽，也适合于小规模的家庭养殖。Masse D 等（2007）[58]研究了猪粪在序批式反应器中低温厌氧消化过程中营养物质的分布情况，表明氮、磷营养物质的含量会逐渐上升。Alvarez R 等（2009）[59]研究了利用不锈钢反应器使畜禽粪便产生气体的性能，表明进料负荷为 0.069%～0.135%时，甲烷产气量为 46.5%～56%。张翠丽等（2008）[60, 61]指出了畜禽粪便的最优氧化温度为 25～35℃。赵国明等（2007）研究了混推式高效畜禽粪便沼气系统。王真真等（2008）[62]研究表明，对添加 7.4%活性炭纤维的牛粪进行厌氧消化反应，可明显提高 COD 的去除率和反应器中沼气的含量。周岭等（2006）[63]研究表明，用氢氧化钠（NaOH）溶液处理过的牛粪的反应效果比水处理组的产气量增加 34%。对畜禽粪便进行厌氧发酵处理实现了能源物质的转换，减少了化石能源燃料的利用，并具有消除污染物、促进能源和资源循环利用等优点。

4. 其他利用方式

畜禽粪便栽培食用菌是指以经处理过的畜禽粪便作为培养基种植香菇、蘑菇等食用菌，使畜禽粪便达到无害化处理的目的。我国北方是食用菌的主要种植地，然而大多数种植户使用的培养基材料为玉米芯、棉籽壳及作物秸秆等，少数使用畜禽粪便。刘本洪（2002）[64]研究使用经处理过的鸡粪作为栽培蘑菇的培养基材料，生长的蘑菇整齐，且与作物秸秆作为培养基材料生长的蘑菇相比，平均高出 4 cm。李和平等（2015）[65]以稻草为主料，分别以干湿分离奶牛粪、草原肉牛粪、鸡粪为辅料制作培养基生产双孢菇，通过比较 3 种培养基对双孢菇菌丝和子实体生长、双孢菇营养品质、单产、生物学效率和经济效率的影响，研究了利用干湿分离奶牛粪生产双孢菇的可行性。结果表明：干湿分离奶牛粪组子实体容重高于其余 2 组，与草原肉牛粪组差异极显著（P①<0.01），其他指标差异不显著（$P>0.05$）。试验表明利用干湿分离奶牛粪制备培养基生产双孢菇是可行的，值得应用推广。

畜禽粪便作为栽培食用菌的培养基，不仅可以带来额外的经济效益，而且使畜禽粪便得到无害化处理。万学济等（2007）[66]探讨了奶牛粪用于双孢菇栽培的难点问题及对策。

---

①显著性差异（Significant Difference）通常用 P 表示：$P>0.05$ 表示差异性不显著；$0.01<P<0.05$ 表示差异性显著；$P<0.01$ 表示差异性极显著。

牛粪是双孢菇栽培的营养主料之一，按科学操作规程，在栽培双孢菇培养基比较通用的配方中干牛粪的比例一般都在 45%～55%，而这类培养基的生物学效率一般为 90%～100%，也就是说每生产 1 kg 双孢菇需消耗牛粪约为 0.5 kg。按此比例计算，我国每年双孢菇的总产量约为 300 万 t，则每年牛粪的需求量至少为 150 万 t，折合成鲜牛粪约为 1 000 万 t。徐明高（2010）[67] 组织菇农以废菌筒、稻草和牛粪为主要材料栽培双孢蘑菇 560 m^2，平均产鲜菇 9.6 kg/m^2，比常规栽培平均产量增产 1.4 kg/m^2，节省成本 1.2 元/m^2，取得了良好的经济效益和社会效益。

参考文献

[1] 高定，陈同斌，刘斌，等. 我国畜禽养殖业粪便污染风险与控制策略[J]. 地理研究，2006，25（2）：311-319.

[2] 王方浩，马文奇，窦争霞，等. 中国畜禽粪便产生量估算及环境效应[J]. 中国环境科学，2006，26（5）：614-617.

[3] 陶红军，陈荔晋，田义. 我国生猪养殖业产污量估算[J]. 中国畜牧杂志，2016，52（4）：37-42.

[4] 周凯，雷泽勇，王智芳，等. 河南省畜禽养殖粪便年排放量估算[C]. 中国青年生态学工作者学术研讨会，2010.

[5] 郭冬生，王文龙，彭小兰，等. 湖南省畜禽粪污排放量估算与环境效应[J]. 中国畜牧兽医，2012，39（12）：199-204.

[6] 董晓霞，李孟娇，于乐荣. 北京市畜禽粪便农田负荷量估算及预警分析[J]. 中国畜牧杂志，2014，50（18）：32-36.

[7] 易秀，叶凌枫，刘意竹，等. 陕西省畜禽粪便负荷量估算及环境承受程度风险评价[J]. 干旱地区农业研究，2015，33（3）：205-210.

[8] 陈绍华，杜冬云. 清江流域畜禽粪便产生量估算及环境效应分析[J]. 中南民族大学学报（自然科学版），2017，36（2）：15-20.

[9] 丁伟，额尔和花，王天新. 宁夏黄灌区畜禽粪便排放量估算及对环境影响判断[J]. 宁夏农林科技，2009（2）：54-56.

[10] 石建州，周索，赵金兵，等. 南阳市规模化养殖场畜禽粪便排放量估算与环境效应评价[J]. 家畜生态学报，2014，35（12）：76-81.

[11] 中华人民共和国农业部. 关于印发《关于推进农业废弃物资源化利用试点的方案》的通知[EB/OL]. http：//www.moa.gov.cn/govpublic/FZJHS/201609/t20160919_5277846.htm.

[12] 廖青，韦广泼，江泽普，等. 畜禽粪便资源化利用研究进展[J]. 南方农业学报，2013，44（2）：338-343.

[13] 吴景贵，孟安华，张振都，等. 循环农业中畜禽粪便的资源化利用现状及展望[J]. 吉林农业大学学报，2011，33（3）：237-242.

[14] 董红敏，朱志平，黄宏坤，等. 畜禽养殖业产污系数和排污系数计算方法[J]. 农业工程学报，2011，27（1）：303-308.

[15] 彭里，王定勇. 重庆市畜禽粪便年排放量的估算研究[J]. 农业工程学报，2004，20（1）：288-292.

[16] 王晓燕，汪清平. 北京市密云县耕地畜禽粪便负荷估算及风险评价[J]. 生态与农村环境学报，2005，21（1）：30-34.

[17] 全国农业技术推广服务中心. 中国有机肥料养分志[M]. 北京：中国农业出版社，1999.

[18] LUO L，MA Y，ZHANG S，et al. An inventory of trace element inputs to agricultural soils in China[J]. Journal of Environmental Management，2009，90（8）：2524-2530.

[19] NI R，MA Y. Current inventory and changes of the input/output balance of trace elements in farmland across China[J]. Plos One，2018，13（6）：e0199460.

[20] 侯世忠，张淑二，战汪涛，等. 山东畜禽粪便产生量估算及其环境效应研究[J]. 中国人口·资源与环境，2013，23；159（s2）：78-81.

[21] 中华人民共和国环境保护部，中华人民共和国国家统计局，中华人民共和国农业部. 关于发布《第一次全国污染源普查公报》的公告[EB/OL].（2010-02-06）http：//www.zhb.gov.cn/gkml/hbb/bgg/201002/t20100210_185698.htm.

[22] 国家环境保护总局自然生态保护司. 全国规模化畜禽养殖业污染情况调查及防治对策[M]. 北京：中国环境科学出版社，2002.

[23] 林源，马骥，秦富. 中国畜禽粪便资源结构分布及发展展望[J]. 中国农学通报，2012，28（32）：1-5.

[24] 张绪美. 中国畜禽养殖及其粪便污染特征与发展趋势分析[D]. 南京：中国科学院南京土壤研究所，2008.

[25] 仇焕广，廖绍攀，井月，等. 我国畜禽粪便污染的区域差异与发展趋势分析[J]. 环境科学，2013，34（7）：2766-2774.

[26] 王新谋. 家畜粪便学[M]. 上海：上海交通大学出版社，1999.

[27] 庞凤梅，李鹏，李玉浸，等. 天津市畜禽粪便年排放量估算及控制对策研究[J]. 农业资源与环境学报，2008，25（3）：82-85.

[28] 朱建春，张增强，樊志民，等. 中国畜禽粪便的能源潜力与氮磷耕地负荷及总量控制[J]. 农业环境科学学报，2014，33（3）：435-445.

[29] 易发钊. 梅江流域畜禽养殖排放污染物潜在负荷估算及其空间分布[D]. 江西师范大学，2013.

[30] 刘杰，陈振楼，刘培芳，等. 长江三角洲城郊畜禽粪便的污染负荷及其防治对策[J]. 长江流域资源与环境，2002，11（5）：456-460.

[31] 李鹏，李玉浸，杨殿林，等. 天津市畜禽粪便年排放量的估算[J]. 畜牧与兽医，2009，41（2）：32-34.

[32] 祝其丽，李清，胡启春，等. 猪场清粪方式调查与沼气工程适用性分析[J]. 中国沼气，2011，29（1）：26-28.

[33] 郭卫广，雍毅，陈杰，等. 四川省规模化养猪场污染物排放清单[J]. 中国农学通报，2015，31（14）：14-19.

[34] 董晓霞. 奶牛规模化养殖与环境保护[M]. 北京：中国农业科学技术出版社，2014：26-27.

[35] 程龙梅，吴银宝，王燕，等. 清粪方式对蛋鸡舍内空气环境质量及粪便理化性质的影响[J]. 中国家禽，2015，37（18）：22-27.

[36] 朱宁，马骥. 我国畜禽养殖场废弃物来源、处理方式及处理难度评估——以蛋鸡养殖场为例[J]. 中国畜牧杂志，2013，49（24）：60-63.

[37] 宣梦，许振成，吴根义，等. 我国规模化畜禽养殖粪污资源化利用分析[J]. 农业资源与环境学报，2018，35（2）：126-132.

[38] 马建胜，王立明，王建桥，等. 慈溪市畜禽养殖污染综合整治现状及对策调查[J]. 上海畜牧兽医通信，2012（6）：53-54.

[39] 吕杰，王志刚，郗凤明，等. 循环农业中畜禽粪便资源化利用现状、潜力及对策——以辽中县为例[J]. 生态经济，2015，31（4）：107-113.

[40] 刘会强. 茄子巧施牛粪可治根腐病[J]. 农村百事通，2008（4）：34.

[41] 夏立忠，AMDER. 长期施用牛粪条件下草原土壤磷的等温吸附与解吸动力学[J]. 土壤，2000，32（3）：160-164.

[42] 陈志宇，苏继影，栾冬梅. 猪粪好氧堆肥的影响因素[J]. 畜牧与兽医，2005，37（7）：53-54.

[43] 刘伟，王淑梅，苗霆，等. 利用牛粪生产颗粒化有机肥工艺[J]. 河南畜牧兽医：综合版，2008，29（8）：33-34.

[44] 王志凤. 利用蚯蚓处理畜禽养殖业固体废弃物的技术研究[D]. 济南：山东师范大学，2007.

[45] SANGWAN P，KAUSHIK C P，GARG V K. Vermicomposting of sugar industry waste（press mud）mixed with cow dung employing an epigeic earthworm Eisenia fetida[J]. Waste Manag Res，2010，28（1）：71-75.

[46] SANGWAN P，KAUSHIK C P，GARG V K. Vermicomposting of sugar industry waste（press mud）mixed with cow dung employing an epigeic earthworm Eisenia fetida[J]. Waste Manag Res，2010，28（1）：71-75.

[47] TRIPATHI G，BHARDWAJ P. Biodiversity of earthworm resources of arid environment.[J]. Journal of Environmental Biology，2005，26（26）：61-71.

[48] 潘国言，艾国良. 鸽粪对生长猪饲喂效果的试验[J]. 当代畜禽养殖业，2001（4）：19.

[49] 邹德松，邱美珍，周望平，等. 生物发酵牛粪饲料安全性评价[J]. 养殖与饲料，2009（7）：75-76.

[50] 郭献岭，周运强，方召强，等. 几种动物粪便制作饲料的方法[J]. 河南畜牧兽医：综合版，2007，28（10）：28-29.

[51] 肖兵南. 用牛粪制备生物饲料技术[J]. 中国科技成果，2008（6）：60.

[52] LIAO W，LIU Y，LIU C，et al. Acid hydrolysis of fibers from dairy manure[J]. Bioresource Technology，2006，97（14）：1687-1695.

[53] 李静，凌娟，刘茂昌，等. 超声波和碱联合预处理对畜禽粪便乙醇化的比较研究[J]. 重庆师范大学学报（自然科学版），2008，25（4）：82-85.

[54] 涂德浴，董红敏，丁为民，等. 畜禽粪便热化学转换特性和可行性分析研究[J]. 中国农业科技导报，2007，9（1）：59-63.

[55] 涂德浴，董红敏，丁为民，等. 畜禽粪便的热解特性和动力学研究[J]. 农业环境科学学报，2007，26（4）：1538-1542.

[56] 崔益华，薛建军，杰陶，等. 牛粪裂解制气工艺[P]. 2006.

[57] 韩磊，董红敏，陶秀萍. 牛粪混合煤渣压缩成型蜂窝煤特性研究[J]. 中国农业科技导报，2009，11（3）：126-130.

[58] MASSE D，CROTEAU F，MASSE L. The fate of crop nutrients during digestion of swine manure in psychrophilic anaerobic sequencing batch reactors[J]. Bioresource Technology，2007，98（15）：2819-2823.

[59] ALVAREZ R，LIDÉN G. Low temperature anaerobic digestion of mixtures of llama，cow and sheep manure for improved methane production[J]. Biomass & Bioenergy，2009，33（3）：527-533.

[60] 张翠丽，李轶冰，卜东升，等. 牲畜粪便与麦秆混合厌氧发酵的产气量、发酵时间及最优温度[J]. 应用生态学报，2008，19（8）：1817-1822.

[61] 张翠丽，杨改河，任广鑫，等. 温度对 4 种不同粪便厌氧消化产气效率及消化时间的影响[J]. 农业工程学报，2008，24（7）：209-212.

[62]　王真真，李文哲，公维佳. 以活性炭纤维为载体厌氧处理牛粪的实验研究[J]. 农机化研究，2008（2）：207-210.

[63]　周岭，祖鹏飞，齐军，等. 不同浓度 NaOH 对牛粪发酵的影响试验[J]. 可再生能源，2006（2）：47-49.

[64]　刘本洪. 高质量食用菌试管斜面培养基制作法[J]. 四川农业科技，2002（4）：17.

[65]　李和平，任俊玲，吴广军，等. 干湿分离奶牛粪制备培养基生产双孢菇对比试验[J]. 北方园艺，2015（13）：139-141.

[66]　万学济，戴红安，董利民，等. 浅析奶牛粪用于双孢菇栽培的难点问题及对策[J]. 上海畜牧兽医通讯，2007（6）：100-101.

[67]　徐明高. 利用废菌筒栽培双孢蘑菇高产技术初报[J]. 食用菌，2010，32（3）：56.

第3章 规模化养殖场畜禽粪便重金属含量现状调查

3.1 规模化养殖场不同类型畜禽粪便重金属含量现状调查与统计分析

为了解我国规模化养殖场畜禽粪便中重金属的污染情况，农业农村部农业生态与资源保护总站联合全国农业环保部门和地方农业科学院，调查了部分地区 4 种不同类型畜禽粪便中的重金属含量，评估其生态风险，并分析其可能的来源，为畜禽粪便重金属安全现状、溯源及防治措施解析奠定了数据基础与依据。

3.1.1 调查范围及数据来源

通过相关文献检索、统计年鉴、信息资料收集及实地调研，统计分析了北京、上海、天津、吉林、河北、山东、山西、陕西、浙江、福建、广西、广东、江苏等 32 个地区的163 个规模化养殖场 4 种不同类型的畜禽粪便（猪粪、鸡粪、牛粪、复合粪）样品共 1 720个（附表），时间主要集中在 2010—2016 年，检测了样品中的铜、锌、铅、镉、汞、砷、铬和镍 8 种重金属的含量。

3.1.2 规模化养殖场畜禽粪便重金属含量

在本次调查的 8 种重金属元素（铜、锌、铅、镉、汞、砷、铬、镍）中，铜和锌是畜禽生长的必需微量元素，铅、镉、汞、砷、铬和镍属于畜禽生长的非必需元素。调查显示，4 种畜禽粪便中，猪粪的铜、锌和砷含量的平均值最高；鸡粪中铅、镉、铬和镍含量高于其他类型粪便；复合粪便中汞含量在 4 种粪便类型中最高（表 3-1）。从含量角度来看，在一定程度上说明：猪粪的铜、锌和砷，鸡粪的铅、镉、铬和镍，复合粪的汞的污染风险较高。

表 3-1　不同类型粪便中重金属元素含量平均值　　　　　单位：mg/kg

	铜	锌	铅	镉	汞	砷	铬	镍
猪粪	617.81*	1 217.64*	6.62	4.53	0.13	36.29*	31.73	11.72
鸡粪	107.66	342.70	13.78*	6.12*	0.13	9.14	70.59*	12.45*
牛粪	75.98	224.10	9.08	0.42	0.12	2.83	16.84	7.41
复合粪	95.79	350.90	12.97	0.91	1.19*	8.90	11.94	9.52

*为最大值。

3.1.3　评价标准

目前，国内文献关于畜禽粪便中重金属含量的评价标准主要基于我国的农业行业标准《有机肥料》（NY 525—2012）[1]、德国的《腐熟堆肥中部分重金属限量标准》以及加拿大环境部长委员会根据土壤中最高背景值确定的 A 级堆肥中重金属最高限量，本次分析综合了国内外肥料重金属限量准值，优先采用国家标准，其次采用德国与加拿大最小限量标准值，具体如表 3-2 所示。

表 3-2　各国肥料中重金属含量评价限量标准值　　　　单位：mg/kg

	铜	锌	铅	镉	汞	砷	铬	镍
中国	—	—	50	3	2	15	150	—
德国	100	400	150	1.5	1	—	100	20
加拿大	100	500	150	3	0.8	13	210	62
综合*	100	400	50	3	2	15	150	20

*为此次评价使用的限量标准值。

3.1.4　风险评估

1. 猪粪、鸡粪、牛粪和复合粪的重金属污染风险综合评估

依据表 3-2 中的限量标准值，基于调研数据将 4 种畜禽粪便重金属含量除以综合限量标准值，得到图 3-1，从中可以看出：猪粪重金属污染风险最大，其次为鸡粪，牛粪和复合粪的重金属污染风险相对较小。

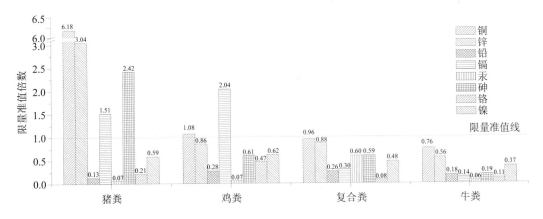

注：限量准值倍数为畜禽粪便重金属含量/限量准值。

图 3-1　4 种不同类型粪便中重金属风险评估

在本调查中，猪粪中主要的超标重金属为铜、锌、砷和镉。其中，猪粪中锌含量是德国和加拿大肥料限量标准的 3.04 倍和 2.44 倍，铜含量是德国和加拿大肥料限量标准的 6.18 倍，镉含量和砷含量分别是我国标准限量值的 1.51 倍和 2.42 倍。而铅、汞、铬、镍含量没有超过上述综合限量标准值。

有研究表明，猪饲料中添加 150～250 mg/kg 的铜能促进饲料利用率和仔猪的生长。在饲料市场未严格规范时，添加高剂量的铜试剂得到广泛的认可和应用。但实际的应用中，畜禽对铜的吸收有限，在高剂量铜饲料中经过动物机体代谢后，90%以上的铜会经粪便排出体外。此外，锌是多种蛋白酶的活性成分，并且可以促进猪对饲料的消化和吸收。我国对猪饲料中锌的允许量为≤250 mg/kg，由于动物对锌的利用率较低，90%～95%的锌被排出体外因而造成环境压力。可以推断，生物对重金属的蓄积性导致猪粪中多种重金属含量超标，如不妥善处理将会对环境产生较大风险。自 2007 年开始，我国已成为世界上最大的肉猪养殖国，肉猪养殖量占全球的 45.79%左右，猪粪的产生量也明显大于其他几类畜禽粪便。如图 3-1 所示，猪粪的铜、锌、砷和鸡粪的镉的限量标准值倍数明显高于其他畜禽粪便且都在 2 倍以上，因此在 4 种畜禽粪便中猪粪的重金属污染风险最高，其铜、锌、砷污染的风险较大；鸡粪的重金属污染风险次之，其镉污染风险较高。

2．符合我国和国外限量标准评估

本调查中涉及的牛粪和复合粪便中，仅有复合粪中汞含量超过德国和加拿大肥料标准的 19.00%和 48.75%，其余各项重金属含量均低于标准限量，其中牛粪中各重金属含量均未超过国内外限量标准。因此，在调查范围内牛粪和复合粪便中重金属含量基本符合我国和国外限量标准，对环境的污染风险较小，其中牛粪重金属污染风险最小。

3．畜禽粪便重金属含量区域评估

不同地区的养殖模式和饲料添加剂用量的差异会造成不同地区的畜禽粪便中重金属含量差别。数据分析表明，北方和南方畜禽粪便中铜含量超标率分别为 43.05%和 37.50%，锌含量超标率分别为 38.57%和 30.00%，砷含量超标率分别为 15.25%和 13.56%。由此可以得出结论，从区域区分来看，北方畜禽粪便的重金属含量普遍高于南方。

4．畜禽粪便重金属含量空间分布评估

从空间分布特征看，在调查区域中畜禽粪便铜和锌污染风险呈现遍地性，镉、砷和镍污染风险存在地区差异但无地域规律性，铅、汞和铬的污染风险较小，表明畜禽粪便重金属污染多由人为源造成。

本调查选择东北、华北、华南、黄淮海、西北、西南和长江中下游 7 个地区，因畜禽粪便中重金属含量数据有限，部分地区只涉及部分省市，若需要进一步摸清畜禽粪便重金属污染情况需要详查完善数据。基于现有数据分析统计（图 3-2、图 3-3 和图 3-4）得出如下结果：猪粪中铜和锌含量基本都超标（西南地区猪粪锌含量除外），呈现污染风险遍地性，铜的限量标准倍数都在 5 倍以上，锌的限量标准倍数大部分在 3 倍左右；东北与西北地区镉超标显著，其中东北地区猪粪镉污染风险较高（限量标准倍数 19.89 倍）；华南与长江中下游地区猪粪中砷含量超标显著，华南地区猪粪砷污染风险较高（限量标准倍数 3.31 倍）。鸡粪在东北和黄淮海地区镉含量超标显著，其中黄淮海地区镉污染风险较高（限量标准倍数 5.74 倍）；华北、黄淮海和长江中下游地区铜含量超标且倍数约为 1.5 倍；东北与西北地区镍含量超标显著倍数也约为 1.5 倍；黄淮海地区锌含量有轻微超标的倾向。

牛粪中仅有华北地区的铜含量轻微超标（超出限量标准 20%）。畜禽粪便的铅、汞和铬含量基本都符合我国限量准值，各省情况见附表。

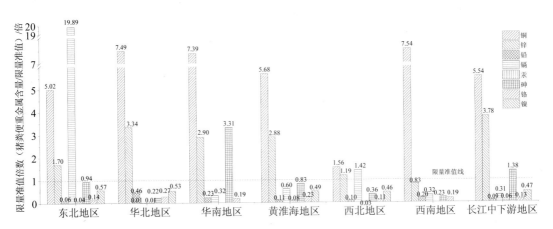

图 3-2　不同地区猪粪便重金属风险评估比较

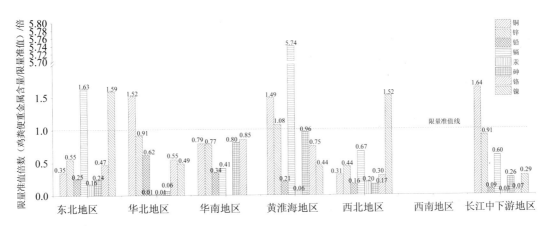

图 3-3　不同地区鸡粪便重金属风险评估比较

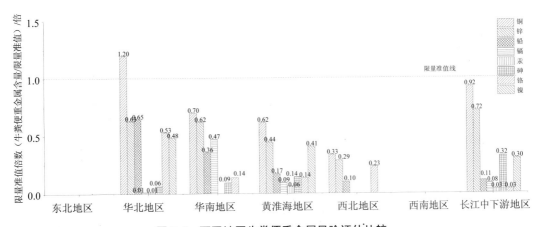

图 3-4　不同地区牛粪便重金属风险评估比较

铜含量超标情况：除西北地区外的其余 6 个地区猪粪中铜含量都在限量准值的 5 倍以上，西北地区猪粪与华北、黄淮海和长江中下游地区鸡粪中铜含量都超过我国限量准值约50%，华北地区的牛粪中铜含量超过我国限量准值的 19.61%，可见各地区猪粪中铜污染风险高，华北、黄淮海和长江中下游地区鸡粪以及华北地区的牛粪有一定的铜污染风险。

锌含量超标情况：华北、华南、黄淮海和长江中下游地区的猪粪中锌含量都在我国限量准值的 3 倍左右，东北和西北地区的猪粪中锌含量分别超过我国限量准值的 70.47%和 18.66%，鸡粪中锌含量仅有黄淮海地区超过我国限量准值的 7.78%，牛粪中锌含量在各地区都不超标，可见华北、华南、黄淮海和长江中下游地区的猪粪中锌污染风险高，东北和西北地区的猪粪与黄淮海地区的鸡粪有一定的锌污染风险。

镉含量超标情况：东北地区的猪粪中镉含量（59.66 mg/kg）是我国限量准值的 19.89 倍；黄淮海地区的鸡粪中镉含量（17.22 mg/kg）是我国限量准值的 5.74 倍；此外，东北地区的鸡粪中镉含量和西北地区的猪粪中镉含量分别超出我国限量准值的 63.00%和 42.39%，其余都不超标，可见东北地区的猪粪和鸡粪、黄淮海地区的鸡粪中镉污染风险较高，西北地区的猪粪也有一定的镉污染风险。

砷含量超标情况：仅有猪粪中含量超标，华南地区的猪粪中砷含量（49.66 mg/kg）是我国限量准值的 3.31 倍；长江中下游地区的猪粪中砷含量（20.71 mg/kg）超出我国限量准值的 38.04%，可见华南与长江中下游地区猪粪砷污染风险较高，华南地区砷污染风险最高。

镍含量超标情况：仅有鸡粪中镍超标，东北地区的鸡粪中镍含量（31.85 mg/kg）、西北地区的鸡粪中镍含量（30.40 mg/kg）分别超过我国限量准值的 59.25%、52.00%，可见东北与西北地区鸡粪中存在镍污染风险。

5. 溯源分析

畜禽粪便中的重金属来源主要是饲料添加剂。据报道，中国每年使用重金属元素添加剂为 $1.5 \times 10^5 \sim 1.8 \times 10^5$ t，但由于生物利用率低，大约有 1.0×10^5 t 未被利用而随粪尿排出。铜和锌作为畜禽生长的必需微量元素，在一定程度上能促进动物的生长。在实际生产应用中，高剂量的铜、锌元素饲料添加剂导致畜禽粪便中这两种元素的超标。而镉、汞、铬和镍等非必需元素则很可能是使用养殖饲料和使用含上述元素的药物所致，因为两者的相关性程度较高。而铅、砷污染一方面是饲料中添加微量铜源和锌源时，因铜和锌不纯而常常在矿石中伴有铅，导致铅超标；另一方面是由人类的活动导致，如汽车尾气中铅超标造成空气中铅浓度过高，铅再通过大气沉降进入牧草。

3.1.5　总结

结论一：规模化养殖场畜禽粪便中，猪粪中的锌、铜、镉、砷以及鸡粪的镉和砷含量平均值超过我国和国外肥料重金属含量的限量标准。饲料添加剂和兽用药剂中的高剂量重金属是主要的污染源，这一问题对土壤环境和人体健康存在较高的风险性需要重点关注，应该对畜禽饲料和兽药进行严格管控。

结论二：规模化养殖场畜禽粪便中，牛粪和复合粪便中重金属含量基本符合国内和国外肥料重金属含量的限量标准。使用鸡粪、牛粪和复合粪便作为肥料对土壤环境风险相对较小，但仍需要根据实际情况而定。

结论三：对于重金属污染敏感区，畜禽有机肥安全性有待评估，治理效果尚不明确，存在二次污染风险，建议谨慎使用。特别是长期以来受到工矿企业、污水灌溉、大气沉降重金属污染的农用地，以及土壤重金属背景值较高的风险区，施用有机肥应经过风险评估后再施用，建议只使用未超标且合格有机肥，防止二次污染。

结论四：不同地区的畜禽粪便中重金属含量差异很大，但通过调查数据分析表明，北方和南方畜禽粪便中重金属含量总体差异不大，在调查区域中畜禽粪便铜和锌污染风险呈现遍地性，镉、砷和镍污染风险存在地区差异，污染源多为人为源。

3.2   1980—2010 年我国规模化养殖场畜禽粪便及商品有机肥重金属含量情况

3.2.1   数据来源

1980—2010 年我国规模化养殖场畜禽粪便重金属及商品有机肥含量数据是通过文献查阅及实地采样分析两种方法获得的。文献查阅主要是通过中国知网文献数据库检索，以万方数据库为辅，筛选出 1980—2010 年畜禽粪便和商品有机肥文献中的重金属含量数据。

3.2.2   1980—2010 年规模化养殖场畜禽粪便及商品有机肥重金属含量情况

1. 1980—2010 年规模化养殖场畜禽粪便重金属含量情况

1980—2010 年，我国规模化养殖场畜禽粪便重金属含量见表 3-3。我国 1980—2010 年的畜禽粪便中，镉含量为 0.03～249.00 mg/kg，含量值域范围跨度大，中位值为 1.27 mg/kg，平均值为 12.06 mg/kg，中位值低于标准值但平均值明显高于标准值（3 mg/kg，NY 525—2012[1]）；铅含量为 0.70～197.44 mg/kg，中位值为 9.57 mg/kg，平均值为 16.33 mg/kg，中位值和平均值都低于标准值（50 mg/kg，NY 525—2012[1]）；砷含量为 0.01～129.00 mg/kg，含量值域范围跨度大，中位值为 7.26 mg/kg，平均值为 17.75 mg/kg，中位值低于标准值但平均值略高于标准值（15 mg/kg，NY 525—2012[1]）；汞的含量为未检出～250.61 mg/kg，含量值域范围跨度大，中位值为 0.06 mg/kg，平均值为 10.35 mg/kg，中位值低于标准值但平均值明显高于标准值（2 mg/kg，NY 525—2012[1]）；铜含量为 9.69～1 126.00 mg/kg，含量值域范围跨度大，中位值为 113 mg/kg，平均值为 254.89 mg/kg，中位值和平均值大于 100 mg/kg；锌含量为 25.00～5 004.17 mg/kg，含量值域范围跨度大，中位值为 286.75 mg/kg，平均值为 537.86 mg/kg，中位值低于 400 mg/kg，但平均值高于 400 mg/kg；镍含量为 4.29～1 501.14 mg/kg，含量值域范围跨度大，中位值为 13.6 mg/kg，平均值为 97.38 mg/kg，中位值低于 20 mg/kg，但平均值明显高于 20 mg/kg。

表 3-3   1980—2010 年规模化养殖场畜禽粪便的重金属含量统计   单位：mg/kg

元素	样本组数	最小值	最大值	算术均值		分布类型	分布	
				均值	标准误		偏斜度	峰度
镉	76	0.03	249.00	12.06	4.29	偏态分布	4.60	23.83
铅	78	0.70	197.44	16.33	3.16	偏态分布	4.59	24.99
砷	48	0.01	129.00	17.75	3.76	偏态分布	2.43	6.88
汞	37	未检出	250.61	10.35	6.96	偏态分布	5.41	30.78
铜	111	9.69	1 126.00	254.89	28.65	偏态分布	1.46	1.06
锌	108	25.00	5 004.17	537.86	78.05	偏态分布	3.92	17.62
镍	26	4.29	1 501.14	97.38	58.04	偏态分布	4.62	22.37

如表 3-4 所示，我国 1980—2010 年的畜禽粪便中，镉含量 80%分位数已超过标准值（3 mg/kg，NY 525—2012[1]），铅含量 90%分位数未超过标准值（50 mg/kg，NY 525—2012[1]），砷含量 70%分位数已超过标准值（15 mg/kg，NY 525—2012[1]），汞含量 90%分位数才超过标准值（2 mg/kg，NY 525—2012[1]），铜含量 50%分位数早已超过 100 mg/kg，锌含量 70%分位数已超过 400 mg/kg，镍含量 70%分位数已超过 20 mg/kg。

表 3-4　1980—2010 年规模化养殖场畜禽粪便中重金属含量百分位数值　　　　单位：mg/kg

元素	5%	10%	25%	30%	40%	50%	60%	70%	75%	80%	90%
镉	0.14	0.23	0.54	0.68	1.06	1.27	1.44	2.15	2.49	3.72	27.82
铅	1.56	1.92	3.73	4.29	6.63	9.57	11.93	14.94	16.93	19.25	31.10
砷	0.04	0.38	1.91	2.39	3.74	7.26	9.47	19.32	24.00	29.47	59.96
汞	未检出	0.01	0.04	0.04	0.05	0.06	0.08	0.09	0.12	0.24	23.95
铜	22.64	24.47	41.35	53.67	82.24	113.00	150.07	278.26	455.00	517.96	760.70
锌	51.78	77.98	157.30	169.30	213.96	286.75	372.27	502.70	576.98	757.80	1 066.33
镍	4.61	5.22	7.27	7.76	9.24	13.60	19.18	23.23	27.10	31.95	248.85

综上所述，我国 1980—2010 年的畜禽粪便中 7 种重金属含量均属偏态分布，数据分布较为离散，含量值域范围跨度大，中位值明显比平均值小，因此采用中位值来表征重金属含量特征较为合适。在一定程度上表明：我国 1980—2010 年的畜禽粪便的 7 种重金属含量中，铜的污染风险较高，其次为锌、镍、砷、镉，汞和铅的污染风险相对较小。

2. 1980—2010 年商品有机肥中重金属含量情况

1980—2010 年，我国商品有机肥中重金属含量如表 3-5 所示。1980—2010 年我国商品有机肥中镉的含量为 0.11~8.14 mg/kg，中位值为 0.90 mg/kg，平均值为 1.66 mg/kg，中位值和平均值均小于标准值（3 mg/kg，NY 525—2012[1]）；铅的含量为 0.007~40.79 mg/kg，含量值域范围跨度大，中位值为 12.76 mg/kg，平均值为 13.63 mg/kg，中位值和平均值较为接近且都低于标准值（50 mg/kg，NY 525—2012[1]）；砷的含量为 0.01~77.20 mg/kg，含量值域范围跨度大，中位值为 5.51 mg/kg，平均值为 14.25 mg/kg，中位值和平均值均小于标准值（15 mg/kg，NY 525—2012[1]）；汞的含量为未检出~452.20 mg/kg，含量值域范围跨度大，中位值为 0.09 mg/kg，平均值为 40.17 mg/kg，中位值与平均值相差很大，中位值明显低于标准值但平均值明显高于标准值（2 mg/kg，NY 525—2012[1]）；铜的含量为 13.00~1 454.00 mg/kg，含量值域范围跨度大，中位值为 92.50 mg/kg，平均值为 244.06 mg/kg，中位值略低于 100 mg/kg，但平均值明显高于 100 mg/kg；锌的含量为 14.10~1 763.00 mg/kg，含量值域范围跨度大，中位值为 252.29 mg/kg，平均值为 398.37 mg/kg，中位值和平均值均低于 400 mg/kg；镍的含量为 8.10~21.10 mg/kg，中位值为 17.61 mg/kg，平均值为 16.41 mg/kg，中位值、平均值均低于 20 mg/kg；铬的含量为 0.10~250.61 mg/kg，含量值域范围跨度大，中位值为 33.29 mg/kg，平均值为 40.33 mg/kg，中位值和平均值均明显小于标准值（150 mg/kg，NY 525—2012[1]）。根据表 3-5 中偏斜度和峰度两项数据得出，8 种重金属含量数据均属于偏态分布，且其含量变化范围较大，所以简单的均值分析不能代表样品实际重金属含量概况，需进一步对其含量的各百分位数值及含量直方分布进行详细分析。

表 3-5　1980—2010 年商品有机肥重金属含量统计　　　单位：mg/kg

元素	样本组数	最小值	最大值	算术均值		分布类型	分布	
				均值	标准误		偏斜度	峰度
镉	45	0.11	8.14	1.66	0.27	偏态分布	1.94	4.14
铅	46	0.01	40.79	13.63	1.74	偏态分布	0.57	−0.61
砷	39	0.01	77.20	14.25	3.33	偏态分布	2.01	3.24
汞	27	未检出	452.20	40.17	22.29	偏态分布	3.24	9.70
铜	44	13.00	1 454.00	244.06	47.37	偏态分布	2.05	4.46
锌	43	14.10	1 763.00	398.37	69.06	偏态分布	1.75	2.10
镍	14	8.10	21.10	16.41	1.16	偏态分布	−0.99	−0.15
铬	31	0.10	250.61	40.33	8.25	偏态分布	3.37	14.84

由表 3-6 可知，1980—2010 年我国的商品有机肥中，镉含量 90%分位数才超过标准值（3 mg/kg，NY 525—2012[1]），铅含量 90%分位数未超过标准值（50 mg/kg，NY 525—2012[1]），砷含量 80%分位数才超过标准值（15 mg/kg，NY 525—2012[1]），汞含量 80%分位数才超过标准值（2 mg/kg，NY 525—2012[1]），铜含量 60%分位数早已超过 100 mg/kg，锌含量 75%分位数已超过 400 mg/kg，镍含量 80%分位数已超过 20 mg/kg，铬含量 90%分位数未超过标准值（150 mg/kg，NY 525—2012[1]）。镉元素含量分布的最大比例为 20%，集中在 1 mg/kg 以内随浓度增大其分布比例基本呈下降趋势，仅在 2～2.5 mg/kg 内数据比例约为 10%，而几个高浓度数据则为零散分布；铅元素含量分布的最大比例为 20%，集中在 1 mg/kg 以内，随后随浓度增大其分布比例先上升后下降，但各含量区间的基本分布比例较为均匀，都在 5%左右；铜元素含量分布的最大比例为 25%，集中在 150 mg/kg 以内，其后各含量区间的基本分布比例较为均匀，数据比例约为 5%，而几个高浓度数据仅为个别；锌元素含量分布约 35%集中在 500 mg/kg 以内，其后几个高浓度数据含量区间的基本分布比例较为均匀，数据比例约为 2%，个数较少；另外，砷、汞、镍几种重金属元素由于样本数较少，在此不予分析。

表 3-6　1980—2010 年商品有机肥重金属含量百分位数值　　　单位：mg/kg

元素	5%	10%	25%	30%	40%	50%	60%	70%	75%	80%	90%
镉	0.15	0.23	0.42	0.46	0.54	0.90	1.41	2.21	2.40	2.52	4.33
铅	0.11	0.40	1.15	3.98	8.93	12.79	15.86	17.81	23.48	25.25	30.70
砷	0.05	1.00	1.60	2.01	3.60	5.51	9.40	10.00	11.60	28.00	48.30
汞	0.01	0.02	0.06	0.07	0.08	0.09	0.23	0.28	0.32	21.36	156.22
铜	22.36	34.88	46.73	49.85	57.94	92.50	133.00	278.84	316.93	496.28	666.10
锌	16.84	21.10	110.50	133.04	186.23	252.29	293.34	393.83	458.30	491.12	1 338.00
镍	8.10	8.25	12.63	14.71	17.23	17.61	18.00	19.38	19.68	20.20	21.02
铬	0.10	0.13	18.20	18.47	28.07	33.29	38.78	48.91	49.90	52.43	68.76

综上所述，1980—2010 年我国商品有机肥中 8 种重金属整体比畜禽粪便中重金属含量低，其中铜的污染风险较高，其次为锌、镍、砷、汞，镉、铬和铅的污染风险相对较小。

3. 1980—2010 年畜禽粪便与商品有机肥重金属含量对比分析

对照我国的农业行业标准《有机肥料》（NY 525—2012）[1]，由表 3-7 和图 3-5 可知，1980—2010 年我国畜禽粪便中镉含量超标率（13.16%）基本与商品有机肥中镉含量超标率（15.03%）相似，但畜禽粪便中镉中位值（1.27 mg/kg）高于商品有机肥中镉中位值（0.90 mg/kg），两者中位值均未超标；畜禽粪便中铅含量超标率为 1.3%，商品有机肥中铅含量均未超标，但畜禽粪便中铅含量中位值（9.57 mg/kg）低于商品有机肥中铅中位值（12.79 mg/kg），两者中位值均未超标；畜禽粪便中砷含量超标率（14.6%）高于商品有机肥中砷含量超标率（10.2%），且畜禽粪便砷中位值（7.26 mg/kg）高于商品有机肥中砷中位值（5.51 mg/kg），两者中位值均未超标；畜禽粪便中含量汞超标率（6.71%）低于商品有机肥中汞含量超标率（10.87%），且畜禽粪便汞中位值（0.06 mg/kg）低于商品有机肥汞中位值（0.09 mg/kg），两者中位值均未超标；畜禽粪便中铜含量中位值（113.00 mg/kg）高于商品有机肥铜中位值（92.50 mg/kg），畜禽粪便中铜含量中位值略高于 100 mg/kg；畜禽粪便中锌含量中位值（286.75 mg/kg）高于商品有机肥中锌含量中位值（252.29 mg/kg），两者中位值均未超过 400 mg/kg；畜禽粪便中镍含量中位值（13.60 mg/kg）高于商品有机肥中镍含量中位值（17.61 mg/kg），两者中位值均未超过 20 mg/kg。

表 3-7　1980—2010 年畜禽粪便与商品有机肥重金属含量对比　　　　　单位：mg/kg

元素	畜禽粪便			商品有机肥		
	范围	中值	超标率*	范围	中值	超标率*
镉	0.03～249.00	1.27	13.16%	0.11～8.14	0.90	15.03%
铅	0.7～197.44	9.57	1.3%	未检出～40.79	12.79	0.00%
砷	0.01～129.00	7.26	14.6%	0.012～77.2	5.51	10.2%
汞	未检出～250.61	0.06	6.71%	0～452.2	0.09	10.87%
铜	9.69～1 126.00	113.00	—	13～1 454.00	92.50	—
锌	25～5 004.17	286.75	—	14.1～1763	252.29	—
镍	4.29～1 501.14	13.60	—	8.1～21.1	17.61	—

*标准值参考 NY 525—2012。

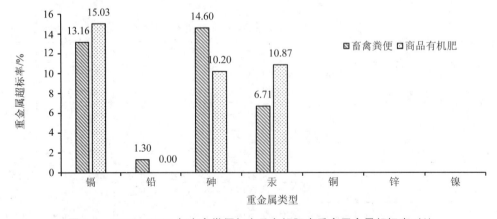

图 3-5　1980—2010 年畜禽粪便与商品有机肥中重金属含量超标率对比

整体而言，畜禽粪便和商品有机肥重金属含量中位值中除畜禽粪便铜外都超过标准值，畜禽粪便重金属含量中位值中除铅、汞和镍外均大于商品有机肥，但重金属含量中位值差异不大；畜禽粪便铅和砷超标率高于商品有机肥超标率，畜禽粪便镉和汞超标率低于商品有机肥超标率，但超标率差异不大。由此可见，畜禽粪便中重金属和商品有机肥中重金属污染风险差异不大，但畜禽粪便中的铅、砷、铜和锌的污染风险略高于商品有机肥，畜禽粪便中的镉、汞和镍的污染风险略低于商品有机肥，建议商品有机肥需要在对畜禽粪便进行重金属含量预处理的基础上才可以安全使用。

4．1980—2010 年畜禽粪便与商品有机肥中重金属含量变化特征

1980—2010 年，随着我国社会经济的快速发展和城市化进程的推进，种植面积不断扩张，有机肥施用的数量也随之增加，有机肥对环境的危害也越来越受到人们的重视，尤其是有机肥中重金属含量对环境和人类的影响，所以对有机肥中重金属的研究也越来越多，主要是对于对植物和土壤影响严重的镉、铅、铬、铜、锌的研究，对于砷、汞、镍的研究相对较少。1980—2010 年，畜禽粪便及商品有机肥中重金属含量范围变化大，特别是最大值出现了显著性地增大，重金属含量的数据分布变得更为分散（表 3-8）。整体来看，基本规律是随时间增长畜禽粪便及商品有机肥中重金属含量是增加的，但 1980—1989 年和 1990—1999 年时间段样本量较少，存在 1980—1989 年时间段的重金属含量值高于后两个时间段，存在较高的不确定性，进一步分析需要收集更多的样本数据。

表 3-8　1980—2010 年畜禽粪便及商品有机肥中重金属含量变化　　单位：mg/kg

元素	1980—1989 年			1990—1999 年			2000—2010 年		
	样本	范围	中值	样本	范围	中值	样本	范围	中值
镉	2	0.67～1.28	0.98	15	0.12～249.00	1.42	301	0.01～107.40	0.50
铅	2	6.39～10.70	8.54	12	2.86～29.30	11.24	302	0.01～425.30	7.36
砷	2	0.40～129.00	64.70	4	0.30～1.60	1.05	257	0.01～540.20	8.39
汞	0	—	—	6	0.03～0.08	0.06	220	未检出～452.20	0.09
铜	11	23.00～1 000.00	98.00	11	22.80～160.17	37.60	352	1.50～1 454.00	78.40
锌	8	235.00～500.00	373.50	11	69.00～809.10	137.20	351	3.08～11 546.85	272.52
镍	0	—	—	5	8.10～19.50	12.70	187	1.12～1 501.14	11.42
铬	0	—	—		—	—	201	0.06～85 080.00	25.23

3.2.3　2000—2010 年规模化养殖场畜禽粪便及商品有机肥中重金属含量情况

1．2000—2010 年规模化养殖场畜禽粪便中重金属含量情况

2000—2010 年的文献中关于畜禽粪便中重金属含量统计如表 3-9 和表 3-10 所示。

表 3-9　2000—2010 年畜禽粪便中重金属含量统计　　　　单位：mg/kg

元素	样本组数	最小值	最大值	均值		分布		超标率
				算术均值	标准误	偏斜度	峰度	
镉	63	0.03	107.40	6.03	2.19	4.46	21.33	19.38%
铅	68	0.72	197.44	17.80	3.65	4.26	21.38	5.97%
砷	51	未检出	89.30	14.17	2.81	1.95	3.62	29.41%
汞	35	未检出	250.61	10.94	7.36	5.26	29.09	14.28%
铜	97	9.69	1 126.00	276.27	31.86	1.30	0.54	—
锌	93	25.00	5 004.17	577.23	89.34	3.68	15.26	—
镍	21	4.29	32.99	13.74	1.96	0.84	−0.52	—

表 3-10　2000—2010 年畜禽粪便中重金属含量百分位数值　　　　单位：mg/kg

元素	样本组数	分布类型	5%	10%	25%	50%	75%	90%	95%
镉	63	偏态分布	0.14	0.25	0.56	1.20	2.36	14.00	53.02
铅	68	偏态分布	1.63	1.91	3.75	10.02	17.81	32.86	85.28
砷	51	偏态分布	未检出	未检出	1.26	4.25	19.60	51.54	59.96
汞	35	偏态分布	未检出	0.01	0.03	0.06	0.13	27.03	100.06
铜	97	偏态分布	22.28	24.87	50.15	117.00	500.00	779.68	1 011.61
锌	93	偏态分布	54.54	92.18	161.62	298.80	653.31	1 092.53	2 336.20
镍	21	偏态分布	4.38	5.21	5.96	9.26	21.22	29.52	32.73

2000—2010 年我国的畜禽粪便中，镉含量为 0.03～107.40 mg/kg，含量值域范围跨度大，中位值为 1.20 mg/kg，平均值为 6.03 mg/kg，中位值低于标准值但平均值明显高于标准值（3 mg/kg，NY 525—2012[1]）；铅含量为 0.72～197.44 mg/kg，中位值为 10.02 mg/kg，平均值为 17.80 mg/kg，中位值和平均值都低于标准值（50 mg/kg，NY 525—2012[1]）；砷含量范围为未检出～89.30 mg/kg，含量值域范围跨度大，中位值为 4.25 mg/kg，平均值为 14.17 mg/kg，中位值和平均值均低于标准值（15 mg/kg，NY 525—2012[1]）；汞的含量范围为未检出～250.61 mg/kg，含量值域范围跨度大，中位值为 0.06 mg/kg，平均值为 10.94 mg/kg，中位值低于标准值但平均值明显高于标准值（2 mg/kg，NY 525—2012[1]）；铜含量为 9.69～1 126.00 mg/kg，含量值域范围跨度大，中位值为 117.00 mg/kg，平均值为 276.27 mg/kg，中位值和平均值大于 100 mg/kg；锌含量为 25.00～5 004.17 mg/kg，含量值域范围跨度大，中位值为 298.80 mg/kg，平均值为 577.23 mg/kg，中位值低于 400 mg/kg，但平均值高于 400 mg/kg；镍含量为 4.29～32.99 mg/kg，含量值域范围跨度大，中位值为 9.26 mg/kg，平均值为 13.74 mg/kg，中位值和平均值都低于 20 mg/kg。对照有机肥料重金属限量指标（NY525—2012[1]）进行统计，超标率排序为砷（29.41%）＞镉（19.38%）＞汞（14.28%）＞铅（5.97%）。

因畜禽粪便中重金属含量数据范围很大、数据分散，既不服从正态分布也不服从对数正态分布（偏态分布），因此可以用百分位值分布来对数据进行具体的分析。如表 3-10 所示，2000—2010 年我国的畜禽粪便中，镉含量 90%分位数才超过标准值（3 mg/kg，NY 525—2012[1]），铅含量 95%分位数才超过标准值（50 mg/kg，NY 525—2012[1]），砷含量 75%分位数已超过标准值（15 mg/kg，NY 525—2012[1]），汞含量 90%分位数才超过标准值（2 mg/kg，NY 525—2012[1]），铜含量 50%分位数早已超过 100 mg/kg，锌含量 75%分位数已超过 400 mg/kg，镍含量 75%分位数已超过 20 mg/kg。

综上所述，2000—2010 年我国的畜禽粪便中 7 种重金属含量均属偏态分布，数据分布较为离散，含量值域范围跨度大，中位值明显比平均值小，因此采用中位值来表征重金属含量特征较为合适。在一定程度上表明：2000—2010 年我国的畜禽粪便中 7 种重金属污染风险基本与 1980—2010 年的风险程度一致，铜和砷的污染风险较高，其次为镉、锌和镍，汞和铅的污染风险相对较小。

2．2000—2010 年商品有机肥重金属含量情况

2000—2010 年的文献中关于商品有机肥重金属含量统计如表 3-11 和表 3-12 所示。

表 3-11　2000—2010 年商品有机肥中重金属含量统计　　　　　单位：mg/kg

元素	样本组数	最小值	最大值	均值		分布		超标率
				算术均值	标准误	偏斜度	峰度	
镉	41	0.11	8.14	1.71	0.30	1.83	3.47	17.07%
铅	41	0.01	40.79	13.55	1.90	0.62	−0.53	0.00%
砷	34	0.01	77.20	15.89	3.74	1.82	2.41	26.47%
汞	23	未检出	452.20	47.15	25.97	2.95	7.79	21.74%
铬	31	0.10	250.61	40.33	8.25	3.37	14.84	3.22%
铜	38	13.00	1 454.00	272.37	53.36	1.85	3.56	—
锌	37	14.10	1 763.00	445.86	77.53	1.54	1.35	—
镍	10	8.39	21.10	17.71	1.15	-2.07	5.44	—

表 3-12　2000—2010 年商品有机肥中重金属含量百分位数值　　　　　单位：mg/kg

元素	样本组数	分布类型	5%	10%	25%	50%	75%	90%	95%
镉	41	偏态分布	0.14	0.21	0.41	0.77	2.40	4.56	7.17
铅	41	偏态分布	0.29	0.41	0.88	12.79	22.30	30.90	39.70
砷	34	偏态分布	0.04	1.17	2.40	6.32	26.20	59.11	73.92
汞	23	偏态分布	0.004	0.02	0.07	0.17	4.60	285.46	444.70
铬	31	偏态分布	0.10	0.13	18.20	33.29	49.90	68.76	163.06
铜	38	偏态分布	20.45	35.46	50.07	113.20	377.55	700.25	1 003.37
锌	37	偏态分布	15.81	20.44	141.05	268.51	470.55	1 422.04	1 527.33
镍	10	偏态分布	8.39	9.22	17.10	17.96	20.39	21.08	21.10

2000—2010 年我国的商品有机肥中，镉含量为 0.11～8.14 mg/kg，含量值域范围跨度相对较小，中位值为 0.77 mg/kg，平均值为 1.71 mg/kg，中位值和平均值都低于标准值（3 mg/kg，NY 525—2012[1]）；铅含量为 0.01～40.79 mg/kg，中位值为 12.79 mg/kg，平均值为 13.55 mg/kg，中位值和平均值都低于标准值（50 mg/kg，NY 525—2012[1]）；砷含量为 0.01～77.20 mg/kg，含量值域范围跨度大，中位值为 6.32 mg/kg，平均值为 15.89 mg/kg，中位值低于标准值但平均值略高于标准值（15 mg/kg，NY 525—2012[1]）；汞的含量为未检

出～452.20 mg/kg，含量值域范围跨度大，中位值为 0.17 mg/kg，平均值为 47.15 mg/kg，中位值低于标准值但平均值明显高于标准值（2 mg/kg，NY 525—2012[1]）；铬的含量为 0.10～250.61 mg/kg，含量值域范围跨度大，中位值为 33.29 mg/kg，平均值为 40.33 mg/kg，中位值和平均值均明显小于标准值（150 mg/kg，NY 525—2012[1]）；铜含量为 13.00～1 454.0 mg/kg，含量值域范围跨度大，中位值为 113.20 mg/kg，平均值为 272.37 mg/kg，中位值和平均值都大于 100 mg/kg；锌含量为 14.10～1 763.00 mg/kg，含量值域范围跨度大，中位值为 268.510 mg/kg，平均值为 445.86 mg/kg，中位值低于 400 mg/kg，但平均值高于 400 mg/kg；镍含量为 8.39～21.10 mg/kg，含量值域范围跨度大，中位值为 17.96 mg/kg，平均值为 17.71 mg/kg，中位值和平均值都低于 20 mg/kg。对照有机肥料重金属限量指标（NY525—2012[1]）进行统计，超标率排序为砷（26.47%）>汞（21.74%）>镉（17.07%）>铬（3.22%）>铅（0.00%），铅均未超标。

因商品有机肥重金属数据范围很大、数据分散，既不服从正态分布也不服从对数正态分布（偏态分布），因此可以用百分位值分布对数据进行具体分析。如表 3-12 所示，2000—2010 年我国的商品有机肥中，镉含量 90%分位数才超过标准值（3 mg/kg，NY 525—2012[1]），铅含量 95%分位数才超过标准值（50 mg/kg，NY 525—2012[1]），砷含量 75%分位数已超过标准值（15 mg/kg，NY 525—2012[1]），汞含量 90%分位数才超过标准值（2 mg/kg，NY 525—2012[1]），铬含量 95%分位数才超过标准值（150 mg/kg，NY 525—2012[1]），铜含量 50%分位数早已超过 100 mg/kg，锌含量 75%分位数已超过 400 mg/kg，镍含量 75%分位数已超过 20 mg/kg。

综上所述，在一定程度上表明：2000—2010 年我国商品有机肥 8 种重金属整体比畜禽粪便重金属含量低，铜和砷的污染风险较高，其次为锌、镍、汞和镉，铅和铬的污染风险相对较小。

3.2.4 采样调查分析

1. 畜禽粪便中重金属含量采样调查情况

在全国范围内采集畜禽粪便 231 个样品，对其重金属含量进行了检测分析，数据统计分析结果见表 3-13 和表 3-14。

表 3-13　畜禽粪便采样样品中重金属含量统计　　　　　单位：mg/kg

元素	样本组数	最小值	最大值	均值		分布		超标率
				算术均值	标准误	偏斜度	峰度	
镉	231	未检出	51.51	2.64	0.36	5.87	42.93	16.02%
铅	231	0.30	1 919.86	26.50	8.55	14.68	218.13	2.16%
砷	229	未检出	110.00	6.29	0.95	5.02	29.75	7.42%
汞	200	未检出	1.98	0.10	0.01	7.37	60.91	0.00%
铬	201	0.47	2 278.14	54.42	14.63	8.25	77.80	5.97%
铜	231	0.80	1 742.13	175.13	19.42	2.44	6.13	—
锌	231	未检出	11 546.85	419.91	61.02	9.16	100.03	—
镍	191	2.46	47.49	18.92	0.64	0.62	0.19	—

表 3-14　畜禽粪便采样样品中重金属含量百分位数值　　　　单位：mg/kg

元素	样本组数	分布类型	5%	10%	25%	50%	75%	90%	95%
镉	231	偏态分布	0.10	0.15	0.60	1.25	2.32	4.75	11.27
铅	231	偏态分布	2.18	4.04	8.70	14.97	24.82	34.24	43.72
砷	229	偏态分布	0.05	0.13	0.79	2.39	5.68	12.82	33.58
汞	200	偏态分布	0.02	0.02	0.03	0.06	0.09	0.16	0.23
铬	201	偏态分布	3.33	4.38	6.13	11.96	22.58	93.11	184.53
铜	231	偏态分布	15.11	17.70	25.14	41.99	123.50	660.67	836.10
锌	231	偏态分布	46.82	62.31	98.48	217.17	474.85	746.60	1 215.49
镍	191	偏态分布	6.28	8.37	12.01	17.82	24.66	30.74	35.44

调查采样的畜禽粪便中，镉含量范围为未检出～51.51 mg/kg，含量值域范围跨度大，中位值为 1.25 mg/kg，平均值为 2.64 mg/kg，中位值和平均值都低于标准值（3 mg/kg，NY 525—2012[1]）；铅含量为 0.30～1 919.86 mg/kg，中位值为 14.97 mg/kg，平均值为 26.50 mg/kg，中位值和平均值都低于标准值（50 mg/kg，NY 525—2012[1]）；砷含量为未检出～110.00 mg/kg，含量值域范围跨度大，中位值为 2.39 mg/kg，平均值为 6.29 mg/kg，中位值和平均值都低于标准值（15 mg/kg，NY 525—2012[1]）；汞的含量为未检出～1.98 mg/kg，中位值为 0.06 mg/kg，平均值为 0.10 mg/kg，中位值和平均值都低于标准值（2 mg/kg，NY 525—2012[1]）；铬的含量为 0.47～2 278.14 mg/kg，含量值域范围跨度大，中位值为 11.96 mg/kg，平均值为 54.42 mg/kg，中位值和平均值均明显小于标准值（150 mg/kg，NY 525—2012[1]）；铜含量为 0.80～1 742.13 mg/kg，含量值域范围跨度大，中位值为 41.99 mg/kg，平均值为 175.13 mg/kg，中位值低于 100 mg/kg 但平均值大于 100 mg/kg；锌含量为未检出～11 546.85 mg/kg，含量值域范围跨度大，中位值为 217.17 mg/kg，平均值为 419.91 mg/kg，中位值低于 400 mg/kg，但平均值高于 400 mg/kg；镍含量为 2.46～47.49 mg/kg，中位值为 17.82 mg/kg，平均值为 18.92 mg/kg，中位值和平均值都低于 20 mg/kg。对照有机肥料重金属限量指标（NY525—2012）进行统计，超标率排序为镉（16.02%）＞砷（7.42%）＞铬（5.97%）＞铅（2.16%）＞汞（0.00%），汞均未超标。

因畜禽粪便重金属数据范围很大、数据分散，既不服从正态分布也不服从对数正态分布（偏态分布），因此可以用百分位值分布来对数据进行具体分析。如表 3-14 所示，调查采样的畜禽粪便中，镉含量 90%分位数才超过标准值（3 mg/kg，NY 525—2012[1]），铅含量 95%分位数未超过标准值（50 mg/kg，NY 525—2012[1]），砷含量 95%分位数才超过标准值（15 mg/kg，NY 525—2012[1]），汞含量 95%分位数未超过标准值（2 mg/kg，NY 525—2012[1]），铬含量 95%分位数才超过标准值（150 mg/kg，NY 525—2012[1]），铜含量 75%分位数早已超过 100 mg/kg，锌含量 75%分位数已超过 400 mg/kg，镍含量 75%分位数已超过 20 mg/kg。

综上所述，调查采样的畜禽粪便中 8 种重金属含量均属偏态分布，数据分布较为离散，含量值域范围跨度大，中位值明显比平均值小，因此采用中位值来表征重金属含量特征较为合适。在一定程度上表明：调查采样的畜禽粪便中 8 种重金属中，铜、镉和锌的污染风险较高，其次为砷、镍和铬，汞和铅的污染风险相对较小。

2. 商品有机肥重金属含量采样调查情况

在全国范围内采集商品有机肥样品 298 个，对其重金属含量进行了检测分析，数据统计分析结果见表 3-15 和表 3-16。

表 3-15　商品有机肥采样样品中重金属含量统计　　　　　　　　单位：mg/kg

元素	样本组数	最小值	最大值	均值		分布		超标率
				算术均值	标准误	偏斜度	峰度	
镉	298	0.01	256.02	3.68	0.99	12.15	158.51	15.44%
铅	298	0.35	1 352.05	36.03	5.34	9.21	115.22	5.37%
砷	298	未检出	540.20	12.85	2.12	9.57	120.48	6.04%
汞	298	未检出	15.08	0.44	0.07	7.50	70.15	3.36%
铬	298	0.06	85 080.00	349.15	266.29	17.76	316.72	4.36%
铜	298	未检出	998.56	88.01	7.42	3.14	12.88	—
锌	298	未检出	63 647.50	553.22	202.51	16.72	290.99	—
镍	298	1.12	160.60	22.08	1.37	3.09	10.93	—

表 3-16　商品有机肥采样样品中重金属含量百分位数值　　　　　　单位：mg/kg

元素	样本数	分布类型	5%	10%	25%	50%	75%	90%	95%
镉	298	偏态分布	0.14	0.20	0.44	1.19	2.48	4.91	8.72
铅	298	偏态分布	3.23	3.69	6.50	13.17	26.16	64.93	182.14
砷	298	偏态分布	0.10	0.32	1.79	4.91	8.81	19.41	70.06
汞	298	偏态分布	0.02	0.03	0.06	0.12	0.30	0.83	1.81
铬	298	偏态分布	2.49	4.20	9.13	18.14	51.32	142.18	367.36
铜	298	偏态分布	6.31	9.50	17.53	32.86	92.75	240.80	386.50
锌	298	偏态分布	15.54	23.06	46.16	134.23	325.04	844.50	1 268.15
镍	298	偏态分布	4.88	7.01	9.27	13.70	24.50	44.91	81.37

调查采样的商品有机肥中，镉含量为 0.01～256.02 mg/kg，含量值域范围跨度大，中位值为 1.19 mg/kg，平均值为 3.68 mg/kg，中位值低于标准值但平均值略高于标准值（3 mg/kg，NY 525—2012[1]）；铅含量为 0.35～1 352.05 mg/kg，中位值为 13.17 mg/kg，平均值为 36.03 mg/kg，中位值和平均值都低于标准值（50 mg/kg，NY 525—2012[1]）；砷含量为未检出～540.20 mg/kg，含量值域范围跨度大，中位值为 4.91 mg/kg，平均值为 12.85 mg/kg，中位值和平均值都低于标准值（15 mg/kg，NY 525—2012[1]）；汞的含量为未检出～15.08 mg/kg，中位值为 0.12 mg/kg，平均值为 0.445 mg/kg，中位值和平均值都低于标准值（2 mg/kg，NY 525—2012[1]）；铬的含量为 0.06～85 080.00 mg/kg，含量值域范围跨度大，中位值为 18.14 mg/kg，平均值为 349.15 mg/kg，中位值明显小于标准值但平均值明显高于标准值（150 mg/kg，NY 525—2012[1]）；铜含量为未检出～998.56 mg/kg，含量值域范围跨度大，中位值为 32.86 mg/kg，平均值为 88.01 mg/kg，中位值和平均值都小于 100 mg/kg；锌含量为未检出～63 647.50 mg/kg，含量值域范围跨度大，中位值为 134.23 mg/kg，平均值为 553.22 mg/kg，中位值低于 400 mg/kg，但平均值高于 400 mg/kg；

镍含量为 1.12～160.60 mg/kg，含量值域范围跨度大，中位值为 13.70 mg/kg，平均值为 22.08 mg/kg，中位值都低于 20 mg/kg 但平均值平大于 20 mg/kg。对照有机肥料重金属限量指标（NY525—2012）进行统计，超标率排序为镉（15.44%）＞砷（6.04%）＞铅（5.37%）＞铬（4.36%）＞汞（3.36%），铅均未超标。

因商品有机肥重金属数据范围很大、数据分散，既不服从正态分布也不服从对数正态分布（偏态分布），因此可以用百分位值分布来对数据进行具体的分析。如表 3-16 所示，我国调查采样的商品有机肥中，镉含量 90% 分位数才超过标准值（3 mg/kg，NY 525—2012[1]），铅含量 90% 分位数才超过标准值（50 mg/kg，NY 525—2012[1]），砷含量 90% 分位数才超过标准值（15 mg/kg，NY 525—2012[1]），汞含量 95% 分位数未超过标准值（2 mg/kg，NY 525—2012[1]），铬含量 95% 分位数才超过标准值（150 mg/kg，NY 525—2012[1]），铜含量 90% 分位数早才超过 100 mg/kg，锌含量 90% 分位数才超过 400 mg/kg，镍含量 75% 分位数已超过 20 mg/kg。

综上所述，在一定程度上表明：我国调查采样商品有机肥中 8 种重金属整体比畜禽粪便中重金属含量低，铜和镉的污染风险较高，其他重金属也存在一定的污染风险。

3.2.5　总结

结论一：1980—2010 年与 2000—2010 年的文献数据和调查采样得到畜禽粪便与商品有机肥中重金属含量均属偏态分布，数据分布较为离散，含量值域范围跨度大，中位值明显比平均值小，采用中位值来表征重金属含量特征较为合适，且需要百分位值分布来对数据进行具体的分析。因数据只是部分数据，仍存在不确定性，若需要详细了解畜禽粪便重金属污染风险情况需要进一步监测收集数据。

结论二：1980—2010 年我国畜禽粪便中铜的污染风险较高，其次为锌、镍、砷、镉，汞和铅的污染风险相对较小；商品有机肥中 8 种重金属整体含量比畜禽粪便中重金属含量低，其中铜的污染风险较高，其次为锌、镍、砷、汞，镉、铬和铅的污染风险相对较小；畜禽粪便中重金属和商品有机肥中重金属污染风险差异不大，但畜禽粪便中的铅、砷、铜和锌的污染风险略高于商品有机肥，畜禽粪便中的镉、汞和镍的污染风险略低于商品有机肥，建议商品有机肥需要在对畜禽粪便进行重金属含量预处理的基础上才可以安全使用。从 1980—2010 年变化特征的整体来看，基本规律是随时间增长畜禽粪及商品有机肥中重金属含量是增加的，存在较高的不确定性，进一步分析需要收集更多样本数据。

结论三：2000—2010 年我国畜禽粪便中重金属污染风险基本与 1980—2010 年的风险程度一致，铜和砷的污染风险较高，其次为镉、锌和镍，汞和铅的污染风险相对较小；商品有机肥中重金属含量整体比畜禽粪便中重金属含量低，铜和砷的污染风险较高，其次为锌、镍、汞和镉，铅和铬的污染风险相对较小。

结论四：调查采样的畜禽粪便重金属含量中，铜、镉和锌的污染风险较高，其次为砷、镍和铬，汞和铅的污染风险相对较小，超标率排序为镉（16.02%）＞砷（7.42%）＞铬（5.97%）＞铅（2.16%）＞汞（0.00%），汞均未超标；商品有机肥中重金属含量整体比畜禽粪便中重金属含量低，铜和镉的污染风险较高，其他重金属也存在一定的污染风险，超标率排序为镉（15.44%）＞砷（6.04%）＞铅（5.37%）＞铬（4.36%）＞汞（3.36%），铅均未超标。

3.3　典型案例：河北省规模化养殖场畜禽粪便中重金属含量情况

3.3.1　典型案例背景

河北省作为我国畜牧业发达的地区之一，规模化养殖所带来的畜禽污染也较为严重。畜禽粪便对环境的污染已经引起许多学者的关注。2010 年河北省畜禽粪便产生量在 1.00 亿 t 以上[2]。规模化养殖场畜禽粪便有机肥的农田利用是最经济有效的资源化利用和污染控制途径，但合理施用以及确定畜禽粪便的农田负荷、控制规模化养殖场畜禽粪便有机肥对农田土壤的污染是至关重要的。

3.3.2　数据来源与平均标准

2013 年 4 月到 2014 年 12 月在河北省的 9 个地市选择具有代表性的规模化畜禽养殖场采集畜禽粪便样品共 120 个，其中猪粪 46 个、鸡粪 54 个、牛粪 20 个。将采集的新鲜样品用塑料袋密封后带回实验室风干，剔除杂质，研磨，分别过 2 mm 和 0.25 mm 筛，于塑料密封袋中保存备用。称取样品 0.5 g 于三角瓶中加 8 mL 硝酸（优级纯）浸泡过夜。次日，用电热板消煮样品。首先，温度控制于 120℃以内，消煮至三角瓶中的液体清亮，稍冷却后加 2 mL 高氯酸（优级纯）继续消煮，温度控制于 220℃以内，待瓶中液体清亮时冷却、转移至容量瓶定容至 50 mL，将定容后的液样混匀、过滤，放于干净且干燥的 50 mL 塑料瓶中，在冰箱中 4℃冷藏待测。样品中铜、锌、镉、铅、铬、镍的含量用石墨炉原子吸收分光光度计测定，砷和汞的含量使用 AFS-230E 型原子荧光分光光度计测定。

统计结果见表 3-17 至表 3-22 以及图 3-6、图 3-7，从中可以看出河北省鸡粪、猪粪和牛粪中 8 种重金属含量均符合偏态分布，但由于数据分布较为离散，因此可以采用中位值来表征河北省鸡粪、猪粪和牛粪重金属含量特征。评价标准参照农业行业标准《有机肥料》（NY 525—2012）。

表 3-17　河北省鸡粪中重金属含量统计（样本 54 个）

重金属元素	算术平均值/（mg/kg）	数据分布类型	变幅/（mg/kg）	几何平均值/（mg/kg）	变异系数/%	超标率/%
铜	96.20±136.10	偏态分布	22.60～812.30	64.87±139.72	141.47	22.22
锌	509.18±613.35	偏态分布	103.80～4 485.0	396.91±623.73	120.46	40.74
镉	0.42±0.65	偏态分布	0.07～3.80	0.25±0.67	156.47	7.41
铅	15.73±33.25	偏态分布	1.27～166.55	6.51±34.52	211.40	5.56
铬	185.89±435.59	偏态分布	10.48～2 594.54	72.16±450.46	234.32	33.33
砷	23.26±96.67	偏态分布	1.24～685.08	5.70±98.28	415.64	9.26
汞	0.28±0.20	偏态分布	0.05～4.56	0.23±0.21	72.37	4.26
镍	13.08±5.74	偏态分布	4.76～32.55	11.90±5.86	43.85	12.96

表 3-18　河北省鸡粪中重金属含量百分位数值（样本 54 个）

重金属元素	重金属元素含量/（mg/kg）						
	5%分位值	10%分位值	25%分位值	50%分位值	75%分位值	90%分位值	95%分位值
铜	23.18	27.00	42.18	57.45	97.65	156.30	440.55
锌	185.78	211.45	291.50	387.90	494.10	825.10	1 369.6
镉	0.07	0.095	0.13	0.22	0.35	0.86	1.98
铅	1.70	2.15	3.38	4.55	8.98	34.25	129.63
铬	14.55	20.10	31.55	61.25	128.38	339.65	1 414.4
砷	1.48	1.80	2.90	5.75	7.43	17.00	86.45
汞	0.070	0.098	0.17	0.26	0.33	0.39	0.86
镍	5.28	5.80	8.85	12.25	16.60	21.75	22.98

表 3-19　河北省猪粪中重金属含量统计（样本 46 个）

重金属元素	算术平均值/（mg/kg）	数据分布类型	变幅/（mg/kg）	几何平均值/（mg/kg）	变异系数/%	超标率/%
铜	438.56±300.39	偏态分布	24.57～1 027.13	296.00±333.19	68.50	80.43
锌	1 744.6±2 254.0	偏态分布	125.37～8 850.96	959.47±2 389.7	129.20	78.26
镉	0.37±0.50	偏态分布	0.09～3.48	0.28±0.11	134.65	2.17
铅	5.50±5.93	偏态分布	0.39～32.28	3.81±6.17	107.90	—
铬	74.44±64.58	偏态分布	8.00～277.09	51.39±68.65	86.75	30.43
砷	13.09±21.91	偏态分布	0.69～106.26	5.26±23.29	167.40	21.74
汞	0.25±0.11	偏态分布	0.06～0.55	0.23±0.11	42.17	—
镍	10.65±4.59	偏态分布	3.05～22.79	9.72±4.68	43.09	2.17

表 3-20　河北省猪粪中重金属含量百分位数值（样本 46 个）

重金属元素	重金属元素含量/（mg/kg）						
	5%分位值	10%分位值	25%分位值	50%分位值	75%分位值	90%分位值	95%分位值
铜	36.84	41.41	202.90	390.90	716.45	871.68	969.09
锌	135.27	252.38	469.03	855.85	1 464.20	5 998.8	8 416.7
镉	0.15	0.17	0.20	0.26	0.37	0.52	0.90
铅	0.84	1.17	2.23	3.80	7.05	8.26	22.72
铬	11.87	13.93	25.28	47.35	107.50	192.67	216.65
砷	0.87	1.10	1.50	5.95	13.78	42.53	74.49
汞	0.075	0.12	0.16	0.25	0.32	0.41	0.42
镍	4.94	5.21	6.95	9.65	13.35	18.15	19.75

表 3-21　河北省牛粪中重金属含量统计（样本 20 个）

重金属元素	算术平均值/（mg/kg）	数据分布类型	变幅/（mg/kg）	几何平均值/（mg/kg）	变异系数/%	超标率/%
铜	39.64±16.45	偏态分布	18.61～74.99	36.52±16.76	41.51	—
锌	168.71±92.17	偏态分布	45.54～408.73	148.77±94.41	54.63	5.00
镉	0.24±0.12	偏态分布	0.09～0.60	0.22±0.13	51.61	—
铅	8.46±3.99	偏态分布	4.26～20.12	7.72±4.06	47.08	—
铬	64.27±51.77	偏态分布	12.37～219.20	49.07±54.07	80.55	30.00
砷	3.20±2.01	偏态分布	0.93～9.13	2.73±2.08	62.88	—
汞	0.36±0.28	偏态分布	0.17～1.10	0.31±0.19	77.83	11.11
镍	8.58±4.26	偏态分布	3.16～19.00	7.58±4.38	49.69	—

表 3-22　河北省牛粪中重金属含量百分位数值（样本 20 个）

重金属元素	重金属元素含量/（mg/kg）						
	5%分位值	10%分位值	25%分位值	50%分位值	75%分位值	90%分位值	95%分位值
铜	18.65	19.82	26.45	37.35	49.85	68.27	74.17
锌	47.80	91.83	103.65	148.15	196.00	357.81	406.56
镉	0.09	0.12	0.16	0.21	0.28	0.48	0.59
铅	4.30	4.30	5.38	7.60	9.93	14.77	19.85
铬	12.66	18.32	31.90	36.80	105.78	130.89	214.88
砷	0.91	1.15	1.70	2.80	3.93	6.76	9.00
汞	0.17	0.17	0.21	0.30	0.35	—	—
镍	3.22	3.61	4.55	7.75	12.30	13.60	18.73

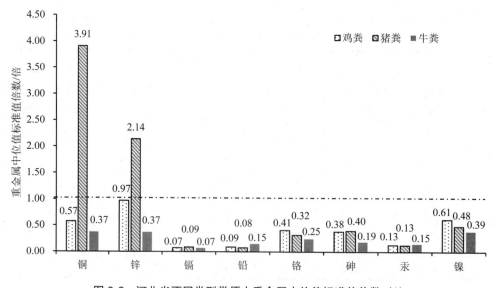

图 3-6　河北省不同类型粪便中重金属中位值标准值倍数对比

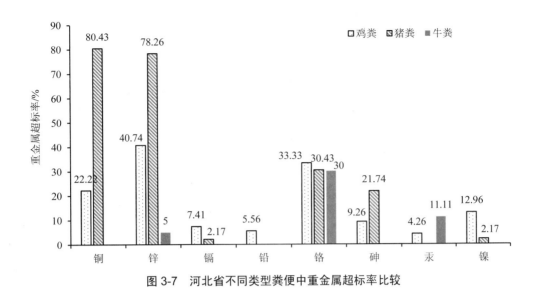

图 3-7　河北省不同类型粪便中重金属超标率比较

3.3.3　鸡粪中重金属含量情况

由表 3-17、表 3-18、图 3-6 和图 3-7 可知，鸡粪中 8 种重金属铜、锌、镉、铅、铬、砷、汞、镍的中位值含量分别为 57.45 mg/kg、387.90 mg/kg、0.22 mg/kg、4.55 mg/kg、61.25 mg/kg、5.75 mg/kg、0.26 mg/kg、12.25 mg/kg；按鸡粪中重金属含量中位值标准值倍数排序为锌（0.97）＞镍（0.61）＞铜（0.57）＞铬（0.41）＞砷（0.38）＞汞（0.13）＞铅（0.09）＞镉（0.07），中位值标准值倍数均小于 1，均未超标；重金属超标率顺序为锌（40.74%）＞铬（33.33%）＞铜（22.22%）＞镍（12.96%）＞砷（9.26%）＞镉（7.41%）＞铅（5.56%）＞汞（4.26%）；河北省鸡粪中铜 75%分位值、锌 50%分位值、镉 95%分位值、铅 90%分位值、铬 75%分位值、砷 75%分位值、汞 95%分位值、镍 75%分位值符合农业行业标准《有机肥料》（NY 525—2012）。

整体而言，河北省鸡粪中重金属污染风险相对较小；相对而言，锌、铬和铜的污染风险较高，其次为镍、砷和镉，汞和铅的污染风险相对较小。

3.3.4　猪粪中重金属含量情况

由表 3-19、表 3-20、图 3-6 和图 3-7 可知，猪粪中 8 种重金属铜、锌、镉、铅、铬、砷、汞、镍的中位值含量分别为 390.9 m/kg、855.85 m/kg、0.26 m/kg、3.8 m/kg、47.35 m/kg、5.95 m/kg、0.25 m/kg、9.65 m/kg；按猪粪中重金属含量中位值标准值倍数排序为铜（3.91）＞锌（2.14）＞镍（0.48）＞砷（0.40）＞铬（0.32）＞汞（0.13）＞镉（0.09）＞铅（0.08），仅有铜和锌的中位值标准值倍数大于 1；重金属超标率顺序为铜（80.43%）＞锌（78.26%）＞铬（30.43%）＞砷（21.74%）＞镉（2.17%）＞镍（2.17%），其中铜和锌的超标率超过 70%；河北省猪粪中铜 10%分位值、锌 10%分位值、镉 95%分位值、铅 95%分位值、铬 75%分位值、砷 90%分位值、汞 95%分位值、镍 95%分位值符合农业行业标准《有机肥料》（NY 525—2012）。

整体而言，河北省猪粪中铜和锌存在较大污染风险且超标较为显著，其次为镍、砷和铬，汞、镉和铅的污染风险相对较小。

3.3.5 牛粪中重金属含量情况

由表 3-21、表 3-22、图 3-6 和图 3-7 可知，牛粪中 8 种重金属铜、锌、镉、铅、铬、砷、汞、镍的中位值含量分别为 37.35 m/kg、148.15 m/kg、0.21 m/kg、7.6 m/kg、36.8 m/kg、2.8 m/kg、0.3 m/kg、7.75 m/kg；按牛粪中重金属含量中位值标准值倍数排序为镍（0.39）＞铜（0.37）＝锌（0.37）＞铬（0.25）＞砷（0.19）＞铅（0.15）＝汞（0.15）＞镉（0.07），中位值标准值倍数均小于 1，均未超标；重金属超标率顺序为铬（30%）＞汞（11.11%）＞锌（5%）；河北省牛粪中除锌和铬的 90%分位值外，其他重金属 95%分位值都符合农业行业标准《有机肥料》（NY 525—2012）。

整体而言，河北省牛粪中重金属污染风险相对较小；镍、锌和铜的污染风险较高，其次为铬、砷，镉、汞和铅的污染风险相对较小。

3.3.6 不同类型重金属含量比较

由表 3-17 至表 3-22、图 3-6 和图 3-7 可知，河北省猪粪中铜（390.90 mg/kg）和锌含量（855.85 mg/kg）明显高于鸡粪和牛粪，猪粪中铜含量分别是鸡粪（57.45 mg/kg）和牛粪（37.35 mg/kg）的 6.80 倍和 10.47 倍，锌含量分别是鸡粪（387.90 mg/kg）和牛粪（148.15 mg/kg）的 2.21 倍和 5.78 倍，且猪粪中铜（80.43%）和锌（78.26%）超标显著，超标率超过 70%。鸡粪中铬（61.25 mg/kg）和镍含量（12.25 mg/kg）明显高于猪粪和牛粪，鸡粪中铬含量分别是猪粪（47.35 mg/kg）和牛粪（36.80 mg/kg）的 1.29 倍和 1.67 倍，鸡粪中镍含量分别是猪粪（9.65 mg/kg）和牛粪（7.75 mg/kg）的 1.27 倍和 1.58 倍，但鸡粪中铬和镍含量中位值均未超标，鸡粪中铬（33.33%）和镍（12.96%）超标率都低于 50%。牛粪中铅含量（7.6 mg/kg）明显高于鸡粪和猪粪，牛粪中铅含量分别是鸡粪（4.55 mg/kg）和猪粪（3.8 mg/kg）的 1.67 倍和 2 倍，但牛粪中铅含量中位值未超标。可见，河北省 3 种畜禽粪便中，猪粪中铜和锌含量较高且超标显著（超标率大于 70%），鸡粪中铬和镍与牛粪中铅含量较高但超标率不显著。

3.3.7 总结

结论一：就河北省 3 种畜禽粪便污染风险情况整体而言，鸡粪和牛粪重金属污染风险相对较小。相对而言，鸡粪中锌、铬和铜的污染风险较高，其次为镍、砷和镉，汞和铅的污染风险相对较小；牛粪中的镍、锌和铜的污染风险较高，其次为铬、砷，镉、汞和铅的污染风险相对较小；猪粪中铜和锌存在较大污染风险且超标较为显著，其次为镍、砷和铬，汞、镉和铅的污染风险相对较小。

结论二：河北省 3 种畜禽粪便中，猪粪中铜和锌含量较高且超标显著（超标率大于 70%），鸡粪中铬和镍与牛粪中的铅含量较高但超标率不显著。所以，猪粪需要重点考虑铜和锌污染防治。但鸡粪中铬和镍与牛粪中的铅虽未超标显著，但因为含量较为显著需要防止相关污染。

单位：mg/kg

附表　规模化养殖场畜禽粪便中重金属含量调查结果统计①

地区	粪便类型	采样数	铜			锌			铅			镉			汞			砷			铬			镍			参考文献
			最小值	最大值	平均值	最小值	最大值	平均值	最小值	最大值	平均值	最小值	最大值	平均值	最小值	最大值	平均值	最小值	最大值	平均值	最小值	最大值	平均值	最小值	最大值	平均值	
北京	猪粪	15	92.1	1082	421.07	281	1295	603.53	0.68	21.8	4.47	0.126	5.77	1.06	0.03	0.08	0.05	0.55	65.4	18.7	1.06	688	85.23	3.5	17.9	9.26	张树清[3]
	鸡粪	13	42.2	775	188.08	83.9	699	380.78	0.45	352.7	32.58	0.18	44.35	4.09	0	1.82	0.18	0.72	64.4	8.76	6.82	298.6	68.56	3.68	15.7	8.92	
	猪粪	46	—	—	601.47	—	—	1913.05	—	—	5.62	—	—	0.25	—	—	—	—	15.26	—	11.81	—	—	9.15	贾武霞[4]
	鸡粪	13	—	—	61.68	—	—	429.67	—	—	8.78	—	—	0.35	—	—	—	—	11.25	—	18.48	—	—	10.34	
	牛粪	13	—	—	48.03	—	—	175.90	—	—	5.56	—	—	0.26	—	—	—	—	1.09	—	5.14	—	—	8.02	
华北地区	奶牛粪	—	36.6	92.5	59.87	78.4	242	160.71	13.3	117	35.45	0.009	0.054	0.03	0.002	0.02	0.02	0.20	2.12	0.69	35.6	91.4	65.76	5.91	18.9	9.34	王飞[5]
	肉牛粪	—	27.1	487	179.35	79.1	743	340.53	2.25	41.6	29.17	0.009	0.12	0.04	0.002	0.046	0.02	0.14	8.56	1.2	11.3	98.6	93	2.08	16.1	9.92	
	蛋鸡粪	—	39.4	129	70.21	142	369.9	255.65	2.48	60.8	25.35	0.002	0.133	0.03	0	0.02	0.01	0.34	1.58	0.79	11.9	53.6	33.90	3.87	11.4	7.55	
	肉鸡粪	—	48.4	524	233.05	128	906	475.91	7.49	78.4	36.59	0.002	0.075	0.03	0.003	0.098	0.02	0.58	2.05	1.11	18.4	362	129.81	5.14	19.9	11.89	
	猪粪	—	112.7	1508	748.92	250.4	3797	1335.54	7.18	78.1	22.88	0.014	0.076	0.04	0.001	0.046	0.01	0.25	15.8	3.32	19.9	78.6	40.82	6.86	14.8	10.57	
天津	猪粪	—	398.2	527.6	460.60	181.1	216.5	191.4	0.489 8	1.126	0.796	0.025 9	0.045 9	0.034 6	0.037 3	0.079 5	0.022 8	0.403 57	0.707 21	0.705 31	11.31	51.53	26.34	—	—	—	李梦婷[6]
吉林	猪粪	5	10.7	913	501.54	71.3	1256	681.86	1.23	8.8	3.2	0.25	120.13	59.66	0.05	0.15	0.08	0.3	54.7	14.13	6.53	50.89	20.94	4.44	19	11.38	张树清[3]
	鸡粪	2	18.6	51	34.8	143	294	218.5	10.3	14.4	12.35	2.16	7.61	4.89	0.29	0.34	0.32	2.88	4.23	3.56	47.09	93.19	70.14	27	36.7	31.85	

① 因表中是按照不同参考文献列出的原始数据，故同一个省（市、区）可能出现多次。

地区	粪便类型	采样数	铜最小值	铜最大值	铜平均值	锌最小值	锌最大值	锌平均值	铅最小值	铅最大值	铅平均值	镉最小值	镉最大值	镉平均值	汞最小值	汞最大值	汞平均值	砷最小值	砷最大值	砷平均值	铬最小值	铬最大值	铬平均值	镍最小值	镍最大值	镍平均值	参考文献
河北保定市郊	牛粪	8	93.3	123.9	114	115	321	228	8.69	35	19	0.01	0.68	0.31	0.01	0.12	0.07	1	5.56	2.98	—	—	—	—	—	—	陈丽娜[7]
	兔粪		91.7	135	115	80.2	271.8	188	2.13	7.65	4.58	0.11	0.33	0.23	0.04	0.06	0.05	0.25	1.65	0.74	—	—	—	—	—	—	
	鸡粪		99	117	109	295	1698	578	3.45	27.7	8.21	0.02	0.39	0.22	0	0.09	0.05	1.19	45	22.7	—	—	—	—	—	—	
	猪粪		91.9	995	516	22.6	884	427	3.34	44.4	22	0.07	0.63	0.34	0.05	0.17	0.12	0.34	26.5	13.5	—	—	—	—	—	—	
河北	鸡粪	54	22.6	812.3	96.2	103.8	4485	509.18	1.27	166.55	15.73	0.07	3.8	0.42	0.05	4.56	0.28	1.24	685.08	23.26	10.482	594.54	185.89	4.76	32.55	13.08	茹淑华[8]
	猪粪	46	24.57	1027.13	438.56	125.37	8850.96	1744.6	0.39	32.28	5.50	0.09	3.48	0.37	0.06	0.55	0.25	0.69	106.26	13.09	8	277.09	74.44	3.05	22.79	10.65	
	牛粪	20	18.61	74.99	39.64	45.54	408.73	168.71	4.26	20.12	8.46	0.09	0.6	0.24	0.17	1.1	0.36	0.93	9.13	3.2	12.37	219.2	64.27	3.16	19	8.58	
河南	鸡粪	15	54.32	517.45	271.16	98.67	724.35	379.59	1.76	11.32	4.87	0.37	1.54	0.73	0.02	0.08	0.05	1.65	11.43	5.04	3.29	15.65	7.06	3.54	8.45	5.5	石建州[9]
	猪粪	65	96.58	1788.04	1044.13	112.17	10056.68	1771.37	0.37	7.78	2.54	0.02	4.87	0.53	0.01	0.12	0.05	2.45	76.43	16.83	0.43	86.58	5.87	2.14	23.18	11.32	
南阳	牛粪	4	45.76	132.54	90.35	43.24	312.43	175.23	7.54	11.43	9.3	0.23	0.53	0.34	0.03	0.05	0.04	1.87	4.65	3.3	4.87	7.75	6.57	5.76	9.56	7.83	
	羊粪	15	13.2	59.2	28.7	30.2	435	2	2.8	23.4	12.4	0.3	4.7	1.3	0.02	1.98	0.19	0.02	4.3	1.46	3.3	21.6	8	4.1	24.4	12.4	
山东	猪粪	126	46.1	1310.6	472.8	151.1	14679.8	1908.6	1.9	5.5	2.9	0.6	1.5	0.9	—	—	0.5	0.5	373.8	36.5	0.6	258.8	12.3	—	—	—	潘寻[10]
山东	猪粪	2	120	399	259.5	777	2635	1706	0.17	1.27	0.72	0.27	52.62	26.45	0.042	0.11	0.076	1.33	3.99	2.66	0	6.99	6.99	3.08	5.5	4.29	张树清[3]
	鸡粪	1	—	—	97.8	—	—	396	—	—	3.75	—	—	65.6	—	—	0.05	—	—	19.6	—	—	213.59	—	—	6.68	
山东寿光	猪粪	9	—	—	322.64	—	—	1108.45	—	—	7.43	—	—	1.03	—	—	—	—	—	9.81	—	—	29.38	—	—	12.02	贾武霞[4]
	鸭粪	20	—	—	80.61	—	—	682.10	—	—	18.49	—	—	0.72	—	—	—	—	—	2.73	—	—	20.48	—	—	11.51	
寿光	牛粪	4	—	—	31	—	—	160.93	—	—	5.56	—	—	0.26	—	—	—	—	—	1.09	—	—	5.14	—	—	8.02	
陕西	牛粪	26	15.43	52.72	33.4	58.09	173.01	114.61	2.76	7.8	5.06	—	—	—	—	—	—	—	—	—	4.6	151.16	34.6	—	—	—	庞妍[11]
关中	鸡粪	23	16.83	74.69	39.89	100.59	191.93	165.68	0.89	4.68	3.06	—	—	—	—	—	—	—	—	—	7.21	102.74	34.97	—	—	—	
地区	猪粪	25	29.62	964.53	225.72	115.88	463.13	176.61	1.35	7.69	3.29	—	—	—	—	—	—	—	—	—	11.88	233.38	48.54	—	—	—	

地区	粪便类型	采样数	铜最小值	铜最大值	铜平均值	锌最小值	锌最大值	锌平均值	铅最小值	铅最大值	铅平均值	镉最小值	镉最大值	镉平均值	汞最小值	汞最大值	汞平均值	砷最小值	砷最大值	砷平均值	铬最小值	铬最大值	铬平均值	镍最小值	镍最大值	镍平均值	参考文献
陕西	猪粪	3	234.7	412	306.4	421.8	618.5	516.3	1.34	2.89	2.14	0.91	1.86	1.07	0.03	0.05	0.043	1.32	2.56	1.82	10.5	15.7	13.6	5.75	8.36	7.67	张树清[3]
西安	猪粪	5	92.76	376.23	236.95	283.18	788.36	504.91	1.68	11.53	5.16	1.71	55.43	14.94	—	—	—	0.15	28.93	10.39	8.83	48.53	26.27	2.69	18.18	7.58	朱建春[12]
宝鸡	猪粪	6	80.63	293.78	185.56	135.83	580.63	392.26	2.70	35.81	16.43	2.76	33.96	14.94	—	—	—	2.12	40.14	20.50	1.75	54.43	29.02	1.68	19.35	13.05	
咸阳	猪粪	6	90.63	321.36	194.48	436.71	1 053.78	906.25	0.19	30.78	14.54	2.73	37.58	17.52	—	—	—	2.03	110.02	29.17	26.42	44.92	39.76	7.59	26	12.03	
渭南	猪粪	4	133.29	400.23	287.7	376.34	847.60	709.68	0.06	3.91	2.96	0.07	3.04	2.17	—	—	—	0.07	6.87	2.54	1.49	48.88	13.34	1.10	10.85	4.73	
铜川	猪粪	4	83.12	481.23	301.34	176.69	1 076.70	531.36	1.98	36.55	8.12	0.68	8.35	3.94	—	—	—	0.34	69.82	10.79	0.95	36.56	37.83	1.22	17.89	4.69	
延安	猪粪	4	69.09	369.19	233.38	283.18	679.67	423.04	0.60	38.36	7.14	1.01	34.73	14.34	—	—	—	2.72	34.73	11.90	2.07	29.22	26.85	0.31	20.86	10.12	
榆林	猪粪	7	61.08	400.11	263.65	190.69	1 161.21	887.34	0.01	19.67	9.11	2.70	10.97	5.50	—	—	—	0.15	10.97	3.73	3.80	26.42	9.67	0.33	20.31	13.12	
汉中	猪粪	11	170.11	805.61	368.75	119.35	700.08	454.30	0.18	12.66	3.95	0.18	14.01	3.52	—	—	—	0.12	120.17	19.94	1.24	28.23	10.15	0.18	20.82	8.12	
安康	猪粪	7	73.28	340.72	212.21	199.57	642.36	438.32	2.59	8.88	3.58	0.05	17.99	4.99	—	—	—	0.98	3.04	2.71	10.08	53.26	35.09	1.18	11.54	7.61	
商洛	猪粪	6	79.98	387.16	224.47	365.67	781.50	572.45	0.28	2.71	1.82	0.27	2.88	1.86	—	—	—	0.03	3.97	1.83	3.06	41.28	20.16	1.68	20.03	8.34	
杨凌	猪粪	4	38.33	400.67	231.74	289.93	1 208.19	667.14	0.17	6.94	3.13	1.18	7.23	4.53	—	—	—	0.15	2.73	1.24	2.18	8.22	5.99	2.05	20.28	12.11	
四川 茂县	育肥猪粪		—	—	753.97	—	—	331.56	—	—	10.06	—	—	0.95	—	—	—	—	—	3.44	—	—	27.78	—	—	—	杨柳[13]
湖南 岳阳	猪粪	67	—	—	465.63	—	—	2 341.10	—	—	5.30	—	—	1.20	—	—	—	—	—	4.80	—	—	20.93	—	—	10.01	贾武霞[4]
上海	猪粪	198	9.14	1 196.27	466.24	46.3	9 391	1 054.64	0.07	35.72	3.42	0	1.14	0.21	0.01	9.42	0.22	0.11	123.58	17.03	0.31	90.59	10.28	1.53	25.71	9.77	朱恩[14]
上海	禽类	83	9.49	280.50	38.81	59.33	1 787.22	374.59	0.01	7.47	2.04	0.01	1.04	0.15	0.01	0.84	0.09	0.22	40.43	12.27	0.34	66.98	12.67	0.93	18.41	5.83	
上海	牛粪	69	9.79	1 257.13	95.69	35.96	1 677.80	280.38	0.01	5.40	1.64	0.01	0.58	0.16	0.01	0.40	0.09	0.14	31.19	6.33	0.52	43.98	7.96	0.37	18.34	4.19	
上海	羊粪	5	8.81	47.21	22.66	50.82	676.65	215.42	0.57	2.77	1.74	0.17	0.39	0.28	0.01	11.55	2.39	0.33	0.86	0.59	8.65	30.42	22.19	2.92	6.87	4.46	
浙江	牛粪	4	45.76	132.54	90.35	43.24	312.43	175.23	7.54	11.43	9.30	0.23	0.53	0.34	0.03	0.05	0.04	1.87	4.65	3.30	4.87	7.75	6.57	5.76	9.56	7.83	单英杰[15]
浙江	鸡粪	15	54.32	517.45	271.16	98.67	724.35	379.59	1.76	11.32	4.87	0.37	1.54	0.73	0.02	0.08	0.05	1.65	11.43	5.04	3.29	15.65	7.06	3.54	8.45	5.50	
浙江	猪粪	65	96.58	1 788.04	1 044.13	112.17	10 056.68	771.37	0.37	7.78	2.54	0.02	4.87	0.53	0.01	0.12	0.05	2.45	76.43	16.83	0.43	86.58	5.87	2.14	23.18	11.32	
浙江	鸭粪	8	98.67	318.56	198.76	276.87	425.46	352.10	6.57	13.24	9.36	0.46	1.12	0.77	0.04	0.12	0.06	4.65	10.13	6.34	4.68	9.34	6.60	5.34	10.32	8.37	

地区	粪便类型	采样数	铜 最小值	铜 最大值	铜 平均值	锌 最小值	锌 最大值	锌 平均值	铅 最小值	铅 最大值	铅 平均值	镉 最小值	镉 最大值	镉 平均值	汞 最小值	汞 最大值	汞 平均值	砷 最小值	砷 最大值	砷 平均值	铬 最小值	铬 最大值	铬 平均值	镍 最小值	镍 最大值	镍 平均值	参考文献
浙江	鸡粪	19	68	1 274	314	164	1 766	573	2.31	25.6	6.18	0.27	4.13	0.73	0.03	0.27	0.08	1.13	27.8	10.3	3.64	47.7	16.3	2.34	21.6	7.63	李艾芬[16]
浙江	猪粪	4	—	—	1 079.25	—	—	3 214.5	—	—	1.71	—	—	1.12	—	—	0.06	—	—	53.4	—	—	6.78	—	—	11.23	张树清[3]
杭州市各区县	猪粪		272.1	1 397	740.5	411.7	2 274.3	1 260.8	—	—	—	—	—	—	—	—	—	—	—	—	—	—	—	—	—	—	王成贤[17]
杭州市各区县	牛粪		135.8	202.1	173.6	260.4	668.9	495.7	—	—	—	—	—	—	—	—	—	—	—	—	—	—	—	—	—	—	
杭州市各区县	羊粪		144.6	255	214.7	256.9	595	431.7	—	—	—	—	—	—	—	—	—	—	—	—	—	—	—	—	—	—	
杭州市各区县	禽类		93.6	362.1	209.4	150.6	610.1	420.5	—	—	—	—	—	—	—	—	—	—	—	—	—	—	—	—	—	—	
杭州地区	猪粪	9	44.31	1 292.73	484.98	141.3	2 640.58	681.97	7.79	30.75	16.07	0.11	1.66	0.5	—	—	—	—	—	—	—	—	—	—	—	—	程海翔[18]
杭州市郊	猪粪	20	286.7	1 905	1 018	511.6	1 908	1 064	2.67	36.95	9.75	0.41	5.71	1.2	—	—	—	2.52	194.5	59.96	—	133.9	42.21	5.35	19.98	9.98	董占荣[19]
浙江嘉兴	猪粪	56	10.89	1 043.40	473.65	0.51	9 336.30	1 763.80	0.72	25.75	4.30	0.16	2.35	0.40	0	0.31	0.01	0.07	218	31.8	0	62.30	5.80	2.38	17.1	10.30	石艳平[20]
浙江宁波	猪粪	18	—	—	1 146.23	—	—	—	—	—	5.13	—	—	0.2	—	—	0.16	—	—	3.9	—	—	—	—	—	—	王玉婷[21]
福建	猪粪	62	25.81	1 860.46	979.65	126.30	4 566.66	1 501.14	2.95	116.72	19.31	0.05	32.97	2.36	—	—	—	0.34	114.28	28.89	n.d.	1 616.52	62.42	—	—	—	彭冬来[22]
福建	牛粪	14	42.35	94	70.02	181.67	350.80	247.37	4.32	37.76	17.81	0.16	3.06	1.42	—	—	—	0.18	4.71	1.38	8.83	48.85	20.86	—	—	—	
福建	鸡粪	20	18.62	321.75	50.29	103.04	488.57	252.29	10.29	150.50	30.93	1.40	3.73	2.17	—	—	—	0.27	12.89	2.54	8.36	304.68	250.61	—	—	—	
福建	鸭粪	10	28.16	52.37	39.01	91.64	382.28	228.11	14.99	80.61	40.79	1.12	3.85	2.53	—	—	—	0.85	10.22	3.86	9.73	60.51	36.29	—	—	—	
福建	母猪粪	—	129.11	298.52	197.28	647.36	1 230.05	1 010.64	—	—	—	0.26	0.63	0.42	—	—	—	0.18	1.04	0.71	—	—	—	—	—	—	何波澜[23]
福建	育肥猪粪	—	150.46	1 175.15	793.68	638.42	1 312.84	982.67	—	—	—	0.22	0.44	0.34	—	—	—	0.31	0.74	0.44	—	—	—	—	—	—	

地区	粪便类型	采样数	铜			锌			铅			镉			汞			砷			铬			镍			参考文献
			最小值	最大值	平均值	最小值	最大值	平均值	最小值	最大值	平均值	最小值	最大值	平均值	最小值	最大值	平均值	最小值	最大值	平均值	最小值	最大值	平均值	最小值	最大值	平均值	
广西	猪粪	47	90.5	2 341	828	277.8	5 947	1 330.2	—	—	—	—	—	—	—	—	—	—	—	—	—	—	—	—	—	—	黄玉溢[24]
广西	猪粪	12	123.3	1 361.7	760.7	370.4	2 078	1 042.6	—	—	—	0.7	1.7	1.3	—	—	—	—	—	—	10.8	40.6	18.9	—	—	—	黄玉溢[25]
	鸡粪	37	5	1 776.6	107.5	76.7	1 111	366.6	0.1	9.6	3.2	n.d.	1.4	0.3	—	—	—	1.2	74.7	21.6	1.1	19.5	4	—	—	—	姚丽贤[26]
广东	猪粪	17	97.9	1 704.7	765.1	423.4	2 775	1 128	0.8	7.5	4	0.1	1.1	0.5	—	—	—	1.2	315.1	89.3	1.2	12	3.6	—	—	—	
	鸽粪	7	29.8	103.9	56.1	118.4	331.3	210.9	0.8	8.1	3.1	n.d.	2.3	0.7	—	—	—	1.1	6.7	2.9	0.7	4.5	2.5	—	—	—	
宁夏	猪粪	1		—	59.7	—	—	397	—	—	3.88	—	—	1.1	—	—	0.078	—	—	1.19	—	—	7.49	—	—	9.17	张树清[3]
	鸡粪	1		—	22.4	—	—	185	—	—	13.4	—	—	2	—	—	0.39	—	—	2.5	—	—	54.39	—	—	30.4	
江苏	鸡粪	26	19.69	52.73	36.23	153.15	572.11	326.16	—	—	—	—	—	—	—	—	—	—	—	—	0.39	1.51	0.54	—	—	—	张绪美[27]
苏南	猪粪	26	95.31	967	444.62	499.61	1 745	1 072.95	—	—	—	—	—	—	—	—	—	—	—	—	0.61	42.64	5.10	—	—	—	
某市	牛粪	13	40.4	61.10	49.68	211.64	269	243.06	—	—	—	—	—	—	—	—	—	—	—	—	0.32	0.76	0.46	—	—	—	
江苏	育肥猪粪 A	30	—	—	410.69	—	—	629.29	—	—	2.86	—	—	0.56	—	—	—	—	—	—	—	—	11.98	—	—	—	吴大付[28]
	育肥猪粪 B	30	—	—	185.94	—	—	891.89	—	—	2.74	—	—	2	—	—	—	—	—	—	—	—	16.31	—	—	—	
江苏	猪粪	2	521	558	539.5	561	1 171	866	4.22	4.55	4.39	2.24	2.36	2.3	0.045	0.05	0.048	14.2	42.4	28.3	39.69	86.59	63.14	6.97	7.94	7.46	张树清[3]
	鸡粪	6	23.7	40.3	33.08	136	239	184.67	1.82	5.28	2.99	0.68	5.01	2.86	0.04	0.07	0.05	0.01	0.23	0.18	1.56	48.49	16.73	2.15	8.34	5.21	

注:＊均为规模化养殖场;n.d.表示未检出;不同来源畜禽粪中重金属含量有较大差异,其中以铜和锌金属含量为最高;规模化养殖场中,猪粪重金属和抗生素含量高于其他畜禽粪,且不同生长阶段的猪粪便中重金属含量也有较大差异。

参考文献

[1] 中华人民共和国农业部种植业司. NY 525—2012 有机肥料[S]. 北京：中华人民共和国农业部, 2012.

[2] 耿维, 胡林, 崔建宇, 等. 中国区域畜禽粪便能源潜力及总量控制研究[J]. 农业工程学报, 2013（1）：171-179.

[3] 张树清, 张夫道, 刘秀梅, 等. 规模化养殖畜禽粪主要有害成分测定分析研究[J]. 植物营养与肥料学报, 2005（6）：116-123.

[4] 贾武霞, 文炯, 许望龙, 等. 我国部分城市畜禽粪便中重金属含量及形态分布[J]. 农业环境科学学报, 2016（4）：764-773.

[5] 王飞, 邱凌, 沈玉君, 等. 华北地区饲料和畜禽粪便中重金属质量分数调查分析[J]. 农业工程学报, 2015（5）：261-267.

[6] 李梦婷, 张晓倩, 刘海学. 规模化养殖场粪便中主要农化指标检测的研究[J]. 河北北方学院学报（自然科学版）, 2016（5）：21-25.

[7] 陈丽娜, 张晓芳, 赵全利, 等. 保定市郊养殖场畜禽粪中重金属含量调查分析[J]. 中国农学通报, 2008（5）：357-362.

[8] 茹淑华, 苏德纯, 张永志, 等. 河北省集约化养殖场畜禽粪便中重金属含量及变化特征[J]. 农业资源与环境学报, 2016（6）：533-539.

[9] 石建州, 周索, 赵金兵, 等. 南阳市规模化养殖场畜禽粪便排放量估算与环境效应评价[J]. 家畜生态学报, 2014（12）：76-81.

[10] 潘寻, 韩哲, 贾伟伟. 山东省规模化猪场猪粪及配合饲料中重金属含量研究[J]. 农业环境科学学报, 2013（1）：160-165.

[11] 庞妍, 唐希望, 吉普辉, 等. 关中平原畜禽粪便重金属农用风险估算[J]. 中国环境科学, 2015（12）：3824-3832.

[12] 朱建春, 李荣华, 张增强, 等. 陕西规模化猪场猪粪与饲料重金属含量研究[J]. 农业机械学报, 2013（11）：98-104.

[13] 杨柳, 雍毅, 叶宏, 等. 四川典型养殖区猪粪和饲料中重金属分布特征[J]. 环境科学与技术, 2014（9）：99-103.

[14] 朱恩, 王寓群, 林天杰, 等. 上海地区畜禽粪便重金属污染特征研究[J]. 农业环境与发展, 2013（1）：90-93.

[15] 单英杰, 章明奎. 不同来源畜禽粪的养分和污染物组成[J]. 中国生态农业学报, 2012（1）：80-86.

[16] 李艾芬, 章明奎. 规模化养殖场鸡粪营养物质和污染元素的组成特点[J]. 生态与农村环境学报, 2009（2）：64-67.

[17] 王成贤, 石德智, 沈超峰, 等. 畜禽粪便污染负荷及风险评估——以杭州市为例[J]. 环境科学学报, 2011（11）：2562-2569.

[18] 程海翔, 贾秀英, 朱维琴, 等. 杭州地区猪粪重金属含量及形态分布的初步研究[J]. 杭州师范大学学报（自然科学版）, 2008（4）：294-297.

[19] 董占荣, 陈一定, 林咸永, 等. 杭州市郊规模化养殖场猪粪的重金属含量及其形态[J]. 浙江农业学报, 2008（1）：35-39.

[20] 石艳平，黄锦法，倪雄伟，等. 嘉兴市主要生猪规模化养殖饲料和粪便重金属污染特征[J]. 浙江农业科学，2015（9）：1494-1497.

[21] 王玉婷，吕梦园，韩新燕. 宁波地区不同规模猪场粪便中重金属含量分析[J]. 家畜生态学报，2016（3）：55-58.

[22] 彭来真，刘琳琳，张寿强，等. 福建省规模化养殖场畜禽粪便中的重金属含量[J]. 福建农林大学学报（自然科学版），2010（5）：523-527.

[23] 何波澜，黄勤楼，钟珍梅，等. 福建省猪场粪污及土壤重金属含量的调查研究[J]. 福建畜牧兽医，2015（5）：13-17.

[24] 黄玉溢，陈桂芬，刘斌，等. 广西集约化养殖猪饲料 Cu 和 Zn 含量及粪便 Cu 和 Zn 残留特性研究[J]. 安徽农业科学，2012（17）：9280-9281.

[25] 黄玉溢，刘斌，陈桂芬，等. 规模化养殖场猪配合饲料和粪便中重金属含量研究[J]. 广西农业科学，2007（5）：544-546.

[26] 姚丽贤，李国良，党志. 集约化养殖禽畜粪中主要化学物质调查[J]. 应用生态学报，2006（10）：1989-1992.

[27] 张绪美，高蓓蕾，李梅. 规模化养殖场畜禽粪便重金属含量评价研究[J]. 现代农业科技，2014（24）：190-191.

[28] 吴大伟，李亚学，吴萍，等. 规模化猪场育肥猪饲料、猪肉及粪便中重金属含量调查[J]. 畜牧与兽医，2012（4）：38-40.

第4章 畜禽粪便中重金属的环境效应

随着畜禽养殖业的迅速发展，在为市场提供了大量质优价廉的产品、保证人类物质生活的需要和社会经济发展的同时，畜禽养殖业也产生了大量粪便，造成了严重的环境污染。王方浩等（2006）[1]估算结果显示，2003 年，我国畜禽养殖业共产生 31.90 亿 t 粪便，是当年工业产生的固体废物的 3.2 倍，畜禽养殖业已经成为我国环境污染的主要来源。全国共有 7 个省区单位面积的畜禽粪便耕地承载量超过 30 t/hm² 还田限量，存在畜禽粪便过载问题；其中的 4 个省区耕地畜禽粪便氮负荷超过 150 kg/hm² 的环境污染风险值；如果以耕地畜禽粪便磷负荷为判断标准，全国共有 8 个省区超过了欧盟 35 kg/hm² 的还田限量值。考虑到区域内畜禽粪便产生在空间上的不均衡性，畜禽粪便在这些省份都直接存在着土壤和水体的污染问题。2017 年 8 月 30 日，国家发展和改革委员会农村经济司司长吴晓表示，目前中国每年产生畜禽粪便总量达到近 40 亿 t，畜禽养殖业排放的 COD 达到 1 268 万 t，占农业源排放总量的 96%，是造成农业面源污染的重要原因[2]。2006 年，国家环境保护总局局长周生贤在全国土壤污染状况调查及污染防治专项工作视频会议上表示，据估算，中国每年因重金属污染的粮食达到 1 200 万 t，造成的直接经济损失超过 200 亿元[3]，而畜禽粪便的不当处置是导致污染的重要原因之一。本章简述了畜禽粪便导致环境污染的成因、污染类型和畜禽粪便中重金属的环境效应。

4.1 畜禽粪便环境污染成因

受畜禽养殖数量快速增长、养殖结构调整、劳动力成本提升等因素的影响，畜禽粪便的产生量大幅度增加，由此导致的环境问题也日益凸显，特别是在人口密集、经济发达、耕地有限的东部沿海养殖密集区，粪便污染问题十分严峻。针对畜禽粪便环境污染产生的原因，研究者们从不同角度进行了分析，指出区域布局不合理、种养脱节、生产方式落后、废弃物利用率低是造成环境污染的主要成因。例如，杨军香等（2015）[4]分析认为，养殖废弃物处理设施建设缺乏投入、养殖业与种植业的分离是造成养殖生产废弃物污染的关键因素；仇焕广等（2013）[5]针对我国农村畜禽养殖散户和专业户的畜禽粪便处理方式进行实地调查，认为目前大多数已有的畜禽污染治理政策仅对散户有效，而对专业户作用不大；孟祥海等（2014）[6]在分析美国、欧盟、日本和加拿大等发达国家和地区治理畜牧业环境污染经验的基础上，提出我国应综合运用多种政策手段对畜牧业环境污染进行治理；蔡梅玉（2007）[7]分析认为，福建畜禽养殖场出现环境问题的原因包括养殖场环保意识不强、规划设计存在缺陷、污染治理资金投入不足、农牧生产脱节、监督管理力度不够等。赵润等（2017）[8]在阐述我国畜牧业发展态势和环境污染特点的基础上，分析了以下两点导致污染的主要成因：

（1）缺少科学规划布局，农牧脱节、种养失衡。畜禽养殖场主仅根据市场情形与地方政策自主决定养殖何种畜禽、养殖规模、畜舍结构空间、设施建设位点等事项，且由于土地承包经营，大部分规模化养殖场没有配套可消纳畜禽粪便的耕地，只养不种；而种植经营者大多也是只种不养，同一地区种植的作物品种、耕作时间、施肥时期和施肥量与养殖生产不统一，导致种养业"各自为政"，农牧脱节现象严重，粪便资源化利用途径受阻。在这种各自独立进行成本核算的方式下，一方面，种植户为降低劳动成本大量施用化肥，导致土壤贫瘠、结构破坏、逐渐失去可持续生产的能力；另一方面，畜禽粪便无法得到利用而依法又必须进行处理，因此为降低治污成本，养殖户倾向于就近堆放或排放到附近的沟渠坑塘，造成资源浪费、环境污染、恶性循环。

（2）经营管理方式简单粗放，生产水平不高。饲喂是决定畜产品数量大小与品质好坏乃至畜牧业稳定长效发展的关键因素，但长期以来我国畜牧养殖饲料利用率较低，与西方发达国家的精准饲喂水平相比有不小差距。在西方国家，生猪养殖先进水平的料肉比为 2.4∶1，我国目前只有少数地方能够达到 3.5∶1；肉鸡养殖世界先进水平的料肉比为 1.6∶1，我国只有（2.1～2.2）∶1；蛋鸡养殖世界先进水平的料蛋比为 2.4∶1，而我国是（2.6～3.0）∶1。畜禽粪便中含有大量未消化的蛋白质、B 族维生素、矿物质元素、粗脂肪和一定数量的碳水化合物，特别是粗蛋白质含量较高[9]。许多传统的规模化畜禽养殖场基础设施条件仍然落后，畜禽采食、饮水、产排粪尿等空间集中狭小，养殖密度高；缺少专门的粪水收储设施，简易的铲车与手推车式的人工清粪方式容易将粪便到处散落，粪尿多与垫料掺混难以清理，畜舍内养殖环境条件差；通风、采光条件有限，圈舍内屋顶、栏架等处腐蚀严重，工作环境恶劣；猪圈、鸡舍、挤奶厅/待挤间等区域的冲洗水使用无度，使后续处理难度大大提升；场区内脏、净道交叉，粗放简单的生产经营方式给场区内外环境造成严重影响。

4.2 畜禽粪便环境污染类型

畜禽粪便可导致对环境的恶臭气体污染、有害病原微生物污染、抗生素污染、氮磷污染、重金属污染等。

4.2.1 恶臭气体污染

农业生产中排放的有害气体所造成的空气污染已成为广泛关注的环境问题。作为农业有害气体排放的主要来源，畜禽业生产中所产生的气体污染不但对从业者、畜禽和周围居民的身体健康造成伤害，还对全球空气质量造成影响。2006 年，联合国联农组织发表报告 *Livestock's long shadow*（《牲畜的巨大阴影》），对畜禽养殖对全球气候的影响进行了评估。该报告指出，畜禽业排放的主要有害气体氨气占全球氨气排放总量的 64%，排放的温室气体占全球总排放量的 18%。温室气体中二氧化碳占全球排放总量的 9%、甲烷占 35%～40%、氧化亚氮占 65%。一头猪产生的温室气体相当于 10 个人，10 只鸡产生的温室气体相当于 7 个人，全球现有的 10.5 亿头牛对温室效应的贡献超过汽车尾气的排放。

畜禽养殖生产中，臭气来自畜禽培育、粪便处理、畜禽产品运输等多个环节。畜禽培育过程中，舍内大量畜禽集中高密度饲养，家畜呼吸、生产过程和有机物分解等会产生大量的有害气体。畜禽舍中有害气体的成分多达数百种，主要成分有氨气（NH_3）、硫化氢（H_2S）、甲烷（CH_4）、一氧化碳（CO）、非甲烷烃化合物、挥发性硫化物和粉尘等。畜禽粪便堆放期间，在微生物作用下其中的有机物质被分解，从而产生一些诸如甲烷、硫化氢、氨气、甲硫醇等的恶臭气体。这些有害气体大部分具有刺激性气味，其浓度升高是造成畜禽舍恶臭的主要原因。畜禽舍栏中有害气体大多具有毒性，浓度较低的有害气体会造成家畜体质变弱、抗病力下降，同时诱发胃肠炎、心脏衰弱、气管炎、支气管炎及结膜炎等疾病。高浓度的有害气体可导致畜禽的呼吸中枢麻痹、窒息死亡。长期处在具有有害气体的环境中会造成畜禽的生长发育缓慢，影响畜禽的繁殖，同时增加由空气传播疾病的易感性。

4.2.2　有害病原微生物污染

畜禽体内的微生物主要是通过消化道排出体外的，粪便是微生物的主要载体。大量实践表明，由于粪便的堆放，最终会导致畜禽传染病和寄生虫病的蔓延与发展。粪便中的病原微生物在较长时间内可以维持其感染性，如多条性巴氏杆菌在室温条件下的粪便中能生存 10 天，在腐败的尸体中能生存 1～3 个月[10]；粪便是禽流感传播的主要途径[11]。

4.2.3　抗生素污染

在畜禽养殖过程中，为了防治多发性疾病，多在饲料中添加抗生素。抗生素随饲料进入动物体内后，大多数经肾脏过滤后随尿液排出体外，少量未排出的就残留在动物体内。残留在动物体内的抗生素失去抗菌作用，最终随着畜禽产品进入人的体内，对人体造成伤害。随着药物的经常性使用，微生物的耐药性增强，为了防治疾病，药物的用量逐渐加大，药物在动物体内的转化和积累又必将导致药物残留的增加，形成恶性循环，最终导致食用畜禽产品的人体受到一定程度的伤害。

4.2.4　氮、磷污染

未经处理的畜禽粪便，一部分氮以氨的形式挥发到大气中，增加了大气中氨的含量。在大气中氨可转化为氮氧化物，使空气质量下降，严重时导致酸雨，危害环境。畜禽粪便的淋溶性极强，其所含氮、磷流失量大于化肥流失量，是造成农村面源污染的主要原因之一。若不及时清理，就会通过地表径流，流入江河湖海，大量的氮、磷流入水体会导致水体富营养化。畜禽粪便长期堆放，粪便中所含大量含氮化合物在土壤微生物的作用下，通过氨化、硝化等生物化学反应过程，会导致土壤中硝酸盐含量日渐增高，间接影响人体健康。

4.2.5　重金属污染

随着饲料工业的发展，一些饲料加工企业在宣传媒介中片面强调无机制剂（如砷、汞）促生长及医疗效果的一面，而忽视其导致环境污染的一面。例如，高铜制剂在生猪饲料中广泛应用，能有效促进猪群的快速生长，使猪的粪便发黑，增加猪群饲料的商业性状，生产商不仅在仔猪、生产猪的饲料中添加高铜制剂，而且在肥育猪、肉鸡等饲料中也使用高铜制剂。而实际上在肥育猪和肉鸡的饲料中使用高铜制剂对其生产性能的改善并不明显，通常情况下肥育猪饲料中含有 4 mg/kg 铜就能满足其生长发育的需要量。高铜在畜禽生产上的广泛使用必然会对生态环境产生不利影响，这是因为猪对铜的利用率不到 20%，其中只有 5% 被存留在机体内，90% 的铜通过与胆汁中的氨基酸结合后经粪便排出。

有机砷制剂对动物具有抗菌和促进生长的作用，但砷的毒害作用以及对生态环境的污染却不容忽视，如果长期大剂量使用砷类化合物作为饲料添加剂，额外的砷导入生态循环系统后造成的后果将不堪设想。生物体一般都能富集砷，砷作为饲料添加剂使用，会通过食物链和生态系统循环，逐级加大砷的累积量。当猪、羊、鸡和鸭等畜禽饲喂砷制剂后其粪尿会作为有机肥料而施入农田，土壤中以及农作物中的砷含量也会由此升高，而农作物被人摄食后会造成人体砷的蓄积，如果作为饲料饲喂动物，动物排泄物中的砷又会再次流入农田土壤中，如此反复循环累积，生态环境中的砷污染速度就会更大。

4.3　畜禽粪便中重金属的环境效应

伴随我国社会经济发展的新常态化，在市场拉动和政策引导下，畜牧业综合生产能力持续上升，生产方式加快转变，产业地位不断提升，整体趋向规模化、集约化、标准化。然而，受养殖数量快速增长、养殖结构调整、劳动力成本提升等因素的影响，环境问题也日益凸显。畜禽粪便中重金属对环境的影响主要表现在水体、大气、土壤等方面。

4.3.1　对水体环境的影响

面源污染又称为非点源污染，是相对点源污染而言的，是指降雨产生的径流冲刷、溶出下垫面地表的污染物，包括土壤层冲刷物、地表沉积物、农田养分肥料和化学物质以及人类活动产生的废弃物等，通过径流将其携带进入水体环境，形成污染负荷。农业面源污染的主要来源包括化肥、农药、畜禽养殖、农业固体废物和水土流失。畜禽养殖产生的废水包括畜禽生长过程中产生的尿液、畜禽养殖场圈舍、饲养设备清洗及生活产生的污水，以及养殖场畜禽粪便露天堆放，被降雨淋洗冲刷进入环境水体。畜禽养殖场产生的这些高浓度、未经处理的污水进入环境水体后，使自然水体中的固体悬浮物、有机物和微生物含量增加，改变了水体的物理、化学和生物化学组成，从而改变了水质状况。畜禽粪便已经对我国部分地区的水体产生了危害。全国规模化畜禽养殖污染状况数据调查显示：我国畜禽粪便中主要污染物 COD、BOD（生化需氧量）、NH_4^+-N（氨氮）、TP、TN 的流失量分别为 797.31 万 t、58 087 万 t、155.88 万 t、46.76 万 t、407.14 万 t。上海市环保局开展的"黄浦江水环境综合整治研究"课题的研究结果及广州市有关资料显示，畜禽养殖业造成的环境污染已成为上海地区和广州市的主要污染源之一，对当地的农业生态环境和水体环境影响重大，并造成农业资源的严重流失和浪费。

畜禽粪便中高浓度的重金属进入水体后，对水生生态环境及水生生物的影响是致命的。例如，锌对鱼类和水生生物的毒性很大，渔业水质要求锌含量在 0.1 mg/L 以下。当含高浓度锌的粪便进入水源时，水体中的锌浓度急剧升高，除了影响水的味道，很可能造成鱼虾的大量死亡。当水中锌浓度为 10 mg/L 时，可使水体变浑浊，当达到 4 mg/L 时水体就会产生异味，并明显抑制水体生物的氧化作用[12]。徐关文（1982）[13]研究发现，鱼类胚胎发育状况随锌浓度的增加和接触时间的延长受到的毒副作用越为明显；鲢鱼、塘鱼和草鱼出苗时对锌的最大耐受浓度为 1.6～2.5 mg/L，孵出 5 天死亡浓度为 0.6～1.0 mg/L，孵出 10 天有毒性影响浓度为 0.4～0.6 mg/L，无明显影响的浓度在 0.25 mg/L 以下。锌对胚胎与胚后发育的毒性反应主要表现为胚胎的急性中毒死亡以及致畸作用，另外还观察到较高的锌浓度对卵膜有明显的收敛作用，说明锌对水生生物有剧毒作用。

镉对鱼类的危害同样非常严重。马广智等（1995）[14]研究指出，镉能使鲤鱼血清中促性腺激素水平降低，生长激素水平升高。陈剑兴等（2004）[15]在研究镉对鲫鱼特异性免疫力的影响时指出，镉对鲫鱼反向间接血凝抑制抗体效价始终存在着抑制作用，并且有剂量-效应关系和时间-效应关系。

海水鱼类早期发育阶段的胚胎期和仔鱼期对重金属污染最为敏感。呈鼎勋等（1999）[16]研究了汞、铜、锌和铬 4 种重金属离子对黄姑鱼胚胎发育和仔鱼存活的影响，结果表明试验组鱼的胚胎发育受阻，受精卵孵化率显著低于对照组，初孵仔鱼出现不同程度的畸形，这些重金属对黄姑鱼仔鱼的毒性强弱依次为 $Hg>Cu>Zn>Cr$。周立红等（1994）[17]研究了汞、铜、铅和锌 4 种重金属对泥鳅胚胎发育和仔鱼存活的影响，结果表明泥鳅胚胎对这 4 种重金属的耐毒性强于仔鱼，4 种重金属对泥鳅胚胎的毒性强弱顺序为 $Hg>Cu>Zn>Pb$，对泥鳅仔鱼的毒性强弱顺序为 $Cu>Hg>Zn>Pb$。

重金属能够抑制水生动物的酶活性，妨碍机体的代谢作用，还会造成生理生化指标的改变，对水生动物的下丘脑-脑垂体-性腺轴生殖内分泌调控系统产生毒害作用。李少菁等（1998）[18]研究了镉、铜、锌 3 种重金属对日本仔虾的碱性磷酸酶（AKP）、谷丙转氨酶（GPT）及谷草转氨酶（GOT）的活性有不同程度的抑制作用，且随着重金属浓度的增高，抑制作用越明显。Canesi 等（1999）[19]和 M R 等（2000）[20]还研究了水体中汞、铜、镉等重金属造成鱼体谷胱甘肽转移酶和过氧化氢酶活性的下降问题。

重金属伤害水生植物主要的机理为自由基伤害理论。由于重金属能导致水生植物体内活性氧产生速率和膜脂过氧化产物明显上升，从而使水生植物体内活性氧自由基的产生速度超出了水生植物清除活性氧的能力，因而引起细胞损伤。重金属对水生植物的影响作用主要表现在改变细胞的微结构，抑制光合作用、呼吸作用和酶的活性，使核酸组成发生改变、细胞体积缩小和生长受到抑制等。孔繁翔等（1997）[21]在研究中发现，不同浓度的锌等重金属对羊角月牙藻的生长进度、蛋白质含量、ATP 水平等有明显的影响，其实验结果表明，金属离子在其所试验的范围内对其生长速率均有抑制作用。谷巍等（2001）[22]的研究表明：Hg、Cd 污染均使轮叶狐尾藻叶片叶绿素含量减少，但在较低浓度时光合速率、呼吸速率、过氧化物酶活性及可溶性蛋白含量上升，随着污染物浓度的不断加大、污染时间的延长，则导致其相应生理指标下降。

4.3.2　对大气环境的影响

畜禽粪便对大气环境的影响主要集中在恶臭气体、粉尘等方面，针对畜禽粪便中重金属对大气环境影响的研究相对较少。畜禽养殖场产生的恶臭、粉尘和微生物进入大气后可通过大气的气流扩散、稀释、氧化和光化学分解等作用得到净化，但是当排出的气体超过大气的自净能力时，就会对人和动物造成危害。据统计，年产 10 万头的猪场，每小时向大气排放 159 kg 的 NH_3、14.5 kg 的 H_2S、25.9 kg 的粉尘，污染半径可达 4～5 km。不仅如此，畜禽养殖场产生的气体还是温室气体的来源之一。研究表明，现在大气层中甲烷的浓度以每年约 1%的速度增长，其中畜禽释放的甲烷量约占大气中甲烷气体的 1/3。随着畜禽养殖业甲烷释放量的逐年增加，其对环境的压力也越来越大。另外，畜禽养殖业产生的氨部分挥发到大气中，增加了氮含量。据北京市环境科学研究院大气研究所计算，北京市畜禽养殖业每年排放的氨为 24 330 t，占全市氨排放量的 27.44%。

4.3.3　对土壤环境的影响

1. 对农田土壤负荷的影响

目前对于畜禽粪便处理的主要途径仍然是作为有机肥还田，许多畜牧业发达国家也将农田作为畜禽粪便的负载场所，用来消化其中的养分。农田作为畜禽粪便消纳场所的容量既取决于土壤的质地、肥力，又受作物收获时籽粒和秸秆吸收量的影响。《畜禽粪便安全使用准则》（NY/T 1334—2007）和《畜禽粪便还田技术规范》（GB/T 25246—2010）根据土壤负荷的理论，给出了施用畜禽粪便量的计算方法。但是，我国还没有全国性的单位面积耕地土壤的畜禽粪便氮、磷养分限量标准，致使在畜禽粪便还田限量上仅有少数报道。上海市农业科学院提出了上海市郊区农田畜禽粪便负荷量的标准，也有学者认为每公顷耕地能够负担的畜禽粪便约为 30 t。然而，对于农田土壤中重金属负荷的研究较少，相应的畜禽粪便中重金属对农田土壤负荷的影响研究更少。

2. 对土壤质量的影响

畜禽粪便中包含有蛋白质、脂肪、糖等有机质，若未经处理直接进入土壤会被微生物分解，从而使土壤得到净化。一旦排放量增加，微生物来不及进行降解而产生无氧腐解，将会产生恶臭物质和亚硝酸盐等有害物质，引起土壤的形状改变（孔隙性下降、透水性下降、板结等），影响土壤质量。此外，还会产生一些病原微生物，造成生物污染和疫病传播。李江涛等（2011）[23]通过采集试验区内长期施用鸡粪（PL）、猪粪（LM）和化肥（CF）的稻麦轮作耕层和犁底层土壤，分析了经不同施肥处理的土壤内有机碳和养分含量、土壤物理结构特征、土壤生物学性质的差异，探讨了长期施用畜禽粪便对土壤质量的影响。研究结果显示，长期施用畜禽粪便的耕层和犁底层土壤内有机碳含量显著高于施用化肥处理的土壤（$P<0.05$）；与 CF 处理比较，PL 和 LM 处理土壤的氮、磷、钾全量和有效养分含量均明显增加，其中耕层土壤有效磷（Olsen-P）含量为施用化肥处理的 7～8 倍，速效钾含量比施用化肥土壤高 89.2%～102.9%。施用畜禽粪便明显改善了土壤物理结构，其耕层土壤内大孔隙体积、中孔隙体积和总孔隙度分别为 CF 处理土壤的 1.48～1.70 倍、1.35～1.75 倍和 1.07～1.11 倍；土壤团聚体水稳定性显著增强，而土壤抗张强度显著降低。施用畜禽粪便土壤内微生物和生化性质也明显高于施用化肥土壤，其中 LM 处理耕层土壤微生物生物量碳（Microbial Biomass Carbon，MBC）和微生物生物量氮（Microbial Biomass Nitrogen，MBN）最大，分别是 CF 处理土壤的 2.1 倍和 1.5 倍；施用畜禽粪便土壤的脲酶和转化酶活性也分别为施用化肥土壤的 3.5～6.7 倍和 1.6～2.1 倍。相关分析显示，土壤有机碳含量与各肥力指标间均表现出极显著相关（$P<0.01$）。研究结果说明，长期施用畜禽粪便的土壤质量显著高于仅施化肥的土壤。

3. 对土壤重金属总量的影响

畜禽粪便含有丰富的有机质以及氮、磷等作物生长所需要的营养物质，并且一直被当作有机肥广泛应用于农业生产上，但是人们忽略了其中的重金属给土壤带来的负面影响，畜禽粪便排放或施用到土壤中必然会导致土壤重金属含量的增加。畜禽粪肥长期大量使用的累积效应可能使土壤重金属含量超过国家标准，给人畜、作物带来潜在危害。近年来，人们已经意识到畜禽粪便中的重金属，如 As、Cu、Zn 带来的潜在危害。在某些地方，施用粪便的农用已经成为土壤中某些重金属，特别是 Cu、Zn 的重要来源。英格兰和爱尔兰的耕地土壤中，25%~40%的 Cu、Ni、Zn 是由畜禽粪便的土壤利用带入的（Nicholson et al.，1999）[24]。在美国东部海岸的特拉华-马里兰-弗吉尼亚岛，由于家禽饲料中加入 As 类化合物（如洛克沙胂等）导致每年向环境中引入 20~50 t 的 As（Christen，2001）[25, 26]。长期施用规模养殖场的畜禽粪便，土壤中重金属浓度有累积升高的趋势，且粪肥的施用量越大，土壤中重金属含量越高。研究表明，连续施用养殖场鸡、鸽粪 6 茬，土壤 Zn 含量提高 0.7~17.1 mg/kg，同时土壤 Cu、As 含量也有累积趋势（姚丽贤等，2007）[27]；施用猪粪，土壤中 Cu、Zn、As 含量最高，分别达到了对照组的 11 倍、5 倍、2 倍（王瑾等，2008）[28]。根据 Cu 和 Zn 模拟模型预测，以 150 m³/（hm²·a）连续施用猪粪于某研究区蔬菜温室，土壤中全 Cu 和全 Zn 含量分别经过 10 年和 15 年可能超过国家农田土壤二级标准（黄治平等，2007）[29]。苏秋红（2007）[30]研究发现，施用高 Cu 猪粪后，土壤中 Cu 的含量显著增加，且随着猪粪施用量的增加而增加。根据研究中猪粪及土壤 Cu 含量预测的土壤 Cu 累积情况，建议菜园土上两年内的连续施用量不超过 100 t/hm²，矿山土上 3 年内的连续施用量在 150 t/hm² 以下。Jinadasa 等（1997）[31]对悉尼一些地区蔬菜和菜园土壤中 Cd 的含量调查发现，由于家禽粪便的长期施用引起了菜园土壤中 Cd 和 Zn 含量的增加。

刘赫等（2009）[32]以沈阳农业大学棕壤长期定位试验地为研究对象开展长期定位试验，研究长期施用有机肥对 0~20 cm 棕壤重金属积累的影响。通过研究发现，随着年限的增长，土壤中 Cu、Zn、Pb 和 Cd 的含量均呈现增加的趋势，并以施用有机肥 M4 和 M2 及有机肥化肥配施 M4+N₄P₂ 对土壤中重金属 Cu、Zn、Pb 和 Cd 含量的影响最为明显，而在无肥对照 CK 和单施化肥 N₄P₂ 处理下 4 种元素均有少量增加；几种重金属元素增长的相对大小为 Cd>Cu>Zn>Pb，其中，目前 Cu 含量还未达到国家二级环境质量标准，Cd 含量超标应引起足够重视。Christen（2001）[26]研究发现，土壤中水提取态的 As 与家禽粪肥的施用量具有直接相关性，说明家禽粪便已成为进入土壤中的 As 的主要来源。李银生等（2006）[33]调查发现，在长期使用洛克沙胂作为饲料添加剂的养猪场周围出现了 As 的污染，无论是养猪场污水随地表径流流过的区域，还是施用粪肥的土壤，都检出了比正常土壤要高的 As 含量。

潘霞等（2012）[34]研究了长期施用畜禽有机肥对典型蔬果地土壤剖面重金属与抗生素分布的影响。结果表明，猪粪、羊粪、鸡粪 3 种畜禽有机肥中最易造成土壤污染的是猪粪，Cu、Zn 和 Cd 含量分别为 197.0 mg/kg、947.0 mg/kg 和 1.35 mg/kg。不同土地利用方式下，施用有机肥均使重金属在土壤剖面呈现表聚现象，以设施菜地最为突出，Zn 和 Cd 积累明显，0~20 cm 土层含量分别为 203 mg/kg 和 0.48 mg/kg。不同土地利用方式下，14 种抗生素的含量与组成在土壤剖面上存在明显分异，随土层深度增加含量迅速下降，但在 80~100 cm 土层仍有检出；设施菜地表层土壤抗生素含量为 39.5 μg/kg，积累和残留明显高于林地和果园，特别是四环素类和氟喹诺酮类，含量分别为 34.3 μg/kg 和 4.75 μg/kg。

茹淑华等（2011）[35]通过盆栽试验研究了鸡粪和鸭粪的施用对土壤 Zn 积累特征及其生物有效性的影响研究。结果表明，随着鸡粪和鸭粪施用量的增加，土壤全 Zn 含量、有效 Zn 含量均趋于上升趋势。有机肥鸡粪和鸭粪的施用量与土壤全 Zn 含量、有效 Zn 含量的关系均分别符合二次型曲线和线性模型。检验结果表明，二者之间的相关性均达到极显著的水平。

4．对土壤重金属有效性的影响

由于重金属元素的环境行为和生态效应不全取决于重金属在土壤中的总量，而主要取决于植物能实际吸收的重金属有效态含量，有资料表明，长期施用含高 Cu 的畜禽粪便，导致土壤中乙二胺四乙酸（EDTA）可提取态 Cu 的浓度增加了 3～4 倍。

5．对土壤重金属淋溶的影响

施用高含量重金属的畜禽粪便会增加重金属在土壤中的淋溶，由于畜禽粪便中含有大量的有机质，施入土壤可以增加土壤中的有机质尤其是可溶性有机碳（DOC）的含量。可溶性有机碳易与重金属形成可溶性金属络合物，从而通过淋失而污染地下水源。研究发现，由于连续施用猪粪粪浆，田间排出的水中锰（Mn）的浓度从 0.05 mg/L 上升到 14 mg/L，钴（Co）的积累量从 0.8 mg/L 上升到 50 mg/L，锌的积累量从 17.3 mg/L 上升到 100 mg/L。商冉（2008）[36]研究发现，土壤中加入猪粪对 Cu、Zn 的淋失率有作用，淋洗过程可以将猪粪中的可溶性有机物溶出，减少了土壤对 Cu、Zn 的吸附作用，使 Cu、Zn 在土壤中的迁移性增加。而添加的猪粪量越大，可以溶出的可溶性有机物的浓度就越大。

6．对土壤中重金属迁移转化的影响

在畜禽粪便施加的过程中，有机物对重金属的环境行为有着显著的影响。①吸附作用。组成土壤的黏土矿物对重金属具有比较强烈的吸附作用，畜禽粪便中的重金属容易在土壤表层积累。有机和无机胶体物质的吸附控制了土壤溶液中重金属的浓度，而影响土壤吸附的主要因素包括黏土矿物类型、微生物、腐殖质、pH 值、重金属的性质等。王果等（1999）[37]研究表明，在施入紫云英和稻草后，交换态铜的含量显著降低，而有机结合态和无定形氧化铁结合态铜含量明显提高。这可能是有机质施入后，土壤中阳离子的交换量变大，从而使土壤胶体对阳离子的吸附增加。华珞等（2008）[38]比较了土壤腐植酸与 Cd、Zn 络合物的稳定性，结果表明，在重金属污染的土壤中施用大分子的腐植酸较小分子的腐植酸更能有效地降低重金属元素的植物有效性。因此，增施有机肥成为固定土壤中多种重金属、降低土壤重金属污染的重要措施。②氧化还原作用。土壤中的氧化还原状况是影响重金属的形态和可移动性的一个重要因子，在不同的氧化还原状况下，土壤中的重金属形态会有比较大的区别，如在还原状态下，Cd 容易以 CdS 沉淀的形态存在，然而当氧化状态占有优势时，土壤中的 CdS 会转化为可溶性的 $CdSO_4$，Cd 的可移动性和毒性都大大增强。因此，在重金属污染土壤的生物修复中，土壤还原状态能减少某些重金属的移动和毒性。在 Mn 氧化物含量较高的土壤中加入抗坏血酸，通过调节 Mn 来使亚硒酸盐氧化成硒酸盐，从而增加硒的溶解性。氧化还原过程中也可能伴随着其他间接还原的金属沉淀作用，如在硫酸盐还原细菌系统中，Cr^{6+} 的还原可能导致间接还原 Fe^{2+} 和硫化物的副产品。③络合螯合作用。一般认为，当金属离子浓度高时，以吸附交换作用为主，而在土壤溶液中重金属离子浓度低时，则以络合螯合作用为主。土壤中的腐殖质具有与重金属离子牢固螯合的配位体，如氨基、亚氨基、酮基、羟基等基团，能够对重金属起到很强的螯合作用。土壤中螯合物的稳定性受重金属离子性质的影响，在重金属离子与螯合基以离子键结合时，中心离子的离子势越大越有利于配位化合物的形成。

吴东涛（2012）[39]通过室内土柱模拟试验的方法研究了在淹水条件下施用畜禽粪肥后土壤中和畜禽粪肥中的重金属在土壤中的迁移和转化状况，结果显示，在土壤中施用集约化养殖的猪粪会显著增加表层土壤中的重金属含量；有机肥对土壤中重金属的迁移有一定的影响，并且重金属向土壤下层的迁移随着淹水时间的延长而增加，特别是对该土壤中重金属有效性的活化作用更为明显。在淹水 9 个月的条件下，20 cm 以下土壤中的 Zn、Cu、Pb 的有效性有了显著的提高，这表明在水稻栽培条件下（淹水），长期施用污染有机肥有发生重金属污染地下水的风险。

4.3.4　对植物的影响

由于畜禽粪便中含有丰富的氮、磷、钾等养分，所以施用畜禽粪便有利于作物产量的增加。某些重金属如 Cu、Zn 等在一定数量上对植物是必需的微量元素，但是长期施用重金属含量高的畜禽粪便，土壤中的重金属浓度则可能会因为农作物对重金属的过量吸收而造成农作物体内重金属的积累，甚至遭受重金属毒害（董占荣，2006）[40]。Kornegay 等（1976）[41]发现，施用 3 年的高含量 Cu 的猪粪约有 24 kg Cu 随粪便进入土壤，同时玉米叶中的 Cu 浓度增加，但没有影响到玉米产量和玉米籽粒中 Cu 的浓度。Zhou 等（2005）[42]研究了施用粪便后作物对 Cu、Zn 的吸收，结果表明随着土壤中 Cu、Zn 含量的增加，萝卜和白菜中重金属 Cu 和 Zn 含量也随着增加，部分萝卜地上部的 Zn 含量超过了我国食品标准规定的 20 mg/kg，达到了 28.7 mg/kg。

徐应明等（2006）[43]研究表明，粪肥能增加 Cr 和 Cu 的生物利用率，使青菜中的 Cr 和 Cu 含量增加，而且粪肥施用茬数对蔬菜中重金属的含量也有影响。研究表明，长期施用规模养殖场的猪粪，韭菜、青菜、芹菜、萝卜的 Cu、Zn、As 含量分别达到未施猪粪的对照组的 4 倍、4 倍、3 倍，芹菜中 Zn 超标已达 117%（董占荣，2006）[40]。姚丽贤等（2007）[44]的大田试验结果显示，尽管按传统的以鸡粪含氮量计算其用量并未导致菜心重金属含量超标（以鲜重计），而且施用鸡粪整体降低了菜心 Cd 和 Cr 含量，但随着鸡粪用量及连续施用茬数的增加，菜心 As、Zn 含量均提高，Cu 含量则表现为鸡粪与无机肥配施处理比鸡粪或无机肥单施处理有明显提高。第一茬，鸡粪单施或无机肥配施处理均可降低菜心产量，其中单施鸡粪处理产量下降最为明显；第二茬，由于生长期较长（41 天）且温度适宜，所有使用鸡粪处理均明显或显著提高菜心产量，而且配施处理产量有随鸡粪用量增加而提高的趋势；第三茬（28 天），所有施用鸡粪处理均可降低菜心产量，而且产量与鸡粪纯氮用量呈显著负相关关系（$y=-0.117\,8x+12.687\,5$，$R^2=0.907\,8$）；第四茬（52 天），除单施鸡粪处理减产外，其他配施处理均比单施无机肥处理提高了菜心产量，但产量增幅随着鸡粪用量的提高而下降。从不同处理连续四茬菜心总产量来看，3 个配施处理比单施无机肥处理增产 10.1%～11.0%。

4.3.5　对土壤微生物的影响

畜禽粪便施用对土壤微生物群落代谢的作用同时受到有机肥本身及其残留重金属的影响，有机肥中过高的重金属残留会改变有机肥养分对土壤微生物代谢的影响。

畜禽养殖中大量使用洛克沙胂作为促生长剂，洛克沙胂在畜禽粪便中有较多的残留，并随着有机肥的施用进入土壤，可能对环境有影响。张玉梅等（2007）[45]通过研究洛克沙肿对土壤的呼吸作用、硝化作用、氨化作用及几种酶活性的影响发现，在洛克沙肿处理后的 4～6 天对土壤呼吸有一定的刺激作用，但差异不明显（$P > 0.05$）；不同浓度的洛克沙肿残留对土壤硝化作用均有较明显的抑制作用，20 mg/kg、50 mg/kg 组在培养后期（12～18 天）对土壤硝化作用有显著抑制，80 mg/kg、150 mg/kg 组在整个试验期均有显著抑制（$P < 0.05$）；80 mg/kg、150 mg/kg 浓度洛克沙肿对土壤氨化作用有极显著的抑制作用（$P < 0.01$），20 mg/kg、50 mg/kg 在培养 2 天后对氨化作用有明显的抑制作用（$P < 0.05$）。洛克沙肿残留对土壤碱性磷酸酶的活性有较明显的刺激作用，低水平残留对土壤过氧化氢酶活性有一定的促进作用，对蛋白酶活性表现出先抑制后促进作用，在一定时间内对土壤脲酶的活性有轻微的加强作用。总体来看，畜禽粪便中洛克沙肿残留对土壤主要生化过程有影响，可明显抑制土壤的氮循环，对几种土壤酶活性没有明显的抑制作用，在一定程度上反而有促进作用。

李江涛等（2010）[46]采用两种母质发育、长期施用畜禽粪便和化肥的稻麦轮作土壤作为供试土壤，探讨了施用畜禽粪便对土壤微生物组成、生物量及活性、土壤酶活性等生物化学质量指标的影响。研究结果显示，与施用化肥比较，长期施用畜禽粪便显著提高了土壤细菌和放线菌数量（+72%和+132%）、土壤 MBC 和 MBN（+89%和+74%）、土壤基础呼吸速率和微生物商（+49% 和 +45%），但降低了土壤真菌的数量（−38%）。土壤脲酶和转化酶活性也表现为长期施用畜禽粪便的土壤高于施用化肥的土壤。由于受土壤 pH 值的影响，土壤微生物代谢熵（qCO_2）和土壤磷酸酶活性没有表现出明显的变化规律。回归分析结果显示，长期施用畜禽粪便改变了土壤活性有机碳含量和理化性质是导致土壤生物化学质量指标变化的主要原因。

李小嘉等（2014）[47]以江苏省海安长期施用集约化养殖畜禽粪便和单施化肥试验地的耕层土壤为研究对象，采用 BIOLOG 微平板法，对比分析了单施化肥和集约化畜禽粪便处理土壤微生物群落功能多样性的差异，旨在探明长期施用集约化养殖畜禽粪便对土壤微生物群落功能的影响。结果表明，两种土壤中施用集约化畜禽粪便处理的平均颜色变化率（AWCD）均高于单一施用化肥的土壤。与单一施用化肥处理比较，施用畜禽粪便处理土壤的微生物群落物种丰富度和优势度没有明显改变，但物种均匀度方面有明显提高。与施用化肥比较，施用畜禽粪便处理土壤的微生物显著提高了对胺类、碳水化合物类和氨基酸类碳源的利用能力。主成分分析和对应分析结果显示，不同施肥方式显著改变了土壤微生物群落对碳源的利用方向和能力。综上所述，施用集约化畜禽粪便能改变土壤微生物群落功能的多样性。

林辉等（2016）[48]基于慈溪掌起镇的蔬菜施肥试验，结合常规理化分析和 MicroRESPTM 方法，在两年 4 次施肥后，分析不施肥（CK）、重金属达标商品有机肥（T1）和 Pb-As-Cu-Zn 添加有机肥（T2）施用土壤的基本理化性质、重金属累积以及微生物群落代谢特征，探讨重金属对施用有机肥土壤微生物群落代谢特征的影响。结果表明，T1 和 T2 显著提高了旱地蔬菜轮作土壤有机质和部分养分含量，且二者无显著差异。但从重金属含量上看，T2 土壤 Cu、Zn 全量以及有效态 Cu、Zn、As 含量显著高于 T1 和 CK 土壤。基于 MicroRESPTM 的微生物群落代谢特征分析指出，与 CK 相比，T1 显著促进了土壤基础呼吸作用和微生物代谢功能的多样性，T2 却无类似的促进效果，可见 T2 土壤 Cu、Zn 和有效态 As 含量的大幅度增加削弱了有机肥中有机质等养分对土壤微生物的促进作用。

主成分和聚类分析进一步表明，T1 与 T2 土壤的微生物群落水平生理指纹图谱（CLPP）存在明显差异，T2 土壤中重金属及其有效性的增加诱导柠檬酸、苹果酸和草酸等羧酸代谢利用的增强。综上所述，畜禽粪便有机肥对菜田土壤微生物群落代谢的作用同时受到有机肥本身及其残留重金属的影响，有机肥中过高的重金属残留会改变有机肥养分对土壤微生物代谢的影响。

参考文献

[1] 王方浩，马文奇，窦争霞，等. 中国畜禽粪便产生量估算及环境效应[J]. 中国环境科学，2006，26（5）：614-617.

[2] 姜贞宇. 中国每年产生畜禽粪污近 40 亿吨，成农业面源污染重要原因[EB/OL]. http：//www.chinanews.com/cj/2017/08-30/8318155.shtml.

[3] 国家环保总局. 周生贤在全国土壤污染状况调查视频会议上强调采取有效措施保障土壤环境安全和人体健康[EB/OL].（2006-07-18）http：//www.zhb.gov.cn/gkml/hbb/qt/200910/t20091023_180005.htm.

[4] 杨军香，林海. 我国畜牧业环境污染治理的思考与对策[J]. 饲料工业，2015，36（13）：1-4.

[5] 仇焕广，井月，廖绍攀，等. 我国畜禽污染现状与治理政策的有效性分析[J]. 中国环境科学，2013，33（12）：2268-2273.

[6] 孟祥海，张俊飚，李鹏，等. 畜牧业环境污染形势与环境治理政策综述[J]. 生态与农村环境学报，2014，30（1）：1-8.

[7] 蔡梅玉. 规模化养殖中的环境问题及对策建议[J]. 福建畜牧兽医，2007（s1）：131-132.

[8] 赵润，渠清博，冯洁，等. 我国畜牧业发展态势与环境污染防治对策[J]. 天津农业科学，2017，23（3）：9-16.

[9] 王兆军，张怀成，刘键，等. 规模化畜禽养殖污染有效防治途径探讨[J]. 中国人口·资源与环境，2001（S1）：73-75.

[10] 王秀茹. 夏末秋初严防猪多杀性巴氏杆菌病[J]. 兽医导刊，2017（17）：19-20.

[11] 饲料工业. 禽流感的主要传播途径[J]. 饲料工业，2004（3）：21.

[12] 冯国明. 施用锌肥应注意的事项[J]. 磷肥与复肥，2010，25（3）：44.

[13] 徐关文. 锌对鱼类胚胎幼苗致毒影响与防治试验[J]. 水产科技情报，1982（2）：23-24.

[14] 马广智，林浩然，张为民. 镉对鲤血清促性腺激素和生长激素的影响[J]. 水产学报，1995，19（2）：120-126.

[15] 陈剑兴，丁磊，吴康，等. 镉对鲫特异性免疫力的影响[J]. 水生态学杂志，2004，24（5）：19-20.

[16] 吴鼎勋，洪万树. 四种重金属对鮸状黄姑鱼胚胎和仔鱼的毒性[J]. 应用海洋学学报，1999，18（2）：186-190.

[17] 周立红，陈学豪. 四种重金属对泥鳅胚胎和仔鱼毒性的研究[J]. 集美大学学报（自然科学版），1994（1）：11-19.

[18] 李少菁，王桂忠，翁卫华，等. 重金属对日本对虾仔虾存活及代谢酶活力的影响[J]. 应用海洋学学报，1998（2）：115-120.

[19] CANESI L，VIARENGO A，LEONZIO C，et al. Heavy metals and glutathione metabolism in musseltissues[J]. Aquatic Toxicology，1999，46（1）：67-76.

[20]　M R，N B，M G，et al. Cadmium and copper display different responsestowards oxidative stress in the kidney of the sea bass Dicentrarchus labrax.[J]. Aquatic Toxicology，2000，48（2）：185-194.

[21]　孔繁翔，陈颖. 镍、锌、铝对羊角月芽藻（Selenastrum capricornutum）生长及酶活影响研究[J]. 环境科学学报，1997，17（2）：193-198.

[22]　谷巍，施国新，韩承辉，等. 汞、镉污染对轮叶狐尾藻的毒害[J]. 中国环境科学，2001，21（4）：371-375.

[23]　李江涛，钟晓兰，赵其国. 畜禽粪便施用对稻麦轮作土壤质量的影响[J]. 生态学报，2011，31（10）：2837-2845.

[24]　NICHOLSON F A，CHAMBERS B J，WILLIAMS J R，et al. Heavy metal contents of livestock feeds and animal manures in England and Wales[J]. Bioresource Technology，1999，70（1）：23-31.

[25]　CHRISTEN K. The arsenic threat worsens[J]. Environmental Science & Technology，2001，35（13）：286A.

[26]　CHRISTEN K. Chickens，manure，and arsenic[J]. Environmental Science & Technology，2001，35（9）：184A-185A.

[27]　姚丽贤，操君喜，李国良，等. 连续施用养殖场鸡、鸽粪对土壤养分和重金属含量的影响[J]. 环境科学，2007，28（4）：133-139.

[28]　王瑾，韩剑众. 饲料中重金属和抗生素对土壤和蔬菜的影响[J]. 生态与农村环境学报，2008，24（4）：90-93.

[29]　黄治平，徐斌，张克强，等. 连续四年施用规模化猪场猪粪温室土壤重金属积累研究[J]. 农业工程学报，2007，23（11）：239-244.

[30]　苏秋红. 规模化养猪场饲料和粪便中铜含量分析及高铜猪粪对土壤的影响[D]. 泰安：山东农业大学，2007.

[31]　JINADASA K B P N，MILHAM P J，HAWKINS C A，et al. Survey of Cadmium Levels in Vegetables and Soils of Greater Sydney，Australia[J]. Journal of Environmental Quality，1997，26（4）：924-933.

[32]　刘赫，李双异，汪景宽. 期施用有机肥对棕壤中主要重金属积累的影响[J]. 生态环境学报，2009，18（6）：2177-2182.

[33]　李银生，曾振灵，陈杖榴，等. 洛克沙肿对养猪场周围环境的污染[J]. 中国兽医学报，2006，26（6）：665-668.

[34]　潘霞，陈励科，卜元卿，等. 畜禽有机肥对典型蔬果地土壤剖面重金属与抗生素分布的影响[J]. 生态与农村环境学报，2012，28（5）：518-525.

[35]　茹淑华，张国印，苏德纯，等. 禽粪有机肥对土壤锌积累特征及其生物有效性的影响[J]. 华北农学报，2011，26（2）：186-191.

[36]　商冉. 有机酸和猪粪对土壤中铜锌吸附、积累和迁移的影响研究[D]. 泰安：山东农业大学，2008.

[37]　王果，陈建斌，高山，等. 稻草和紫云英对土壤外源铜的形态及生态效应的影响[J]. 生态学报，1999，19（4）：551-556.

[38]　华珞，陈世宝，白玲玉，等. 土壤腐植酸与109Cd、65Zn 及其复合存在的络合物稳定性研究[J]. 中国农业科学，2001，34（2）：187-191.

[39]　吴东涛. 畜禽养殖废弃物农田应用的重金属污染风险及污染修复[D]. 杭州：浙江农林大学，2012.

[40]　董占荣. 猪粪中的重金属对菜园土壤和蔬菜重金属积累的影响[D]. 杭州：浙江大学，2006.

[41]　KORNEGAY E T，HEDGES J D，MARTENS D C，et al. Effect on soil and plant mineral levels following

application of manures of different copper contents[J]. Plant & Soil，1976，45（1）：151-162.

[42] DM Z，XZ H，YJ W，et al. Copper and Zn uptake by radish and pakchoi as affected by application of livestock and poultry manures[J]. Chemosphere，2005，59（2）：167-175.

[43] 徐应明，林大松，吕建波，等. 化学调控作用对 Cd、Pb、Cu 复合污染菜地土壤中重金属形态和植物有效性的影响[J]. 农业环境科学学报，2006，25（2）：55-59.

[44] 姚丽贤，李国良，何兆桓，等. 连续施用鸡粪对菜心产量和重金属含量的影响[J]. 环境科学，2007，28（5）：1113-1120.

[45] 张雨梅，朱爱华，陈冬梅，等. 洛克沙肿残留对土壤微生物活性的影响[J]. 江苏农业科学，2007（6）：312-314.

[46] 李江涛，钟晓兰，刘勤，等. 长期施用畜禽粪便对土壤生物化学质量指标的影响[J]. 土壤，2010，42（4）：526-535.

[47] 李小嘉，李江涛，倪杰，等. 集约化畜禽粪便施用对土壤微生物群落功能多样性的影响[J]. 广东农业科学，2014，41（6）：193-198.

[48] 林辉，孙万春，王飞，等. 有机肥中重金属对菜田土壤微生物群落代谢的影响[J]. 农业环境科学学报，2016，35（11）：2123-2130.

第5章 畜禽粪便重金属污染防控

随着我国畜牧业综合生产能力的持续增长，畜禽养殖数量也快速增长，畜禽粪便导致的环境问题也日益凸显。作为畜禽粪便环境污染的重要类型之一，畜禽粪便重金属污染同样受到关注，科研人员和管理者们为降低畜禽粪便中重金属对环境的污染及人体健康危害，开展了大量工作。本章简述了畜禽粪便中重金属的来源、迁移转化规律和重金属污染防控措施。

5.1 饲料及饲料添加剂中的重金属

5.1.1 畜禽粪便中重金属的来源

畜禽养殖中，饲料添加剂发挥了必不可少的作用。合理地使用饲料添加剂，可以提高畜禽生产性能、增强畜禽抗病能力。例如，氨基酸添加剂、酶制剂和益生素等能提高畜禽对饲料的利用率，减少氮、磷的排泄量和家禽的粪尿量，从而缓解氮、磷所引起的水体超营养化作用；使用微生物（Effective Microorganisms，EM）制剂和除臭剂能降低养殖场的浓度，清除畜禽排泄物的恶臭，对大气环境的净化起到一定作用等。但与此同时，饲料添加剂也产生了因用法用量不当或长期使用带来的安全问题和环境污染问题。

Cu 和 Zn 是动物必需的微量元素。高 Cu 制剂在动物新陈代谢、生长发育、维持生产性能等方面均具有重要的作用，高 Zn 制剂可促进断奶仔猪采食，提高生长速度和改善饲料转化率[1]。因此，高 Zn 和高 Cu 添加剂在中国生猪饲料中广泛应用。此外，畜禽养殖企业不仅在仔猪、生产猪饲料中添加高 Cu 制剂，而且在肥育猪、肉鸡等饲料中也使用高 Cu 制剂。实际上，动物对摄入的 Cu 和 Zn 的吸收率很低，摄入的大部分 Cu 和 Zn 都经粪便排出体外。研究显示，禽类和猪排出体外的 Zn 分别约占其总摄入量的 70% 和 90%[2]；猪排出体外的 Cu 占其总摄入量的 90% 以上[3]，饲料中过多的重金属大部分都随粪便排入环境[4]。除了 Zn 和 Cu 以外，Cr 是另外一种在《饲料添加剂品种目录》中被允许使用的重金属也仅限于部分 Cr 的有机制剂（烟酸铬、酵母铬、蛋氨酸铬、吡啶甲酸铬、丙酸铬）。对于其他 5 种重金属（As、Cd、Hg、Ni、Pb）化合物，我国的《饲料和饲料添加剂管理条例》明确规定禁止使用，因此作为饲料原料和饲料添加剂的杂质被携带进入饲料是这 5 种重金属进入畜禽饲料的主要途径。据中国饲料工业协会统计（中国饲料工业协会信息中心，2016）[5]，2015 年，猪、蛋禽和肉禽添加剂预混合饲料产量分别为 368.0 万 t、150.8 万 t 和 52.8 万 t，三者分别占添加剂预混合饲料总产量的 56.4%、23.1% 和 8.1%。如此大的用量，必然导致猪和禽类粪便中重金属含量高于其他动物粪便。奉向东等（2009）[4]研究了在 20～100 kg 生长猪饲料中添加不同水平的 Cu 和 Zn 对猪体内 Cu 和 Zn 残留量及排泄规律的影响，结果显示，与对照组比较，使用高 Cu 高 Zn 饲料会显著增加肝中 Cu 和 Zn 的残留量（$P<0.05$），Cu 的残留量随用量的增加呈线性上升，Zn 的残留量在添加（Cu/Zn）量 250/430 mg/kg 时最高；粪中排出的 Cu 和 Zn 量与饲料中的添加量有密切关系，添加量越多，排泄量越多，呈线性上升。使用高 Cu 高 Zn 饲粮会增加肝脏、肌肉中 Cu 和 Zn 的残留量，增加粪中的排泄量。李梦云等（2017）[6]对河南省 12 家规模化猪场饲料及粪便中的氮磷、重金属及抗生素含量进行了调查，结果显示（表 5-1），河南省规模化猪场猪饲料与粪便中 Cu 含量在断奶阶段呈显著正相关（$P<0.05$）、在育肥阶段呈极显著正相关（$P<0.01$）；饲料中 Zn 的含量与粪便中 Zn 含量均呈正相关，在保育阶段达到了显著正相关（$P<0.05$）；饲料中 As 的含量与粪便中 As 含量均呈正相关，但相关性均不显著（$P>0.05$）。陈玲丽等（2014）[7]对河南省新乡市区附近猪场的调查结果与李梦云等（2017）[6]一致，河南省猪粪便与饲料中重金属元素含量呈正相关。姜萍等（2010）[8]对江西省余江县 39 个大型养猪场的饲料、猪粪、土壤和蔬菜重金属含量进行了相关性分析，结果显示（表 5-2），无论大猪还是小猪，饲料和猪粪 Cu、Zn、Pb、Cd 含量均呈显著正相关。谢云发等（2014）[9]调查了青海省部分地区猪饲料和粪便中重金属含量之间的相关性，结果显示，饲料与粪便中 Cu、Zn、Pb、Cd、Cr 含量之间均存在正相关关系，其中 Cu 含量在仔猪、育肥猪、种猪的饲料与粪便方面均表现为极显著相关；Zn 含量在仔猪上表现为极显著相关，在育肥猪和种猪上表现为显著相关；Pb 含量在育肥猪和种猪上表现为显著相关；Cd 含量在种猪上表现为极显著相关，在仔猪和育肥猪上表现为显著相关；Cr 含量在仔猪和种猪上表现为极显著相关。张金枝等（2015）[10]调查了浙江省嘉兴市和温州市 9 个代表性规模养猪场，发现猪粪肥中重金属含量与饲料呈正相关，其中 Cu、Pb 含量相关性显著（$P<0.05$），Hg、Cr 含量相关性极显著（$P<0.001$），而沼液重金属含量与饲料的相关性不大。石艳平等（2015）[11]对嘉兴市 27 家规模生猪养殖场的调查结果与张金枝等（2015）[10]一致，生猪饲料和对应粪便重金属含量呈较强的正相关，猪饲料与对应粪便中 Hg、Cu、As 含量的相关系数 $R^2>0.8$，对应 Cr 相关系数 $R^2>0.6$。吴建敏等（2009）[12]对江苏省不同规模养殖场多点饲料与粪便样品检测与分析表明，畜禽粪便中氨态氮、磷、Cu、Fe、As、Hg、Cd 7 个污染物均与饲料因子存在高度线性关系。以上结果表明，饲料及饲料添加剂中高浓度的 Cu、Zn、As 及伴随的 Cd、Cr 等重金属元素，只有少部分被动物吸收，其余都随粪便排出体外，饲料和饲料添加剂是畜禽粪便中重金属的最主要来源。

表 5-1　河南猪饲料与粪便中各组分含量相关系数

项目	断奶阶段	保育阶段	育肥阶段
粗蛋白	0.036	0.353	−0.108
TP	0.791*	0.603*	0.246
Cu	0.569*	0.325	0.738**
Zn	0.418	0.675*	0.373
As	0.148	0.498	0.546

注：*表示显著相关；**表示极显著相关。

表 5-2　江西饲料和猪粪中 Cu、Zn、Pb、Cd 含量相关分析（n=38）

类型	Cu	Zn	Pb	Cd
大猪	0.561**	0.775**	0.631**	0.692**
小猪	0.339	0.917**	0.511**	0.854**

注：*表示显著相关；**表示极显著相关。

5.1.2　饲料中重金属的来源

1. 农田重金属污染导致饲料污染

农田土壤重金属污染已经成为中国农业发展和粮食安全的重要障碍之一。据估算，我国大约有 13.86% 的谷物由于土壤重金属污染而受影响[13]，每年受重金属污染的粮食达到1 200 万 t，造成的直接经济损失超过 200 亿元[14]。土壤中重金属的来源主要有两方面：一是来源于成土母质，不同的母质、成土过程所形成的土壤，其重金属含量差异明显；二是来源于人类活动，当前人类活动是土壤中重金属的最主要来源。由于人类的活动，我国多数地区的农田土壤受到了不同程度的污染。2014 年《全国土壤污染状况调查公报》显示，我国土壤 Cd 的点位超标率达到 7.0%[15]，这一数值远高于中国环境监测总站 1990 年主编的《中国土壤元素背景值》[16]中给出的土壤 Cd 的超标率（3.98%）。农田土壤重金属污染是导致我国部分地区畜禽饲料重金属含量超标的重要原因之一。

矿产资源开发对国家和地方经济发展有巨大的推动作用，但大量开采却造成了矿区周边地表植被和水文条件的破坏，以及大气、水体、土壤的污染。目前，矿业活动已成为局部地区农田土壤及农产品中重金属超标的重要原因之一。

辽宁省铁岭县东北部的柴河铅锌矿，又称关门山铅锌矿，铅锌矿体主要赋存于高于庄组第五岩性段条带状白云岩中，矿石组分简单，主要为闪锌矿、方铅矿、黄铁矿等，Pb+Zn平均品位 8%～12%[17, 18]。柴河铅锌矿的矿业活动最早可追溯到唐朝，但其规模化的选矿厂于 1966 年建成投产，1992 年因其井下资源枯竭闭坑，并遗留下较大规模的尾矿库[19]。有资料显示，柴河铅锌矿在 1966—1992 年的 27 年矿山开采过程中，通过废水向环境中排放重金属共 265 t，其中约 90 t 于柴河水库建库前随河流泥沙搬运冲刷进入辽河，约有 6 t 通过污灌进入土壤[20]。2005 年，辽宁省地质调查院对该区域表层土壤重金属状况进行了调查[21]，与深层土壤调查结果对比，表层土壤中重金属元素含量（中位值）的增加率分别为 Cd（111.1%）、Hg（75.9%）、Pb（25.9%）、Ag（22.4%）、Zn（16.1%）、Cu（5.7%）、As（3.6%），表明在 Pb-Zn 矿开采过程中 Cd、Hg、Pb、Ag、Zn 在矿区及周边表层土壤富集，可能形成污染。王新等（2004）[22]对辽宁省铁岭柴河 Pb-Zn 矿区的农产品质量调查结果显示，矿区玉米籽实中 Pb、Cd 分别是国家食品卫生标准的 16～21 倍、5.5～9.7 倍，Pb 元素严重超标。

广西壮族自治区西北部南丹县古时因出产朱砂（又称丹砂）向朝廷进贡，又地处南方，故称为南丹。南丹县矿产开发历史悠久，在明清时期进入了锡、银等矿开发的鼎盛阶段[23]。现已勘明的矿种有锡（Sn）、锑（Sb）、锌（Zn）、金（Au）、银（Ag）、铜（Cu）、铁（Fe）、铟（In）和钨（W）等 20 多个，总储量 1 100 万 t，其中 Sn 和 As 的保有储量分别为 144万 t 和 47.8 万 t，均居全国首位[24]。南丹县有色金属开采主要集中在大厂镇和车河镇。余元元等（2015）[25]的调查结果显示，南丹县矿业密集区（大厂镇、车河镇、芒场镇和县城周边）蔬菜和玉米中 As、Pb、Cd 超标率分别为 4.2%、16.7%、38.9% 和 2.5%、20.0%、22.5%，大米中 Pb 未超标，As 和 Cd 超标率分别为 27.8% 和 22.2%。

四川省西南部的凉山州甘洛县是中国西部最大的铅、锌矿蕴藏区，铅锌矿储量达 $2.63×10^6$ t，是著名的铅锌之乡，矿产资源开发已成为甘洛县经济发展的主要支柱[26, 27]。刘月莉等（2009）[28]通过实地走访调查及采样分析，证实该地区土壤已经被重金属严重污染。杨刚等（2011）[29]调查发现，该地区小麦籽粒样本中，除了 Cu 平均含量没有超过《粮食（含谷物、豆类、薯类）及制品中铅、铬、镉、汞、硒、砷、铜、锌八种元素限量》（NY 861—2004）的限量值外，其余 5 种重金属含量均超标；玉米样品 Pb 含量部分超标（超标率 30%），Cd、Cr 2 种元素平均含量超标；稻米样品中 Pb、Cd、As 三种元素平均含量超过标准限值，而 Zn、Cu、Cr 则未超标。也就是说，甘洛县铅锌矿区周边小麦、玉米和水稻谷物籽粒中 Pb、Cd、As 三种元素超标严重。

湖南省被誉为"有色金属之乡"，省内锑、钨、铋、石墨、萤石等矿产资源种类齐全、储量丰富[30,31]。然而，近年来随着湖南工业的快速发展，湖南省土壤重金属污染日趋严重[32]。李绪平（2008）[33]研究指出，自然因素和社会因素是导致湖南长株潭地区土壤重金属污染的重要因素。土壤重金属污染导致湖南省水稻及其他农产品重金属超标现象频现。环保公益组织长沙曙光环保公益中心对湘江流域重金属污染调查时发现，在湘江下游的株洲醴陵市、攸县、株洲县等地的稻米样本中，Cd 含量均值为 0.55 mg/kg，样本超标率超过 80%[34]。兰砥中（2014）[35]调查发现，湖南某矿区的稻米中 Pb、Zn、Cu、Cd 和 As 的平均含量分别为 0.68 mg/kg、42.64 mg/kg、7.47 mg/kg、2.08 mg/kg 和 4.31 mg/kg，与国家食品卫生标准值相比，稻米中重金属 Pb、Cd 和 As 的含量超过食品卫生标准。袁慧等（1997）[36]对湖南省部分地区饲料 Cd 含量调查结果显示，调查区大部分种类饲料 Cd 含量超过了国家当时的《饲料卫生标准》（GB 13078—1991），尤其以猪饲料超标严重。同时，调查结果显示，工业化程度越高的市区，其饲料样品含 Cd 量明显高于一般的城市，衡阳、株洲、岳阳等市区采集的饲料 Cd 含量相当高，分别达到（5.92±1.98）mg/kg、（4.01±1.42）mg/kg 和（4.37±2.33）mg/kg。

2. 不恰当的农艺措施导致饲料污染

农田施肥、污水灌溉等如果管理不当，均可造成重金属在农田土壤的积累，经过生物富集作用在农产品中富集。

化肥在粮食增产中的确有不可替代的作用，但由于化肥用量快速增加、用法不当等因素，使土壤无机化严重、利用率下降，造成一系列的环境问题，甚至危害农作物生长和人体健康[37]。不同类型肥料中重金属含量存在显著差异。罗磊等（2009）[38]和倪润祥等（2018）[39]统计显示，我国磷肥中 7 种重金属的含量明显高于其他 3 种肥料（氮肥、钾肥和复合肥）。刘志红等（2007）[40]指出部分进口复合（混）肥料中 Cd、Cr、Pb 含量超过国家限量标准的现象值得引起注意。肥料原料是影响肥料中重金属含量的重要因素之一。磷肥的主要原料为磷矿石，磷矿石中重金属含量因地区而异，从 n.d.（未检出）到几百个 ppm（百万分之一）的都有。因此，磷肥中重金属含量普遍高于钾肥和氮肥。我国磷肥中 Cd 的含量一直以来受到高度关注，然而美国地质调查局的《地质调查报告》却指出，虽然中国磷矿资源品质低于其他国家，但是其重金属含量相对较低。该报告还指出，美国、摩洛哥磷矿石中的 Cd 平均达到 14 mg/kg 和 37.5 mg/kg，中国仅仅为 1～2 mg/kg[41, 42]。

灌溉水也是农田土壤重金属污染的重要来源之一。一般情况下，地表水和地下水是中国农业灌溉水的主要来源。然而，快速的工农业发展和滞后的环境管理致使我国地表水和地下水重金属污染的情况并不乐观，部分河流重金属污染严重[43, 44]。例如，左航等（2016）[45]调查发现，黄河上游水体中 Cr、Mn、Pb 和 Cu 含量高于限量值；北江（珠江水系干流之一）上游横石河河水中丰水期 Cu、Zn、Cd 和 Pb 的平均浓度分别达到 1 029.0 μg/L、11 086 μg/L、39.20 μg/L 和 224.00 μg/L[46]。我国水环境污染给农业经济带来巨大的损失，据估算[47]，2007—2013 年，全国水污染造成的九大流域农业经济损失总额达 1 090.73 亿～1 537.94 亿元。何冰同时指出，2007—2013 年损失整体呈下降趋势。水资源短缺直接制约了我国的社会和经济发展，尤其对农业发展的制约更为严重。《中国水资源公报 2015》[48]统计显示，2015 年农业用水 3 852.2 亿 m³，占全国总用水量的 63.1%。为了缓解农业生产中水资源短缺的问题，从 20 世纪 50 年代起[49]，在中国部分地区城市生活及工业废水被用作农田灌溉水。然而，生活及工业废水用于农田灌溉存在巨大的安全隐患。20 世纪 80 年代，全国污水灌区农业环境质量普查协作组[49]调查显示，我国污灌污水水质普遍不符合灌溉要求。辛术贞等（2011）[50]统计显示，2000—2010 年中国污灌污水的重金属含量的均值虽低于中国农田灌溉水水质标准，但 90%分位值仍然超过该标准，其中以 Hg、As、Cd 超标最为严重。与 1980—1999 年相比，灌溉污水中 Hg 含量得到有效控制，而 Cd 和 As 超标问题一直没有得到有效控制。污水灌溉致使大量的重金属和其他污染物进入耕地土壤，造成了严重的环境污染和巨大经济损失。例如，何冰（2015）[47]估算指出，2010—2013 年，全国 31 个省区污水灌溉共造成农业损失 76.62 亿～95.18 亿元，占 GDP 的 0.016%～0.019%。杨志新等（2007）[51]估算结果显示，2002 年北京市污水灌溉造成的环境污染总经济损失为 1.39 亿元，其中粮食减产造成的损失占 46.5%（6 458.4 万元），农产品质量下降的损失占 2.2%（309.3 万元）[51]。

污泥农用是中国耕地土壤重金属污染的另一个重要来源。现阶段，我国污泥产量和农用量逐年增加，《中国环境年鉴 2015》[52]数据显示，2011—2015 年，我国污泥产生量和农用量分别较 2011 年增加了 33.0%和 58.6%。然而，城市污泥中重金属未见显著下降。张丽丽等（2013）[53]调查结果显示，1980—2010 年，中国城市污水处理厂污泥中重金属 Cd、Cu 随年代逐渐下降，但 As、Cr、Hg、Ni、Pb、Zn 含量呈波动趋势。其中，2000—2010 年我国城市污水处理厂污泥中重金属质量分数 75%分位数中 Ni 超标，90%分位值中 Cd、Cr、Cu、Hg、Ni、Zn 超标[53]。堆肥是污泥农用的重要方式，然而受堆肥方式等因素的影响，堆肥污泥中重金属的含量和活动性可能出现增长，如 Cai 等（2007）[54]研究发现，污泥堆肥中重金属（Cd、Cu、Pb、Zn）含量较原污泥中对应的重金属有不同程度的升高；Haroun 等（2007）[55]指出，堆肥虽然降低了污泥中重金属的总量，但是却使其中重金属的活动性放大。

5.1.3　饲料中重金属的含量

饲料的卫生安全关系到养殖业的高效生产和动物产品的安全卫生，间接影响到人类的健康和安全。掌握饲料中重金属含量的状况是从源头控制畜禽粪便重金属污染的基础，为此研究者们对不同区域不同类型畜禽饲料中的重金属含量进行了广泛调查。

王飞等（2015）[56]对华北地区（河北、河南、山东、山西、天津、北京等省市）畜禽饲料中重金属的质量分数进行采样调查分析，结果显示（表5-3），不同畜禽饲料中重金属含量的超标情况以猪饲料和肉牛饲料最为严重，肉鸡饲料及奶牛饲料次之。按照《饲料添加剂安全使用规范》（农业部公告　第1224号）对Cu、Zn的标准，猪饲料中Cu、Zn超标率为66.67%、80.00%，肉鸡饲料中Zn超标62.50%；按照《饲料卫生标准》对Cr、Pb的标准，肉牛饲料中Cr、Pb超标83.33%、66.67%，奶牛饲料中Cr超标60.00%，蛋鸡饲料中Pb超标53.85%，不同畜禽饲料中Cd的质量分数均不超标。

表5-3　华北地区不同种类畜禽饲料中重金属含量　　　　单位：mg/kg

	As	Cd	Cu	Cr	Hg	Ni	Pb	Zn
奶牛	0.25±0.18	0.02±0.01	39.2±19.38	15.46±12.16	0.01±0.02	2.77±1.31	4.01±2.28	173.94±106.74
蛋鸡	0.5±0.72	0.02±0.02	79.62±152.88	13.39±18.63	0.01±0.02	3.4±2.64	10.23±14.41	238.06±383.68
肉鸡	0.23±0.19	0.02±0.01	92.51±105.52	22.28±43.67	0.01±0.01	2.12±0.82	5.42±2.47	162.56±35.13
肉牛	0.28±0.26	0.04±0.07	59±50.23	16.22±6.54	0.03±0.05	5.97±7.45	7.04±3.56	216.24±225.53
猪	1.42±3.2	0.02±0.01	136.36±103.58	8.52±7.52	0.01±0	2.04±0.96	4.88±3.73	544.85±924.25

陈甫等（2016）[57]调查了2015年山东省肉鸡饲料原料中重金属含量情况，结果显示，饲料原料（玉米、豆粕、麸皮、花生粕、棉籽粕、玉米蛋白粉、干酒糟及可溶物和微量元素预混料）中As、Pb、Cd、Cr和Hg的检出率分别为32.29%、7.29%、12.50%、100%和100%，超标率分别为0.00%、1.27%、1.04%、54.76%和9.52%。其中，肉鸡饲料原料中Cr和Hg元素污染严重，微量元素预混料中As、Cd、Cr和Pb元素、棉籽粕中Cr和Pb元素、花生粕和豆粕中Hg元素易出现严重污染。潘寻等（2014）[58]对山东省21家规模化猪场夏、冬两季18个配合饲料样品中的重金属含量进行了检测，结果表明，饲料中Cu、Zn的含量较高，其检出范围分别为42.6～211.9 mg/kg及177.6～2 883.1 mg/kg。孙红霞等（2017）[59]调查了河南省平顶山市部分规模化养殖场猪饲料中的重金属含量，结果显示（表5-4），母猪和育肥猪饲料样品中Cu元素含量超标，仔猪饲料样品中Zn元素含量超标，所有饲料样品中Cd、Pb、Hg、As元素含量均未超标；54份饲料样品中Cu元素含量总超标率为18.5%，Zn元素含量总超标率为22.2%。由此认为，饲料中Cu、Zn元素含量较高，可能与饲料中微量元素添加剂的大量施用有关。李梦云等（2017）[6]对河南省12家规模化猪场饲料中的重金属含量进行调查，发现仔猪饲料中Cu和Zn添加量远远高于猪营养的需要量（Cu 6 mg/kg，Zn 100 mg/kg）[60]。

表5-4　河南平顶山部分规模化养殖场猪饲料中重金属含量　　　　单位：mg/kg

项目		As	Cd	Cu	Hg	Pb	Zn
母猪饲料	测定范围	n.d.	n.d.～0.08	7～133	n.d.	0.46～4.91	98～134
	平均值±标准差	n.d.	0.02±0.03	38.50±49.19	n.d.	2.64±1.63	120.00±12.20
仔猪饲料	测定范围	n.d.	n.d.	33～163	n.d.	0.86～4.55	127～195
	平均值±标准差	n.d.	n.d.	85.67±39.86	n.d.	2.42±1.40	158.50±19.77
育肥猪饲料	测定范围	n.d.	n.d.～0.01	5～132	n.d.	0.22～1.47	62～139
	平均值±标准差	n.d.	n.d.	45.28±43.99	n.d.	2.59±1.21	118.61±21.65

谢云发等（2014）[9]于 2013 年，在青海省部分地区采集 103 份猪饲料，测定其中重金属含量，结果显示，饲料中 Cu 含量存在严重超标现象，超标率达 100%，其中仔猪饲料超标最为严重，料超标倍数为 4.72～6.02 倍，育肥猪料次之，超标倍数为 2.74～4.59 倍，种猪料相对较轻，超标倍数为 1.50～2.23 倍；饲料中 Zn 含量也存在严重超标现象，超标率达 100%，其超标程度为仔猪饲料＞育肥猪饲料＞种猪饲料；饲料中 Pb 超标率仅为 2.91%，Cd、Cr 未发现超标现象。彭丽等（2017）[61]调查了陕西杨凌规模化养殖场饲料中的重金属含量（表 5-5），与《饲料卫生标准》（GB 13078—2001）对比，所有鸡和猪饲料中 Cd 含量超过限量值（0.5 mg/kg）；按照标准要求的产蛋鸡、肉用仔鸡浓缩饲料及仔猪、生长肥育猪浓缩饲料中 Pb 含量不应超过 13 mg/kg 判断，27.27% 的猪饲料、12.50% 的牛饲料、33.33% 的鸡饲料 Pb 含量超标。

表 5-5　陕西杨凌规模化养殖场饲料中重金属含量　　　　单位：mg/kg

项目		Cd	Cu	Ni	Pb	Zn
猪饲料	测定范围	0.83～1.70	7.86～293.7	3.43～10.43	4.45～15.84	54.98～95.20
	平均值	1.15	75.23	5.74	9.41	76.45
牛饲料	测定范围	0.63～1.68	13.81～281.2	3.46～11.79	3.69～13.09	53.25～89.78
	平均值	1.25	58.35	7.65	8.11	73.33
羊饲料	测定范围	0.54～1.99	27.76～96.60	3.46～13.71	3.55～11.25	58.98～73.31
	平均值	1.05	46.63	6.13	6.61	68.48
禽饲料	测定范围	0.91～1.70	9.75～79.63	4.29～11.25	4.44～15.38	43.65～92.36
	平均值	1.28	34.00	7.15	11.02	67.48

李祥峰等（2017）[62]调查了云南楚雄猪饲料中重金属含量的情况，发现 2013 年猪饲料 Pb 不合格率为 5%，2013 年和 2014 年猪饲料中 Cu 的不合格率分别为 2.5% 和 1.7%，2013—2015 年猪饲料中 Zn 不合格率分别为 5%、5.2% 和 7.8%。周鑫等（2017）[63]对江苏省某地区 19 个规模化养猪场饲料中 Zn 含量进行了调查，发现猪饲料中 Zn 含量为 69.50～2654 mg/kg，平均含量为 658.9 mg/kg，其中断奶仔猪饲料中 Zn 含量普遍高于育肥猪和保育猪饲料中 Zn 含量；断奶仔猪饲料中 Zn 的平均含量分别是保育猪和育肥猪饲料的 10.4 倍和 10.0 倍。所有饲料中 Zn 含量大于 100 mg/kg 的占 96.5%、大于 200 mg/kg 的占 40.4%、大于 1 000 mg/kg 的占 29.8%。辽宁省葫芦岛市兽药饲料畜产品质量安全检测中心统计数据[64]显示，2014 年葫芦岛饲料 Zn 含量合格率为 95.9%，2015 年饲料 Zn 合格率为 95.7%，饲料中 Cd、Cr、Cu 等重金属合格率均为 100%。胡海平等（2013）[65]在东北 3 省养殖密集区分别从小、中、大规模养殖场采集了 25 个、30 个和 49 个畜禽饲料样品测定其中 Zn 含量，结果表明吉林、黑龙江和辽宁 3 省猪饲料中 Zn 含量高于鸡饲料和牛饲料，其中吉林猪饲料中 Zn 含量最高，为 209.35 mg/kg。石艳平等（2015）[66]对浙江省嘉兴市 27 家规模生猪养殖场饲料的重金属含量进行了研究，结果显示，猪饲料中 Cr、Cu、Zn、Pb、As 含量加权平均值分别为 4.6 mg/kg、123.4 mg/kg、370.7 mg/kg、0.69 mg/kg、6.9 mg/kg，参照《饲料添加剂安全使用规范》（农业部公告　第 1224 号），超标率分别为 5.36%、62.5%、19.64%、3.57%、37.5%。原泽鸿等（2015）[67]调查了四川省 14 个大中型饲料公司和 4 个

大型养殖场不同时期的蛋鸡配合饲料中的重金属含量，结果显示，四川省蛋鸡饲料中重金属的分布不均衡，不符合正态分布，其中产蛋高峰期配合饲料中的 Cr 和育雏育成期中的 Pb 含量较高，分别为 5.61 mg/kg 和 2.74 mg/kg，其平均 Cr 和 Pb 含量未超出限量标准（10 mg/kg 和 5 mg/kg），但部分来源饲料样品超出限量标准，超标率分别为 11.1%和 18.2%。饲料中的 As、Cr 和 Hg 均未超过我国《饲料卫生标准》限量值。杨柳等（2014）[68]调查了四川省自贡市和阿坝州 2 个典型养殖密集区散户与规模化养殖场的饲料中重金属 Cu、Zn、Pb、Cd、Cr、As 含量，结果发现，饲料中重金属总体水平不高，但 Cu、As 存在部分超标现象，最大含量分别超过《饲料卫生标准》的 29 倍和 4.7 倍。此外，区域特征显示：经济发达的自贡地区的 Cu、Zn 添加水平明显高于地处青藏高原向川西平原过渡地带的茂县地区。张毅等（2015）[69]在重庆市辖区内部分区县不同规模饲料企业和养殖户的生产、经营、使用环节抽取各种饲料样品，对饲料中 Pb、Cd、As、Cu、Zn 5 种重金属的污染状况进行了调研，结果显示（表 5-6），重庆市畜禽饲料中重金属含量均符合《饲料卫生标准》（GB 13078—2001）和《饲料添加剂安全使用规范》（农业部公告 第 1224 号）要求的限量值。

表 5-6　重庆市不同饲料中重金属含量　　　　单位：mg/kg

	As	Cd	Cu	Pb	Zn
样本/个	16	26	31	48	31
范围	0.02~2.01	0.04~0.66	21~3.5×10⁴	0.41~16.04	51~4.4×10⁴
平均值	1.02	0.35	1.75×10⁴	8.23	2.20×10⁴

矿物质饲料原料是饲料中重金属的重要来源。为进一步摸清我国当前天然矿物质饲料原料中重金属含量的安全状况，田西学等（2017）[70]于 2013—2015 年在我国范围内开展了饲料用石粉、沸石、麦饭石、蒙脱石、海泡石、滑石粉、膨润土、磷酸氢钙、脱霉剂和水合硅酸钙等共计 11 大类天然矿物质饲料原料中 Pb、As、F（氟）、Cd、Cr 和 Hg 等重金属元素含量的风险摸底监测工作。检测结果表明：Pb 在膨润土、蒙脱石、沸石粉、脱霉剂、麦饭石和粉产品中超标现象突出；As 在脱霉剂、蒙脱石、磷酸氢钙、膨润土和石粉类产品中超标现象较为明显；Cd 在石粉、沸石粉、膨润土、蒙脱石、脱霉剂和磷酸氢钙产品中的含量较高；Cr 在膨润土、脱霉剂和磷酸氢钙中含量相对较高；Hg 在石粉、沸石、磷酸氢钙、膨润土、脱霉剂和蒙脱石类产品中有检出现象。

国外对饲料中重金属含量同样非常关注。据饲料行业信息网 2016 年 5 月 11 日报道[71]，2016 年，奥特奇检测了来自 16 个亚太国家的 1 375 个矿物质饲料、预混料和全价饲料样本，发现 20%的样本存在污染，且水平超过了欧盟允许的 As、Cd 和 Pb 的重金属含量范围。其中，在 500 多份全价饲料样品中，有 28%超出欧盟允许范围的重金属含量。在 100 多份猪饲料样本和 200 多份家禽饲料样本中，样本污染比例分别为 38%和 26%。

5.2　畜禽粪便中重金属的迁移转化

畜禽粪便是我国重要的有机肥资源，也是畜禽粪便处理的主要方法[72]。富含大量有机质和营养元素的畜禽粪便经堆肥处理施用于农田土壤中，可以改善土壤的理化性质、增加土壤肥力、提高作物品质。例如，党廷辉等（1999）[73]基于陕西长武县黑垆土 9 年的长期定位试验，发现连续施用有机肥将显著改善土壤肥力、增加土壤有机质和氮磷钾的含量。连续施用 9 年有机肥后，土壤有机质、全氮、全磷分别增加了 56.5%、39.2%和 27.6%，土壤碱解氮、速效磷、速效钾含量分别增加了 55.7%、3 230.0%和 20.1%。

　　然而，长期施用重金属含量过高的畜禽粪便有机肥会使农田土壤重金属污染的风险大幅度提高。Brock 等（2006）[74]经过 40 年的长期定位试验发现，施用畜禽粪便有机肥以后，农田土壤重金属 Zn、Cu 总量和生物有效性增加，其环境风险也进一步增加。Zhang 等（2011）[75]发现，长期施用畜禽粪肥会增加土壤和地表水中 Cu 的潜在风险。贾武霞（2016）[76]通过 5 年田间小区定位试验研究表明，不同种类畜禽粪便施用对土壤中重金属含量累积影响存在差异。施用猪粪可显著增加土壤中 Cu、Zn 和 Cd 的含量，与 CK（对照组）相比，Cu、Zn 和 Cd 含量增加幅度分别为 108.16%、74.82%和 41.17%，施用鸡粪可显著增加土壤中 Zn 的含量，增加幅度为 18.04%，施用牛粪对土壤中重金属含量没有显著影响。畜禽粪便施用对土壤重金属累积的影响依次为猪粪＞鸡粪＞牛粪。

　　畜禽粪便的农田施用不仅是土壤重金属的重要来源，也是土壤重金属活性提高的重要原因，并造成部分重金属在剖面土壤中发生明显迁移行为，累积于更深层土壤中。畜禽粪便中的重金属进入土壤后，在土壤中累积，当土壤中重金属含量超过其承载、容纳能力时，就会显现出危害性。何梦媛等（2017）[77]在河北省农林科学院大河试验站试验田连续 4 年定量化研究的结果显示：使用不同量猪粪、鸡粪有机肥后，重金属在土壤剖面中迁移积累特征及生物有效性显示出了明显的差异。连续施用 4 年猪粪，耕层土壤中 Cu 和 Cd 含量显著增加，增幅分别为 43.8%～118.6%和 28.2%～44.9%；连续施用 4 年鸡粪，耕层土壤中 Cd、Zn、Cd、Cr、As、Pb 含量增幅分别为 29.7%～48.5%、239%～456%、19.9%～80.8%、40.4%～163%、11.8%～22.0%、80.3～95.0%。猪粪带入的 Cu、Zn 在耕层土壤中的积累率为 76.4%～119%、14.2%～20.4%；鸡粪带入 Cu、Zn 在耕层土壤中的积累率分别为 72.1%～88.7%、63.9%～78.9%。施用高量的猪粪、鸡粪 Cu、Zn 存在明显向土壤深层迁移的现象，连续 4 年施用 60 t/hm² 的猪粪，Cu 迁移到了 15～30 cm 土层；连续 4 年施用 60 t/hm² 的鸡粪，Zn 迁移到了 30～60 cm 土层。但连续施用不同的猪粪和鸡粪，土壤剖面中耕层以下土壤中 Cd、Cr、As、Pb 含量没有显著增加。连续 4 年施用鸡粪显著降低了小麦籽粒中 Cu、Cd 含量，显著增加了小麦籽粒中 Zn、Cr 含量；连续 4 年施用猪粪显著降低了小麦籽粒中 Zn 含量，60 t/hm² 猪粪显著增加了小麦籽粒中 As 含量，猪粪处理还显著增加了秸秆中 Cu、As 含量。4 年小麦收获累计对有机肥带入重金属的携出率小于 6%。小麦籽粒对 Cu、Zn 的累计携出量高于秸秆，对 Cd、Cr、As、Pb 携出量低于秸秆。颜培等（2017）[78]通过田间试验，研究了长期施用畜禽粪便对重金属在潮土中累积、形态转化及迁移行为的影响。结果显示，长期施用猪粪造成 Cu、Zn 在土壤中富集，并主要累积于耕层土壤（0～20 cm）。形态分析结果显示，施用猪粪的土壤中二乙基三胺五乙酸（DTPA）络合态、弱酸结合态和铁锰结合态 Cu、Zn、As 的含量均显著提高，不同形态 Cr、Pb、Cd 的变化相对较小。其中，Cr 主要以非提取态的形式存在（Cr＞95%），外源性 Cu 易累积于非提取态（52%），而 Zn 则以弱酸溶解态（40%）和铁锰结合态（60%）为主。

5.3   畜禽粪便中重金属的防控措施

5.3.1   源头控制

饲料是畜牧生产的物质基础，畜禽从饲料中摄取营养物质，在体内转化和合成自身的物质；饲料中过剩的重金属元素经粪便排出体外。因此，加强饲料及饲料添加剂监管，切断重金属污染来源，是控制畜禽粪便造成的环境重金属污染的最有效途径。根据饲料中重金属的来源分析，可以从以下方面考虑，从源头控制畜禽粪便中的重金属含量。

1. 严格控制工业"三废"排放

工业"三废"排放是导致全球环境污染的重要因素，这一问题在我国尤为严重。范小杉等（2013）[79]研究显示，2003—2010 年，我国工业废水重金属 Hg、Cd、Pb、As 排放主要集中在以湖南为核心，包括江西、云南、广西在内的南方 4 省区和北方甘肃、陕西 2 省；而广东、福建、浙江、江苏等东部沿海省区 Cr^{6+} 排放所占比重较大。在行业分布格局方面，南方和北方省区的重金属污染主要与当地有色金属、黑色金属矿采选、冶炼和加工行业密切相关，而东部沿海地区则更多与当地电子、电器、运输设备制造业、化工、金属制品、纺织、皮革制品等行业密切相关。谭吉华等（2013）[80]通过文献统计分析了中国大气颗粒物中重金属分布特征，指出我国南方城市大气颗粒物中 Pb、Cr 和 Cd 较北方城市分别高 12.3%、7.3% 和 171%，而北方城市大气颗粒物中的 V（钒）、As、Mn 和 Ni 较南方城市分别高 35.9%、65.5%、54.8% 和 116.2%。由此分析，南北方差别可能与冬季燃煤、气候特征及工业结构有关。马学文等（2011）[81]调查数据显示，我国南方污泥中的 Zn、Cu、Cd、Cr、Ni 含量高于北方的原因，主要是由于南方的工业较北方发达；南方污泥中的 Pb、As、Hg 含量小于北方的原因，主要是由于北方多采用燃煤取暖。从东西向分布来看，污泥中 Zn、Cu、Cd、Pb 的含量自东向西明显减少，这主要是由于我国经济发达程度由东到西逐渐减弱，无论是工业密集度，还是影响地表径流的燃煤使用量、机动车使用量，都是呈现从东向西逐渐降低的趋势，因此这些重金属也呈现类似的趋势。我国工业"三废"中重金属的排放趋势在一定程度上与我国农田土壤重金属污染趋势重叠。张小敏等（2014）[82]基于文献数据研究了我国农田土壤重金属空间分布特征，研究发现中国区域农田土壤 Pb、Cd、Cu 和 Zn 的含量均有不同程度的富集；总体上看，中国西南部地区土壤重金属富集值较高，其次是广东、广西和辽宁地区。各区域土壤重金属的富集程度与类型受到当地农业活动和工业发展等的影响，如重金属含量高的省份地区——东北的辽宁，西南的四川、云贵地区等重金属的污染受到重工业的影响严重。长期以来，我国土壤重金属污染未能得到足够重视，致使土壤污染防治的资金缺口非常大。相关研究机构分析[83]，为实现"土十条"（《土壤污染防治行动计划》）目标，我国在土壤修复领域的投资将突破 2 000 亿元，其中耕地土壤市场将近 1 000 亿元。

因此，通过改革生产工艺、强化回收意识最大限度地减少重金属的流失，加强工业"三废"排放的管理，可以从源头有效减少重金属经农田土壤—饲料—畜禽这一途径进入畜禽粪便的量。

2．加强农业生产管理

农业生产过程中，肥料（磷肥、污泥堆肥等）、农药、灌溉水是重金属进入农田的主要途径。我国是世界第一氮肥、磷肥、钾肥消费大国。根据《中国统计年鉴2016》[84]，2015年我国化肥施用量达到6 022.6万t折纯量，其中氮肥、磷肥、钾肥和复合肥施用量分别为2 361.6万t、843.1万t、642.3万t和2 175.7万t折纯量。如此大量的化肥使用量，除了导致土壤酸化等问题，带入土壤的重金属量也不容小觑[85, 86]。磷肥中重金属含量普遍高于氮肥、钾肥和复合肥，若能有效控制磷肥施用量，可大幅度降低由肥料带入农田土壤的重金属含量。

污水灌溉和污泥农用给我国农业发展带来的不利影响已经得到关注。2013年国务院办公厅印发的《近期土壤环境保护和综合治理工作安排》（国办发〔2013〕7号）[87]中规定，"禁止在农业生产中使用含重金属、难降解有机污染物的污水以及未经检验和安全处理的污水处理厂污泥、清淤底泥、尾矿等"，意味着污水灌溉在中国全面禁止。

重金属原位钝化技术是一种污染土壤的修复方法，指向污染土壤添加一些活性物质（钝化修复剂），以降低重金属在土壤中的有效浓度或改变其氧化还原状态，从而有效降低其迁移性、毒性及生物有效性。磷酸盐类化合物能通过改变土壤pH值、化学反应等显著降低Pb等重金属在土壤中的生物有效性，从而降低其在植物中的积累[88, 89]。有机物质可通过形成不溶性金属—有机复合物、增加土壤阳离子交换量、降低土壤中重金属的水溶态及可交换态组分来降低其生物有效性[90-92]。硫酸盐还原细菌可将硫酸盐还原成硫化物，进而使土壤环境中的重金属产生沉淀而钝化[92, 93]。丛枝菌根能通过菌丝体对重金属污染物的吸附固定或螯合作用降低植物对重金属的吸收和运转[94]。

综上所述，农业生产过程中禁止使用含有重金属元素的农药、化肥和其他化学物质，如含砷制剂、含汞制剂；农田施用污泥或用污水灌溉时，应严格控制污泥和污水中的重金属元素含量和施用量，并严格执行《农用污泥中污染物控制标准》（GB 4284—1984）和《农田灌溉水质标准》（GB 5084—2005）；在重金属含量较高的农田采取适宜的修复措施，如施加石灰、碳酸钙、磷酸盐等改良剂和具有促进还原作用的有机物质（如绿肥、堆肥、腐植酸类等有机肥）等，均可减少重金属元素向植物体内的迁移，从而减少重金属进入畜禽粪便的概率。

3．进一步完善饲料质量安全相关法律法规，严格饲料和饲料添加剂准入制度

《农产品质量安全法》由全国人民代表大会常务委员会第二十一次会议于2006年4月29日通过，自2006年11月1日起施行。《饲料和饲料添加剂管理条例》于1999年5月29日中华人民共和国国务院令第266号发布，2017年3月1日《国务院关于修改和废止部分行政法规的决定》第四次修订。以上两个法律是保障饲料安全的基本法律。从法律层面而言，应加强《农产品质量安全法》和《饲料和饲料添加剂管理条例》等饲料质量安全方面的法律法规宣传和普及，提高人们的安全意识；当发生农产品或饲料重金属污染时，公众可以通过法律维护合理权益。通过不断完善饲料法律法规建设和监督体系建设，出台有利于社会各阶层的监督机制和管理机制，使饲料与畜产品质量安全管理做到"有法可依，有法必依"。

饲料原料的品质检测是饲料质量安全的第一道关卡，然而由于检测条件或原料成本的限制，部分企业对进厂原料不检测或只测水、蛋白质等常规指标，忽略重金属元素的检测。对此，国家相关行政部门也应加强对饲料生产企业产品品质的抽查和评定工作，督促饲料生产企业自觉地对原料进行重金属元素检测，并对饲料产品严格执行《饲料卫生标准》规

定的重金属元素允许量。

饲料添加剂是畜禽粪便中重金属的主要来源，为保证畜禽养殖业健康发展，原农业部制定了《饲料原料目录》和《饲料添加剂品种目录》，要求目录以外的物质不允许用于饲料和饲料添加剂。这些政策和条例配合相应的饲料限量标准，从根本上限制了饲料添加剂的滥用，但对减少重金属经饲料—畜禽—粪便系统进入耕地土壤却收效甚微。一方面，《饲料添加剂品种目录》指出仅部分 Cu 和 Zn 的化合物可以用作饲料添加剂，并在《饲料添加剂安全使用规范》也规定了对应的用量和用法。但实际生产过程中，Cu 和 Zn 添加超量使用的现象仍然存在。例如，据农业部 2017 年上半年监测结果显示，超量使用 Cu、Zn 添加剂等质量安全问题仍然存在；另一方面，饲料和饲料添加剂限量标准中，仅部分种类饲料和饲料添加剂有重金属的限量值，大部分饲料和饲料添加剂的重金属限量值缺失。

5.3.2　过程控制

针对已经产生的畜禽粪便，降低畜禽粪便中重金属总量或生物可利用量成为畜禽粪便农用过程中的研究热点。畜禽粪便中重金属总量或生物可利用量的降低方法按其原理可分为化学沥浸、生物沥浸等。

1. 化学沥浸法

化学沥浸法是通过添加化学提取剂将土壤、污泥以及沉积物中的污染物分离出来，从而降低有害物质含量的方法。常用的化学提取剂一般为无机酸、有机酸、螯合剂以及一些无机化合物。也就是说，通过向畜禽粪便中投加硫酸、盐酸、硝酸等酸性化学物质，降低畜禽粪便的 pH 值，从而使畜禽粪便中大部分重金属转化为离子形态溶出；或者用 EDTA、柠檬酸等络合剂通过氯化作用、离子交换作用、酸化作用、螯合剂和表面活性剂的络合作用，将其中的重金属分离出来，达到减少畜禽粪便重金属总量的目的[95]。例如，杨宁（2014）[96]研究发现，无机酸（盐酸、硝酸、乙酸）可以去除猪粪中的 Cu、Zn、Cd，且随着无机酸溶液加入量和加入无机酸以后反应时间的增加，猪粪中 Cu、Zn、Cd 的去除率提升，在猪粪溶液中加入无机酸调整 pH 值达到 0.70，反应 3 h 后猪粪中 Cu、Zn、Cd 的去除率可以达到 58.7%、81.8%、45.3%；超声也可以去除猪粪中的 Cu、Zn、Cd，随着超声频率和超声时间的增加，猪粪中 Cu、Zn、Cd 的去除率提升，在 40 kHz 超声 90 min，猪粪中 Cu、Zn、Cd 的去除率可达到 87.4%、76.4%、85.3%；超声与无机酸结合作用时，猪粪中 Cu、Zn、Cd 的去除率大于单独用无机酸与超声时的去除率。化学法去除畜禽粪便中的重金属效果好、用时短，但处理中需消耗大量的酸，并且酸化速率受到粪便种类、加硫量、粪便浓度等影响，处理后需要大量的水和石灰来冲洗或中和粪便，易造成二次污染[97]；同时，仪器易被强酸腐蚀，使用该工艺花费较大，而且操作复杂，因此该方法不适合在实际生产中大规模推广。

2. 生物沥浸法

生物沥浸法，又称生物淋滤或生物沥滤法，是一种有效的金属浸提技术，近年来已在国际上兴起并得以应用。其主要原理是利用某类硫细菌化能自养型细菌的生物氧化与产酸作用，将重金属转化为可溶性金属离子从固相沥出进入液相，再采用适宜方法将其从液相中回收[98-100]。周立祥等（2004）[101]研究了采用嗜酸性硫杆菌添加硫粉为能源物的生物淋滤技术去除制革污泥中的 Cr，序批试验结果表明，经过 8 天的淋滤处理，Cr 的溶出率可高达 100%。生物淋滤法耗酸少，运行成本低，实用性强，是经济有效、具有潜力的重金属去除方法。然而生物淋滤法采用的主要细菌如硫杆菌增殖速度慢，大多是从金属矿山的酸性废水中分离或购买的商品化菌株，有时处理效果不稳定；此外，生物淋滤滞留时间较长也是限制该种方法大规模运用的主要障碍。因此，从粪便中分离培养大量合适的细菌，使淋滤过程高效、稳定运行是今后该方法需要解决的主要问题[102]。

3. 电化学法

将电极插入粪便，施加微弱直流电形成直流电场，使粪便内部的矿物质颗粒、重金属离子及其化合物、有机物等在直流电场的作用下发生一系列复杂的反应，通过电迁移、对流、自由扩散等方式发生迁移，富集到电极两端，继而达到降低粪便中重金属的目的。例如，顾祝禹等（2014）[103]以 PbO_2/Ti 电极为阳极、铜板为阴极通电处理污泥，发现不同电压对污泥重金属去除率影响较大，当电压为 35 V、电流为 80 mA、反应时间为 6 h 时，对污泥的处理效果与费用最佳，在此电压下对污泥进行处理，Cu、Pb、Cd 和 Ni 的去除率分别为 57.35%、48.42%、68.63% 和 49.85%。电化学法去除畜禽粪便中的重金属效果好、能耗低，但也有很大的局限性。该方法对可交换态或溶解态的重金属去除效果较好，但是对于不溶态的重金属首先需改变其存在状态使其溶解再将其去除，因此重金属的存在状态对去除效果影响较大。

4. 固化法

利用物理化学方法将粪便和固化剂掺和在一起，通过固化剂的吸附、固化等作用使重金属转变成低溶性的稳定状态而不易被浸出，从而达到消除重金属污染的目的。常用的固化剂有水泥、石灰及工业矿渣等。固化法在一定程度上减轻了畜禽粪便中重金属的危害，但由于畜禽粪便中重金属总量没有减少，因此该方法对环境及人类健康仍存在潜在的威胁[104]。生物吸附剂同样可以达到将畜禽粪便中重金属固定的作用，常见的生物吸附剂包括细菌、真菌、藻类等[105, 106]。例如，地衣芽孢杆菌对 Pb^{2+} 有极强的吸附能力，45 min 可以吸附 224.8 mg/g[107]；芽孢杆菌属菌株同样具有强大的吸附金属能力[108]；多粘芽孢杆菌对重金属有潜在的吸附能力[109-111]。藻类的细胞壁表面褶皱多，有较大的比表面积，可以提供大量与金属离子结合的官能团，如羧基、羟基、酰胺基、氨基、醛基等，对许多重金属均有良好的生物富集能力。尹平河等（2000）[112]针对几种大型藻类吸附废水中重金属的容量和速度进行了研究，发现海藻的吸附容量比其他种类的生物体高得多，吸附速度也快，10 min 内重金属从溶液中的去除率达到 90%。

5.3.3　末端控制

受市场需求和经济发展需求驱动，预计我国畜禽产品产量将持续增长；然而，受自然和人为因素（耕地面积、环境承载力等）的制约，发展到一定程度后会保持稳定。如张绪美等（2015）[113]预测，到 2030 年我国主要畜禽养殖量会保持相对稳定。据原农业部市场预警专家委员会预测[114]，未来 10 年（2015—2024 年），我国畜禽产品产量增速放缓，预计猪肉、牛肉、禽肉、禽蛋和奶制品的年均增速将分别从前 10 年（2005—2014 年）的 2.7%、2.1%、3.4%、2.2% 和 5.1% 降低到 1.3%、1.9%、1.9%、1.0% 和 2.1%，而羊肉产量增速保持在 2.5%。显而易见，畜禽养殖量达到稳定之前，畜禽粪便的产生量也将持续增长。为解决畜禽粪便带来的农业面源污染等问题，原农业部印发了《畜禽粪污资源化利用行动方案

（2017—2020 年）》。该方案提出，到 2020 年中国畜禽粪污综合利用率达到 75% 以上，其中畜禽粪污肥料化利用是重要的利用方式之一。这意味着未来将有更多的畜禽粪便进入农田土壤。

1．畜禽粪便农用质量控制

为确保畜禽粪便的安全利用，2007 年 4 月，农业部发布了《畜禽粪便安全使用准则》；2010 年 9 月，国家质检总局和国家标准化委员会联合发布了《畜禽粪便还田技术规范》。这两个标准针对不同 pH 值的土壤，以畜禽粪便为原料施肥，给出了重金属的含量限量值。然而，这两个标准中仅给出了 As、Cu、Zn 的限量，对其他 5 种重金属（Cd、Cr、Hg、Ni、Pb），未给出限量值。畜禽粪便重金属的总量可以通过堆肥法减少。堆肥是处理畜禽粪便、污泥和城市生活垃圾等固体有机废物使之无害化、资源化的重要手段之一。堆肥对畜禽粪便中重金属的影响主要表现为一是堆肥处理后，由于添加了辅助材料，形成的有机肥中重金属被"稀释"，降低了有机肥中重金属总量和有效态的浓度，如张树清等（2006）[115]在畜禽粪便堆肥处理中添加了麦秸、风化煤等，形成的有机肥中重金属含量显著低于原猪粪、鸡粪，堆肥中水溶态重金属含量显著低于原猪粪、鸡粪；二是堆肥处理中，某些材料的添加会导致畜禽粪便中重金属的活性显著下降。

2．畜禽粪便农用数量控制

《畜禽粪便安全使用准则》和《畜禽粪便还田技术规范》以营养元素氮、磷、钾为参考指标，给出了种植不同作物时，畜禽粪便施肥量的计算方法；然而却没有考虑农田土壤对重金属的容纳能力。事实上，农田土壤中重金属的年输出量非常有限，当输入量大于输出量时，重金属就会在土壤中富集，严重时导致农田土壤重金属污染、农产品中重金属含量超标。熊安琪等（2016）[116]分析了重庆市城郊菜地土壤 Pb 的输入通量、输出通量及平衡量，结果表明，重庆城郊菜地土壤 Pb 的年输入、年输出通量分别为 628.41 g/hm^2、169.32 g/hm^2，年积累量为 459.09 g/hm^2。施亚星等（2015）[117]基于现状平衡、水环境效应以及健康风险这 3 种情形采用稳态质量平衡模型，分别计算了 Cd、Cu、Pb 和 Zn 元素在不同效应水平下的临界负荷值。结果表明，Cd 的临界负荷值最小，Pb 次之，Cu 和 Zn 最大。姜勇等（2004）[118]以土壤环境质量三级标准为最大容量，分析了沈阳污灌区土壤重金属的环境容量，指出按照 2001 年 6 月研究区污水的测定结果，达到土壤环境容量的污灌年限依次为 Cr>Pb>Hg>Cu>Zn；而高拯民等（1986）[119]的研究表明，污水中 Cd 和 As 的含量远超过设计标准。姜勇等（2004）[118]指出，沈阳污灌区 Cu 和 Zn 的土壤环境容量较大，但也均不足 20 年。综上，畜禽粪便农用不仅要关注其重金属含量，还要关注畜禽粪便用量。

5.4　畜禽粪便重金属控制技术

5.4.1　堆肥发酵

通过对畜禽粪便进行堆肥和沼气发酵，可以促进重金属钝化。其主要原理是在堆肥过程中可发生腐殖化作用，生成的大分子结构（如胡敏酸等）可有效络合某些重金属，在堆肥结束后，溶解性有机碳（DOC）的含量在一定程度上有所降低，从而大大降低重金属的生物活性[120]。王玉军等[121]研究结果表明,鸡粪经堆肥处理后,Cu 的有机结合态增至 14%～19%,Cr 的有机结合态增至 22%～29%,Ni、Cd 的铁锰氧化物结合态提高 5%～9%,Cu、Zn、Hg、Pb、Cr、As 6 种元素的稳定形态比例均有所上升。郑国砥[122]的研究表明,堆肥处理能够降低猪粪中可交换态和碳酸盐交换态 Pb、Ni、Cu、Cr、Zn、As 以及铁锰氧化物结合态 Pb、Cu、Cr、As 的分配系数,从而降低猪粪中重金属的有效性,大大减少重金属对土壤环境和农产品污染的风险。刘浩荣等[123]研究了沸石、海泡石和膨润土等钝化剂对猪粪堆肥中重金属的钝化效果,实验结果显示堆肥处理能促进猪粪中 Cu、Zn 等重金属的形态向活性低的方向转化,降低了重金属的生物有效性。葛骁等[124]报道,污泥堆肥后,Cu、Zn、Ni、Cd、Cr、Pb 重金属残渣态含量比堆肥初始均有所增加,增幅分别达 6.3%、6.7%、22.0%、15.2%、11.0%、40.5%,堆肥处理显著改变了重金属的形态分布,使重金属由酸溶态、可还原态向更稳定的残渣态转变,显著降低了重金属的生物有效性。Marcato 等[125]用化学方法对鲜猪粪和沼肥中 Cu、Zn 的生物有效性研究对比发现,经发酵的沼肥中重金属的流动性比鲜粪中低。

　　堆肥法在一定程度上能够控制并降低畜禽粪便中重金属的污染风险,但由于堆肥处理过程周期长、效率低,当重金属浓度过高时,堆肥效果不明显,对于集约化大型养殖场来说是不适用的,难以大面积推广。

5.4.2　辅助钝化剂

　　通过在畜禽粪便有机肥制备过程中加入重金属钝化剂,可有效降低重金属的有效性,从而降低环境污染风险。钝化剂种类包括物理钝化剂、化学钝化剂和生物钝化剂 3 类(表5-7)。物理钝化剂主要为吸附能力大的硅酸盐物质,如活性炭、沸石、海泡石和膨润土等,由于其具有较大的静电力、离子交换性能及较大的比表面积,通过对重金属进行物理吸附,使重金属的生物有效性降低,具有吸附剂较易获得、原理简单和操作简便的优点,其不足之处在于堆肥产品与吸附剂较难分离,对重金属钝化效果不高。因此,应进一步拓宽高效钝化剂的筛选范围,完善分离技术,注重废弃资源再利用材料的应用。物理钝化剂在实际中已有较多应用,如赵军超等[126]等发现,钙基膨润土能够降低堆肥过程中的 Cu、Zn 活性,特别是在堆肥施入土壤后仍对 Zn 有持续的固定作用。杨坤等[127]研究表明,磷矿粉、硅藻土和膨润土处理有利于降低猪粪堆肥施用中的重金属污染风险,且膨润土和磷矿粉对交换态 Pb 的钝化效果较好,膨润土对交换态 As 的钝化效果较好,硅藻土对交换态 Cd 的钝化效果较好。何增明等[128]报道了 5.0%的海泡石和 2.5%的膨润土对重金属 As、Zn 表现出较好的钝化效果,堆肥后残渣态 As 和 Zn 的增幅分别达到 79.8%和 158.6%。

表 5-7　畜禽粪便堆肥过程中的钝化剂种类

类别	机理	常用种类	优点	缺点
物理	利用吸附能力大的硅酸盐物质进行物理吸附	活性炭、沸石、膨润土、海泡石、斑脱土等	原理简单,操作简便	吸附剂与堆肥难以分离
化学	通过络合、沉淀和离子交换作用,调节和改变重金属在堆肥中的赋存形态	风化煤、粉煤灰等	技术成熟	容易造成二次污染
生物	利用重金属与微生物的亲和性及生物活性的最佳机会固定重金属	香菇菌渣、白腐菌等	钝化效果好,具有选择性	成本高,研究尚不成熟

化学钝化剂主要是通过络合、沉淀和离子交换作用,使重金属降至活性较低的形态。例如,添加含有较高碱性物质的钙镁磷肥、磷矿粉和粉煤灰等作为重金属钝化剂,可以提高堆肥 pH 值,重金属经沉淀作用使其生物活性降低[129, 130]。胥焕岩等[131]表示 Cd^{2+} 可以与磷灰石表面的官能团进行络合,从而实现钝化。郭荣发等[132]研究表明磷矿粉可促进重金属形成硅酸盐、碳酸盐、氢氧化物沉淀而降低其有效性。刘文刚等[133]指出,硫化剂的添加能够明显降低畜禽粪便中可交换态和碳酸盐结合态的重金属含量。在硫化剂用量为 2 g/kg 时,畜禽粪便中的重金属达到较好的钝化效果。同时,乙硫氮(NaD)对 4 种重金属的钝化性能明显好于硫化钠(Na_2S),在弱酸性环境下仍能明显降低可交换态和碳酸盐结合态的重金属含量,而硫化钠在中性和碱性环境下对重金属具有较强的钝化能力。还可以将物理钝化剂和化学钝化剂组合形成复合钝化剂,如蔡海生等[134]选择酒渣、膨润土、草木灰、粉煤灰、秸秆粉、草炭、稻壳灰、钙镁磷肥等为原料,按一定比例设计 5 个配方制成重金属复合钝化剂添加到猪粪渣中,并采用条垛式好氧堆肥处理,对猪粪渣中的 Cu、Zn、As、Hg、Pb、Cd、Cr 等重金属产生显著的钝化效应。

生物钝化剂的钝化作用一方面是由于添加的部分微生物菌剂对重金属离子具有富集作用,另一方面则可能是由于较强的微生物代谢更有利于腐植酸类物质的形成,将重金属离子转化为不易被植物吸收的形态或积累在微生物体内,从而使堆肥中重金属的浓度降低或毒性减小。目前,对生物钝化剂的研究尚且不足,仍需进一步研究和完善。

重金属的钝化作用在一定程度上可以减轻重金属危害,但添加钝化剂又会造成二次添加剂污染,且不能从根本上降低重金属含量,对人类健康和环境仍存在潜在风险。

5.4.3　淋洗(或称沥浸)

淋洗(leaching)分化学淋洗和生物淋洗两类。化学淋洗法选择一种或几种试剂组成试验溶液,按照一定固液比将畜禽粪便浸泡在溶液中,使固体样品中的某些组分浸泡出来。此项工艺已用于重金属污染土壤的修复。化学提取剂一般为无机酸、有机酸、螯合剂以及一些无机化合物。重金属从畜禽粪便中溶出后,液相中的重金属可以通过添加 CaO、NaOH、$NaHCO_3$ 碱性物质或 NaS、H_2S、FeS 等硫化物使其沉淀从而去除。化学淋洗法的限制条件较少,只需投加适量的酸进行一定时间的搅拌即可,淋洗时间较短,但存在短时间内反应强烈、投酸量较多、淋洗效果较差等问题。目前化学淋洗法主要应用于去除土壤或污泥中的重金属,应用于畜禽粪便的较为少见,仅在少数试验性研究中有报道。

生物淋洗法的主要原理是利用某类硫细菌化能自养型细菌的生物氧化与产酸作用,将重金属转化为可溶性的金属离子从固相沥出进入液相,再采用适宜方法将其从液相中回收[99, 100, 135-138]。在环境中可用来进行生物淋洗的细菌主要为硫杆菌属、硫化杆菌属等,其中氧化硫硫杆菌(*Thiobacillus thiooxidans*)和氧化亚铁硫杆菌(*Thiobacillus ferrooxidans*)的应用最广泛[139, 140]。氧化硫硫杆菌为专性好氧菌,短杆状,0.5×(1.0~2.0) μm,单生、对生或成短链。氧化硫硫杆菌主要存在于含硫土壤、混合肥料、酸性矿水等中。严格自养能快速氧化元素硫,也能氧化利用还原性的硫化物;严格好氧主要以铵盐铵盐为氮源。最适宜的生长繁殖温度为 28~30℃,pH 值为 2.0~3.5[141]。氧化亚铁硫杆菌长一微米到数微米,宽约 0.5 μm。专性好氧菌,革兰氏阴性,杆状,端生鞭毛,能游动,菌落直径为 0.5 mm,菌落呈黑色,周围为分散的铁锈色斑渍区[142]。氧化亚铁硫杆菌可在酸性较强的环境中生长[143]。生物淋洗法具有反应温和、耗酸少、运行成本低、实用性强、应用对象范围广、能有效去除重金属并能杀灭病原菌、能改善畜禽粪便性能且能保持一定肥效以及能消除臭味等优点。周俊等研究表明[144]，接种嗜酸性硫杆菌后，Cu 和 Zn 的去除率分别达到了 87.3%和 91.9%，其中重金属 Zn 先于 Cu 从猪粪中溶出。周立祥等[101]采用嗜酸性硫杆菌添加硫粉去除制革污泥中 Cr，去除率可达 80%~100%。周顺桂等[145]报道，接种氧化亚铁硫杆菌进行污泥生物淋滤可有效溶出污水、污泥中的重金属，经过 4~10 天的生物淋滤，Cr、Cu、Zn 的最高去除率可分别达到 80%、100%和 100%。石超宏等[146]研究表明，嗜酸性细菌混培物对 Cu 和 Cd 的去除率分别达到 82.0%和 82.9%。还有研究指出[147]，以氧化亚铁硫杆菌为接种菌，在一定条件下，污泥中 Cu、Zn 和 Cr 的沥出率可以达到 92.7%、96.8%和 78.2%。生物淋洗法具有营养元素流失少、运行成本低、实用性强的优点，是一种经济有效并具有发展潜力的重金属处理方法。然而生物淋洗法采用的主要细菌如硫杆菌增殖速度慢，大多是从金属矿山的酸性废水中分离或购买的商品化菌株，有时处理效果不稳定；此外，生物淋洗滞留时间较长也是限制该种方法大规模运用的主要障碍。因此，从粪便中分离培养大量合适的细菌，使淋洗过程高效、稳定运行是今后该方法需要解决的主要问题。

　　总体来看，淋洗法去除重金属效果良好，但有局限性，同时妥善处理高浓度重金属的淋洗液也是个问题。此外，淋洗法成本高昂，处理程序繁杂，对于量大面广的畜禽粪便大规模无害化处理难度较大。

5.4.4　电化学法

　　将电极插入畜禽粪便，并施加微弱直流电形成直流电场，畜禽粪便内部的矿物质颗粒、重金属离子及其化合物、有机物等在直流电场的作用下可以发生一系列复杂的反应，通过电迁移、对流、自由扩散等方式发生迁移，富集到电极两端，继而达到降低粪便中重金属的目的。电化学法在城市污泥重金属去除中已得到比较广泛的应用。在电极作用下，城市污泥中非稳定态重金属 Cd、Zn 的去除率分别高达 68.60%、75.73%。增大电极面积，提高电流强度，有利于污泥中重金属的转化、迁移，从而提高污泥中重金属的去除率[148]。该方法对重金属的去除效果较好，处理后污泥中的重金属主要以稳定态的形态存在，生物有效性差，有利于污泥农用，而且不需加入其他药剂，不会形成二次污染[149]。但此方法局限性也很大，对可交换态或溶解态的重金属去除效果较好，对于不溶态的重金属首先需改变其存在状态使其溶解再将其去除，因此重金属的存在状态对去除效果影响较大，且这种方法过程复杂、成本较高，对于大批量畜禽粪便重金属去除还未见报道。

5.5　案例：基于土壤环境容量的畜禽粪便安全还田施用量

　　通过土壤对污染物的平衡环境容量，计算畜禽粪便的每公顷安全施用量。土壤对污染物的环境容量是指在一定区域和期限内所能容纳的污染物的最大负荷量，分为静态和动态两种。土壤对污染物的静态环境容量，是以静止的观点来度量使土壤达到环境标准所能许可容纳的污染物量。静态容量的计算公式[150]如下：

$$Q_i = 10^{-6} M(S_i - C_{ib} - C_{in}) = 2.25(S_i - C_i) \tag{5-1}$$

式中，Q_i ——土壤中重金属元素 i 的静态容量，kg/hm²；

$\quad\quad\quad M$ ——每公顷 0～20 cm 的表层土壤重量，2.25×10^6 kg/hm²；

$\quad\quad\quad S_i$ ——土壤中重金属元素 i 含量的允许限值，mg/kg；

$\quad\quad\quad C_{ib}$ ——土壤中重金属元素 i 的背景值，mg/kg；

$\quad\quad\quad C_{in}$ ——已进入土壤的重金属元素 i 的含量值，mg/kg；

$\quad\quad\quad C_i = C_{ib} + C_{in}$ ——土壤中重金属元素 i 的现状值，mg/kg。

根据土壤中重金属的背景值及允许含量，可以计算出土壤重金属元素的静态环境容量。

静态土壤环境容量并未考虑土壤环境的自净作用与缓冲性能。污染物进入土壤后，受土壤环境地球化学背景与迁移转化过程的影响，如污染物的输入与输出、吸附与解吸、固定与溶解、累积与降解等，使土壤环境容量处于一个动态的变化过程中。因此，土壤相对于污染物又具有一个动态的环境容量。动态环境容量的计算公式如下：

$$S_i = C_i K_n + 10^6 \frac{Q_{in}}{M} K \frac{1 - K^n}{1 - K} \tag{5-2}$$

式（5-2）经变形，可以得到：

$$Q_{in} = 10^{-6} M \left[S_i - C_i K^n \right] \frac{1 - K}{K(1 - K^n)} = 2.25 \left[S_i - C_i K^n \right] \frac{1 - K}{K(1 - K^n)} \tag{5-3}$$

式中，Q_{in} ——土壤中重金属元素 i 的动态环境容量，kg/hm²；

$\quad\quad\quad S_i$ ——若干年后土壤中重金属元素 i 含量的允许限值，mg/kg；

$\quad\quad\quad C_i$ ——土壤中元素 i 的现状值，mg/kg；

$\quad\quad\quad K$ ——污染物的年度残留率（常量），需要通过年度监测实验获取，经研究，重金属在土壤中的迁移比较困难，主要包括植物吸收、地表径流和地下渗漏等，残留率一般在 90% 左右[151]；

$\quad\quad\quad M$ ——每公顷 0～20 cm 的表层土壤重量，2.25×10^6 kg/hm²；

$\quad\quad\quad n$ ——控制年限，年。

当畜禽粪便作为有机改良剂改良低产土壤和荒地复垦时，为尽快达到目的，通常一次性大量施用。此时根据土壤静态容量计算安全还田施用量，按照下式计算：

$$S_{max} = \frac{Q_i}{W_{si}} \times 10^9 \tag{5-4}$$

式中，S_{max} ——畜禽粪便最高施用量，t/hm²；

$\quad\quad\quad W_{si}$ ——畜禽粪便中重金属 i 的平均含量，mg/kg；

$\quad\quad\quad Q_i$ ——土壤对污染物的静态环境容量，kg/hm²。

将畜禽粪便用作肥源长期施用于农田，从保护土壤环境质量、保障农产品安全的角度看，其年施用量应根据土壤重金属的年平均动态容量计算，计算公式同式（5-4）。

以下利用土壤环境静态容量和动态容量来计算重庆地区主要旱地土壤畜禽粪便安全还田施用量。

重庆地区主要有 2 种旱地土壤：紫色土（pH＞6.5）和黄壤（pH＜6.5）。根据《土壤环境质量标准》（GB 15618—1995）中的二级标准和现有背景值含量，以及调查所得重庆地区畜禽粪便中重金属平均含量（数据来源于第一次污染源普查），利用式（5-1）和式（5-4），可以计算出畜禽粪便的安全施用量（表5-8）。可以看出，两种土壤的畜禽粪便安全施用量均以重金属Cd的静态环境容量计算的结果最低，分别为421.69 t/hm² 和108.43 t/hm²。

表5-8　重庆市主要旱地土壤重金属的静态环境容量及畜禽粪便还田安全施用量

土壤类型	项目	Cd	Pb	Cu	Zn
紫色土（pH＞6.5）	土壤限量值/（mg/kg）	0.6	300	100	250
	土壤重金属背景值/（mg/kg）	0.13	17.81	11.95	94.56
	静态容量/（kg/hm²）	1.05	634.92	198.11	349.74
	畜禽粪便中平均含量/（mg/kg）	2.49	51.44	98.40	498.11
	畜禽粪便安全施用量/（t/hm²）	421.69	12 342.92	2 013.31	702.13
黄壤（pH＜6.5）	土壤限量值/（mg/kg）	0.3	250	50	200
	土壤重金属背景值/（mg/kg）	0.18	19.97	22.53	76.34
	静态容量/（kg/hm²）	0.27	517.57	61.81	278.24
	畜禽粪便中平均含量/（mg/kg）	2.49	51.44	98.40	498.11
	畜禽粪便安全施用量/（t/hm²）	108.43	10 061.63	628.15	558.59

土壤重金属的动态容量及畜禽粪便的年施用量应根据土壤重金属的动态容量计算。按15 年、20 年和50 年计，重金属残留率 K 取90%，重庆地区2 种主要旱地土壤黄壤和紫色土的年动态容量及年施用量见表5-9。

表5-9　重庆市主要旱地土壤重金属的动态环境容量及畜禽粪便的年安全还田施用量

元素	年限/a	紫色土（pH＞6.5）		黄壤（pH＜6.5）	
		年平均动态容量/[kg/（hm²·a）]	畜禽粪便安全施用量/[t/（hm²·a）]	年平均动态容量/[kg/（hm²·a）]	畜禽粪便安全施用量/[t/（hm²·a）]
Cd	15	0.18	72.29	0.083	33.33
	20	0.17	68.27	0.079	31.73
	50	0.15	60.24	0.075	30.12
Pb	15	93.29	1 813.57	77.41	1 504.86
	20	84.76	1 647.74	70.46	1 369.75
	50	75.36	1 465.01	62.79	1 220.65
Cu	15	30.70	311.99	14.28	145.12
	20	28.05	285.06	13.45	136.69
	50	25.11	255.18	12.53	127.34
Zn	15	72.58	145.71	58.01	116.46
	20	67.87	136.26	54.28	108.97
	50	62.70	125.88	50.16	100.70

由表 5-9 可以看出，紫色土和黄壤重金属中，Cd 的动态环境容量最低，15 年、20 年和 50 年的动态容量在紫色土中为 0.18 kg/（hm²·a）、0.17 kg/（hm²·a）和 0.15 kg/（hm²·a），在黄壤中为 0.083 t/（hm²·a）、0.079 t/（hm²·a）和 0.075 t/（hm²·a），即随着年限的增长，土壤重金属动态容量在降低。由此计算出 15 年、20 年和 50 年畜禽粪便安全还田年施用量，紫色土为 72.29 t/hm²、68.27 t/hm² 和 60.24 t/hm²，黄壤为 33.33 t/hm²、31.73 t/hm² 和 30.12 t/hm²。

参考文献

[1] 周明. 饲料添加剂的作用与发展方向[J]. 饲料与畜牧，2015（7）：1.

[2] ROMEO A，VACCHINA V，LEGROS S，et al. Zinc fate in animal husbandry systems[J]. Metallomics Integrated Biometal Science，2014，6（11）：1999-2009.

[3] BOWLAND J P，BRAUDE R，CHAMBERLAIN A G，et al. The absorption，distribution and excretion of labelled copper in young pigs given different quantities，as sulphate or sulphide，orally or intravenously[J]. British Journal of Nutrition，1961，15（1）：59-72.

[4] 奉向东，邓激光，王伟，等. 饲粮中高铜高锌在组织中残留及排泄规律的研究[J]. 检验检疫学刊，2009，19（1）：21-23.

[5] 中国饲料工业协会信息中心. 2015 年全国饲料工业生产形势简况[J]. 中国饲料，2016（10）：1-2.

[6] 李梦云，崔锦，郭金玲，等. 河南省规模化猪场饲料及粪便中氮磷、重金属元素及抗生素含量调查与分析[J]. 中国畜牧杂志，2017，53（7）：103-106.

[7] 陈玲丽，阮涛，李冲，等. 猪不同生长时期饲料和粪便中重金属元素含量的测定[J]. 黑龙江畜牧兽医，2014（7）：183-185.

[8] 姜萍，金盛杨，郝秀珍，等. 重金属在猪饲料-粪便-土壤-蔬菜中的分布特征研究[J]. 农业环境科学学报，2010，29（5）：942-947.

[9] 谢云发，汪生贵，韩廷义. 青海省部分地区猪饲料和粪便中重金属含量调查[J]. 家畜牛态学报，2014，35（2）：75-78.

[10] 张金枝，翟继鹏，张少东，等. 规模猪场饲料、猪粪、沼液中重金属含量及相关性研究[C]. 中国猪业科技大会暨中国畜牧兽医学会 2015 年学术年会论文集，2015.

[11] 石艳平，黄锦法，倪雄伟，等. 嘉兴市主要生猪规模化养殖饲料和粪便重金属污染特征[J]. 浙江农业科学，2015，1（9）：1494.

[12] 吴建敏，曹铁怀，曹雪林，等. 影响畜禽粪便污染物的饲料因子分析[J]. 江苏农业科学，2009（4）：273-275.

[13] ZHANG X，ZHONG T，LIU L，et al. Impact of Soil Heavy Metal Pollution on Food Safety in China[J]. Plos One，2015，10（8）：1-14.

[14] 国家环保总局. 周生贤在全国土壤污染状况调查视频会议上强调采取有效措施 保障土壤环境安全和人体健康[EB/OL].（2006-07-18）http://www.zhb.gov.cn/gkml/hbb/qt/200910/t20091023_180005.htm.

[15] 中华人民共和国环境保护部，中华人民共和国国土资源部. 全国土壤污染状况调查公报[EB/OL].（2014-04-17）http://www.zhb.gov.cn/gkml/hbb/qt/201404/t20140417_270670.htm.

[16] 魏复盛，陈静生，吴燕玉. 中国土壤元素背景值[M]. 北京：中国环境科学出版社，1990.

[17] 杨沈生. 柴河铅锌矿成矿物质来源初步探讨[J]. 矿产与地质，2010，24（4）：318-321.

[18] 金永新，刘超. 辽宁省柴河铅锌矿成因分析[J]. 有色矿冶，2009，25（4）：2-4.

[19] 柴河铅锌矿清算组. 柴河铅锌矿结构调整情况[J]. 中国有色金属，2000（5）：4-7.

[20] 贾振邦，辛会忠. 柴河水库流域主要重金属平衡估算及水环境容量研究[J]. 环境保护科学，1996（2）：49-52.

[21] 秦爱华，于成广，李括，等. 辽宁省柴河铅锌矿开采与重金属污染历史重建[J]. 现代地质，2014（3）：537-542.

[22] 王新，周启星，任丽萍. 矿区农产品质量及土壤-岩石界面重金属行为特性的研究[J]. 农业环境科学学报，2004，23（3）：44-48.

[23] 陆秋燕，马贤.《徐霞客游记》与南丹明清矿产开发[J]. 广西民族大学学报（自然科学版），2018（2）.

[24] 邓坤，胡振光. 广西南丹矿产资源及可持续发展探讨[J]. 矿产与地质，2010，24（6）：552-556.

[25] 余元元，黄宇妃，宋波，等. 南丹县矿区周边土壤与农产品重金属含量调查及健康风险评价[J]. 环境化学，2015，34（11）：2133-2135.

[26] 李仕荣，柏万灵，夏四平. 四川省甘洛县则板沟矿区铅锌矿地质特征[C]. "十五"重要地质科技成果暨重大找矿成果交流会材料三，2006.

[27] 古道琴. 抓住机遇　振兴甘洛县级经济[J]. 四川政报，2002（3）.

[28] 刘月莉，伍钧，唐亚，等. 四川甘洛铅锌矿区优势植物的重金属含量[J]. 生态学报，2009，29（4）：2020-2026.

[29] 杨刚，沈飞，钟贵江，等. 西南山地铅锌矿区耕地土壤和谷类产品重金属含量及健康风险评价[J]. 环境科学学报，2011，31（9）：2014-2021.

[30] 陈代雄. 湖南省矿山资源综合利用现状及对策分析[J]. 湖南有色金属，2018（1）.

[31] 齐衡. 湖南矿产资源现状及可持续开发利用研究[J]. 湖南文理学院学报（自然科学版），2000，12（2）：23-25.

[32] 雷丹. 湖南重金属污染现状分析及其修复对策[J]. 湖南有色金属，2012，28（1）：57-60.

[33] 李绪平. 长株潭地区土壤重金属富集影响因素研究[D]. 长沙：中南大学，2008.

[34] 曹昌，李永华. 湖南首份重金属污染调查结果公布　专家：有效缓解重金属对农产品的污染比消灭重金属污染更重要[J]. 中国经济周刊，2014（46）：48-50.

[35] 兰砥中. 湖南某典型铅锌矿区农业土壤及农作物中重金属的风险评价[D]. 长沙：湖南农业大学，2014.

[36] 袁慧，赵文魁，文利新，等. 湖南省部分地区饲料中镉含量的调查研究[J]. 湖南畜牧兽医，1997（2）：27-28.

[37] 郎家庆，王颖，刘顺国. 施肥对土壤重金属污染的影响[J]. 农业科技与装备，2014（8）：3-4.

[38] LUO L，MA Y，ZHANG S，et al. An inventory of trace element inputs to agricultural soils in China[J]. Journal of Environmental Management，2009，90（8）：2524-2530.

[39] NI R，MA Y. Current inventory and changes of the input/output balance oftrace elements in farmland across China[J]. Plos One，2018，13（6）：e199460.

[40] 刘志红，刘丽，李英. 进口化肥中有害元素砷、镉、铅、铬的普查分析[J]. 磷肥与复肥，2007，22（2）：77-78.

[41] 中华人民共和国国家统计局. 中华人民共和国 2016 年国民经济和社会发展统计公报[R]. 2017.

[42] 马榕. 重视磷肥中重金属镉的危害[J]. 磷肥与复肥，2002，17（6）：5-6.

[43] MIAO X，TANG Y，WONG C W Y，et al. The latent causal chain of industrial water pollution in China[J]. Environmental Pollution，2015，196：473-477.

[44] YAO H，ZHANG T，LIU B，et al. Analysis of Surface Water Pollution Accidents in China：Characteristics and Lessons for Risk Management.[J]. Environmental Management，2016，57（4）：868-878.

[45] 左航，马小玲，陈艺贞，等. 黄河上游水体中重金属分布特征及重金属污染指数研究[J]. 光谱学与光谱分析，2016，36（9）：3047-3052.

[46] 朱爱萍，陈建耀，高磊，等. 北江上游水环境重金属污染及生态毒性的时空变化[J]. 环境科学学报，2015，35（8）：2487-2496.

[47] 何冰. 中国水污染的农业经济损失研究[D]. 杭州：浙江工商大学，2015.

[48] 中华人民共和国水利部. 中国水资源公报 2015[R].2015.

[49] 全国污水灌区农业环境质量普查协作组. 全国主要污水灌区农业环境质量普查评价（一）[J]. 农业环境科学学报，1984（5）：3-6.

[50] 辛术贞，李花粉，苏德纯. 我国污灌污水中重金属含量特征及年代变化规律[J]. 农业环境科学学报，2011，30（11）：2271-2278.

[51] 杨志新，郑大玮，冯圣东. 京郊农田污水灌溉的环境影响损失分析[J]. 华北农学报，2007，22（s1）：121-126.

[52] 中华人民共和国环境保护部. 中国环境年鉴 2015[M]. 北京：中国环境年鉴社，2015.

[53] 张丽丽，李花粉，苏德纯. 我国城市污水处理厂污泥中重金属分布特征及变化规律[J]. 环境科学研究，2013，26（3）：313-319.

[54] CAI Q Y，MO C H，WU Q T，et al. Concentration and speciation of heavy metals in six different sewage sludge-composts[J]. Journal of Hazardous Materials，2007，147（3）：1063-1072.

[55] HAROUN M，IDRIS A，SYED OMAR S R. A study of heavy metals and their fate in the composting of tannery sludge[J]. Waste Management，2007，27（11）：1541.

[56] 王飞，邱凌，沈玉君，等. 华北地区饲料和畜禽粪便中重金属质量分数调查分析[J]. 农业工程学报，2015（5）：261-267.

[57] 陈甫，朱凤华，徐丹，等. 2015 年山东省肉鸡饲料原料中重金属污染情况调查及风险评估[J]. 动物营养学报，2016，28（10）：3175-3182.

[58] 潘寻，韩哲，贾伟伟. 山东省规模化猪场猪粪及配合饲料中重金属含量研究[J]. 农业环境科学学报，2013，32（1）：160-165.

[59] 孙红霞，张花菊，徐亚铂，等. 猪饲料、粪便、沼渣和沼液中重金属元素含量的测定分析[J]. 黑龙江畜牧兽医，2017（9）：285-287.

[60] 国家科学院科学研究委员会. 猪营养需要（第 11 次修订版）[M]. 北京：科学出版社，2014.

[61] 彭丽，孙勃岩，王权，等. 陕西杨凌规模化养殖场饲料及粪便中养分和重金属含量分析[J]. 西北农林科技大学学报：自然科学版，2017，45（5）：123-129.

[62] 李祥峰，杨培昌，杨冬月，等. 楚雄州地区 2013—2016 年猪饲料中重金属含量的调查分析[J]. 上海畜牧兽医通讯，2017（1）：40-41.

[63] 周鑫，任善茂，李延森，等. 不同规模化猪场饲料和粪便中锌含量调查分析[J]. 家畜生态学报，2017，38（7）：50-54.

[64] 杨宇. 葫芦岛饲料中重金属含量的调查分析[J]. 中国畜禽种业，2016，12（4）：17.

[65] 胡海平，王代懿，张丰松，等. 东北三省不同规模养殖场畜禽饲料和粪便中锌含量特征[J]. 环境科学研究，2013，26（6）：689-694.

[66] 石艳平，黄锦法，倪雄伟，等. 嘉兴市主要生猪规模化养殖饲料和粪便重金属污染特征[J]. 浙江农业科学，2015（9）：1494-1497.

[67] 原泽鸿，黄选洋，张克英，等. 四川省蛋鸡配合饲料及鸡蛋重金属含量分布[J]. 动物营养学报，2015，27（11）：3485-3494.

[68] 杨柳，雍毅，叶宏，等. 四川典型养殖区猪粪和饲料中重金属分布特征[J]. 环境科学与技术，2014（9）：99-103.

[69] 张毅，张全生. 重庆市饲料重金属污染的调查研究[J]. 中国猪业，2015（4）：34-36.

[70] 田西学，李宏，李胜，等. 我国天然矿物质饲料原料中重金属预警监测结果分析[J]. 饲料研究，2017（8）：36-42.

[71] 中国饲料行业信息网. 20%的来自亚太地区的矿物质饲料、预混料和全价饲料样品存在重金属污染，超出了欧盟允许的限量[EB/OL].（2016-05-11）[6]. http：//www.feedtrade.com.cn/news/enterprise/2016-05-11/2026123.html.

[72] 宣梦，许振成，吴根义，等. 我国规模化畜禽养殖粪污资源化利用分析[J]. 农业资源与环境学报，2018，35（2）：126-132.

[73] 党廷辉，张麦. 有机肥对黑垆土养分含量、形态及转化影响的定位研究[J]. 干旱地区农业研究，1999，17（4）：1-4.

[74] BROCK，ELIZABETH H，KETTERINGS，et al. Copper and zinc accumulation in poultry and dairy manure-amended fields[J]. Soil Science，2006，171（5）：388-399.

[75] ZHANG F，LI Y，YANG M，et al. Copper Residue in Animal Manures and the Potential Pollution Risk in Northeast China[J]. Journal of Resources and Ecology，2011，2（1）：91-96.

[76] 贾武霞. 畜禽粪便施用对土壤中重金属累积及植物有效性影响研究[D]. 北京：中国农业科学院，2016.

[77] 何梦媛，董同喜，茹淑华，等. 畜禽粪便有机肥中重金属在土壤剖面中积累迁移特征及生物有效性差异[J]. 环境科学，2017，38（4）：1576-1586.

[78] 颜培，王擎运，张佳宝，等. 长期施用畜禽养殖废弃物下潮土重金属的累积特征[J]. 土壤，2017，49（2）：321-327.

[79] 范小杉，罗宏. 工业废水重金属排放区域及行业分布格局[J]. 中国环境科学，2013，33（4）：655-662.

[80] 谭吉华，段菁春. 中国大气颗粒物重金属污染、来源及控制建议[J]. 中国科学院大学学报，2013，30（2）：145-155.

[81] 马学文，翁焕新，章金骏. 中国城市污泥重金属和养分的区域特性及变化[J]. 中国环境科学，2011，31（8）：1306-1313.

[82] 张小敏，张秀英，钟太洋，等. 中国农田土壤重金属富集状况及其空间分布研究[J]. 环境科学，2014，35（2）：692-703.

[83] 中国环保在线. "土十条"即将出台，或突破 2000 亿市场规模[EB/OL]. http://www.hbzhan.com/news/detail/107403.html.

[84] 中华人民共和国国家统计局. 中国统计年鉴 2016[M]. 北京：中国统计出版社，2016.

[85] 张福锁. 我国农田土壤酸化现状及影响[J]. 民主与科学，2016（6）：26-27.

[86] 周晓阳，徐明岗，周世伟，等. 长期施肥下我国南方典型农田土壤的酸化特征[J]. 植物营养与肥料

学报，2015，21（6）：1615-1621.

[87] 中华人民共和国国务院办公厅. 国务院办公厅关于印发《近期土壤环境保护和综合治理工作安排》的通知[EB/OL]. http：//www.gov.cn/zwgk/2013-01/28/content_2320888.htm.

[88] ZHU Y G，CHEN S B，YANG J C. Effects of soil amendments on lead uptake by two vegetable crops from a lead-contaminated soil from Anhui，China.[J]. Environment International，2004，30（3）：351-356.

[89] CHEN S B，ZHU Y G，MA Y B. The effect of grain size of rock phosphate amendment on metal immobilization in contaminated soils[J]. Journal of Hazardous Materials，2006，134（1）：74-79.

[90] O'DELL R，SILK W，GREEN P，et al. Compost amendment of Cu–Zn minespoil reducestoxic bioavailable heavy metal concentrations and promotes establishment and biomass production of Bromus carinatus（Hook and Arn.）[J]. Environmental Pollution，2007，148（1）：115-124.

[91] MCLAUGHLIN M J，SINGH B R. Cadmium in Soils and Plants[M]. Springer Netherlands，1999：257-267.

[92] BROWN S，CHANEY R L，HALLFRISCH J G，et al. Effect of biosolids processing on lead bioavailability in an urban soil[J]. Journal of Environmental Quality，2003，32（1）：100-108.

[93] RUTTENS A，COLPAERT J V，MENCH M，et al. Phytostabilization of a metal contaminated sandy soil. Ⅱ：Influence of compost and/or inorganic metal immobilizing soil amendments on metal leaching[J]. Environmental Pollution，2006，144（2）：533-539.

[94] 王发园，林先贵. 丛枝菌根在植物修复重金属污染土壤中的作用[J]. 生态学报，2007，27（2）：793-801.

[95] 韩汝佳，沙明卓. 污泥重金属去除技术研究现状[J]. 辽宁化工，2009，38（12）：907-908.

[96] 杨宁. 猪粪中重金属的分离与处理研究[D]. 长沙：湖南农业大学，2014.

[97] 刘静，陈玉成. 城市污泥中重金属的去除方法研究进展[J]. 微量元素与健康研究，2006，23（3）：51-54.

[98] BROMBACHER C，BACHOFEN R，BRANDL H. Development of a Laboratory-Scale Leaching Plant for Metal Extraction from Fly Ash by Thiobacillus Strains[J]. Appl Environ Microbiol，1998，64（4）：1237-1241.

[99] KREBS W，BROMBACHER C，BOSSHARD P P，et al. Microbial recovery of metals from solids[J]. Fems Microbiology Reviews，1997，20（3–4）：605-617.

[100] XU T J，TING Y P. Optimisation on bioleaching of incinerator fly ash by Aspergillus niger – use of central composite design[J]. Enzyme & Microbial Technology，2004，35（5）：444-454.

[101] 周立祥，方迪，周顺桂，等. 利用嗜酸性硫杆菌去除制革污泥中铬的研究[J]. 环境科学，2004，25（1）：62-66.

[102] 王家强. 生物吸附法去除重金属的研究[D]. 长沙：湖南大学，2010.

[103] 顾祝禹，艾克拜尔·伊拉洪，吐尔逊·吐尔洪. 电化学方法去除污泥中重金属的研究[J]. 环境科学学报，2014，34（10）：2547-2551.

[104] 齐帅，王玉军，徐徐. 污泥中重金属处理技术的研究现状及发展趋势[J]. 环境科学与管理，2010，35（11）：50-54.

[105] 尚宇，周健，黄艳. 生物吸附剂及其在重金属废水处理中的应用进展[J]. 煤炭与化工，2011，34（11）：35-37.

[106] 王建龙，陈灿. 生物吸附法去除重金属离子的研究进展[J]. 环境科学学报，2010，30（4）：673-701.

[107] ELHELOW E R，SABRY S A，AMER R M. Cadmium biosorption by a cadmium resistant strain of Bacillus thuringiensis：regulation and optimization of cell surface affinity for metal cations[J]. Biometals，2000，13（4）：273-280.

[108] LÓPEZ A，LÁZARO N，MORALES S，et al. Nickel Biosorption by Free and Immobilized Cells of Pseudomonas fluorescens 4F39：A Comparative Study[J]. Water Air & Soil Pollution，2002，135（1-4）：157-172.

[109] 刘红娟，党志，张慧，等. 蜡状芽孢杆菌抗重金属性能及对镉的累积[J]. 农业环境科学学报，2010，29（1）：25-29.

[110] 李仁忠. 细菌吸附 Pd 的研究[D]. 厦门大学，2000.

[111] 刘月英，傅锦坤，李仁忠，等. 细菌吸附 Pd^{2+} 的研究[J]. 微生物学报，2000，40（5）：535-539.

[112] 尹平河，赵玲，QI-MING Y U，等. 海藻生物吸附废水中铅、铜和镉的研究[J]. 海洋环境科学，2000，19（3）：11-15.

[113] 张绪美，董元华，沈文忠. 我国主要畜禽养殖量及饲料粮需求量估算[J]. 饲料研究，2015（4）：8-11.

[114] 农业部市场预警专家委员会. 中国农业展望报告（2015—2014）[M]. 北京：中国农业科学技术出版社，2015.

[115] 张树清，张夫道，刘秀梅，等. 高温堆肥对畜禽粪中抗生素降解和重金属钝化的作用[J]. 中国农业科学，2006，39（2）：337-343.

[116] 熊安琪，陈玉成，代勇，等. 基于输入输出平衡的重庆地区城郊菜地土壤铅的通量研究[J]. 环境影响评价，2016，38（6）：92-96.

[117] 施亚星，吴绍华，周生路，等. 基于环境效应的土壤重金属临界负荷制图[J]. 环境科学，2015，36（12）：4600-4608.

[118] 姜勇，梁文举，张玉革，等. 污灌对土壤重金属环境容量及水稻生长的影响研究[J]. 中国生态农业学报，2004，12（3）：124-127.

[119] 高拯民. 土壤：植物系统污染生态研究[M]. 北京：中国科学技术出版社，1986.

[120] MIAOMIAO H，WENHONG L，XINQIANG L，et al. Effect of composting process on phytotoxicity and speciation of copper，zinc and lead in sewage sludge and swine manure[J]. Waste Manag，2009，29（2）：590-597.

[121] 王玉军，窦森，李业东，等. 鸡粪堆肥处理对重金属形态的影响[J]. 环境科学，2009，30（3）：913-917.

[122] 郑国砥，陈同斌，高定，等. 好氧高温堆肥处理对猪粪中重金属形态的影响[J]. 中国环境科学，2005，25（1）：6-9.

[123] 刘浩荣，宋海星，荣湘民，等. 钝化剂对好氧高温堆肥处理猪粪重金属含量及形态的影响[J]. 生态与农村环境学报，2008，24（3）：74-80.

[124] 葛骁，卞新智，王艳，等. 城市生活污泥堆肥过程中重金属钝化规律及影响因素的研究[J]. 农业环境科学学报，2014，33（3）：502-507.

[125] MARCATO C E，PINELLI E，CECCHI M，et al. Bioavailability of Cu and Zn in raw and anaerobically digested pig slurry[J]. Ecotoxicol Environ Saf，2009，72（5）：1538-1544.

[126] 赵军超，王权，任秀娜，等. 钙基膨润土辅助对堆肥及土壤 Cu、Zn 形态转化和白菜吸收的影响[J]. 环境科学，2018（4）.

[127] 杨坤，李军营，杨宇虹，等. 不同钝化剂对猪粪堆肥中重金属形态转化的影响[J]. 中国土壤与肥料，

2011（6）：43-48.

[128] 何增明，刘强，谢桂先，等. 好氧高温猪粪堆肥中重金属砷、铜、锌的形态变化及钝化剂的影响[J]. 应用生态学报，2010，21（10）：2659-2665.

[129] ZHANG H，MA G，SUN L，et al. Effect of alkaline material on phytotoxicity and bioavailability of Cu，Cd，Pb and Zn in stabilized sewage sludge[J]. Environmental Technology，2017，39（17）：1.

[130] FUENTES A，EZ，AGUILAR M I，et al. Ecotoxicity，phytotoxicity and extractability of heavy metals from different stabilised sewage sludges[J]. Environmental Pollution，2006，143（2）：355-360.

[131] 胥焕岩，刘羽，彭明生. 碳羟磷灰石吸附水溶液中镉离子的动力学研究[J]. 矿物岩石，2004，24（1）：108-112.

[132] 郭荣发，廖宗文，陈爱珠. 活化磷矿粉在砖红壤上的施用效果[J]. 湖南农业大学学报（自然科学版），2004，30（3）：233-235.

[133] 刘文刚，魏德洲，郭会良，等. 硫化剂对畜禽粪便中重金属存在形态的影响[J]. 东北大学学报（自然科学版），2015，36（6）：863-867.

[134] 蔡海生，余文波，吴建富. 猪粪渣堆肥中重金属复合钝化剂配置及其应用分析[J]. 广东农业科学，2017（11）.

[135] BROMBACHER C. Development of a laboratory-scale leaching plant for metal extraction from flyash bythiobacillus strains.[J]. Appl Environ Microbiol，1998，64（4）：1237-1241.

[136] 周顺桂，周立祥，黄焕忠. 生物淋滤技术在去除污泥中重金属的应用[J]. 生态学报，2002，22（1）：125-133.

[137] 周顺桂，周立祥，王世梅. 嗜酸硫氧化菌株的分离及其在污泥生物脱毒中的应用[J]. 环境科学研究，2003，16（5）：41-44.

[138] 周顺桂，胡佩，雷发懋. Tween-80 对生物淋滤法去除垃圾焚烧飞灰中重金属的影响[J]. 环境科学研究，2006，19（2）：82-85.

[139] 华玉妹. 污泥中 Cu、Pb 和 Zn 的生物沥滤研究[D]. 杭州：浙江大学，2005.

[140] 朱南文，蔡春光，吴志超，等. 污泥中重金属的生物沥滤及其机理分析[J]. 上海交通大学学报，2003，37（5）：801-804.

[141] 徐文静. 氧化亚铁硫杆菌和氧化硫硫杆菌的混合培养及其浸铜机制的研究[D]. 兰州大学，2006.

[142] LIZAMA H M，SUZUKI I. Synergistic Competitive Inhibition of Ferrous Iron Oxidation by Thiobacillus ferrooxidans by Increasing Concentrations of Ferric Iron and Cells[J]. Applied & Environmental Microbiology，1989，55（10）：2588-2591.

[143] 布坎南，吉本斯. 伯杰细菌鉴定手册. 8 版[M]. 北京：科学出版社，1984.

[144] 周俊，刘奋武，崔春红，等. 生物沥浸对城市污泥脱水及其重金属去除的影响[J]. 中国给水排水，2014（1）：86-89.

[145] 周顺桂，王世梅，余素萍，等. 污泥中氧化亚铁硫杆菌的分离及其应用效果[J]. 环境科学，2003，24（3）：56-60.

[146] 石超宏，朱能武，吴平霄，等. 生物沥浸去除污泥重金属及改善脱水性能研究[J]. 中国环境科学，2013，33（3）：474-479.

[147] 王瑞，魏源送. 畜禽粪便中残留四环素类抗生素和重金属的污染特征及其控制[J]. 农业环境科学学报，2013，9（9）：1705-1719.

[148] 周邦智，吕昕，牛卫芬. 电动力学技术去除剩余污泥中铜、锌条件优化[J]. 环境工程学报，2014，8（7）：3018-3022.

[149] 郭永春，刘丽莉，陈红花，等. 污泥中重金属的存在形态和处理方法研究[J]. 环境科学与管理，2014，39（1）：72-74.

[150] 赵秀兰，卢吉文，陈萍丽，等. 重庆市城市污泥中的重金属及其农用环境容量[J]. 农业工程学报，2008，24（11）：188-192.

[151] 环境保护部环境工程评估中心，梁鹏，环境保护部. 环境影响评价技术方法[M]. 北京：中国环境出版社，2015.

第6章　畜禽粪便防治相关标准政策

随着我国农业现代化水平的提高，畜禽养殖业集约化程度越来越高。为了增强畜禽的抗病能力，加快畜禽生长速度，扩大畜禽养殖业的经济利益，在畜禽饲料中添加富含砷、铜、锌等重金属元素的饲料添加剂已成为畜禽养殖业的普遍方法。然而，饲料及饲料添加剂中重金属元素的含量往往远超出畜禽的吸收能力，致使饲料和饲料添加剂中的大部分重金属元素经粪便排出畜禽体外进入环境，造成严重的环境污染问题。

《第一次全国污染源普查公报》[1]显示，2007年度我国畜禽养殖业COD、总氮和总磷的排放量分别为1 268.26万t、102.48万t和16.04万t，分别占农业污染源排放量的95.8%、37.9%和56.3%，占全国主要水污染物排放量的41.9%、21.7%和37.9%；2007年度我国畜禽养殖业铜和锌的排放量为2 397.23 t和4 756.94 t，分别占农业污染源排放量的97.8%和97.8%。《全国环境统计公报（2015）》[2]显示，2015年畜禽养殖业COD排放量1 015.5万t，占全国废水COD排放量（2 223.5万t）的45.7%；畜禽养殖业氨氮排放量55.2万t，占全国废水氨氮排放量（229.9万t）的24.0%。以上数据表明，畜禽粪便已成为我国环境污染的重要来源之一。受市场需求和经济发展需求驱动，预计我国畜禽产品产量将持续增长；然而，受自然和人为因素（耕地面积、环境承载力等）的制约，发展到一定程度后会保持稳定。如张绪美等（2015）[3]预测，到2030年我国主要畜禽养殖量会保持相对稳定。据原农业部市场预警专家委员会预测[4]，未来10年（2015—2024年），我国畜禽产品产量增速放缓，预计猪肉、牛肉、禽肉、禽蛋和奶制品的年均增速将分别从前10年（2005—2014年）的2.7%、2.1%、3.4%、2.2%和5.1%降低到1.3%、1.9%、1.9%、1.0%和2.1%，而羊肉产量增速保持在2.5%。显而易见，畜禽养殖量达到稳定之前，畜禽粪便的产生量也将持续增长，这意味着未来将有更多的畜禽粪便进入耕地土壤，若不做即时应对，将对我国生态环境造成巨大压力。近年来，由于畜禽养殖污染引发的群众环境投诉和污染纠纷案件不断上升[5-10]，已成为目前亟待解决的一个社会问题。因此，畜禽粪便相关的立法应不断完善，进而推动畜禽养殖业朝良性循环方向发展。

近年来，畜禽粪便相关法律、法规和标准逐步完善，学者们对畜禽粪便污染治理的标准和政策进行了大量研究，结果显示，内容简单、政策落实不到及民众参与度低等问题是我国现行畜禽粪便相关法律法规存在的主要问题[11-13]。

畜禽粪便污染已经引起社会的广泛关注及党和国家的高度重视。近年来，我国相继出台畜禽粪便污染防治相关法律、法规和标准，使畜禽粪便防治水平逐年进步和提高。本章梳理了我国畜禽粪便相关标准、法律和政策，以期为畜禽粪便污染防治政策的制定提供支撑。

6.1 畜禽粪便防治相关标准

6.1.1 饲料及饲料添加剂相关标准

1.《饲料卫生标准》发布

为加强饲料工业标准化进程、促进饲料工业技术进步、提高饲料产品质量，1986 年 4 月 28 日由原国家标准局批准成立了全国饲料工业标准化技术委员会（以下简称全国饲标委会），使我国饲料工业标准化工作有领导、有计划地开展起来。全国饲标委会成立以后，明确要求把《饲料卫生标准》的制定放在首位。全国饲标委会在 1986 年即着手组织制定《饲料卫生标准》，确定了由科研所、高等院校、饲料质检机构等 8 个单位 28 位专业人士负责起草标准，后经多次会议讨论审议，最后报批国家技术监督局，于 1991 年颁布了我国第一部强制性国家标准《饲料卫生标准》（GB 13078—1991）。该标准由国家技术监督局于 1991 年 7 月 16 日发布，1992 年 4 月 1 日实施，规定的 16 项卫生指标分别为砷、铅、汞、镉、氟、氰化物、亚硝酸盐、黄曲霉毒素 B_1、游离棉酚、异硫氰酸酯、噁唑烷硫酮、六六六、滴滴涕、沙门氏杆菌、霉菌总数和细菌总数，适用范围为鸡、猪配合饲料和一部分饲料原料（如鱼粉、石粉、磷酸盐、玉米、米糠、小麦麸、饼粕类等）。该标准中各项指标允许量的确定贯彻了当时国务院领导同志关于制定标准不迁就落后、积极采用国际标准和国外先进标准的指示精神，绝大多数卫生指标基本上等同采用或修改采用了国际标准与国外先进标准，同时也对我国的饲料产品与原料资源进行了调查与分析，并注意从实际出发，使标准基本上符合我国国情。为切实监管饲料企业贯彻执行《饲料卫生标准》，1993 年 2 月，强制性国家标准《饲料标签》（GB 10648—1993）发布，并于 1995 年 1 月 1 日起正式实施。实践表明，《饲料卫生标准》和《饲料标签》的发布实施，在保证和提高饲料产品安全卫生质量方面发挥了重要作用，促进了我国饲料工业的健康发展。

2.《饲料卫生标准》修订

1991 年发布的《饲料卫生标准》在当时的历史条件下为规范我国的饲料市场和企业行为、保障人民的健康和保护环境发挥了重要的作用，但是随着饲料、饲料添加剂品种的增加和人们对食品安全与饲料安全的日益关注，原有版本的《饲料卫生标准》已不能满足饲料工业发展的需要。突出表现在，一是原标准对饲料品种的覆盖面较窄，只涉及猪、鸡 2 种动物的饲料产品，未包括鸭饲料、水产饲料及牛羊精料补充料及某些重要的饲料原料；二是原标准规定的卫生指标项目只有 16 项，项目数量不能满足生产发展的需要。针对上述存在的问题，根据我国饲料安全卫生监管的需要，全国饲标委会对原《饲料卫生标准》（GB 13078—1991）进行了修订。由国家质量监督检验检疫总局于 2001 年 7 月 20 日发布修订后的《饲料卫生标准》（GB 13078—2001），2001 年 10 月 1 日实施。与 GB 13078—1991 相比，在重金属方面，本次修订的主要技术内容差异表现在以下方面：

①根据饲料产品的客观需要，增加了铬在饲料、饲料添加剂中的允许量指标；

②补充规定了饲料添加剂及猪、禽添加剂预混合饲料和浓缩饲料，牛、羊精料补充料产品中的砷允许量指标，砷在磷酸盐产品中的允许量由 10 mg/kg 修订为 20 mg/kg；

③补充规定了铅在鸭配合饲料，牛精料补充料，鸡、猪浓缩饲料，骨粉，肉骨粉，鸡、猪复合预混料中的允许量指标。

其后又先后颁布了《饲料卫生标准　饲料中亚硝酸盐允许量》（GB 13078.1—2006）、《饲料卫生标准　饲料中赭曲霉毒素 A 和玉米赤霉烯酮的允许量》（GB 13078.2—2006）、《配合饲料中脱氧雪腐镰刀菌烯醇的允许量》（GB 13078.3—2007）等多项强制性国家标准，作为 GB 13078—2001 的进一步补充与完善。

2017 年 10 月 14 日，经国家质检总局、国家标准委批准，修订后的《饲料卫生标准》（GB 13078—2017）正式发布，并于 2018 年 5 月 1 日正式实施。新版《饲料卫生标准》坚持贯彻"最严谨的标准"要求，以无机污染物、真菌毒素等为重点，全面规定了在饲料原料、饲料产品中各类有毒有害物质及微生物的限量值及试验方法，为从源头保障动物性食品安全和消费者健康再加一道"新保险"，标志着我国饲料质量安全管理进入了更加严格的新阶段。该标准代替了《饲料卫生标准》（GB 13078—2001）及其第 1 号修改单、《饲料卫生标准　饲料中亚硝酸盐允许量》（GB 13078.1—2006）、《饲料卫生标准　饲料中赭曲霉毒素 A 和玉米赤霉烯酮的允许量》（GB 13078.2—2006）、《配合饲料中脱氧雪腐镰刀菌烯醇的允许量》（GB 13078.3—2007）、《配合饲料中 T-2 毒素的允许量》（GB 21693—2008）。该标准对重金属元素、氟、亚硝酸盐、黄曲霉毒素 B_1、赭曲霉毒素 A、玉米赤霉烯酮、脱氧雪腐镰刀菌烯醇、T-2 毒素、氰化物、游离棉酚、异硫氰酸脂、噁唑烷硫酮、六六六、滴滴涕、霉菌总数、细菌总数、沙门氏菌等内容进行了重点修改。其中，重金属元素的修改内容如下：

总砷：修改了总砷的限量，删除了原标准对有机砷制剂的例外性规定；增加了在"干草及其加工产品""棕榈仁饼（粕）""藻类及其加工产品""甲壳类动物及其副产品（虾油除外）、鱼虾粉、水生软体动物及其副产品（油脂除外）""其他水生动物源性饲料原料（不含水生动物油脂）"中的限量，并将"鱼粉"并入"其他水生动物源性饲料原料（不含水生动物油脂）"；增加了在"其他矿物质饲料原料"、"油脂"和"其他饲料原料"中的限量，并将"沸石粉、膨润土、麦饭石"并入"其他矿物质饲料原料"；将"猪、家禽添加剂预混合饲料"扩展为"添加剂预混合饲料"，将"猪、家禽浓缩饲料"和"牛、羊精料补充料"分别扩展为"浓缩饲料"和"精料补充料"，删除原标准有关按比例折算的说明；增加了在"水产配合饲料"和"狐狸、貉、貂配合饲料"中的限量值，并将"猪、家禽配合饲料"扩展为"其他配合饲料"。

铅：在饲料原料中的限量分别按"单细胞蛋白饲料原料""矿物质饲料原料""饲草、粗饲料及其加工产品""其他饲料原料"列示，不再单独列示"骨粉、肉骨粉、鱼粉、石粉"；将"产蛋鸡、肉用仔鸡复合预混合饲料、仔猪、生长肥育猪复合预混合饲料"扩展为"添加剂预混合饲料"；将"产蛋鸡、肉用仔鸡浓缩饲料""仔猪、生长肥育猪浓缩饲料"扩展为"浓缩饲料"，将"奶牛、肉牛精料补充料"扩展为"精料补充料"；将"生长鸭、产蛋鸭、肉鸭配合饲料、鸡配合饲料、猪配合饲料"扩展为"配合饲料"。

汞：将"鱼粉"扩展为"鱼、其他水生生物及其副产品类饲料原料"，增加了在"其他饲料原料"中的限量，在"石粉"中的限量不再单独列示；增加了在"水产配合饲料"中的限量；将"鸡配合饲料、猪配合饲料"扩展为"其他配合饲料"。

镉：将"米糠"扩展为"植物性饲料原料"，增加了在"藻类及其加工产品"和"水生软体动物及其副产品"中的限量，并将"鱼粉"扩展为"其他动物源性饲料原料"，增加了在"其他矿物质饲料原料"中的限量；增加了在"添加剂预混合饲料""浓缩饲料""犊牛、羔羊精料补充料""其他精料补充料"中的限量，增加了在"虾、蟹、海参、贝类配合饲料""水产配合饲料（虾、蟹、海参、贝类配合饲料除外）"中的限量，将"鸡配合饲料、猪配合饲料"扩展为"其他配合饲料"。

铬：删除了在"皮革蛋白粉"中的限量；增加了在"饲料原料""猪用添加剂预混合饲料""其他添加剂预混合饲料""猪用浓缩饲料""其他浓缩饲料"中的限量；将"猪、鸡配合饲料"扩展为"配合饲料"，限量值降至 5 mg/kg。

目前，我国饲料工业国家标准已经相对完善，涉及饲料原料、饲料添加剂、饲料产品、检测方法、饲料机械以及通用性、基础性标准等各个方面，杜绝了无标准生产的现象。通过标准的颁布、实施和监督管理，使我国饲料产品生产走向规范，基本形成了以国家标准、行业标准为主导，地方标准、企业标准为基础的饲料标准体系，在饲料生产经营、检验检测、监督管理等方面发挥着非常重要的作用，从而保证了产品的质量，净化了市场，促进了国际贸易。

3. 饲料添加剂

饲料添加剂是畜禽粪便中重金属的主要来源，为保证畜禽养殖业健康发展，原农业部制定了《饲料原料目录》和《饲料添加剂品种目录》，要求目录以外的物质不允许用于饲料和饲料添加剂。这些政策和条例配合相应的饲料限量标准，从根本上限制了饲料添加剂的滥用，但对减少重金属经饲料—畜禽—粪便系统进入耕地土壤却收效甚微。一方面，《饲料原料目录》指出仅部分铜和锌的化合物可以用作饲料添加剂，并在《饲料添加剂安全使用规范》中也规定了对应的用量和用法。但实际生产过程中，铜和锌添加超量使用的现象仍然存在。例如，农业部 2017 年上半年监测结果显示，超量使用铜、锌添加剂等质量安全问题仍然存在；另一方面，饲料和饲料添加剂限量标准中，仅部分种类饲料和饲料添加剂有重金属的限量值，大部分饲料和饲料添加剂的重金属限量值缺失。同时，畜禽粪便作为肥料施用于耕地土壤时，其中重金属的限量参考各类肥料限量，肥料限量标准中均没有规定铜、镍和锌的限量值。

4. 国外饲料相关标准

1996 年，英国爆发"疯牛病"导致欧洲地区开始陷入食品安全危机的旋涡。例如，比利时二噁英污染事件，荷兰大规模禽流感等一系列事件使消费者对食品安全的恐惧到了风声鹤唳的地步，食品安全问题成为全社会关注的焦点，引起世界各国的高度重视。为提高本国农产品品质，促进农产品在国际市场上的竞争地位，许多发达国家制定了详细的饲料标准和配套措施。

（1）美国饲料质量标准体系

美国现行的饲料法规保障体系包括国会颁布的《家禽饲料突发事件补偿法（1998）》和《联邦食品、药品和化妆品法》，其中《联邦食品、药品和化妆品法》对食品的定义为人和其他动物食用的物质，即饲料也属于该法律的管理范围。此外，美国饲料质量标准体系还包括大量针对性极强的由美国农业部和食品药品监督管理局（FDA）制定的饲料质量安全监管法规，也包括各州政府制定的适用于本地区的商品饲料法和饲料法等。遵照以上法律，FDA 制定了《食品、饲料企业许可证法规》、《禁止在反刍动物饲料中使用动物蛋白的法规》、《进口食品、饲料提前通报法规》、《加药饲料生产良好规范》、《饲料中新药的使用规范》、《允许在饲料和动物饮用水中使用的食品添加剂》和《禁止在饲料和动物饮用水中使用的物质》等一系列联邦法规。另外，美国农业部制定了动物饲料运输法规、动物源性饲料进口制度和家禽有机饲料的标签管理制度等。近年来，美国政府在饲料法律体系建设方面重点加强了饲料安全、企业注册法规的修订完善，并颁布和实施了一系列法律法规，如 2001 年公布实施的《动物健康保护法》，2003 年公布实施的《食品、饲料企业注册法规》和《进口食品、饲料提前通报法规》。同时，还在产品研制、生产、销售、使用等各环节实行了严格的检测标准体系，并投入大量人力物力研制出配套的监测方法、技术与仪器设备。

（2）日本饲料质量标准体系

日本自 2006 年 5 月 29 日起实施"肯定列表制度"，对进口农产品规定了种类繁多、标准严格的检测项目。对食品卫生法下的农业化合物，如杀虫剂、兽药、饲料添加剂及饲料内黄曲霉毒素 B_1 规定了临时最大残留限量。仅猪肉一个商品就涉及了 428 项农兽药残留限量指标。此外，日本还实行了一律标准，即除了 428 项农兽药残留限量指标和豁免物质外，其他农兽药残留限量一律为 0.01 mg/kg。再者，还制定了豁免物质清单。

（3）欧盟饲料质量标准体系

欧盟有 3 个动物饲料检验标准实验室，分别负责对重金属、霉菌毒素和多环芳烃的检验。新的实验室将确定有效的检验方法，制定相关标准，并为欧盟成员国实验室提供人员培训和其他技术指导，以保证动物饲料检验的有效性，确保国民的食品安全。到目前为止，欧盟已有从事不同物质检验的标准实验室 40 个、普通实验室 1 200 个。所有的检测方法都经过了多个实验室间的联合实验，不仅对检验方法的准确性与精密度有要求，还对重复性、再现性做出规定。另外，这些方法都接受和采纳了分析领域的最新研究成果，如近年使用的原子吸收光谱法、气相色谱、高效液相色谱法、近红外反射光谱法、酶联免疫法等，因此也得到了世界各国的广泛认同与应用。2006 年 1 月 1 日，欧盟开始实施新的《欧盟食品及饲料安全管理法规》，这项新的法规具有 2 项功能：①对内功能，所有成员国都必须遵守，如有不符合要求的产品出现在欧盟市场上，无论是哪个成员国生产的，一经发现立即取消其市场准入资格；②对外功能，欧盟以外国家生产的食品要进入欧盟市场都必须符合这项新的食品法规，否则不准进入欧盟市场。此外，欧盟饲料添加剂行业协会制定了FAMI-QS 标准。该标准的操作规程涵盖了所有饲料添加剂和预混料生产的各个环节，在饲料行业推行 FAMI-QS 质量认证收到了良好的效果。

5. 我国饲料行业标准存在的问题

随着科学技术的进步和对标准化工作认识的深化以及新产品、新技术的不断出现，不少原有标准已不能适应生产迅速发展的要求，饲料工业标准也应随之适当修改，但究其出发点应该是有利于科技进步、有利于市场需求、有利于经济效益的提高。目前，我国标准的主要构成是纵向的产品标准和检测方法，相对于其他发达国家来说饲料工业质量安全标准严重滞后，现有饲料产品的质量标准、监测手段、认证制度都不健全，横向的通用性标准较薄弱，还远不能满足现代饲料业管理和生产、保证养殖产品安全和环境保护的需要。

（1）现有饲料质量安全标准体系不健全、覆盖面少、不配套

根据中国饲料工业信息网统计，截至 2017 年 11 月底，我国饲料相关国家和行业标准

共 565 项；但允许使用的饲料和饲料添加中仍有一些没有统一的标准和使用规范。以最新的《饲料卫生标准》（GB 13978—2017）为例，与上一版（GB 13978—2001）相比，调整了标准的适用范围，增加了伏马毒素、多氯联苯、六氯苯 3 个项目的限量规定，扩大了各项目限量值的覆盖面。但是，最新标准中对饲料中的 Ni、Cu、Zn 依旧没有确定限量值，而且水产品配合饲料中 Pb、Cr 的限量值也没有确定；另外，最新标准中的污染物也仅增加到 24 种（类），远不能满足实际需求。

（2）饲料标准技术水平偏低，科学性和可操作性较差

我国现有的技术标准要求与发达国家标准相比还处于较低水平，主要表现为标准标龄长，质量安全参数设置不合理，先进的分析技术应用较少，如离子色谱、离子质谱等新方法，高技术产品如酶制剂、各种抗生素、转基因产品等缺少有效的检测方法。此外，由于我国农产品质量安全研究起步较晚，标准修订时间紧、经费少，我国的饲料工业标准制定和修订工作前期缺少研究，只是生搬硬套国际标准，且中期实验验证不充分，后期欠缺评估，因此标准的科学性和广泛性较差，如现有检验标准的技术要求和指标与国际标准不对接，部分饲料污染物、农药与兽药残留限量及其检验方法标准与有关国际标准存在一定差距，标准数量少，指标单一、内容不完善、技术内容落后、实用性不强等问题较为突出，饲料工业标准中有效数字方面也存在诸多问题。

（3）标准的宣传、实施和监督检查力度不够

鉴于有关标准的实行，在饲料企业中虽然已杜绝了无标生产的现象，但在标准执行中仍有许多不完善之处。据 2010 年上半年的全国饲料质量安全检测结果通报，抽检添加剂预混合饲料 472 批次，合格率仅为 85.38%，其中复合预混合饲料的合格率 85.52%，微量元素预混合饲料的合格率 88.33%，维生素预混合饲料的合格率 79.49%。由于对饲料安全卫生的监督检查力度不够，一些企业任意使用添加剂，或超量添加药物饲料添加剂甚至使用禁用药物，由于没有检测方法且监督检查时又不开展针对性检查，给不法之徒造成可乘之机。今后要加快有关安全卫生标准方法的制定工作，为行业监督检查提供科学依据。

（4）标准化组织技术队伍薄弱，国际交流少

我国饲料工业标准化工作起步晚，缺乏基础性研究，标准化组织技术队伍薄弱，缺乏懂贸易、懂法律、外语水平高且具有全面专业知识的高级人才，制约了我国参与国际标准方面的交流与合作，影响掌握国际制定标准的动态和采用标准的步伐。随着改革开放的进行，人才短缺劣势日益凸显。

6.1.2　畜禽粪便排放相关标准

为了确保《国家环境保护"十五"计划》确定的到 2005 年规模化养殖污染得到基本控制的目标，鼓励生态养殖，减缓农业面源污染加重的趋势，2001 年 12 月，国家环保总局和国家质检总局联合印发了《畜禽养殖业污染物排放标准》（GB 18596—2001）。该标准按集约化畜禽养殖业的不同规模分别规定了水污染物、恶臭气体的最高允许日均排放浓度和最高允许排水量，畜禽养殖业废渣无害化环境标准，但是未涉及重金属。

这一标准的制定，表明我国继工业污染防治、城市环境治理之后，又将农业污染问题纳入了治理范围。据介绍，这一标准适用于集约化、规模化的畜禽养殖场和养殖区，不适用于畜禽散养户。它旨在鼓励生态养殖、推动畜禽养殖业可持续健康发展，促进畜禽废弃

物在处理过程中考虑资源化利用，减少末端污染物处理量。根据我国畜禽养殖业污染治理的技术和经济条件，标准将畜禽养殖场的存栏规模分为一、二两级。所有一级规模范围内的集约化畜禽养殖场和养殖区，以及二级规模范围内且地处国家环保重点城市、重点流域和污染严重河网区的集约化畜禽养殖场和养殖区，自 2003 年 1 月 1 日起开始执行这一标准。对于其他地区二级规模范围内的集约化畜禽养殖场和养殖区，按要求实施标准的时间不得迟于 2004 年 7 月 1 日。

6.1.3　畜禽粪便资源化相关标准

1.《畜禽粪便无害化处理技术规范》

2006 年 7 月，农业部印发《畜禽粪便无害化处理技术规范》（NY/T 1168—2006）。该规范规定了畜禽粪便无害化处理设施的选址、场区布局、处理技术、卫生学控制指标及污染物检测和污染防治的技术要求，对畜禽粪便农用或排放中重金属的限量直接沿用了其他标准的规定。具体如下：

①处理后的上清液作为农田灌溉用水时，应符合《农田灌溉水质标准》（GB 5084）的规定；

②处理后的污水直接排放时，应符合《畜禽养殖业污染物排放标准》（GB 18596）的规定；

③利用无害化处理后的畜禽粪便生产商品化有机肥和有机-无机复混肥，须分别符合《有机肥料》（NY 525）和《有机-无机复混肥料》（GB 18877）的规定。

2.《畜禽粪便安全使用准则》

2007 年 4 月，农业部印发《畜禽粪便安全使用准则》（NY/T 1334—2007）。该标准规定了畜禽粪便安全利用使用的术语和定义、要求、采样及分析方法，适用于以畜禽粪便为主要原料制成的各种肥料在农田中的使用。该标准要求，根据施用不同 pH 值的土壤，以畜禽粪便为主要原料的肥料中，其畜禽粪便中重金属含量限量值应符合表 6-1 要求。

表 6-1　制作肥料的畜禽粪便中重金属含量限量值（干粪含量）　　　单位：mg/kg

		土壤 pH 值		
		pH 值<6.5	pH 值 6.5～7.5	pH 值>7.5
砷	旱田作物	50	50	50
	水稻	50	50	50
	果树	50	50	50
	蔬菜	30	30	30
铜	旱田作物	300	600	600
	水稻	150	300	300
	果树	400	800	800
	蔬菜	85	170	170
锌	旱田作物	2 000	2 700	3 400
	水稻	900	1 200	1 500
	果树	1 200	1 700	2 000
	蔬菜	500	700	900

3.《畜禽粪便还田技术规范》

2010 年 9 月，国家质检总局和国家标委会联合印发《畜禽粪便还田技术规范》（GB/T 25246—2010）。该规范规定了畜禽粪便还田的术语和定义、要求、限量、采样及分析方法，适用于经无害化处理后的畜禽粪便、堆肥以及以畜禽粪便为主要原料制成的各种肥料在农田中的使用。该规范中对畜禽粪便中重金属的限量要求沿用《畜禽粪便安全使用准则》（NY/T 1334—2007）。

4.《畜禽粪便监测技术规范》

2010 年 9 月，国家质检总局和国家标委会联合印发《畜禽粪便监测技术规范》（GB/T 25169—2010）。该规范规定了畜禽粪便监测过程中背景调查、采样点布设、采样、样品运输、试样制备、样品保存、检测项目与相应的分析方法、结果表示及质量控制的技术要求，重金属检测项目方面仅包含铜、锌和镉 3 项，其他元素没有关注。

5.《畜禽粪便农田利用环境影响评价准则》

2011 年 6 月，国家质检总局和国家标委会联合印发《畜禽粪便农田利用环境影响评价准则》（GB/T 26622—2011）。该准则规定了畜禽粪便农田利用对环境影响的评价程序、评价方法、评价报告的编制等要求。该准则列出的畜禽粪便农田利用的评价因子包括氮、磷、粪大肠菌群、蛔虫卵和主要重金属（铜、锌、铅、铬、镉、砷）。

6. 畜禽粪便相关肥料标准

2002 年 1 月，农业部印发《有机-无机复混肥料》（NY 481—2002）。该标准规定了有机-无机复混肥料的技术要求、试验方法、检验规则、标识、包装、运输和贮存，适用于以畜禽粪便、动植物残体等有机物料为主要原料，经发酵腐熟处理，添加无机肥料制成的有机-无机复混肥料。该标准中对有机-无机复混肥料中重金属含量沿用《城镇垃圾农用控制标准》（GB 8172）的要求（表 6-2）。

表 6-2　《城镇垃圾农用控制标准》（GB 8172—1987）限量值

项目	限量指标/（mg/kg）
总砷（As）	≤30
总汞（Hg）	≤5
总铅（Pb）	≤100
总镉（Cd）	≤3
总铬（Cr）	≤300

2009 年 4 月，国家质检总局和国家标委会联合印发《有机-无机复混肥料》（GB 18877—2009），替代 GB 18877—2002。该标准规定了有机-无机复混肥料的要求、试验方法、检验规则、标识、包装、运输和贮存，适用于以人及畜禽粪便、动植物残体、农产品加工下脚料等有机物料经过发酵、无害化处理后添加无机肥料制成的有机-无机复混肥料。该标准中对有机-无机复混肥料中重金属的限量要求如表 6-3 所示。

表 6-3　《有机-无机复混肥料》（GB 18877—2009）中重金属的限量值

项目	限量指标/（mg/kg）
总砷（As）	≤50
总汞（Hg）	≤5
总铅（Pb）	≤150
总镉（Cd）	≤10
总铬（Cr）	≤500

2012 年 3 月，农业部印发《有机肥料》（NY 525—2012），替代 NY 525—2011。该标准规定了有机肥料的技术要求、试验方法、检验规则、标识、包装、运输和贮存，适用于以畜禽粪便、动植物残体和以动植物产品为原料加工的下脚料为原料，并经发酵腐熟后制成的有机肥料。该标准中对有机肥料中重金属的限量要求如表 6-4 所示。

表 6-4　《有机肥料》（NY 525—2012）中重金属的限量值

项目	限量指标/（mg/kg）
总砷（As）	≤15
总汞（Hg）	≤2
总铅（Pb）	≤50
总镉（Cd）	≤3
总铬（Cr）	≤150

6.1.4　畜禽粪便重金属检测相关标准

2010 年 6 月，国家质检总局和国家标委会联合印发《畜禽粪便中铅、镉、铬、汞的测定　电感耦合等离子体质谱法》（GB/T 24875—2010）。该标准规定了畜禽粪便中铅、镉、铬、汞的电感耦合等离子体质谱测定方法。对于畜禽粪便的主要污染元素铜、锌以及镍未确定检测方法。

6.1.5　地方畜禽粪便相关标准

2004 年 1 月，江苏省南京市质量技术监督局印发《农用鸡粪无害化生产技术规程》（DB3201/T 070—2004）。该规程规定了农用鸡粪的无害化加工技术、加工场所的环境要求、工艺和成品检测、贮存。该标准中要求鸡粪堆肥时，在混合原料后，其重金属的限量值符合《无公害农产品　肥料要求》（DB32/T 504）中关于有机肥料的要求；堆肥产品符合 DB32/T 504 中 5.5 规定的无害化要求。该标准要求堆肥原料监测含水率、有机质、全氮、重金属、pH 值、三氯乙醛（酸）；农用鸡粪成品检测应每季度进行 1~2 次，检测内容应包括水分、有机质、全氮、全磷、全钾、pH 值、汞、镉、铬、砷、铅、氯离子（Cl⁻）、蛔虫卵死亡率、大肠杆菌值、三氯乙醛（酸）。

2006 年 12 月，江苏省镇江市质量技术监督局和镇江市农林局联合印发了《规模化猪场粪便综合利用技术规程》（DB3211/Z 012—2006）。该地方标准制定的目的是减少畜禽养殖污染，实现粪便资源的综合利用。该地方标准规定了规模化猪场粪便综合利用的术语和定义、综合利用原则、固体粪便的综合利用和液体粪便的综合利用。该标准中畜禽粪便综合利用的重金属限量要求沿用《粪便无害化卫生要求》（GB 7959）。

2009 年 3 月，江苏省苏州质量技术监督局印发《中小规模猪场粪便的综合处理技术规范》（DB3205/T 168—2008）。该地方规范规定了猪场粪便治理的术语和定义、总体要求、综合处理技术及资源化利用。该标准未涉及重金属。

2014 年 4 月，四川省质量技术监督局印发《规模牛场粪污处理规范》（DB51/T 1735—2014）。该规范规定了牛场粪污的术语和定义、牛场粪污处理设施布局要求、粪污处理设备、牛粪的收集处理、废弃物的处理、资料记录等管理与运行应遵循的准则和要求。该标准要求，畜禽粪污必须进行无害化处理，不得超过农田最大负荷量，污染物标准符合《畜禽养殖业污染物排放标准》（GB 18596—2001）的要求（不涉及重金属）。

2017 年 2 月，内蒙古自治区质量技术监督局印发《规模化奶牛养殖粪污治理工程技术规范》（DB15/T 1162—2017）。

6.2 畜禽粪便防治相关政策

关于畜禽粪便污染，多部环境法律都有所涉及，其中《固体废物污染环境防治法》规定："从事畜禽规模养殖应当按照国家有关规定收集、贮存、利用或者处置养殖过程中产生的畜禽粪便，防止污染环境"（第 20 条）；"从事畜禽规模养殖未按照国家有关规定收集、贮存、处置畜禽粪便，造成环境污染的，由县级以上地方人民政府环境保护行政主管部门责令限期改正，可以处 5 万元以下的罚款"（第 71 条）。《水污染防治法》第 49 条规定："国家支持畜禽养殖场、养殖小区建设畜禽粪便、废水的综合利用或者无害化处理设施。畜禽养殖场、养殖小区应当保证其畜禽粪便、废水的综合利用或者无害化处理设施正常运转，保证污水达标排放，防止污染水环境。"《清洁生产促进法》第 22 条规定："农业生产者应当科学地使用化肥、农药、农用薄膜和饲料添加剂，改进种植和养殖技术，实现农产品的优质、无害和农业生产废物的资源化，防止农业环境污染。"《循环经济促进法》第 34 条规定："国家鼓励和支持农业生产者和相关企业采用先进或者适用技术，对农作物秸秆、畜禽粪便、农产品加工业副产品、废农用薄膜等进行综合利用，开发利用沼气等生物质能源。"

除上述环境立法外，针对畜禽养殖污染防治，主要是专业性的行业立法，其中《畜牧法》第 39 条规定："畜禽养殖场、养殖小区应当具备下列条件：……（四）有对畜禽粪便、废水和其他固体废物进行综合利用的沼气池等设施或者其他无害化处理设施；……"第 40 条规定："禁止在下列区域内建设畜禽养殖场、养殖小区：（一）生活饮用水的水源保护区、风景名胜区，以及自然保护区的核心区和缓冲区；（二）城镇居民区、文化教育科学研究区等人口集中区域；（三）法律、法规规定的其他禁养区域。""畜禽养殖场、养殖小区应当保证畜禽粪便、废水及其他固体废物综合利用或者无害化处理设施的正常运转，保证污染物达标排放，防止污染环境。畜禽养殖场、养殖小区违法排放畜禽粪便、废水及其他固体废弃物，造成环境污染危害的，应当排除危害，依法赔偿损失。国家支持畜禽养殖场、养殖小区建设畜禽粪便、废水及其他固体废物的综合利用设施。"（第 46 条）《农业法》

第 65 条规定："从事畜禽等动物规模养殖的单位和个人应当对粪便、废水及其他废弃物进行无害化处理或者综合利用，从事水产养殖的单位和个人应当合理投饵、施肥、使用药物，防止造成环境污染和生态破坏。"《动物防疫法》第 19 条规定："动物饲养场（养殖小区）和隔离场所、动物屠宰加工场所，以及动物和动物产品无害化处理场所，应当符合下列动物防疫条件：（一）场所的位置与居民生活区、生活饮用水水源地、学校、医院等公共场所的距离符合国务院兽医主管部门规定的标准；（二）生产区封闭隔离，工程设计和工艺流程符合动物防疫要求；（三）有相应的污水、污物、病死动物、染疫动物产品的无害化处理设施设备和清洗消毒设施设备；……"

综上所述，我国畜禽粪便污染防治相关政策可大致分为命令控制和经济激励两大类：命令控制即通过法律法规、管理办法、技术标准等方式来约束养殖从业者的行为；经济激励即通过绿色补贴的方式来引导养殖业主减少和控制污染物排放，并做到有效处理与利用。

6.2.1　命令控制型政策

自 2001 年起，中央和地方政府颁布出台了一系列法律法规、管理办法、技术标准及操作规范，内容覆盖了产前发展规划、选址布局、基本设施建设要求、生产管理操作规范、粪便排放标准、相关评价审核制度、扶持政策等方面，在一定程度上对畜牧业环境污染的有效控制起到了积极的推动作用。

第一，国家层面上，相关畜禽养殖污染防治的法律法规总共有 9 部，最早可追溯至 2006 年出台的《畜牧法》。在该法出台之前，虽然《大气污染防治法》、《环境保护法》、《水污染防治法》、《农业法》及《固体废物污染环境防治法》这 5 部早已实施，但直至最新的修订版（《大气污染防治法》，2015 年 8 月 29 日修订；《环境保护法》，2014 年 4 月 24 日修订；《水污染防治法》，2008 年 2 月 28 日修订；《农业法》，2002 年 12 月 28 日修订；《固体废物污染防治法》，2004 年 12 月 29 日修订）中才分别针对畜禽废弃物的收集、储存、处理与利用做出了严格规定。近年修订和颁布的针对畜禽污染防治的法律法规中，以《畜禽规模养殖污染防治条例》（以下简称《条例》）中的条款最为细化严格，成为首部针对畜禽养殖环境污染防治的立法，并辅以针对水体、土壤环境污染防治的专项行动计划，充分彰显了国家治污的决心，并将畜禽养殖污染防控提高到一个前所未有的政治高度。但由于土地紧张、种养脱节、管理水平有限、市场波动等多方面原因，造成养殖全程中生产环节的投入比重超高，养殖从业者本身无力应对环境问题的管控，亟须政策引导畜牧产业的加速转型以提升产业综合竞争力，适应国内外市场大环境，同时要逐步将政府"输血"转变为企业"造血"，以保障畜牧产业的可持续发展。单凭政府一味地"输血型"资金支持或者高成本的环境监管来控制污染都将是难以为继的。

第二，基于上述立法框架，原环境保护部、农业部分别出台了指导性规章制度，具体包括《畜禽养殖业污染防治管理办法》（2002 年）、《畜禽养殖业污染防治技术政策》（2010 年）及《畜禽标准化示范场管理办法》（2011 年），内容重点覆盖圈舍布局、清洁养殖、粪水的收集与储存、处理与综合利用、环境影响评价与监管等方面，上为法律规定的落地实施提供保障，下为治污规划、环境影响评价报告、最佳可行技术指南、工程技术规范及标准提供依据，指导畜禽养殖污染防治技术的开发、推广和应用。然而，在畜禽养殖环境管理办法的具体执行上，不同部门之间缺乏统一协调，存在脱节；发展生产型畜牧业仍然是实现农业结构调整、实现农业农村经济增长的重点，而非以环境友好为基准，从源头的区域经济发展规划、产业布局及畜舍建造环节进行顶层设计，农业政策与环境政策缺少有机衔接。

第三，依据上述规定，国家环保、农业、质检部门组织相关技术单位编制了一系列国家和行业技术标准，分别从场区建设、污染物排放标准、环境监测与评价、粪便治理与利用视角提出了环境标准和操作办法，为畜禽养殖场、施工建设单位、环境监管部门、环境影响评价部门及科研单位提供了技术参考。从中不难看出：一方面随着养殖规模加大、集约化程度提升、畜禽舍内生产性能提高，配套技术标准也在不断提升，相关规定的针对性在加强，对应的指标参数也愈加详细具体，逐步实现了污染防治规范化、标准化、系统化，改善了养殖场内外环境；另一方面，现阶段大中型养殖企业也在随国家产业政策调整和国内外市场行情变化而加快转型，比如从分散经营的养殖小区逐步转变为集约化养殖场，从单一追求产量过渡为兼具品质及环境友好，从农户手中流转土地集约经营，同时配套可消纳粪便的农田等。为此，现行的技术指标、参数也应当适时调整、修订，以应对未来一段时间内的养殖发展特点，同时通过监测、评估等基础手段辅以长效支撑。

6.2.2　经济激励型政策

面对严峻的畜牧养殖环境问题，近年来我国陆续出台了以沼气工程和制有机肥为主的经济扶持政策，鼓励畜禽养殖场配套建设沼气工程。据李景明和薛梅（2010）[14]统计，截至 2009 年年底我国建成沼气工程累计 56 856 处，对我国畜牧业环境污染控制起到了积极的促进作用。自 2004 年起上海率先试行对商品有机肥的扶持政策（对生产和使用有机肥按照施用面积大小和购买数量一次性补贴）以来，全国各省市、区县也都结合地方农业经济发展的现状和特点，积极出台配套政策和资金，鼓励企业农户联合开发有机肥产业市场。2008 年 4 月 29 日，财政部、国家税务总局发布了《关于有机肥产品免征增值的通知》（财税〔2008〕56 号）[15]，对农业施肥结构的调整和农业生态环境的改善都具有重要意义。

此外，我国还出台了将征收的排污费用于奖励主动治污的养殖场的办法，涉及用于污染处理设施建设，扶持利用猪粪、牛粪做有机肥的企业，如国务院 2003 年发布的《排污费征收标准管理办法》中规定"存栏规模大于 50 头牛、500 头猪、5 000 羽鸡鸭等规模化畜禽养殖场必须向所在地的环保行政主管部门进行排污申报登记，并缴纳一定的排污费，对超过国家或地方排放标准的，按规定收取超额排污费"。再如，国务院办公厅于 2005 年制定了《关于扶持家禽业发展的若干意见》（国办发〔2005〕56 号），明确规定对重点养殖小区和规模化畜禽场的粪便处理设施建设给予必要的支持；从 2007 年起，国家发展和改革委、农业部安排中央预算内专项资金支持生猪规模养殖场进行标准化改造，主要建设内容包括粪污处理、猪舍标准化改造及配套基础设施建设，粪污处理设施建设要优先安排并达到环保部门相关要求，剩余资金可适当安排猪舍标准化改造及其他配套设施建设。这些绿色补贴专项支持政策的出台，推动了一些地区畜牧业环境污染防治行动的有序开展。

然而，众多实例表明：环境补贴政策多集中在粪便处理设施及配套设备的一次性投资上，以财政转移支付形式实施对养殖场资金直补或以奖代补，资金渠道、补贴方式单一；专项补贴项目多分布在东南沿海具有较强经济基础的地区，包括江、浙、沪、京、津、鲁等地，具备配套资金长效实施的地区不多；补贴政策的作用范围有限，真正享受到补贴的养殖场尚处少数，侧重畜牧环境污染防治的补贴专项资金无论在畜牧、环境、农业还是其他产业领域中占比极小，多缺乏长期稳定支持；现行补贴政策大多仅按照畜种和规模分配补贴区间，并不十分科学且易造成分配不公。

6.2.3　部分代表性畜禽粪便相关政策

（1）《农业部关于打好农业面源污染防治攻坚战的实施意见》（农科教发〔2015〕1号）：将畜禽粪便基本实现资源化利用纳入"一控两减三基本"的目标框架体系，成立了工作领导小组，专门制定了推进畜禽粪便综合利用的工作方案和行动方案，合力推进畜禽粪便治理。其中，"一控"是指控制农业用水的总量，划定总量的红线和利用系数率的红线；"两减"是主要把化肥、农药的施用总量减下来；"三基本"就是针对畜禽污染处理问题、地膜回收问题、秸秆焚烧的问题采取有关措施，通过资源化利用的办法从根本解决好这个问题。

（2）《2017年农业面源污染防治攻坚战重点工作安排》（农办科〔2017〕8号）：①推进化肥农药使用量零增长行动，推进化肥减量增效、农药减量控害；②推进养殖粪污综合治理行动和畜禽养殖粪污综合治理；③推进果菜茶有机肥替代化肥行动，启动果菜茶有机肥替代化肥示范县创建，构建果菜茶绿色发展工作机制；④推进农业面源污染防治技术推广行动，强化技术创新，推进技术应用，推广节水农业技术。

（3）《农业部关于认真贯彻落实习近平总书记重要讲话精神　加快推进畜禽粪污处理和资源化工作的通知》：以坚持政府支持、企业主体、市场化运作为方针，以沼气和生物天然气为主要处理方向，以就地就近用于农村能源和农用有机肥为主要利用方向，以畜禽养殖大县和规模养殖场为重点，一年试点，两年铺开，3年大见成效，5年全面完成。

（4）《农业部办公厅关于印发畜牧业绿色发展示范县创建活动方案和考核办法的通知》（农办牧〔2016〕17号）：贯彻落实中央关于生态文明建设的总体部署，树立畜牧业绿色发展理念，整县推进畜禽粪便综合利用和病死畜禽无害化处理，促进畜牧业生产和生态保护协调发展。畜牧业绿色发展示范县创建以生猪、奶牛、肉牛、肉羊主产县为重点，兼顾蛋鸡、肉鸡主产县。"十三五"期间计划平均创建40个，累计创建200个畜牧业绿色发展示范县。

（5）《全国生猪生产发展规划（2016—2020年）》（农牧发〔2016〕6号）：每年在生猪主产省选择40个县，5年共200个生猪养殖大县，整县推进生猪废弃物综合利用试点，重点开展生猪规模养殖场清洁养殖工艺改进、废弃物处理利用设施建设和区域性生猪废弃物集中处理中心建设。力争到2020年，试点县生猪废弃物基本实现无害化处理、资源化利用，种养基本平衡、农牧共生互动、生态良性循环的产业格局基本形成。

（6）洞庭湖区畜禽水产养殖污染治理试点工作：洞庭湖是我国第二大淡水湖，湖泊总面积2 625 km²，涉及湖南、湖北2省5个地级市33个县市区，要在岳阳县、赫山区、津市市、松滋市整县推进畜禽养殖污染治理试点。

（7）《关于推进农业废弃物资源化利用试点的方案》：以畜禽粪污、病死畜禽、农作物秸秆、废旧农膜及废弃农药包装物为重点，以就地消纳、能量循环、综合利用为主线，采取政府支持、市场运作、社会参与、分布实施的方式，力争到2020年，试点县规模养殖场配套建设粪污处理设施比例达 80% 左右，畜禽粪污基本资源化利用，病死畜禽基本实现无害化处理，秸秆综合利用率达到 85% 以上。

（8）《农业综合开发区域生态循环农业项目指引（2017—2020 年）》（农办计〔2016〕93 号）：总体目标为 2017—2020 年建设区域生态循环农业项目 300 个左右，绩效目标是区域内化肥农药的不合理使用得到有效控制，努力实现"零"增长；畜禽粪便、秸秆、农产品加工剩余等循环利用率达到 90% 以上，大田作物使用畜禽粪便和秸秆等有机氮替代化肥氮达到 30% 以上；农产品实现增值 10% 以上，农民增收 10% 以上，农业生产标准化和适度规模经营水平明显提升，实现资源节约、生产清洁、循环利用、产品安全。

（9）畜禽粪便等农业农村废弃物综合利用试点（2014—2015 年）：为贯彻落实中央 1 号文件精神，改善农村环境，突破畜牧养殖业等产业发展瓶颈，促进农业可持续发展，2014—2015 年选择部分省（区、市）开展了畜禽粪便等农业农村废弃物综合利用试点，项目资金 1.8 亿元。探索形成能够推广的畜禽粪便等农业农村废弃物综合利用的技术路线和商业化运作模式，确保畜禽粪便等农业农村废弃物能够得到有效收运和处理。

（10）《农业部　财政部关于做好畜禽粪污资源化利用项目实施工作的通知》（农牧发〔2017〕10 号）：坚持落实主体责任、种养结合、市场化运作的原则，2017 年选择河北、内蒙古、辽宁、吉林、黑龙江、山东、湖北等 16 个省（区）和黑龙江农垦总局部分养殖重点县（团场）开展粪污资源化利用试点。选择标准：一是产业发展有规模，生猪养殖大县应为 2016 年财政部确定的生猪调出大县，奶牛养殖大县 2016 年奶类产量不低于 10 万 t，肉牛养殖大县 2016 年肉牛出栏不低于 15 万头；二是粪污处理有基础，畜禽粪污资源化利用工作有一定基础，有较强的就近就地消纳能力，具备畜禽粪污污染资源化利用的产业化市场运行条件。

6.2.4　地方畜禽粪便相关政策

1. 北京市

2001 年 11 月，北京市农业局初步制定了《北京市畜禽养殖场污染治理规划》。该规划主要对养殖区域、养殖审批以及养殖原则三方面进行了规范制定。养殖区域方面：要求养殖业从近郊向远郊和山区转移，并要求新建养殖加工企业远离水源保护区、远离城镇、远离居民区。审批制度方面：要求新建规模养殖场（小区）要依照原国家环保总局《畜禽养殖污染防治管理办法》（该法规于 2016 年 7 月 13 日废止）的有关规定办理相关手续，由北京市农委、市农业局、市环保局联合审批。养殖原则方面：按照"资源化、无害化、减量化"的原则对畜禽粪便进行综合利用和治理。2006 年 9 月，北京市农业局印发《畜禽养殖业规模化养殖场污染治理项目管理办法》（京农畜字〔2006〕19 号）。该办法中明确提出，将粪便加工厂肥料进行还田，对污水要尽量"零排放"。以上规划和办法的出台为北京市畜禽污染防治提供了有力保证。

2. 上海市

上海市在 1995 年就依据《环境保护法》制定了《上海市畜禽污染防治暂行规定》。该规定除了对污染防治原则、养殖场选址、畜禽粪便处理、排污口设置、排污许可证、排污收费、病死畜体处理等相关内容作了常规性规定外，还细化了排污标准。2004 年 3 月，上海市政府发布《上海市畜禽养殖管理办法》，这是我国首部对畜禽养殖行为进行规范的地方性法规，对大中城市郊区的养殖管理有一定的借鉴作用。

3．重庆市

2010 年 11 月 24 日，重庆市政府印发《关于进一步加强畜禽养殖环境管理的通知》（渝办发〔2010〕343 号），进一步从严划定了全市畜禽养殖禁养区和限养区，并加大了对重点区域的畜禽养殖污染防治力度。2014 年 7 月 31 日，重庆市政府印发《关于贯彻〈畜禽规模养殖污染防治条例〉的实施意见》（渝府发〔2014〕37 号），明确要求，各区县（自治县）人民政府对本行政区域畜牧业发展和畜禽养殖污染防治工作负责，要求各区县（自治县）结合本地实际，因地制宜，大力推行农牧结合的养殖模式和经济适用的畜禽养殖污染综合治理技术，实现畜禽养殖废弃物的资源化、减量化和无害化。

4．江苏省

2012 年 8 月 24 日，江苏省农业委员会、省环保厅联合印发《关于进一步加强农业源污染减排工作的意见》，指出农业污染物排放量在社会总排污量中的占比逐步增加，已经成为水污染物减排的重点。意见要求，全力推进畜禽养殖污染治理工程建设；在"十二五"期间，每年建设完善约 1 000 家的规模化畜禽养殖治污工程，积极转变畜禽养殖方式，并结合农村环境连片整治试点工作，合理规划建设区域畜禽粪污处理中心，通过政策激励、资金支持、技术指导等手段，对养殖场（小区）的污染物统一收集和处理，确保到 2015 年，全省规模化畜禽养殖场（小区）全部建设治污设施并稳定达标运行，实现畜禽养殖面源减排。

6.2.5　我国畜禽粪便防治政策存在的问题

近年来，为缓解畜禽粪便污染问题，我国政府陆续出台了一系列畜禽粪便防治和资源化利用的法律法规和政策，为防治畜禽粪便污染和促进畜禽粪便资源化利用提供了有利的条件。但在实际生产、管理和应用中发现，仍然存在立法滞后、法律法规尚有空缺和政策落地难等问题。

（1）立法滞后，已有法律法规存在空白。畜禽粪便清理、堆放和使用不合理时，可能对大气、水和土壤等造成污染，然而《大气污染防治法》、《环境保护法》、《水污染防治法》、《农业法》及《固体废物污染环境防治法》等涉及畜禽粪便污染防治的法律在最初发布的版本中均未涉及畜禽粪便防治，仅在其最新修订中将畜禽粪便污染防治加入其中。《畜禽养殖污染防治管理办法》是部门规章，法律效力低、制定时间早，无法满足现阶段畜禽养殖污染防治的需求，导致畜禽粪便污染防治设施配套率低、环境管理不到位，于 2016 年 7 月 13 日废止。《畜禽规模养殖污染防治条例》于 2013 年 11 月 11 日颁布，作为首部国家层面的专门的农业环境保护类法规，比《畜禽养殖污染防治管理办法》具有更高的法律效力，能更好地起到承上启下的作用。《畜禽规模养殖污染防治条例》将《大气污染防治法》、《环境保护法》、《水污染防治法》、《农业法》及《固体废物污染环境防治法》等法律中的相关条文详细化，更具有可操作性，对各级人民政府环境保护主管部门、农牧主管部门以及有关部门制定相关标准、配套实施细则、奖励补助方法及开展有关工作具有指导作用。然而，《畜禽规模养殖污染防治条例》的适用范围为畜禽养殖场、养殖小区，对于牧区放牧养殖和零散农户养殖不适用。

（2）政府财政扶持力度不够，实施主体积极性不高。《畜禽规模养殖污染防治条例》

对于畜禽污染的处罚措施给出了具体细则，但是对激励措施仅给出了指导性意见。畜禽养殖的成本逐年升高，受市场价格周期性波动和疫病冲击的影响，畜牧业已成弱势产业，畜禽养殖已成薄利行业，加之我国畜禽养殖场大多规模较小、实力较弱，抗风险能力较低，很多养殖场正面临生存危机，多数养殖场缺乏长期的生产经营规划，仅凭养殖业主一己之力难以承担污染防治设施的建设与运行费用。而各级政府用于畜禽粪便防治的专项财政资金相对较少，养殖场主多属于被动地参加污染防治行动，积极性不高。另外，国家对于畜禽养殖污染防治技术的扶持力度不足，相关企业研发此类污染防治设备和技术也存在资金投入不足、市场销量差和积极性不高等问题。

（3）畜禽污染防治管理交叉，相关法律政策落地不易。目前，中央和地方各部门之间尚未建立畅通无阻的沟通协调、数据共享及相互配合的工作机制，导致各部门仅按照各自职权开展工作。例如，一般情况下县级环保部门行使环境保护职权，而农业部门更注重畜禽养殖产量和质量，二者工作目标的差异很可能导致畜禽粪便污染防治相关法律和政策难以真正落地。

（4）相关标准或者指导文件不完善，亟待修订。以《畜禽粪便安全使用准则》和《畜禽粪便还田技术规范》为例，一方面在畜禽粪便重金属限量要求方面，仅列出了砷、铜、锌的限量值，而未列出其他重金属元素；另一方面，在估算农田土壤畜禽粪便适宜施用量的时候，仅从氮、磷、钾出发，未考虑农田土壤环境对重金属元素的容量，即从重金属角度出发，仅有限量标准，没有容量标准。仅参考这两个标准，无法达到畜禽粪便重金属污染防治的目的。

参考文献

[1] 中华人民共和国环境保护部，中华人民共和国国家统计局，中华人民共和国农业部. 关于发布《第一次全国污染源普查公报》的公告[EB/OL].（2010-02-06）http://www.zhb.gov.cn/gkml/hbb/bgg/201002/t20100210_185698.htm.

[2] 中华人民共和国生态环境部. 全国环境统计公报（2015）[EB/OL]. http://www.mee.gov.cn/gzfw_13107/hjtj/qghjtjgb/201702/t20170223_397419.shtml.

[3] 张绪美，董元华，沈文忠. 我国主要畜禽养殖量及饲料粮需求量估算[J]. 饲料研究，2015（4）：8-11.

[4] 农业部市场预警专家委员会. 中国农业展望报告（2015—2014）[M]. 北京：中国农业科学技术出版社，2015.

[5] 邱基洪. 充分发动群众，积极推进畜禽养殖污染整治工作——《岱山县岱东何家岙养殖场污染事件》视频观后感[C]. 2016.

[6] 倪兴泽. 酒泉市畜禽养殖污染治理面临的问题与对策[J]. 甘肃畜牧兽医，2013（11）：25.

[7] 张卫. 畜牧养殖污染问题愈演愈烈 微藻技术提供全新解决方案[J]. 中国食品，2015，685（21）：78-79.

[8] 吴伟，陈洁，陈建军. 如东县畜禽粪便污染治理模式推广办法[J]. 当代畜牧，2016（18）：33-34.

[9] 王璐璐. 锦州地区畜禽养殖环境污染现状及对策研究[J]. 再生资源与循环经济，2017（12）：34-37.

[10] 朱丹. 黑河金盆水库水源地水环境调查和保护措施研究[D]. 西安：长安大学，2014.

[11] 王艳玲. 关于畜禽养殖污染防治立法的思考[J]. 公民与法（综合版），2011（11）：17-19.

[12] 杨博琼，张鹏，胡宁琪，等. 东北地区畜禽养殖污染防治法律体系研究[J]. 经济师，2017（7）：103-104.

[13] 付健，马文彬. 西部农村畜禽养殖业废弃物资源化法律问题研究——以广西、贵州为例[C]. 2016 年全国环境资源法学研讨会.

[14] 李景明，薛梅. 中国沼气产业发展的回顾与展望[J]. 可再生能源，2010，28（3）：6-7.

[15] 中华人民共和国财政部，国家税务总局. 关于有机肥产品免征增值税的通知[EB/OL]. http：//www.chinatax.gov.cn/n810341/n810765/n812171/n812710/c1192026/content.html.

附　录
畜禽粪便污染防治政策法规与标准汇编

附录 1　法律和法规

中华人民共和国国务院令

第 643 号

《畜禽规模养殖污染防治条例》已经 2013 年 10 月 8 日国务院第 26 次常务会议通过，现予公布，自 2014 年 1 月 1 日起施行。

总理　李克强
2013 年 11 月 11 日

畜禽规模养殖污染防治条例

第一章　总　则

第一条　为防治畜禽养殖污染，推进畜禽养殖废弃物的综合利用和无害化处理，保护和改善环境，保障公众身体健康，促进畜牧业持续健康发展，制定本条例。

第二条　本条例适用于畜禽养殖场、养殖小区的养殖污染防治。

畜禽养殖场、养殖小区的规模标准根据畜牧业发展状况和畜禽养殖污染防治要求确定。

牧区放牧养殖污染防治，不适用本条例。

第三条　畜禽养殖污染防治，应当统筹考虑保护环境与促进畜牧业发展的需要，坚持预防为主、防治结合的原则，实行统筹规划、合理布局、综合利用、激励引导。

第四条　各级人民政府应当加强对畜禽养殖污染防治工作的组织领导，采取有效措施，加大资金投入，扶持畜禽养殖污染防治以及畜禽养殖废弃物综合利用。

第五条　县级以上人民政府环境保护主管部门负责畜禽养殖污染防治的统一监督管理。

县级以上人民政府农牧主管部门负责畜禽养殖废弃物综合利用的指导和服务。

县级以上人民政府循环经济发展综合管理部门负责畜禽养殖循环经济工作的组织协调。

县级以上人民政府其他有关部门依照本条例规定和各自职责，负责畜禽养殖污染防治相关工作。

乡镇人民政府应当协助有关部门做好本行政区域的畜禽养殖污染防治工作。

第六条　从事畜禽养殖以及畜禽养殖废弃物综合利用和无害化处理活动，应当符合国家有关畜禽养殖污染防治的要求，并依法接受有关主管部门的监督检查。

第七条　国家鼓励和支持畜禽养殖污染防治以及畜禽养殖废弃物综合利用和无害化处理的科学技术研究和装备研发。各级人民政府应当支持先进适用技术的推广，促进畜禽养殖污染防治水平的提高。

第八条　任何单位和个人对违反本条例规定的行为，有权向县级以上人民政府环境保护等有关部门举报。接到举报的部门应当及时调查处理。

对在畜禽养殖污染防治中做出突出贡献的单位和个人，按照国家有关规定给予表彰和奖励。

第二章　预　防

第九条　县级以上人民政府农牧主管部门编制畜牧业发展规划，报本级人民政府或者其授权的部门批准实施。畜牧业发展规划应当统筹考虑环境承载能力以及畜禽养殖污染防治要求，合理布局，科学确定畜禽养殖的品种、规模、总量。

第十条　县级以上人民政府环境保护主管部门会同农牧主管部门编制畜禽养殖污染防治规划，报本级人民政府或者其授权的部门批准实施。畜禽养殖污染防治规划应当与畜牧业发展规划相衔接，统筹考虑畜禽养殖生产布局，明确畜禽养殖污染防治目标、任务、重点区域，明确污染治理重点设施建设，以及废弃物综合利用等污染防治措施。

第十一条　禁止在下列区域内建设畜禽养殖场、养殖小区：

（一）饮用水水源保护区，风景名胜区；

（二）自然保护区的核心区和缓冲区；

（三）城镇居民区、文化教育科学研究区等人口集中区域；

（四）法律、法规规定的其他禁止养殖区域。

第十二条　新建、改建、扩建畜禽养殖场、养殖小区，应当符合畜牧业发展规划、畜禽养殖污染防治规划，满足动物防疫条件，并进行环境影响评价。对环境可能造成重大影响的大型畜禽养殖场、养殖小区，应当编制环境影响报告书；其他畜禽养殖场、养殖小区应当填报环境影响登记表。大型畜禽养殖场、养殖小区的管理目录，由国务院环境保护主管部门商国务院农牧主管部门确定。

环境影响评价的重点应当包括畜禽养殖产生的废弃物种类和数量，废弃物综合利用和无害化处理方案和措施，废弃物的消纳和处理情况以及向环境直接排放的情况，最终可能对水体、土壤等环境和人体健康产生的影响以及控制和减少影响的方案和措施等。

第十三条　畜禽养殖场、养殖小区应当根据养殖规模和污染防治需要，建设相应的畜禽粪便、污水与雨水分流设施，畜禽粪便、污水的贮存设施，粪污厌氧消化和堆沤、有机肥加工、制取沼气、沼渣沼液分离和输送、污水处理、畜禽尸体处理等综合利用和无害化处理设施。已经委托他人对畜禽养殖废弃物代为综合利用和无害化处理的，可以不自行建设综合利用和无害化处理设施。

未建设污染防治配套设施、自行建设的配套设施不合格，或者未委托他人对畜禽养殖废弃物进行综合利用和无害化处理的，畜禽养殖场、养殖小区不得投入生产或者使用。

畜禽养殖场、养殖小区自行建设污染防治配套设施的，应当确保其正常运行。

第十四条　从事畜禽养殖活动，应当采取科学的饲养方式和废弃物处理工艺等有效措施，减少畜禽养殖废弃物的产生量和向环境的排放量。

第三章　综合利用与治理

第十五条　国家鼓励和支持采取粪肥还田、制取沼气、制造有机肥等方法，对畜禽养殖废弃物进行综合利用。

第十六条　国家鼓励和支持采取种植和养殖相结合的方式消纳利用畜禽养殖废弃物，促进畜禽粪便、污水等废弃物就地就近利用。

第十七条　国家鼓励和支持沼气制取、有机肥生产等废弃物综合利用以及沼渣沼液输送和施用、沼气发电等相关配套设施建设。

第十八条　将畜禽粪便、污水、沼渣、沼液等用作肥料的，应当与土地的消纳能力相适应，并采取有效措施，消除可能引起传染病的微生物，防止污染环境和传播疫病。

第十九条　从事畜禽养殖活动和畜禽养殖废弃物处理活动，应当及时对畜禽粪便、畜禽尸体、污水等进行收集、贮存、清运，防止恶臭和畜禽养殖废弃物渗出、泄漏。

第二十条　向环境排放经过处理的畜禽养殖废弃物，应当符合国家和地方规定的污染物排放标准和总量控制指标。畜禽养殖废弃物未经处理，不得直接向环境排放。

第二十一条　染疫畜禽以及染疫畜禽排泄物、染疫畜禽产品、病死或者死因不明的畜禽尸体等病害畜禽养殖废弃物，应当按照有关法律、法规和国务院农牧主管部门的规定，进行深埋、化制、焚烧等无害化处理，不得随意处置。

第二十二条　畜禽养殖场、养殖小区应当定期将畜禽养殖品种、规模以及畜禽养殖废弃物的产生、排放和综合利用等情况报县级人民政府环境保护主管部门备案。环境保护主管部门应当定期将备案情况抄送同级农牧主管部门。

第二十三条　县级以上人民政府环境保护主管部门应当依据职责对畜禽养殖污染防治情况进行监督检查，并加强对畜禽养殖环境污染的监测。

乡镇人民政府、基层群众自治组织发现畜禽养殖环境污染行为的，应当及时制止和报告。

第二十四条　对污染严重的畜禽养殖密集区域，市、县人民政府应当制定综合整治方案，采取组织建设畜禽养殖废弃物综合利用和无害化处理设施、有计划搬迁或者关闭畜禽养殖场所等措施，对畜禽养殖污染进行治理。

第二十五条　因畜牧业发展规划、土地利用总体规划、城乡规划调整以及划定禁止养殖区域，或者因对污染严重的畜禽养殖密集区域进行综合整治，确需关闭或者搬迁现有畜禽养殖场所，致使畜禽养殖者遭受经济损失的，由县级以上地方人民政府依法予以补偿。

第四章　激励措施

第二十六条　县级以上人民政府应当采取示范奖励等措施，扶持规模化、标准化畜禽养殖，支持畜禽养殖场、养殖小区进行标准化改造和污染防治设施建设与改造，鼓励分散饲养向集约饲养方式转变。

第二十七条　县级以上地方人民政府在组织编制土地利用总体规划过程中，应当统筹安排，将规模化畜禽养殖用地纳入规划，落实养殖用地。

国家鼓励利用废弃地和荒山、荒沟、荒丘、荒滩等未利用地开展规模化、标准化畜禽养殖。

畜禽养殖用地按农用地管理，并按照国家有关规定确定生产设施用地和必要的污染防治等附属设施用地。

第二十八条　建设和改造畜禽养殖污染防治设施，可以按照国家规定申请包括污染治理贷款贴息补助在内的环境保护等相关资金支持。

第二十九条　进行畜禽养殖污染防治，从事利用畜禽养殖废弃物进行有机肥产品生产经营等畜禽养殖废弃物综合利用活动的，享受国家规定的相关税收优惠政策。

第三十条　利用畜禽养殖废弃物生产有机肥产品的，享受国家关于化肥运力安排等支持政策；购买使用有机肥产品的，享受不低于国家关于化肥的使用补贴等优惠政策。

畜禽养殖场、养殖小区的畜禽养殖污染防治设施运行用电执行农业用电价格。

第三十一条　国家鼓励和支持利用畜禽养殖废弃物进行沼气发电，自发自用、多余电量接入电网。电网企业应当依照法律和国家有关规定为沼气发电提供无歧视的电网接入服务，并全额收购其电网覆盖范围内符合并网技术标准的多余电量。

利用畜禽养殖废弃物进行沼气发电的，依法享受国家规定的上网电价优惠政策。利用畜禽养殖废弃物制取沼气或进而制取天然气的，依法享受新能源优惠政策。

第三十二条　地方各级人民政府可以根据本地区实际，对畜禽养殖场、养殖小区支出的建设项目环境影响咨询费用给予补助。

第三十三条　国家鼓励和支持对染疫畜禽、病死或者死因不明畜禽尸体进行集中无害化处理，并按照国家有关规定对处理费用、养殖损失给予适当补助。

第三十四条　畜禽养殖场、养殖小区排放污染物符合国家和地方规定的污染物排放标准和总量控制指标，自愿与环境保护主管部门签订进一步削减污染物排放量协议的，由县级人民政府按照国家有关规定给予奖励，并优先列入县级以上人民政府安排的环境保护和畜禽养殖发展相关财政资金扶持范围。

第三十五条　畜禽养殖户自愿建设综合利用和无害化处理设施、采取措施减少污染物排放的，可以依照本条例规定享受相关激励和扶持政策。

第五章　法律责任

第三十六条　各级人民政府环境保护主管部门、农牧主管部门以及其他有关部门未依照本条例规定履行职责的，对直接负责的主管人员和其他直接责任人员依法给予处分；直接负责的主管人员和其他直接责任人员构成犯罪的，依法追究刑事责任。

第三十七条　违反本条例规定，在禁止养殖区域内建设畜禽养殖场、养殖小区的，由县级以上地方人民政府环境保护主管部门责令停止违法行为；拒不停止违法行为的，处 3 万元以上 10 万元以下的罚款，并报县级以上人民政府责令拆除或者关闭。在饮用水水源保护区建设畜禽养殖场、养殖小区的，由县级以上地方人民政府环境保护主管部门责令停止违法行为，处 10 万元以上 50 万元以下的罚款，并报经有批准权的人民政府批准，责令拆除或者关闭。

第三十八条　违反本条例规定，畜禽养殖场、养殖小区依法应当进行环境影响评价而未进行的，由有权审批该项目环境影响评价文件的环境保护主管部门责令停止建设，限期补办手续；逾期不补办手续的，处 5 万元以上 20 万元以下的罚款。

第三十九条　违反本条例规定，未建设污染防治配套设施或者自行建设的配套设施不合格，也未委托他人对畜禽养殖废弃物进行综合利用和无害化处理，畜禽养殖场、养殖小区即投入生产、使用，或者建设的污染防治配套设施未正常运行的，由县级以上人民政府环境保护主管部门责令停止生产或者使用，可以处 10 万元以下的罚款。

第四十条　违反本条例规定，有下列行为之一的，由县级以上地方人民政府环境保护主管部门责令停止违法行为，限期采取治理措施消除污染，依照《中华人民共和国水污染防治法》《中华人民共和国固体废物污染环境防治法》的有关规定予以处罚：

（一）将畜禽养殖废弃物用作肥料，超出土地消纳能力，造成环境污染的；

（二）从事畜禽养殖活动或者畜禽养殖废弃物处理活动，未采取有效措施，导致畜禽养殖废弃物渗出、泄漏的。

第四十一条　排放畜禽养殖废弃物不符合国家或地方规定的污染物排放标准或者总量控制指标，或者未经无害化处理直接向环境排放畜禽养殖废弃物的，由县级以上地方人民政府环境保护主管部门责令限期治理，可以处 5 万元以下的罚款。县级以上地方人民政府环境保护主管部门作出限期治理决定后，应当会同同级人民政府农牧等有关部门对整改措施的落实情况及时进行核查，并向社会公布核查结果。

第四十二条　未按照规定对染疫畜禽和病害畜禽养殖废弃物进行无害化处理的，由动物卫生监督机构责令无害化处理，所需处理费用由违法行为人承担，可以处 3 000 元以下的罚款。

第六章　附　则

第四十三条　畜禽养殖场、养殖小区的具体规模标准由省级人民政府确定，并报国务院环境保护主管部门和国务院农牧主管部门备案。

第四十四条　本条例自 2014 年 1 月 1 日起施行。

中华人民共和国国务院令

第 609 号

《饲料和饲料添加剂管理条例》已经 2011 年 10 月 26 日国务院第 177 次常务会议修订通过，现将修订后的《饲料和饲料添加剂管理条例》公布，自 2012 年 5 月 1 日起施行。

总理　温家宝

二〇一一年十一月三日

饲料和饲料添加剂管理条例

（1999 年 5 月 29 日中华人民共和国国务院令　第 266 号发布　根据 2001 年 11 月 29 日《国务院关于修改〈饲料和饲料添加剂管理条例〉的决定》修订　2011 年 10 月 26 日国务院第 177 次常务会议修订通过）

第一章　总　则

第一条　为了加强对饲料、饲料添加剂的管理，提高饲料、饲料添加剂的质量，保障动物产品质量安全，维护公众健康，制定本条例。

第二条　本条例所称饲料，是指经工业化加工、制作的供动物食用的产品，包括单一饲料、添加剂预混合饲料、浓缩饲料、配合饲料和精料补充料。

本条例所称饲料添加剂是指在饲料加工、制作、使用过程中添加的少量或者微量物质，包括营养性饲料添加剂和一般饲料添加剂。

饲料原料目录和饲料添加剂品种目录由国务院农业行政主管部门制定并公布。

第三条　国务院农业行政主管部门负责全国饲料、饲料添加剂的监督管理工作。

县级以上地方人民政府负责饲料、饲料添加剂管理的部门（以下简称饲料管理部门），负责本行政区域饲料、饲料添加剂的监督管理工作。

第四条　县级以上地方人民政府统一领导本行政区域饲料、饲料添加剂的监督管理工作，建立健全监督管理机制，保障监督管理工作的开展。

第五条　饲料、饲料添加剂生产企业、经营者应当建立健全质量安全制度，对其生产、经营的饲料、饲料添加剂的质量安全负责。

第六条　任何组织或者个人有权举报在饲料、饲料添加剂生产、经营、使用过程中违反本条例的行为，有权对饲料、饲料添加剂监督管理工作提出意见和建议。

第二章　审定和登记

第七条　国家鼓励研制新饲料、新饲料添加剂。

研制新饲料、新饲料添加剂，应当遵循科学、安全、有效、环保的原则，保证新饲料、新饲料添加剂的质量安全。

第八条　研制的新饲料、新饲料添加剂投入生产前，研制者或者生产企业应当向国务院农业行政主管部门提出审定申请，并提供该新饲料、新饲料添加剂的样品和下列资料：

（一）名称、主要成分、理化性质、研制方法、生产工艺、质量标准、检测方法、检验报告、稳定性试验报告、环境影响报告和污染防治措施；

（二）国务院农业行政主管部门指定的试验机构出具的该新饲料、新饲料添加剂的饲喂效果、残留消解动态以及毒理学安全性评价报告。

申请新饲料添加剂审定的，还应当说明该新饲料添加剂的添加目的、使用方法，并提供该饲料添加剂残留可能对人体健康造成影响的分析评价报告。

第九条　国务院农业行政主管部门应当自受理申请之日起 5 个工作日内，将新饲料、新饲料添加剂的样品和申请资料交全国饲料评审委员会，对该新饲料、新饲料添加剂的安全性、有效性及其对环境的影响进行评审。

全国饲料评审委员会由养殖、饲料加工、动物营养、毒理、药理、代谢、卫生、化工合成、生物技术、质量标准、环境保护、食品安全风险评估等方面的专家组成。全国饲料评审委员会对新饲料、新饲料添加剂的评审采取评审会议的形式，评审会议应当有 9 名以上全国饲料评审委员会专家参加，根据需要也可以邀请 1~2 名全国饲料评审委员会专家以外的专家参加，参加评审的专家对评审事项具有表决权。评审会议应当形成评审意见和会议纪要，并由参加评审的专家审核签字；有不同意见的，应当注明。参加评审的专家应当依法公平、公正履行职责，对评审资料保密，存在回避事由的，应当主动回避。

全国饲料评审委员会应当自收到新饲料、新饲料添加剂的样品和申请资料之日起 9 个月内出具评审结果并提交国务院农业行政主管部门；但是，全国饲料评审委员会决定由申请人进行相关试验的，经国务院农业行政主管部门同意，评审时间可以延长 3 个月。

国务院农业行政主管部门应当自收到评审结果之日起 10 个工作日内作出是否核发新饲料、新饲料添加剂证书的决定；决定不予核发的，应当书面通知申请人并说明理由。

第十条　国务院农业行政主管部门核发新饲料、新饲料添加剂证书，应当同时按照职责权限公布该新饲料、新饲料添加剂的产品质量标准。

第十一条　新饲料、新饲料添加剂的监测期为 5 年。新饲料、新饲料添加剂处于监测期的，不受理其他就该新饲料、新饲料添加剂的生产申请和进口登记申请，但超过 3 年不投入生产的除外。

生产企业应当收集处于监测期的新饲料、新饲料添加剂的质量稳定性及其对动物产品质量安全的影响等信息，并向国务院农业行政主管部门报告；国务院农业行政主管部门应当对新饲料、新饲料添加剂的质量安全状况组织跟踪监测，证实其存在安全问题的，应当撤销新饲料、新饲料添加剂证书并予以公告。

第十二条 向中国出口中国境内尚未使用但出口国已经批准生产和使用的饲料、饲料添加剂的，应当委托中国境内代理机构向国务院农业行政主管部门申请登记，并提供该饲料、饲料添加剂的样品和下列资料：

（一）商标、标签和推广应用情况；

（二）生产地批准生产、使用的证明和生产地以外其他国家、地区的登记资料；

（三）主要成分、理化性质、研制方法、生产工艺、质量标准、检测方法、检验报告、稳定性试验报告、环境影响报告和污染防治措施；

（四）国务院农业行政主管部门指定的试验机构出具的该饲料、饲料添加剂的饲喂效果、残留消解动态以及毒理学安全性评价报告。

申请饲料添加剂进口登记的，还应当说明该饲料添加剂的添加目的、使用方法，并提供该饲料添加剂残留可能对人体健康造成影响的分析评价报告。

国务院农业行政主管部门应当依照本条例第九条规定的新饲料、新饲料添加剂的评审程序组织评审，并决定是否核发饲料、饲料添加剂进口登记证。

首次向中国出口中国境内已经使用且出口国已经批准生产和使用的饲料、饲料添加剂的，应当依照本条第一款、第二款的规定申请登记。国务院农业行政主管部门应当自受理申请之日起 10 个工作日内对申请资料进行审查；审查合格的，将样品交由指定的机构进行复核检测；复核检测合格的，国务院农业行政主管部门应当在 10 个工作日内核发饲料、饲料添加剂进口登记证。

饲料、饲料添加剂进口登记证有效期为 5 年。进口登记证有效期满需要继续向中国出口饲料、饲料添加剂的，应当在有效期届满 6 个月前申请续展。

禁止进口未取得饲料、饲料添加剂进口登记证的饲料、饲料添加剂。

第十三条 国家对已经取得新饲料、新饲料添加剂证书或者饲料、饲料添加剂进口登记证的含有新化合物的饲料、饲料添加剂的申请人提交的其自己所取得且未披露的试验数据和其他数据实施保护。

自核发证书之日起 6 年内，对其他申请人未经已取得新饲料、新饲料添加剂证书或者饲料、饲料添加剂进口登记证的申请人同意，使用前款规定的数据申请新饲料、新饲料添加剂审定或者饲料、饲料添加剂进口登记的，国务院农业行政主管部门不予审定或者登记；但是，其他申请人提交其自己所取得的数据的除外。

除下列情形外，国务院农业行政主管部门不得披露本条第一款规定的数据：

（一）公共利益需要；

（二）已采取措施确保该类信息不会被不正当地进行商业使用。

第三章 生产、经营和使用

第十四条 设立饲料、饲料添加剂生产企业，应当符合饲料工业发展规划和产业政策，并具备下列条件：

（一）有与生产饲料、饲料添加剂相适应的厂房、设备和仓储设施；

（二）有与生产饲料、饲料添加剂相适应的专职技术人员；

（三）有必要的产品质量检验机构、人员、设施和质量管理制度；

（四）有符合国家规定的安全、卫生要求的生产环境；

（五）有符合国家环境保护要求的污染防治措施；

（六）国务院农业行政主管部门制定的饲料、饲料添加剂质量安全管理规范规定的其他条件。

第十五条　申请设立饲料添加剂、添加剂预混合饲料生产企业，申请人应当向省、自治区、直辖市人民政府饲料管理部门提出申请。省、自治区、直辖市人民政府饲料管理部门应当自受理申请之日起 20 个工作日内进行书面审查和现场审核，并将相关资料和审查、审核意见上报国务院农业行政主管部门。国务院农业行政主管部门收到资料和审查、审核意见后应当组织评审，根据评审结果在 10 个工作日内作出是否核发生产许可证的决定，并将决定抄送省、自治区、直辖市人民政府饲料管理部门。

申请设立其他饲料生产企业，申请人应当向省、自治区、直辖市人民政府饲料管理部门提出申请。省、自治区、直辖市人民政府饲料管理部门应当自受理申请之日起 10 个工作日内进行书面审查；审查合格的，组织进行现场审核，并根据审核结果在 10 个工作日内作出是否核发生产许可证的决定。

申请人凭生产许可证办理工商登记手续。

生产许可证有效期为 5 年。生产许可证有效期满需要继续生产饲料、饲料添加剂的，应当在有效期届满 6 个月前申请续展。

第十六条　饲料添加剂、添加剂预混合饲料生产企业取得国务院农业行政主管部门核发的生产许可证后，由省、自治区、直辖市人民政府饲料管理部门按照国务院农业行政主管部门的规定，核发相应的产品批准文号。

第十七条　饲料、饲料添加剂生产企业应当按照国务院农业行政主管部门的规定和有关标准，对采购的饲料原料、单一饲料、饲料添加剂、药物饲料添加剂、添加剂预混合饲料和用于饲料添加剂生产的原料进行查验或者检验。

饲料生产企业使用限制使用的饲料原料、单一饲料、饲料添加剂、药物饲料添加剂、添加剂预混合饲料生产饲料的，应当遵守国务院农业行政主管部门的限制性规定。禁止使用国务院农业行政主管部门公布的饲料原料目录、饲料添加剂品种目录和药物饲料添加剂品种目录以外的任何物质生产饲料。

饲料、饲料添加剂生产企业应当如实记录采购的饲料原料、单一饲料、饲料添加剂、药物饲料添加剂、添加剂预混合饲料和用于饲料添加剂生产的原料的名称、产地、数量、保质期、许可证明文件编号、质量检验信息、生产企业名称或者供货者名称及其联系方式、进货日期等。记录保存期限不得少于 2 年。

第十八条　饲料、饲料添加剂生产企业，应当按照产品质量标准以及国务院农业行政主管部门制定的饲料、饲料添加剂质量安全管理规范和饲料添加剂安全使用规范组织生产，对生产过程实施有效控制并实行生产记录和产品留样观察制度。

第十九条　饲料、饲料添加剂生产企业应当对生产的饲料、饲料添加剂进行产品质量检验；检验合格的，应当附具产品质量检验合格证。未经产品质量检验、检验不合格或者未附具产品质量检验合格证的，不得出厂销售。

饲料、饲料添加剂生产企业应当如实记录出厂销售的饲料、饲料添加剂的名称、数量、生产日期、生产批次、质量检验信息、购货者名称及其联系方式、销售日期等。记录保存期限不得少于 2 年。

第二十条　出厂销售的饲料、饲料添加剂应当包装，包装应当符合国家有关安全、卫生的规定。

饲料生产企业直接销售给养殖者的饲料可以使用罐装车运输。罐装车应当符合国家有关安全、卫生的规定，并随罐装车附具符合本条例第二十一条规定的标签。

易燃或者其他特殊的饲料、饲料添加剂的包装应当有警示标志或者说明，并注明储运注意事项。

第二十一条　饲料、饲料添加剂的包装上应当附具标签。标签应当以中文或者适用符号标明产品名称、原料组成、产品成分分析保证值、净重或者净含量、贮存条件、使用说明、注意事项、生产日期、保质期、生产企业名称以及地址、许可证明文件编号和产品质量标准等。加入药物饲料添加剂的，还应当标明"加入药物饲料添加剂"字样，并标明其通用名称、含量和休药期。乳和乳制品以外的动物源性饲料，还应当标明"本产品不得饲喂反刍动物"字样。

第二十二条　饲料、饲料添加剂经营者应当符合下列条件：

（一）有与经营饲料、饲料添加剂相适应的经营场所和仓储设施；

（二）有具备饲料、饲料添加剂使用、贮存等知识的技术人员；

（三）有必要的产品质量管理和安全管理制度。

第二十三条　饲料、饲料添加剂经营者进货时应当查验产品标签、产品质量检验合格证和相应的许可证明文件。

饲料、饲料添加剂经营者不得对饲料、饲料添加剂进行拆包、分装，不得对饲料、饲料添加剂进行再加工或者添加任何物质。

禁止经营用国务院农业行政主管部门公布的饲料原料目录、饲料添加剂品种目录和药物饲料添加剂品种目录以外的任何物质生产的饲料。

饲料、饲料添加剂经营者应当建立产品购销台账，如实记录购销产品的名称、许可证明文件编号、规格、数量、保质期、生产企业名称或者供货者名称及其联系方式、购销时间等。购销台账保存期限不得少于 2 年。

第二十四条　向中国出口的饲料、饲料添加剂应当包装，包装应当符合中国有关安全、卫生的规定，并附具符合本条例第二十一条规定的标签。

向中国出口的饲料、饲料添加剂应当符合中国有关检验检疫的要求，由出入境检验检疫机构依法实施检验检疫，并对其包装和标签进行核查。包装和标签不符合要求的，不得入境。

境外企业不得直接在中国销售饲料、饲料添加剂。境外企业在中国销售饲料、饲料添加剂的，应当依法在中国境内设立销售机构或者委托符合条件的中国境内代理机构销售。

第二十五条　养殖者应当按照产品使用说明和注意事项使用饲料。在饲料或者动物饮用水中添加饲料添加剂的，应当符合饲料添加剂使用说明和注意事项的要求，遵守国务院农业行政主管部门制定的饲料添加剂安全使用规范。

养殖者使用自行配制的饲料的，应当遵守国务院农业行政主管部门制定的自行配制饲料使用规范，并不得对外提供自行配制的饲料。

使用限制使用的物质养殖动物的，应当遵守国务院农业行政主管部门的限制性规定。禁止在饲料、动物饮用水中添加国务院农业行政主管部门公布禁用的物质以及对人体具有直接或者潜在危害的其他物质，或者直接使用上述物质养殖动物。禁止在反刍动物饲料中添加乳和乳制品以外的动物源性成分。

第二十六条　国务院农业行政主管部门和县级以上地方人民政府饲料管理部门应当加强饲料、饲料添加剂质量安全知识的宣传，提高养殖者的质量安全意识，指导养殖者安全、合理使用饲料、饲料添加剂。

第二十七条　饲料、饲料添加剂在使用过程中被证实对养殖动物、人体健康或者环境有害的，由国务院农业行政主管部门决定禁用并予以公布。

第二十八条　饲料、饲料添加剂生产企业发现其生产的饲料、饲料添加剂对养殖动物、人体健康有害或者存在其他安全隐患的，应当立即停止生产，通知经营者、使用者，向饲料管理部门报告，主动召回产品，并记录召回和通知情况。召回的产品应当在饲料管理部门监督下予以无害化处理或者销毁。

饲料、饲料添加剂经营者发现其销售的饲料、饲料添加剂具有前款规定情形的，应当立即停止销售，通知生产企业、供货者和使用者，向饲料管理部门报告，并记录通知情况。

养殖者发现其使用的饲料、饲料添加剂具有本条第一款规定情形的，应当立即停止使用，通知供货者，并向饲料管理部门报告。

第二十九条　禁止生产、经营、使用未取得新饲料、新饲料添加剂证书的新饲料、新饲料添加剂以及禁用的饲料、饲料添加剂。

禁止经营、使用无产品标签、无生产许可证、无产品质量标准、无产品质量检验合格证的饲料、饲料添加剂。禁止经营、使用无产品批准文号的饲料添加剂、添加剂预混合饲料。禁止经营、使用未取得饲料、饲料添加剂进口登记证的进口饲料、进口饲料添加剂。

第三十条　禁止对饲料、饲料添加剂作具有预防或者治疗动物疾病作用的说明或者宣传。但是，饲料中添加药物饲料添加剂的，可以对所添加的药物饲料添加剂的作用加以说明。

第三十一条　国务院农业行政主管部门和省、自治区、直辖市人民政府饲料管理部门应当按照职责权限对全国或者本行政区域饲料、饲料添加剂的质量安全状况进行监测，并根据监测情况发布饲料、饲料添加剂质量安全预警信息。

第三十二条　国务院农业行政主管部门和县级以上地方人民政府饲料管理部门，应当根据需要定期或者不定期组织实施饲料、饲料添加剂监督抽查；饲料、饲料添加剂监督抽查检测工作由国务院农业行政主管部门或者省、自治区、直辖市人民政府饲料管理部门指定的具有相应技术条件的机构承担。饲料、饲料添加剂监督抽查不得收费。

国务院农业行政主管部门和省、自治区、直辖市人民政府饲料管理部门应当按照职责权限公布监督抽查结果，并可以公布具有不良记录的饲料、饲料添加剂生产企业、经营者名单。

第三十三条　县级以上地方人民政府饲料管理部门应当建立饲料、饲料添加剂监督管理档案，记录日常监督检查、违法行为查处等情况。

第三十四条　国务院农业行政主管部门和县级以上地方人民政府饲料管理部门在监督检查中可以采取下列措施：

（一）对饲料、饲料添加剂生产、经营、使用场所实施现场检查；

（二）查阅、复制有关合同、票据、账簿和其他相关资料；

（三）查封、扣押有证据证明用于违法生产饲料的饲料原料、单一饲料、饲料添加剂、药物饲料添加剂、添加剂预混合饲料，用于违法生产饲料添加剂的原料，用于违法生产饲料、饲料添加剂的工具、设施，违法生产、经营、使用的饲料、饲料添加剂；

（四）查封违法生产、经营饲料、饲料添加剂的场所。

第四章　法律责任

第三十五条　国务院农业行政主管部门、县级以上地方人民政府饲料管理部门或者其他依照本条例规定行使监督管理权的部门及其工作人员，不履行本条例规定的职责或者滥用职权、玩忽职守、徇私舞弊的，对直接负责的主管人员和其他直接责任人员，依法给予处分；直接负责的主管人员和其他直接责任人员构成犯罪的，依法追究刑事责任。

第三十六条　提供虚假的资料、样品或者采取其他欺骗方式取得许可证明文件的，由发证机关撤销相关许可证明文件，处5万元以上10万元以下罚款，申请人3年内不得就同一事项申请行政许可。以欺骗方式取得许可证明文件给他人造成损失的，依法承担赔偿责任。

第三十七条　假冒、伪造或者买卖许可证明文件的，由国务院农业行政主管部门或者县级以上地方人民政府饲料管理部门按照职责权限收缴或者吊销、撤销相关许可证明文件；构成犯罪的，依法追究刑事责任。

第三十八条　未取得生产许可证生产饲料、饲料添加剂的，由县级以上地方人民政府饲料管理部门责令停止生产，没收违法所得、违法生产的产品和用于违法生产饲料的饲料原料、单一饲料、饲料添加剂、药物饲料添加剂、添加剂预混合饲料以及用于违法生产饲料添加剂的原料，违法生产的产品货值金额不足1万元的，并处1万元以上5万元以下罚款，货值金额1万元以上的，并处货值金额5倍以上10倍以下罚款；情节严重的，没收其生产设备，生产企业的主要负责人和直接负责的主管人员10年内不得从事饲料、饲料添加剂生产、经营活动。

已经取得生产许可证，但不再具备本条例第十四条规定的条件而继续生产饲料、饲料添加剂的，由县级以上地方人民政府饲料管理部门责令停止生产、限期改正，并处1万元以上5万元以下罚款；逾期不改正的，由发证机关吊销生产许可证。

已经取得生产许可证，但未取得产品批准文号而生产饲料添加剂、添加剂预混合饲料的，由县级以上地方人民政府饲料管理部门责令停止生产，没收违法所得、违法生产的产品和用于违法生产饲料的饲料原料、单一饲料、饲料添加剂、药物饲料添加剂以及用于违法生产饲料添加剂的原料，限期补办产品批准文号，并处违法生产的产品货值金额1倍以上3倍以下罚款；情节严重的，由发证机关吊销生产许可证。

第三十九条　饲料、饲料添加剂生产企业有下列行为之一的，由县级以上地方人民政府饲料管理部门责令改正，没收违法所得、违法生产的产品和用于违法生产饲料的饲料原料、单一饲料、饲料添加剂、药物饲料添加剂、添加剂预混合饲料以及用于违法生产饲料添加剂的原料，违法生产的产品货值金额不足1万元的，并处1万元以上5万元以下罚款，货值金额1万元以上的，并处货值金额5倍以上10倍以下罚款；情节严重的，由发证机关吊销、撤销相关许可证明文件，生产企业的主要负责人和直接负责的主管人员10年内不得从事饲料、饲料添加剂生产、经营活动；构成犯罪的，依法追究刑事责任：

（一）使用限制使用的饲料原料、单一饲料、饲料添加剂、药物饲料添加剂、添加剂预混合饲料生产饲料，不遵守国务院农业行政主管部门的限制性规定的；

（二）使用国务院农业行政主管部门公布的饲料原料目录、饲料添加剂品种目录和药物饲料添加剂品种目录以外的物质生产饲料的；

（三）生产未取得新饲料、新饲料添加剂证书的新饲料、新饲料添加剂或者禁用的饲料、饲料添加剂的。

第四十条　饲料、饲料添加剂生产企业有下列行为之一的，由县级以上地方人民政府饲料管理部门责令改正，处 1 万元以上 2 万元以下罚款；拒不改正的，没收违法所得、违法生产的产品和用于违法生产饲料的饲料原料、单一饲料、饲料添加剂、药物饲料添加剂、添加剂预混合饲料以及用于违法生产饲料添加剂的原料，并处 5 万元以上 10 万元以下罚款；情节严重的，责令停止生产，可以由发证机关吊销、撤销相关许可证明文件：

（一）不按照国务院农业行政主管部门的规定和有关标准对采购的饲料原料、单一饲料、饲料添加剂、药物饲料添加剂、添加剂预混合饲料和用于饲料添加剂生产的原料进行查验或者检验的；

（二）饲料、饲料添加剂生产过程中不遵守国务院农业行政主管部门制定的饲料、饲料添加剂质量安全管理规范和饲料添加剂安全使用规范的；

（三）生产的饲料、饲料添加剂未经产品质量检验的。

第四十一条　饲料、饲料添加剂生产企业不依照本条例规定实行采购、生产、销售记录制度或者产品留样观察制度的，由县级以上地方人民政府饲料管理部门责令改正，处 1 万元以上 2 万元以下罚款；拒不改正的，没收违法所得、违法生产的产品和用于违法生产饲料的饲料原料、单一饲料、饲料添加剂、药物饲料添加剂、添加剂预混合饲料以及用于违法生产饲料添加剂的原料，处 2 万元以上 5 万元以下罚款，并可以由发证机关吊销、撤销相关许可证明文件。

饲料、饲料添加剂生产企业销售的饲料、饲料添加剂未附具产品质量检验合格证或者包装、标签不符合规定的，由县级以上地方人民政府饲料管理部门责令改正；情节严重的，没收违法所得和违法销售的产品，可以处违法销售的产品货值金额 30% 以下罚款。

第四十二条　不符合本条例第二十二条规定的条件经营饲料、饲料添加剂的，由县级人民政府饲料管理部门责令限期改正；逾期不改正的，没收违法所得和违法经营的产品，违法经营的产品货值金额不足 1 万元的，并处 2 000 元以上 2 万元以下罚款，货值金额 1 万元以上的，并处货值金额 2 倍以上 5 倍以下罚款；情节严重的，责令停止经营，并通知工商行政管理部门，由工商行政管理部门吊销营业执照。

第四十三条　饲料、饲料添加剂经营者有下列行为之一的，由县级人民政府饲料管理部门责令改正，没收违法所得和违法经营的产品，违法经营的产品货值金额不足 1 万元的，并处 2 000 元以上 2 万元以下罚款，货值金额 1 万元以上的，并处货值金额 2 倍以上 5 倍以下罚款；情节严重的，责令停止经营，并通知工商行政管理部门，由工商行政管理部门吊销营业执照；构成犯罪的，依法追究刑事责任：

（一）对饲料、饲料添加剂进行再加工或者添加物质的；

（二）经营无产品标签、无生产许可证、无产品质量检验合格证的饲料、饲料添加剂的；

（三）经营无产品批准文号的饲料添加剂、添加剂预混合饲料的；

（四）经营用国务院农业行政主管部门公布的饲料原料目录、饲料添加剂品种目录和药物饲料添加剂品种目录以外的物质生产的饲料的；

（五）经营未取得新饲料、新饲料添加剂证书的新饲料、新饲料添加剂或者未取得饲料、饲料添加剂进口登记证的进口饲料、进口饲料添加剂以及禁用的饲料、饲料添加剂的。

第四十四条　饲料、饲料添加剂经营者有下列行为之一的，由县级人民政府饲料管理部门责令改正，没收违法所得和违法经营的产品，并处 2 000 元以上 1 万元以下罚款：

（一）对饲料、饲料添加剂进行拆包、分装的；

（二）不依照本条例规定实行产品购销台账制度的；

（三）经营的饲料、饲料添加剂失效、霉变或者超过保质期的。

第四十五条　对本条例第二十八条规定的饲料、饲料添加剂，生产企业不主动召回的，由县级以上地方人民政府饲料管理部门责令召回，并监督生产企业对召回的产品予以无害化处理或者销毁；情节严重的，没收违法所得，并处应召回的产品货值金额 1 倍以上 3 倍以下罚款，可以由发证机关吊销、撤销相关许可证明文件；生产企业对召回的产品不予以无害化处理或者销毁的，由县级人民政府饲料管理部门代为销毁，所需费用由生产企业承担。

对本条例第二十八条规定的饲料、饲料添加剂，经营者不停止销售的，由县级以上地方人民政府饲料管理部门责令停止销售；拒不停止销售的，没收违法所得，处 1 000 元以上 5 万元以下罚款；情节严重的，责令停止经营，并通知工商行政管理部门，由工商行政管理部门吊销营业执照。

第四十六条　饲料、饲料添加剂生产企业、经营者有下列行为之一的，由县级以上地方人民政府饲料管理部门责令停止生产、经营，没收违法所得和违法生产、经营的产品，违法生产、经营的产品货值金额不足 1 万元的，并处 2 000 元以上 2 万元以下罚款，货值金额 1 万元以上的，并处货值金额 2 倍以上 5 倍以下罚款；构成犯罪的，依法追究刑事责任：

（一）在生产、经营过程中，以非饲料、非饲料添加剂冒充饲料、饲料添加剂或者以此种饲料、饲料添加剂冒充他种饲料、饲料添加剂的；

（二）生产、经营无产品质量标准或者不符合产品质量标准的饲料、饲料添加剂的；

（三）生产、经营的饲料、饲料添加剂与标签标示的内容不一致的。

饲料、饲料添加剂生产企业有前款规定的行为，情节严重的，由发证机关吊销、撤销相关许可证明文件；饲料、饲料添加剂经营者有前款规定的行为，情节严重的，通知工商行政管理部门，由工商行政管理部门吊销营业执照。

第四十七条　养殖者有下列行为之一的，由县级人民政府饲料管理部门没收违法使用的产品和非法添加物质，对单位处 1 万元以上 5 万元以下罚款，对个人处 5 000 元以下罚款；构成犯罪的，依法追究刑事责任：

（一）使用未取得新饲料、新饲料添加剂证书的新饲料、新饲料添加剂或者未取得饲料、饲料添加剂进口登记证的进口饲料、进口饲料添加剂的；

（二）使用无产品标签、无生产许可证、无产品质量标准、无产品质量检验合格证的饲料、饲料添加剂的；

（三）使用无产品批准文号的饲料添加剂、添加剂预混合饲料的；

（四）在饲料或者动物饮用水中添加饲料添加剂，不遵守国务院农业行政主管部门制定的饲料添加剂安全使用规范的；

（五）使用自行配制的饲料，不遵守国务院农业行政主管部门制定的自行配制饲料使用规范的；

（六）使用限制使用的物质养殖动物，不遵守国务院农业行政主管部门的限制性规定的；

（七）在反刍动物饲料中添加乳和乳制品以外的动物源性成分的。

在饲料或者动物饮用水中添加国务院农业行政主管部门公布禁用的物质以及对人体具有直接或者潜在危害的其他物质，或者直接使用上述物质养殖动物的，由县级以上地方人民政府饲料管理部门责令其对饲喂了违禁物质的动物进行无害化处理，处 3 万元以上 10 万元以下罚款；构成犯罪的，依法追究刑事责任。

第四十八条　养殖者对外提供自行配制的饲料的，由县级人民政府饲料管理部门责令改正，处 2 000 元以上 2 万元以下罚款。

附录 2　部门规章

中华人民共和国农业部令

2014 年第 2 号

《进口饲料和饲料添加剂登记管理办法》已经 2013 年 12 月 27 日农业部第 11 次常务会议审议通过，现予公布，自 2014 年 7 月 1 日起施行。农业部 2000 年 8 月 17 日公布、2004 年 7 月 1 日修订的《进口饲料和饲料添加剂登记管理办法》同时废止。

部长　韩长赋
2014 年 1 月 13 日

进口饲料和饲料添加剂登记管理办法

第一条　为加强进口饲料、饲料添加剂监督管理，保障动物产品质量安全，根据《饲料和饲料添加剂管理条例》，制定本办法。

第二条　本办法所称饲料，是指经工业化加工、制作的供动物食用的产品，包括单一饲料、添加剂预混合饲料、浓缩饲料、配合饲料和精料补充料。本办法所称饲料添加剂，是指在饲料加工、制作、使用过程中添加的少量或者微量物质，包括营养性饲料添加剂和一般饲料添加剂。

第三条　境外企业首次向中国出口饲料、饲料添加剂，应当向农业部申请进口登记，取得饲料、饲料添加剂进口登记证；未取得进口登记证的，不得在中国境内销售、使用。

第四条　境外企业申请进口登记，应当委托中国境内代理机构办理。

第五条　申请进口登记的饲料、饲料添加剂，应当符合生产地和中国的相关法律法规、技术规范的要求。生产地未批准生产、使用或者禁止生产、使用的饲料、饲料添加剂，不予登记。

第六条　申请饲料、饲料添加剂进口登记，应当向农业部提交真实、完整、规范的申请资料（中英文对照，一式两份）和样品。

第七条　申请资料包括:

(一)饲料、饲料添加剂进口登记申请表。

(二)委托书和境内代理机构资质证明:境外企业委托其常驻中国代表机构代理登记的,应当提供委托书原件和《外国企业常驻中国代表机构登记证》复印件;委托境内其他机构代理登记的,应当提供委托书原件和代理机构法人营业执照复印件。

(三)生产地批准生产、使用的证明,生产地以外其他国家、地区的登记资料,产品推广应用情况。

(四)进口饲料的产品名称、组成成分、理化性质、适用范围、使用方法;进口饲料添加剂的产品名称、主要成分、理化性质、产品来源、使用目的、适用范围、使用方法。

(五)生产工艺、质量标准、检测方法和检验报告。

(六)生产地使用的标签、商标和中文标签式样。

(七)微生物产品或者发酵制品,还应当提供权威机构出具的菌株保藏证明。

向中国出口本书办法第十三条规定的饲料、饲料添加剂的,还应当提交以下申请资料:

(一)有效组分的化学结构鉴定报告或动物、植物、微生物的分类鉴定报告。

(二)农业部指定的试验机构出具的产品有效性评价试验报告、安全性评价试验报告(包括靶动物耐受性评价报告、毒理学安全评价报告、代谢和残留评价报告等);申请饲料添加剂进口登记的,还应当提供该饲料添加剂在养殖产品中的残留可能对人体健康造成影响的分析评价报告。

(三)稳定性试验报告、环境影响报告。

(四)在饲料产品中有最高限量要求的,还应当提供最高限量值和有效组分在饲料产品中的检测方法。

第八条　产品样品应当符合以下要求:

(一)每个产品提供 3 个批次、每个批次 2 份的样品,每份样品不少于检测需要量的 5 倍;

(二)必要时提供相关的标准品或者化学对照品。

第九条　农业部自受理申请之日起 10 个工作日内对申请资料进行审查;审查合格的,通知申请人将样品交由农业部指定的检验机构进行复核检测。

第十条　复核检测包括质量标准复核和样品检测。检测方法有国家标准和行业标准的,优先采用国家标准或者行业标准;没有国家标准和行业标准的,采用申请人提供的检测方法;必要时,检验机构可以根据实际情况对检测方法进行调整。检验机构应当在 3 个月内完成复核检测工作,并将复核检测报告报送农业部,同时抄送申请人。

第十一条　境外企业对复核检测结果有异议的,应当自收到复核检测报告之日起 15 个工作日内申请复检。

第十二条　复核检测合格的,农业部在 10 个工作日内核发饲料、饲料添加剂进口登记证,并予以公告。

第十三条　申请进口登记的饲料、饲料添加剂有下列情形之一的,由农业部依照新饲料、新饲料添加剂的评审程序组织评审:

(一)向中国出口中国境内尚未使用但生产地已经批准生产和使用的饲料、饲料添加剂的；

（二）饲料添加剂扩大适用范围的；

（三）饲料添加剂含量规格低于饲料添加剂安全使用规范要求的，但由饲料添加剂与载体或者稀释剂按照一定比例配制的除外；

（四）饲料添加剂生产工艺发生重大变化的；

（五）农业部已核发新饲料、新饲料添加剂证书的产品，自获证之日起超过 3 年未投入生产的；

（六）存在质量安全风险的其他情形。

第十四条　饲料、饲料添加剂进口登记证有效期为 5 年。饲料、饲料添加剂进口登记证有效期满需要继续向中国出口饲料、饲料添加剂的，应当在有效期届满 6 个月前申请续展。

第十五条　申请续展应当提供以下资料：

（一）进口饲料、饲料添加剂续展登记申请表；

（二）进口登记证复印件；

（三）委托书和境内代理机构资质证明；

（四）生产地批准生产、使用的证明；

（五）质量标准、检测方法和检验报告；

（六）生产地使用的标签、商标和中文标签式样。

第十六条　有下列情形之一的，申请续展时还应当提交样品进行复核检测：

（一）根据相关法律法规、技术规范，需要对产品质量安全检测项目进行调整的；

（二）产品检测方法发生改变的；

（三）监督抽查中有不合格记录的。

第十七条　进口登记证有效期内，进口饲料、饲料添加剂的生产场所迁址，或者产品质量标准、生产工艺、适用范围等发生变化的，应当重新申请登记。

第十八条　进口饲料、饲料添加剂在进口登记证有效期内有下列情形之一的，应当申请变更登记：

（一）产品的中文或外文商品名称改变的；

（二）申请企业名称改变的；

（三）生产厂家名称改变的；

（四）生产地址名称改变的。

第十九条　申请变更登记应当提供以下资料：

（一）进口饲料、饲料添加剂变更登记申请表；

（二）委托书和境内代理机构资质证明；

（三）进口登记证原件；

（四）变更说明及相关证明文件。农业部在受理变更登记申请后 10 个工作日内作出是否准予变更的决定。

第二十条　从事进口饲料、饲料添加剂登记工作的相关单位和人员，应当对申请人提交的需要保密的技术资料保密。

第二十一条　境外企业应当依法在中国境内设立销售机构或者委托符合条件的中国

境内代理机构销售进口饲料、饲料添加剂。境外企业不得直接在中国境内销售进口饲料、饲料添加剂。

第二十二条　境外企业应当在取得饲料、饲料添加剂进口登记证之日起 6 个月内，在中国境内设立销售机构或者委托销售代理机构并报农业部备案。前款规定的销售机构或者销售代理机构发生变更的，应当在 1 个月内报农业部重新备案。

第二十三条　进口饲料、饲料添加剂应当包装，包装应当符合中国有关安全、卫生的规定，并附具符合规定的中文标签。

第二十四条　进口饲料、饲料添加剂在使用过程中被证实对养殖动物、人体健康或环境有害的，由农业部公告禁用并撤销进口登记证。饲料、饲料添加剂进口登记证有效期内，生产地禁止使用该饲料、饲料添加剂产品或撤销其生产、使用许可的，境外企业应当立即向农业部报告，由农业部撤销进口登记证并公告。

第二十五条　境外企业发现其向中国出口的饲料、饲料添加剂对养殖动物、人体健康有害或者存在其他安全隐患的，应当立即通知其在中国境内的销售机构或者销售代理机构，并向农业部报告。境外企业在中国境内的销售机构或者销售代理机构应当主动召回前款规定的产品，记录召回情况，并向销售地饲料管理部门报告。召回的产品应当在县级以上地方人民政府饲料管理部门监督下予以无害化处理或者销毁。

第二十六条　农业部和县级以上地方人民政府饲料管理部门，应当根据需要定期或者不定期组织实施进口饲料、饲料添加剂监督抽查；进口饲料、饲料添加剂监督抽查检测工作由农业部或者省、自治区、直辖市人民政府饲料管理部门指定的具有相应技术条件的机构承担。进口饲料、饲料添加剂监督抽查检测，依据进口登记过程中复核检测确定的质量标准进行。

第二十七条　农业部和省级人民政府饲料管理部门应当及时公布监督抽查结果，并可以公布具有不良记录的境外企业及其销售机构、销售代理机构名单。

第二十八条　从事进口饲料、饲料添加剂登记工作的相关人员，不履行本办法规定的职责或者滥用职权、玩忽职守、徇私舞弊的，依法给予处分；构成犯罪的，依法追究刑事责任。

第二十九条　提供虚假资料、样品或者采取其他欺骗手段申请进口登记的，农业部对该申请不予受理或者不予批准，1 年内不再受理该境外企业和登记代理机构的进口登记申请。提供虚假资料、样品或者采取其他欺骗方式取得饲料、饲料添加剂进口登记证的，由农业部撤销进口登记证，对登记代理机构处 5 万元以上 10 万元以下罚款，3 年内不再受理该境外企业和登记代理机构的进口登记申请。

第三十条　其他违反本办法的行为，依照《饲料和饲料添加剂管理条例》的有关规定处罚。

第三十一条　本办法自 2014 年 7 月 1 日起施行。农业部 2000 年 8 月 17 日公布、2004 年 7 月 1 日修订的《进口饲料和饲料添加剂登记管理办法》同时废止。

中华人民共和国国家质量监督检验检疫总局令

第 118 号

《进出口饲料和饲料添加剂检验检疫监督管理办法》已经 2009 年 2 月 23 日国家质量监督检验检疫总局局务会议审议通过，现予公布，自 2009 年 9 月 1 日起施行。

局长　王勇

二〇〇九年七月二十日

进出口饲料和饲料添加剂检验检疫监督管理办法

第一章　总　则

第一条　为规范进出口饲料和饲料添加剂的检验检疫监督管理工作，提高进出口饲料和饲料添加剂安全水平，保护动物和人体健康，根据《中华人民共和国进出境动植物检疫法》及其实施条例、《中华人民共和国进出口商品检验法》及其实施条例、《国务院关于加强食品等产品安全监督管理的特别规定》等有关法律法规规定，制定本办法。

第二条　本办法适用于进口、出口及过境饲料和饲料添加剂（以下简称饲料）的检验检疫和监督管理。

作饲料用途的动植物及其产品按照本办法的规定管理。

药物饲料添加剂不适用本办法。

第三条　国家质量监督检验检疫总局（以下简称国家质检总局）统一管理全国进出口饲料的检验检疫和监督管理工作。

国家质检总局设在各地的出入境检验检疫机构（以下简称检验检疫机构）负责所辖区域进出口饲料的检验检疫和监督管理工作。

第二章　风险管理

第四条　国家质检总局对进出口饲料实施风险管理，包括在风险分析的基础上，对进出口饲料实施的产品风险分级、企业分类、监管体系审查、风险监控、风险警示等措施。

第五条　检验检疫机构按照进出口饲料的产品风险级别，采取不同的检验检疫监管模式并进行动态调整。

第六条　检验检疫机构根据进出口饲料的产品风险级别、企业诚信程度、安全卫生控制能力、监管体系有效性等，对注册登记的境外生产、加工、存放企业（以下简称境外生产企业）和国内出口饲料生产、加工、存放企业（以下简称出口生产企业）实施企业分类管理，采取不同的检验检疫监管模式并进行动态调整。

第七条　国家质检总局按照饲料产品种类分别制定进口饲料的检验检疫要求。对首次向中国出口饲料的国家或者地区进行风险分析，对曾经或者正在向中国出口饲料的国家或者地区进行回顾性审查，重点审查其饲料安全监管体系。根据风险分析或者回顾性审查结果，制定调整并公布允许进口饲料的国家或者地区名单和饲料产品种类。

第八条　国家质检总局对进出口饲料实施风险监控，制订进出口饲料年度风险监控计划，编制年度风险监控报告。直属检验检疫局结合本地实际情况制订具体实施方案并组织实施。

第九条　国家质检总局根据进出口饲料安全形势、检验检疫中发现的问题、国内外相关组织机构通报的问题以及国内外市场发生的饲料安全问题，在风险分析的基础上及时发布风险警示信息。

第三章　进口检验检疫

第一节　注册登记

第十条　国家质检总局对允许进口饲料的国家或者地区的生产企业实施注册登记制度，进口饲料应当来自注册登记的境外生产企业。

第十一条　境外生产企业应当符合输出国家或者地区法律法规和标准的相关要求，并达到与中国有关法律法规和标准的等效要求，经输出国家或者地区主管部门审查合格后向国家质检总局推荐。推荐材料应当包括：

（一）企业信息：企业名称、地址、官方批准编号；

（二）注册产品信息：注册产品名称、主要原料、用途等；

（三）官方证明：证明所推荐的企业已经主管部门批准，其产品允许在输出国家或者地区自由销售。

第十二条　国家质检总局应当对推荐材料进行审查。

审查不合格的，通知输出国家或者地区主管部门补正。

审查合格的，经与输出国家或者地区主管部门协商后，国家质检总局派出专家到输出国家或者地区对其饲料安全监管体系进行审查，并对申请注册登记的企业进行抽查。对抽查不符合要求的企业，不予注册登记，并将原因向输出国家或者地区主管部门通报；对抽查符合要求的及未被抽查的其他推荐企业，予以注册登记，并在国家质检总局官方网站上公布。

第十三条　注册登记的有效期为 5 年。

需要延期的境外生产企业，由输出国家或者地区主管部门在有效期届满前 6 个月向国家质检总局提出延期。必要时，国家质检总局可以派出专家到输出国家或者地区对其饲料安全监管体系进行回顾性审查，并对申请延期的境外生产企业进行抽查，对抽查符合要求的及未被抽查的其他申请延期境外生产企业，注册登记有效期延长 5 年。

第十四条　经注册登记的境外生产企业停产、转产、倒闭或者被输出国家或者地区主管部门吊销生产许可证、营业执照的，国家质检总局注销其注册登记。

第二节　检验检疫

第十五条　进口饲料需要办理进境动植物检疫许可证的，应当按照相关规定办理进境动植物检疫许可证。

第十六条　货主或者其代理人应当在饲料入境前或者入境时向检验检疫机构报检，报检时应当提供原产地证书、贸易合同、信用证、提单、发票等，并根据对产品的不同要求提供进境动植物检疫许可证、输出国家或者地区检验检疫证书、《进口饲料和饲料添加剂产品登记证》（复印件）。

第十七条　检验检疫机构按照以下要求对进口饲料实施检验检疫：

（一）中国法律法规、国家强制性标准和国家质检总局规定的检验检疫要求；

（二）双边协议、议定书、备忘录；

（三）《进境动植物检疫许可证》列明的要求。

第十八条　检验检疫机构按照下列规定对进口饲料实施现场查验：

（一）核对货证：核对单证与货物的名称、数（重）量、包装、生产日期、集装箱号码、输出国家或者地区、生产企业名称和注册登记号等是否相符；

（二）标签检查：标签是否符合饲料标签国家标准；

（三）感官检查：包装、容器是否完好，是否超过保质期，有无腐败变质，有无携带有害生物，有无土壤、动物尸体、动物排泄物等禁止进境物。

第十九条　现场查验有下列情形之一的，检验检疫机构签发《检验检疫处理通知单》，由货主或者其代理人在检验检疫机构的监督下，作退回或者销毁处理：

（一）输出国家或者地区未被列入允许进口的国家或者地区名单的；

（二）来自非注册登记境外生产企业的产品；

（三）来自注册登记境外生产企业的非注册登记产品；

（四）货证不符的；

（五）标签不符合标准且无法更正的；

（六）超过保质期或者腐败变质的；

（七）发现土壤、动物尸体、动物排泄物、检疫性有害生物，无法进行有效的检疫处理的。

第二十条　现场查验发现散包、容器破裂的，由货主或者代理人负责整理完好。包装破损且有传播动植物疫病风险的，应当对所污染的场地、物品、器具进行检疫处理。

第二十一条　检验检疫机构对来自不同类别境外生产企业的产品按照相应的检验检疫监管模式抽取样品，出具《抽/采样凭证》，送实验室进行安全卫生项目的检测。

被抽取样品送实验室检测的货物，应当调运到检验检疫机构指定的待检存放场所等待检测结果。

第二十二条　经检验检疫合格的，检验检疫机构签发《入境货物检验检疫证明》，予以放行。

经检验检疫不合格的，检验检疫机构签发《检验检疫处理通知书》，由货主或者其代理人在检验检疫机构的监督下，作除害、退回或者销毁处理，经除害处理合格的准予进境；需要对外索赔的，由检验检疫机构出具相关证书。检验检疫机构应当将进口饲料检验检疫不合格信息上报国家质检总局。

　　第二十三条　货主或者其代理人未取得检验检疫机构出具的《入境货物检验检疫证明》前，不得擅自转移、销售、使用进口饲料。

　　第二十四条　进口饲料分港卸货的，先期卸货港检验检疫机构应当以书面形式将检验检疫结果及处理情况及时通知其他分卸港所在地检验检疫机构；需要对外出证的，由卸毕港检验检疫机构汇总后出具证书。

第三节　监督管理

　　第二十五条　进口饲料包装上应当有中文标签，标签应当符合中国饲料标签国家标准。

　　散装的进口饲料，进口企业应当在检验检疫机构指定的场所包装并加施饲料标签后方可入境，直接调运到检验检疫机构指定的生产、加工企业用于饲料生产的，免予加施标签。

　　国家对进口动物源性饲料的饲用范围有限制的，进入市场销售的动物源性饲料包装上应当注明饲用范围。

　　第二十六条　检验检疫机构对饲料进口企业（以下简称进口企业）实施备案管理。进口企业应当在首次报检前或者报检时提供营业执照复印件向所在地检验检疫机构备案。

　　第二十七条　进口企业应当建立经营档案，记录进口饲料的报检号、品名、数/重量、包装、输出国家或者地区、国外出口商、境外生产企业名称及其注册登记号、《入境货物检验检疫证明》、进口饲料流向等信息，记录保存期限不得少于 2 年。

　　第二十八条　检验检疫机构对备案进口企业的经营档案进行定期审查，审查不合格的，将其列入不良记录企业名单，对其进口的饲料加严检验检疫。

　　第二十九条　国外发生的饲料安全事故涉及已经进口的饲料、国内有关部门通报或者用户投诉进口饲料出现安全卫生问题的，检验检疫机构应当开展追溯性调查，并按照国家有关规定进行处理。

　　进口的饲料存在前款所列情形，可能对动物和人体健康和生命安全造成损害的，饲料进口企业应当主动召回，并向检验检疫机构报告。进口企业不履行召回义务的，检验检疫机构可以责令进口企业召回并将其列入不良记录企业名单。

第四章　出口检验检疫

第一节　注册登记

　　第三十条　国家质检总局对出口饲料的出口生产企业实施注册登记制度，出口饲料应当来自注册登记的出口生产企业。

　　第三十一条　申请注册登记的企业应当符合下列条件：

　　（一）厂房、工艺、设备和设施：

　　1. 厂址应当避开工业污染源，与养殖场、屠宰场、居民点保持适当距离；

2. 厂房、车间布局合理，生产区与生活区、办公区分开；

3. 工艺设计合理，符合安全卫生要求；

4. 具备与生产能力相适应的厂房、设备及仓储设施；

5. 具备有害生物（啮齿动物、苍蝇、仓储害虫、鸟类等）防控设施。

（二）具有与其所生产产品相适应的质量管理机构和专业技术人员。

（三）具有与安全卫生控制相适应的检测能力。

（四）管理制度：

1. 岗位责任制度；

2. 人员培训制度；

3. 从业人员健康检查制度；

4. 按照危害分析与关键控制点（HACCP）原理建立质量管理体系，在风险分析的基础上开展自检自控；

5. 标准卫生操作规范（SSOP）；

6. 原辅料、包装材料合格供应商评价和验收制度；

7. 饲料标签管理制度和产品追溯制度；

8. 废弃物、废水处理制度；

9. 客户投诉处理制度；

10. 质量安全突发事件应急管理制度。

（五）国家质检总局按照饲料产品种类分别制定的出口检验检疫要求。

第三十二条　出口生产企业应当向所在地直属检验检疫局申请注册登记，并提交下列材料（一式三份）：

（一）《出口饲料生产、加工、存放企业检验检疫注册登记申请表》；

（二）工商营业执照（复印件）；

（三）组织机构代码证（复印件）；

（四）国家饲料主管部门有审查、生产许可、产品批准文号等要求的，须提供获得批准的相关证明文件；

（五）涉及环保的，需提供县级以上环保部门出具的证明文件；

（六）第三十一条（四）规定的管理制度；

（七）生产工艺流程图，并标明必要的工艺参数（涉及商业秘密的除外）；

（八）厂区平面图及彩色照片（包括厂区全貌、厂区大门、主要设备、实验室、原料库、包装场所、成品库、样品保存场所、档案保存场所等）；

（九）申请注册登记的产品及原料清单。

第三十三条　直属检验检疫局应当对申请材料及时进行审查，根据下列情况在 5 日内作出受理或者不予受理决定，并书面通知申请人：

（一）申请材料存在可以当场更正的错误的，允许申请人当场更正；

（二）申请材料不齐全或者不符合法定形式的，应当当场或者在 5 日内一次书面告知申请人需要补正的全部内容，逾期不告知的，自收到申请材料之日起即为受理；

（三）申请材料齐全、符合法定形式或者申请人按照要求提交全部补正申请材料的，应当受理申请。

第三十四条　直属检验检疫局应当在受理申请后 10 日内组成评审组，对申请注册登记的出口生产企业进行现场评审。

第三十五条　评审组应当在现场评审结束后及时向直属检验检疫局提交评审报告。

第三十六条　直属检验检疫局收到评审报告后，应当在 10 日内分别做出下列决定：

（一）经评审合格的，予以注册登记，颁发《出口饲料生产、加工、存放企业检验检疫注册登记证》（以下简称《注册登记证》），自做出注册登记决定之日起 10 日内，送达申请人；

（二）经评审不合格的，出具《出口饲料生产、加工、存放企业检验检疫注册登记未获批准通知书》。

第三十七条　《注册登记证》自颁发之日起生效，有效期 5 年。

属于同一企业、位于不同地点、具有独立生产线和质量管理体系的出口生产企业应当分别申请注册登记。

每一注册登记出口生产企业使用一个注册登记编号。经注册登记的出口生产企业的注册登记编号专厂专用。

第三十八条　出口生产企业变更企业名称、法定代表人、产品品种、生产能力等的，应当在变更后 30 日内向所在地直属检验检疫局提出书面申请，填写《出口饲料生产、加工、存放企业检验检疫注册登记申请表》，并提交与变更内容相关的资料（一式三份）。

变更企业名称、法定代表人的，由直属检验检疫局审核有关资料后，直接办理变更手续。

变更产品品种或者生产能力的，由直属检验检疫局审核有关资料并组织现场评审，评审合格后，办理变更手续。

企业迁址的，应当重新向直属检验检疫局申请办理注册登记手续。

因停产、转产、倒闭等原因不再从事出口饲料业务的，应当向所在地直属检验检疫局办理注销手续。

第三十九条　获得注册登记的出口生产企业需要延续注册登记有效期的，应当在有效期届满前 3 个月按照本办法规定提出申请。

第四十条　直属检验检疫局应当在完成注册登记、变更或者注销工作后 30 日内，将相关信息上报国家质检总局备案。

第四十一条　进口国家或者地区要求提供注册登记的出口生产企业名单的，由直属检验检疫局审查合格后，上报国家质检总局。国家质检总局组织进行抽查评估后，统一向进口国家或者地区主管部门推荐并办理有关手续。

第二节　检验检疫

第四十二条　检验检疫机构按照下列要求对出口饲料实施检验检疫：

（一）输入国家或者地区检验检疫要求；

（二）双边协议、议定书、备忘录；

（三）中国法律法规、强制性标准和国家质检总局规定的检验检疫要求；

（四）贸易合同或者信用证注明的检疫要求。

第四十三条　饲料出口前，货主或者代理人应当向产地检验检疫机构报检，并提供贸易合同、信用证、《注册登记证》（复印件）、出厂合格证明等单证。检验检疫机构对所提供的单证进行审核，符合要求的受理报检。

第四十四条　受理报检后，检验检疫机构按照下列规定实施现场检验检疫：

（一）核对货证：核对单证与货物的名称、数（重）量、生产日期、批号、包装、唛头、出口生产企业名称或者注册登记号等是否相符；

（二）标签检查：标签是否符合要求；

（三）感官检查：包装、容器是否完好，有无腐败变质，有无携带有害生物，有无土壤、动物尸体、动物排泄物等。

第四十五条　检验检疫机构对来自不同类别出口生产企业的产品按照相应的检验检疫监管模式抽取样品，出具《抽/采样凭证》，送实验室进行安全卫生项目的检测。

第四十六条　经检验检疫合格的，检验检疫机构出具《出境货物通关单》或者《出境货物换证凭单》、检验检疫证书等相关证书；检验检疫不合格的，经有效方法处理并重新检验检疫合格的，可以按照规定出具相关单证，予以放行；无有效方法处理或者虽经处理重新检验检疫仍不合格的，不予放行，并出具《出境货物不合格通知单》。

第四十七条　出境口岸检验检疫机构按照出境货物换证查验的相关规定查验，重点检查货证是否相符。查验合格的，凭产地检验检疫机构出具的《出境货物换证凭单》或者电子转单换发《出境货物通关单》。查验不合格的，不予放行。

第四十八条　产地检验检疫机构与出境口岸检验检疫机构应当及时交流信息。

在检验检疫过程中发现安全卫生问题，应当采取相应措施，并及时上报国家质检总局。

第三节　监督管理

第四十九条　取得注册登记的出口饲料生产、加工企业应当遵守下列要求：

（一）有效运行自检自控体系；

（二）按照进口国家或者地区的标准或者合同要求生产出口产品；

（三）遵守我国有关药物和添加剂管理规定，不得存放、使用我国和进口国家或者地区禁止使用的药物和添加物；

（四）出口饲料的包装、装载容器和运输工具应当符合安全卫生要求，标签应当符合进口国家或者地区的有关要求，包装或者标签上应当注明生产企业名称或者注册登记号、产品用途；

（五）建立企业档案，记录生产过程中使用的原辅料名称、数（重）量及其供应商、原料验收、半产品及成品自检自控、入库、出库、出口、有害生物控制、产品召回等情况，记录档案至少保存 2 年；

（六）如实填写《出口饲料监管手册》，记录检验检疫机构监管、抽样、检查、年审情况以及国外官方机构考察等内容。

取得注册登记的饲料存放企业应当建立企业档案，记录存放饲料名称、数（重）量、货主、入库、出库、有害生物防控情况，记录档案至少保留 2 年。

第五十条　检验检疫机构对辖区内注册登记的出口生产企业实施日常监督管理，内容包括：

（一）环境卫生；

（二）有害生物防控措施；

（三）有毒有害物质自检自控的有效性；

（四）原辅料或者其供应商变更情况；

（五）包装物、铺垫材料和成品库；

（六）生产设备、用具、运输工具的安全卫生；

（七）批次及标签管理情况；

（八）涉及安全卫生的其他内容；

（九）《出口饲料监管手册》记录情况。

第五十一条　检验检疫机构对注册登记的出口生产企业实施年审，年审合格的在《注册登记证》（副本）上加注年审合格记录。

第五十二条　检验检疫机构对饲料出口企业（以下简称出口企业）实施备案管理。出口企业应当在首次报检前或者报检时提供营业执照复印件并向所在地检验检疫机构备案。

出口与生产为同一企业的，不必办理备案。

第五十三条　出口企业应当建立经营档案并接受检验检疫机构的核查。档案应当记录出口饲料的报检号、品名、数（重）量、包装、进口国家或者地区、国外进口商、供货企业名称及其注册登记号、《出境货物通关单》等信息，档案至少保留 2 年。

第五十四条　检验检疫机构应当建立注册登记的出口生产企业以及出口企业诚信档案，建立良好记录企业名单和不良记录企业名单。

第五十五条　出口饲料被国内外检验检疫机构检出疫病、有毒有害物质超标或者其他安全卫生质量问题的，检验检疫机构核实有关情况后，实施加严检验检疫监管措施。

第五十六条　注册登记的出口生产企业和备案的出口企业发现其生产、经营的相关产品可能受到污染并影响饲料安全，或者其出口产品在国外涉嫌引发饲料安全事件时，应当在 24 小时内报告所在地检验检疫机构，同时采取控制措施，防止不合格产品继续出厂。检验检疫机构接到报告后，应当于 24 小时内逐级上报至国家质检总局。

第五十七条　已注册登记的出口生产企业发生下列情况之一的，由直属检验检疫局撤回其注册登记：

（一）准予注册登记所依据的客观情况发生重大变化，达不到注册登记条件要求的；

（二）注册登记内容发生变更，未办理变更手续的；

（三）年审不合格的。

第五十八条　有下列情形之一的，直属检验检疫局根据利害关系人的请求或者依据职权，可以撤销注册登记：

（一）直属检验检疫局工作人员滥用职权、玩忽职守作出准予注册登记的；

（二）超越法定职权作出准予注册登记的；

（三）违反法定程序作出准予注册登记的；

（四）对不具备申请资格或者不符合法定条件的出口生产企业准予注册登记的；

（五）依法可以撤销注册登记的其他情形。

出口生产企业以欺骗、贿赂等不正当手段取得注册登记的，应当予以撤销。

第五十九条　有下列情形之一的，直属检验检疫局应当依法办理注册登记的注销手续：

（一）注册登记有效期届满未延续的；

（二）出口生产企业依法终止的；

（三）企业因停产、转产、倒闭等原因不再从事出口饲料业务的；

（四）注册登记依法被撤销、撤回或者吊销的；

（五）因不可抗力导致注册登记事项无法实施的；

（六）法律、法规规定的应当注销注册登记的其他情形。

第五章　过境检验检疫

第六十条　运输饲料过境的，承运人或者押运人应当持货运单和输出国家或者地区主管部门出具的证书，向入境口岸检验检疫机构报检，并书面提交过境运输路线。

第六十一条　装载过境饲料的运输工具和包装物、装载容器应当完好，经入境口岸检验检疫机构检查，发现运输工具或者包装物、装载容器有可能造成途中散漏的，承运人或者押运人应当按照口岸检验检疫机构的要求，采取密封措施；无法采取密封措施的，不准过境。

第六十二条　输出国家或者地区未被列入第七条规定的允许进口的国家或者地区名单的，应当获得国家质检总局的批准方可过境。

第六十三条　过境的饲料，由入境口岸检验检疫机构查验单证，核对货证相符，加施封识后放行，并通知出境口岸检验检疫机构，由出境口岸检验检疫机构监督出境。

第六章　法律责任

第六十四条　有下列情形之一的，由检验检疫机构按照《国务院关于加强食品等产品安全监督管理的特别规定》予以处罚：

（一）存放、使用我国或者进口国家或者地区禁止使用的药物、添加剂以及其他原辅料的；

（二）以非注册登记饲料生产、加工企业生产的产品冒充注册登记出口生产企业产品的；

（三）明知有安全隐患，隐瞒不报，拒不履行事故报告义务继续进出口的；

（四）拒不履行产品召回义务的。

第六十五条　有下列情形之一的，由检验检疫机构按照《中华人民共和国进出境动植物检疫法实施条例》处 3 000 元以上 3 万元以下罚款：

（一）未经检验检疫机构批准，擅自将进口、过境饲料卸离运输工具或者运递的；

（二）擅自开拆过境饲料的包装，或者擅自开拆、损毁动植物检疫封识或者标志的。

第六十六条　有下列情形之一的，依法追究刑事责任；尚不构成犯罪或者犯罪情节显著轻微依法不需要判处刑罚的，由检验检疫机构按照《中华人民共和国进出境动植物检疫法实施条例》处 2 万元以上 5 万元以下的罚款：

（一）引起重大动植物疫情的；

（二）伪造、变造动植物检疫单证、印章、标志、封识的。

第六十七条　有下列情形之一，有违法所得的，由检验检疫机构处以违法所得 3 倍以下罚款，最高不超过 3 万元；没有违法所得的，处以 1 万元以下罚款：

（一）使用伪造、变造的动植物检疫单证、印章、标志、封识的；

（二）使用伪造、变造的输出国家或者地区主管部门检疫证明文件的；

（三）使用伪造、变造的其他相关证明文件的；

（四）拒不接受检验检疫机构监督管理的。

第六十八条　检验检疫机构工作人员滥用职权，故意刁难，徇私舞弊，伪造检验结果，或者玩忽职守，延误检验出证，依法给予行政处分；构成犯罪的，依法追究刑事责任。

第七章　附　则

第六十九条　本办法下列用语的含义是：

饲料：指经种植、养殖、加工、制作的供动物食用的产品及其原料，包括饵料用活动物、饲料用（含饵料用）冰鲜冷冻动物产品及水产品、加工动物蛋白及油脂、宠物食品及咬胶、饲草类、青贮料、饲料粮谷类、糠麸饼粕渣类、加工植物蛋白及植物粉类、配合饲料、添加剂预混合饲料等。

饲料添加剂：指饲料加工、制作、使用过程中添加的少量或者微量物质，包括营养性饲料添加剂、一般饲料添加剂等。

加工动物蛋白及油脂：包括肉粉（畜禽）、肉骨粉（畜禽）、鱼粉、鱼油、鱼膏、虾粉、鱿鱼肝粉、鱿鱼粉、乌贼膏、乌贼粉、鱼精粉、干贝精粉、血粉、血浆粉、血球粉、血细胞粉、血清粉、发酵血粉、动物下脚料粉、羽毛粉、水解羽毛粉、水解毛发蛋白粉、皮革蛋白粉、蹄粉、角粉、鸡杂粉、肠膜蛋白粉、明胶、乳清粉、乳粉、蛋粉、干蚕蛹及其粉、骨粉、骨灰、骨炭、骨制磷酸氢钙、虾壳粉、蛋壳粉、骨胶、动物油渣、动物脂肪、饲料级混合油、干虫及其粉等。

出厂合格证明：指注册登记的出口饲料或者饲料添加剂生产、加工企业出具的，证明其产品经本企业自检自控体系评定为合格的文件。

第七十条　本办法由国家质检总局负责解释。

第七十一条　本办法自 2009 年 9 月 1 日起施行。自施行之日起，进出口饲料有关检验检疫管理的规定与本办法不一致的，以本办法为准。

附录3　国务院各部门规范性文件

国务院办公厅关于加快推进畜禽养殖废弃物
资源化利用的意见

国办发〔2017〕48 号

各省、自治区、直辖市人民政府，国务院各部委、各直属机构：

近年来，我国畜牧业持续稳定发展，规模化养殖水平显著提高，保障了肉蛋奶供给，但大量养殖废弃物没有得到有效处理和利用，成为农村环境治理的一大难题。抓好畜禽养殖废弃物资源化利用，关系畜产品有效供给，关系农村居民生产生活环境改善，是重大的民生工程。为加快推进畜禽养殖废弃物资源化利用，促进农业可持续发展，经国务院同意，现提出以下意见。

一、总体要求

（一）指导思想。全面贯彻党的十八大和十八届三中、四中、五中、六中全会精神，深入贯彻习近平总书记系列重要讲话精神和治国理政新理念、新思想、新战略，认真落实党中央、国务院决策部署，统筹推进"五位一体"总体布局和协调推进"四个全面"战略布局，牢固树立和贯彻落实创新、协调、绿色、开放、共享的发展理念，坚持保供给与保环境并重，坚持政府支持、企业主体、市场化运作的方针，坚持源头减量、过程控制、末端利用的治理路径，以畜牧大县和规模养殖场为重点，以沼气和生物天然气为主要处理方向，以农用有机肥和农村能源为主要利用方向，健全制度体系，强化责任落实，完善扶持政策，严格执法监管，加强科技支撑，强化装备保障，全面推进畜禽养殖废弃物资源化利用，加快构建种养结合、农牧循环的可持续发展新格局，为全面建成小康社会提供有力支撑。

（二）基本原则。

统筹兼顾，有序推进。统筹资源环境承载能力、畜产品供给保障能力和养殖废弃物资源化利用能力，协同推进生产发展和环境保护，奖惩并举，疏堵结合，加快畜牧业转型升级和绿色发展，保障畜产品供给稳定。

因地制宜，多元利用。根据不同区域、不同畜种、不同规模，以肥料化利用为基础，采取经济高效适用的处理模式，宜肥则肥，宜气则气，宜电则电，实现粪污就地就近利用。

属地管理，落实责任。畜禽养殖废弃物资源化利用由地方人民政府负总责。各有关部门在本级人民政府的统一领导下，健全工作机制，督促指导畜禽养殖场切实履行主体责任。

政府引导，市场运作。建立企业投入为主、政府适当支持、社会资本积极参与的运营机制。完善以绿色生态为导向的农业补贴制度，充分发挥市场配置资源的决定性作用，引导和鼓励社会资本投入，培育发展畜禽养殖废弃物资源化利用产业。

（三）主要目标。到 2020 年，建立科学规范、权责清晰、约束有力的畜禽养殖废弃物资源化利用制度，构建种养循环发展机制，全国畜禽粪污综合利用率达到 75% 以上，规模养殖场粪污处理设施装备配套率达到 95% 以上，大型规模养殖场粪污处理设施装备配套率提前一年达到 100%。畜牧大县、国家现代农业示范区、农业可持续发展试验示范区和现代农业产业园率先实现上述目标。

二、建立健全畜禽养殖废弃物资源化利用制度

（四）严格落实畜禽规模养殖环评制度。规范环评内容和要求。对畜禽规模养殖相关规划依法依规开展环境影响评价，调整优化畜牧业生产布局，协调畜禽规模养殖和环境保护的关系。新建或改扩建畜禽规模养殖场，应突出养分综合利用，配套与养殖规模和处理工艺相适应的粪污消纳用地，配备必要的粪污收集、贮存、处理、利用设施，依法进行环境影响评价。加强畜禽规模养殖场建设项目环评分类管理和相关技术标准研究，合理确定编制环境影响报告书和登记表的畜禽规模养殖场规模标准。对未依法进行环境影响评价的畜禽规模养殖场，环保部门予以处罚。（环境保护部、农业部牵头）

（五）完善畜禽养殖污染监管制度。建立畜禽规模养殖场直联直报信息系统，构建统一管理、分级使用、共享直联的管理平台。健全畜禽粪污还田利用和检测标准体系，完善畜禽规模养殖场污染物减排核算制度，制定畜禽养殖粪污土地承载能力测算方法，畜禽养殖规模超过土地承载能力的县要合理调减养殖总量。完善肥料登记管理制度，强化商品有机肥原料和质量的监管与认证。实施畜禽规模养殖场分类管理，对设有固定排污口的畜禽规模养殖场，依法核发排污许可证，依法严格监管；改革完善畜禽粪污排放统计核算方法，对畜禽粪污全部还田利用的畜禽规模养殖场，将无害化还田利用量作为统计污染物削减量的重要依据。（农业部、环境保护部牵头，质检总局参与）

（六）建立属地管理责任制度。地方各级人民政府对本行政区域内的畜禽养殖废弃物资源化利用工作负总责，要结合本地实际，依法明确部门职责，细化任务分工，健全工作机制，加大资金投入，完善政策措施，强化日常监管，确保各项任务落实到位。统筹畜产品供给和畜禽粪污治理，落实"菜篮子"市长负责制。各省（区、市）人民政府应于 2017 年年底前制定并公布畜禽养殖废弃物资源化利用工作方案，细化分年度的重点任务和工作清单，并抄送农业部备案。（农业部牵头，环境保护部参与）

（七）落实规模养殖场主体责任制度。畜禽规模养殖场要严格执行《环境保护法》《畜禽规模养殖污染防治条例》《水污染防治行动计划》《土壤污染防治行动计划》等法律法规和规定，切实履行环境保护主体责任，建设污染防治配套设施并保持正常运行，或者委托第三方进行粪污处理，确保粪污资源化利用。畜禽养殖标准化示范场要带头落实，切实发挥示范带动作用。（农业部、环境保护部牵头）

（八）健全绩效评价考核制度。以规模养殖场粪污处理、有机肥还田利用、沼气和生物天然气使用等指标为重点，建立畜禽养殖废弃物资源化利用绩效评价考核制度，纳入地方政府绩效评价考核体系。农业部、环境保护部要联合制定具体考核办法，对各省（区、市）人民政府开展考核。各省（区、市）人民政府要对本行政区域内畜禽养殖废弃物资源化利用工作开展考核，定期通报工作进展，层层传导压力。强化考核结果应用，建立激励

和责任追究机制。（农业部、环境保护部牵头，中央组织部参与）

（九）构建种养循环发展机制。畜牧大县要科学编制种养循环发展规划，实行以地定畜，促进种养业在布局上相协调，精准规划引导畜牧业发展。推动建立畜禽粪污等农业有机废弃物收集、转化、利用网络体系，鼓励在养殖密集区域建立粪污集中处理中心，探索规模化、专业化、社会化运营机制。通过支持在田间地头配套建设管网和储粪（液）池等方式，解决粪肥还田"最后一公里"问题。鼓励沼液和经无害化处理的畜禽养殖废水作为肥料科学还田利用。加强粪肥还田技术指导，确保科学合理施用。支持采取政府和社会资本合作（PPP）模式，调动社会资本积极性，形成畜禽粪污处理全产业链。培育壮大多种类型的粪污处理社会化服务组织，实行专业化生产、市场化运营。鼓励建立受益者付费机制，保障第三方处理企业和社会化服务组织合理收益。（农业部牵头，国家发展改革委、财政部、环境保护部参与）

三、保障措施

（十）加强财税政策支持。启动中央财政畜禽粪污资源化利用试点，实施种养业循环一体化工程，整县推进畜禽粪污资源化利用。以果菜茶大县和畜牧大县等为重点，实施有机肥替代化肥行动。鼓励地方政府利用中央财政农机购置补贴资金，对畜禽养殖废弃物资源化利用装备实行敞开补贴。开展规模化生物天然气工程和大中型沼气工程建设。落实沼气发电上网标杆电价和上网电量全额保障性收购政策，降低单机发电功率门槛。生物天然气符合城市燃气管网入网技术标准的，经营燃气管网的企业应当接收其入网。落实沼气和生物天然气增值税即征即退政策，支持生物天然气和沼气工程开展碳交易项目。地方财政要加大畜禽养殖废弃物资源化利用投入，支持规模养殖场、第三方处理企业、社会化服务组织建设粪污处理设施，积极推广使用有机肥。鼓励地方政府和社会资本设立投资基金，创新粪污资源化利用设施建设和运营模式。（财政部、国家发展改革委、农业部、环境保护部、住房和城乡建设部、税务总局、国家能源局、国家电网公司等负责）

（十一）统筹解决用地用电问题。落实畜禽规模养殖用地，并与土地利用总体规划相衔接。完善规模养殖设施用地政策，提高设施用地利用效率，提高规模养殖场粪污资源化利用和有机肥生产积造设施用地占比及规模上限。将以畜禽养殖废弃物为主要原料的规模化生物天然气工程、大型沼气工程、有机肥厂、集中处理中心建设用地纳入土地利用总体规划，在年度用地计划中优先安排。落实规模养殖场内养殖相关活动农业用电政策。（国土资源部、国家发展改革委、国家能源局牵头，农业部参与）

（十二）加快畜牧业转型升级。优化调整生猪养殖布局，向粮食主产区和环境容量大的地区转移。大力发展标准化规模养殖，建设自动喂料、自动饮水、环境控制等现代化装备，推广节水、节料等清洁养殖工艺和干清粪、微生物发酵等实用技术，实现源头减量。加强规模养殖场精细化管理，推行标准化、规范化饲养，推广散装饲料和精准配方，提高饲料转化效率。加快畜禽品种遗传改良进程，提升母畜繁殖性能，提高综合生产能力。落实畜禽疫病综合防控措施，降低发病率和死亡率。以畜牧大县为重点，支持规模养殖场圈舍标准化改造和设备更新，配套建设粪污资源化利用设施。以生态养殖场为重点，继续开展畜禽养殖标准化示范创建。（农业部牵头，国家发展改革委、财政部、质检总局参与）

（十三）加强科技及装备支撑。组织开展畜禽粪污资源化利用先进工艺、技术和装备研发，制修订相关标准，提高资源转化利用效率。开发安全、高效、环保新型饲料产品，引导矿物元素类饲料添加剂减量使用。加强畜禽粪污资源化利用技术集成，根据不同资源条件、不同畜种、不同规模，推广粪污全量收集还田利用、专业化能源利用、固体粪便肥料化利用、异位发酵床、粪便垫料回用、污水肥料化利用、污水达标排放等经济实用技术模式。集成推广应用有机肥、水肥一体化等关键技术。以畜牧大县为重点，加大技术培训力度，加强示范引领，提升养殖场粪污资源化利用水平。（农业部、科技部牵头，质检总局参与）

（十四）强化组织领导。各地区、各有关部门要根据本意见精神，按照职责分工，加大工作力度，抓紧制定和完善具体政策措施。农业部要会同有关部门对本意见落实情况进行定期督察和跟踪评估，并向国务院报告。（农业部牵头）

国务院办公厅

2017 年 5 月 31 日

农业部关于实施农业绿色发展五大行动的通知

农办发〔2017〕6 号

各省、自治区、直辖市及计划单列市农业（农牧、农村经济）、畜牧、渔业（水利）厅（局、委、办），新疆生产建设兵团农业局：

为贯彻党中央、国务院决策部署，落实新发展理念，加快推进农业供给侧结构性改革，增强农业可持续发展能力，提高农业发展的质量效益和竞争力，农业部决定启动实施畜禽粪污资源化利用行动、果菜茶有机肥替代化肥行动、东北地区秸秆处理行动、农膜回收行动和以长江为重点的水生生物保护行动农业绿色发展五大行动。现就有关事项通知如下：

一、充分认识实施农业绿色发展五大行动的重要意义

习近平总书记强调，绿水青山就是金山银山，要坚持节约资源和保护环境的基本国策，推动形成绿色发展方式和生活方式。今年中央 1 号文件提出，要推行绿色生产方式，增强农业可持续发展能力。各级农业部门要认真学习、深刻领会习近平总书记重要讲话精神，充分认识实施五大行动的重要意义，进一步增强推进农业绿色发展的紧迫感、使命感。

（一）实施农业绿色发展五大行动是落实绿色发展理念的关键举措。绿色发展是现代农业发展的内在要求，是生态文明建设的重要组成部分。近年来，我国粮食连年丰收，农产品供给充裕，农业发展不断迈上新台阶。但由于化肥、农药过量使用，加之畜禽粪便、农作物秸秆、农膜资源化利用率不高，渔业捕捞强度过大，农业发展面临的资源压力日益加大，生态环境亮起"红灯"，我国农业到了必须加快转型升级、实现绿色发展的新阶段。实施绿色发展五大行动，有利于推进农业生产废弃物综合治理和资源化利用，把农业资源过高的利用强度缓下来、面源污染加重的趋势降下来，推动我国农业走上可持续发展的道路。

（二）实施农业绿色发展五大行动是推动农业供给侧结构性改革的重要抓手。习近平总书记指出，推进农业供给侧结构性改革，要把增加绿色优质农产品供给放在突出位置。当前，我国农产品供给大路货多，优质品牌少，与城乡居民消费结构快速升级的要求不相适应。推进农业绿色发展，就是要发展标准化、品牌化农业，提供更多优质、安全、特色农产品，促进农产品供给由主要满足"量"的需求向更加注重"质"的需求转变。实施绿色发展五大行动，有利于改变传统生产方式，减少化肥等投入品的过量使用，优化农产品产地环境，有效提升产品品质，从源头上确保优质绿色农产品供给。

（三）实施农业绿色发展五大行动是建设社会主义新农村的重要途径。农业和环境最具相融性，新农村的优美环境离不开农业的绿色发展。近年来，随着农业生产的快速发展，农业面源污染日益严重，特别是畜禽养殖废弃物污染等问题突出，对农民的生活和农村的环境造成了很大影响。习近平总书记强调，加快推进畜禽养殖废弃物处理和资源化关系 6

亿多农村居民生产生活环境，是一件利国利民利长远的大好事。实施绿色发展五大行动，有利于减少农业生产废弃物排放，美化农村人居环境，推动新农村建设，实现人与自然和谐发展、农业生产与生态环境协调共赢。

二、深入实施农业绿色发展五大行动

（一）畜禽粪污资源化利用行动。坚持保供给与保环境并重，坚持政府支持、企业主体、市场化运作方针，以畜牧大县和规模养殖场为重点，加快构建种养结合、农牧循环的可持续发展新格局。在畜牧大县开展畜禽粪污资源化利用试点，组织实施种养结合一体化项目，集成推广畜禽粪污资源化利用技术模式，支持养殖场和第三方市场主体改造升级处理设施，提升畜禽粪污处理能力。建设畜禽规模化养殖场信息直联直报平台，完善绩效评价考核制度，压实地方政府责任。力争到2020年基本解决大规模畜禽养殖场粪污处理和资源化问题。

（二）果菜茶有机肥替代化肥行动。以发展生态循环农业、促进果菜茶质量效益提升为目标，以果菜茶优势产区、核心产区、知名品牌生产基地为重点，大力推广有机肥替代化肥技术，加快推进畜禽养殖废弃物及农作物秸秆资源化利用，实现节本增效、提质增效。2017年选择100个果菜茶重点县（市、区）开展示范，支持引导农民和新型经营主体积造和施用有机肥，因地制宜推广符合生产实际的有机肥利用方式，采取政府购买服务等方式培育有机肥统供统施服务主体，吸引社会力量参与，集成一批可复制、可推广、可持续的生产运营模式。围绕优势产区、核心产区，集中打造一批有机肥替代、绿色优质农产品生产基地（园区），发挥示范效应。强化耕地质量监测，建立目标考核机制，科学评价试点示范成果。力争到2020年，果菜茶优势产区化肥用量减少20%以上，果菜茶核心产区和知名品牌生产基地（园区）化肥用量减少50%以上。

（三）东北地区秸秆处理行动。坚持因地制宜、农用优先、就地就近、政府引导、市场运作、科技支撑，以玉米秸秆处理利用为重点，以提高秸秆综合利用率和黑土地保护为目标，大力推进秸秆肥料化、饲料化、燃料化、原料化、基料化利用，加强新技术、新工艺和新装备研发，加快建立产业化利用机制，不断提升秸秆综合利用水平。在东北地区60个玉米主产县率先开展秸秆综合利用试点，积极推广深翻还田、秸秆饲料无害防腐和零污染焚烧供热等技术，推动出台秸秆还田、收储运、加工利用等补贴政策，激发市场主体活力，构建市场化运营机制，探索综合利用模式。力争到2020年，东北地区秸秆综合利用率达到80%以上，杜绝露天焚烧现象。

（四）农膜回收行动。以西北为重点区域，以棉花、玉米、马铃薯为重点作物，以加厚地膜应用、机械化捡拾、专业化回收、资源化利用为主攻方向，连片实施，整县推进，综合治理。在甘肃、新疆、内蒙古等地区建设100个治理示范县，全面推广使用加厚地膜，推进减量替代；推动建立以旧换新、经营主体上交、专业化组织回收、加工企业回收等多种方式的回收利用机制，试点"谁生产、谁回收"的地膜生产者责任延伸制度；完善农田残留地膜污染监测网络，探索将地面回收率和残留状况纳入农业面源污染综合考核。力争到2020年，农膜回收率达80%以上，农田"白色污染"得到有效控制。

（五）以长江为重点的水生生物保护行动。坚持生态优先、绿色发展、减量增收、减船转产，逐步推进长江流域全面禁捕，率先在水生生物保护区实现禁捕，修复沿江近海渔业生态环境。加大资金投入，引导和支持渔民转产转业，将渔船控制目标列入地方政府和有关部门约束性考核指标，到 2020 年全国压减海洋捕捞机动渔船 2 万艘、功率 150 万千瓦。开展水产健康养殖示范创建，推进海洋牧场建设，推动水产养殖减量增效。强化海洋渔业资源总量管理，完善休渔禁渔制度，联合有关部门开展海洋伏季休渔等专项执法行动，继续清理整治"绝户网"和涉渔"三无"船舶。实施珍稀濒危物种拯救行动，加强水生生物栖息地保护，完善保护区功能体系，提升重点物种保护等级，加快建立长江珍稀特有物种基因保存库。力争到 2020 年，长江流域水生生物资源衰退、水域生态环境恶化和水生生物多样性下降的趋势得到有效遏制，水生生物资源得到恢复性增长，实现海洋捕捞总产量与海洋渔业资源总承载能力相协调。

三、加强组织领导，确保五大行动有序开展

（一）落实工作责任。农业部已经印发果菜茶有机肥替代化肥行动方案，近期将印发其他四大行动方案。各省级农业部门要把推动农业绿色发展五大行动作为当前的重点工作，抓紧研究制定本地区实施方案，明确目标任务、推进路径、责任分工，加大项目、资金、资源整合力度，完善绩效考核、资金奖补、农产品推介展示等激励机制，充分调动地方政府特别是县级政府抓农村资源环境保护的积极性，形成齐抓共管、上下联动的工作格局，确保各项行动有条不紊推进、取得实效。

（二）强化市场引领。要进一步转变工作方式，采取政府购买服务等方式，加大市场主体培育力度，积极发展生产性服务业。充分发挥新型经营主体的引领作用，按照"谁参与谁受益"的原则，充分调动生产经营主体特别是规模经营主体的积极性，鼓励第三方和社会力量共同参与，合力推动农业绿色发展。同时，要建立健全有进有出的运行机制，加强市场监管力度，进一步规范市场主体行为、落实市场主体责任。

（三）创新技术模式。要加强科技创新联盟建设，积极开展产学研协作攻关，加大配套新技术、新产品和新装备的研发力度。抓好试点示范，集成组装一批可复制、可推广的技术模式，扩大推广范围，放大示范效应。结合新型职业农民培训工程、现代青年农场主培育计划等，强化技术培训，开展技术交流，提升技术应用水平。

（四）突出重点地区。各地要结合产业发展特色，突出种养大县，优先选择产业基础好、地方政府积极性高的地区，加大资金和政策支持力度，加快实施绿色发展战略。特别是国家现代农业示范区、农村改革试验区、农业可持续发展试验示范区和现代农业产业园要统筹推进五大行动，率先实现绿色发展。

农业部
2017 年 4 月 24 日

农业部办公厅关于印发
《畜禽粪污土地承载力测算技术指南》的通知

农办牧〔2018〕1号

各省、自治区、直辖市畜牧（农业、农牧）局（厅、委、办），新疆生产建设兵团畜牧兽医局：

为贯彻落实《国务院办公厅关于加快推进畜禽养殖废弃物资源化利用的意见》，指导各地加快推进畜禽粪污资源化利用，优化调整畜牧业区域布局，促进农牧结合、种养循环农业发展，我部制定了《畜禽粪污土地承载力测算技术指南》。现印发给你们，请参照执行。

农业部办公厅
2018年1月15日

畜禽粪污土地承载力测算技术指南

为贯彻落实《国务院办公厅关于加快推进畜禽养殖废弃物资源化利用的意见》《畜禽规模养殖污染防治条例》，指导各地优化调整畜牧业区域布局，促进农牧结合、种养循环农业发展，加快推进畜禽粪污资源化利用，引导畜牧业绿色发展，制定本指南。

1　适用范围

本指南适用于区域畜禽粪污土地承载力和畜禽规模养殖场粪污消纳配套土地面积的测算。

2　测算依据

（1）《国务院办公厅关于加快推进畜禽养殖废弃物资源化利用的意见》
（2）《畜禽规模养殖污染防治条例》
（3）《畜禽粪便还田技术规范》（GB/T 25246—2010）
（4）《畜禽粪便农田利用环境影响评价准则》（GB/T 26622—2011）
（5）《畜禽养殖业污染治理工程技术规范》（HJ 497—2009）

（6）其他有关法律法规和技术规范

3 术语和定义

3.1 畜禽粪污土地承载力

畜禽粪污土地承载力是指在土地生态系统可持续运行的条件下，一定区域内耕地、林地和草地等所能承载的最大畜禽存栏量。

3.2 畜禽规模养殖场粪污消纳配套土地面积

畜禽规模养殖场粪污消纳配套土地面积指畜禽规模养殖场产生的粪污养分全部或部分还田利用所需要的土地面积。

3.3 猪当量

猪当量指用于衡量畜禽氮（磷）排泄量的度量单位，1 头猪为 1 个猪当量。1 个猪当量的氮排泄量为 11 kg，磷排泄量为 1.65 kg。按存栏量折算：100 头猪相当于 15 头奶牛、30 头肉牛、250 只羊、2 500 只家禽。生猪、奶牛、肉牛固体粪便中氮素占氮排泄总量的 50%，磷素占 80%；羊、家禽固体粪便中氮（磷）素占 100%。

3.4 畜禽粪污

畜禽粪污指畜禽养殖过程产生粪便、尿液和污水的总称。

3.5 畜禽粪肥（简称粪肥）

畜禽粪肥（简称粪肥）指以畜禽粪污为主要原料通过无害化处理，充分杀灭病原菌、虫卵和杂草种子后作为肥料还田利用的堆肥、沼渣、沼液、肥水和商品有机肥。

3.6 肥水

肥水指畜禽粪污通过氧化塘或多级沉淀等方式无害化处理后，以液态作为肥料利用的粪肥。

4 测算原则

畜禽粪污土地承载力及规模养殖场配套土地面积测算以粪肥氮养分供给和植物氮养分需求为基础进行核算，对于设施蔬菜等作物为主或土壤本底值磷含量较高的特殊区域或农用地，可选择以磷为基础进行测算。畜禽粪肥养分需求量根据土壤肥力、作物类型和产量、粪肥施用比例等确定。畜禽粪肥养分供给量根据畜禽养殖量、粪污养分产生量、粪污收集处理方式等确定。

5 测算方法

5.1 区域畜禽粪污土地承载力测算方法

区域畜禽粪污土地承载力等于区域植物粪肥养分需求量除以单位猪当量粪肥养分供给量（以猪当量计）。

5.1.1 区域植物养分需求量

根据区域内各类植物（包括作物、人工牧草、人工林地等）的氮（磷）养分需求量测算，计算方法如下：

区域植物养分需求量=∑[每种植物总产量(总面积)×单位产量(单位面积)养分需求量]

不同植物单位产量（单位面积）适宜氮（磷）养分需求量可以通过分析该区域的土壤养分和田间试验获得，无参考数据的可参照附表 1 确定。

5.1.2　区域植物粪肥养分需求量

根据不同土壤肥力下，区域内植物氮（磷）总养分需求量中需要施肥的比例、粪肥占施肥比例和粪肥当季利用效率测算，计算方法如下：

$$区域植物粪肥养分需求量=\frac{区域植物养分需求量×施肥供给养分占比×粪肥占施肥比例}{粪肥当季利用率}$$

氮（磷）施肥供给养分占比根据土壤氮（磷）养分确定，土壤不同氮（磷）养分水平下的施肥占比推荐值见附表 2。不同区域的粪肥占施肥比例根据当地实际情况确定；粪肥中氮素当季利用率取值范围推荐值为 25%～30%，磷素当季利用率取值范围推荐值为 30%～35%，具体根据当地实际情况确定。

5.1.3　单位猪当量粪肥养分供给量

综合考虑畜禽粪污养分在收集、处理和贮存过程中的损失，单位猪当量氮养分供给量为 7.0 kg，磷养分供给量为 1.2 kg。

5.2　规模养殖场配套土地面积测算方法

规模养殖场配套土地面积等于规模养殖场粪肥养分供给量（对外销售部分不计算在内）除以单位土地粪肥养分需求量。

5.2.1　规模养殖场粪肥养分供给量

根据规模养殖场饲养畜禽存栏量、畜禽氮（磷）排泄量、养分留存率测算，计算公式如下：

$$粪肥养分供给量=\sum\left[各种畜禽存栏量×各种畜禽氮(磷)排泄量\right]×养分留存率$$

不同畜禽的氮（磷）养分日产生量可以根据实际测定数据获得，无测定数据的可根据猪当量进行测算。固体粪便和污水以沼气工程处理为主的，粪污收集处理过程中氮留存率推荐值为 65%（磷留存率 65%）；固体粪便堆肥、污水氧化塘贮存或厌氧发酵后以农田利用为主的，粪污收集处理过程中氮留存率推荐值 62%（磷留存率 72%）。

5.2.2　单位土地粪肥养分需求量

根据不同土壤肥力下，单位土地养分需求量、施肥比例、粪肥占施肥比例和粪肥当季利用效率测算，计算方法如下：

$$单位土地粪肥养分需求量=\frac{单位土地养分需求量×施肥供给养分占比×粪肥占施肥比例}{粪肥当季利用率}$$

单位土地养分需求量为规模养殖场单位面积配套土地种植的各类植物在目标产量下的氮（磷）养分需求量之和，各类作物的目标产品可以根据当地平均产量确定，具体参照区域植物养分需求量计算。施肥比例根据土壤中氮（磷）养分确定，土壤不同氮（磷）养分水平下的施肥比例推荐值见附表 2。粪肥占施肥比例根据当地实际情况确定。粪肥中氮素当季利用率推荐值为 25%～30%，磷素当季利用率推荐值为 30%～35%，具体根据当地实际情况确定。

附表

附表 1　不同植物形成 100 kg 产量需要吸收氮磷量推荐值

作物种类		氮（N）/kg	磷（P）/kg
大田作物	小麦	3.0	1.0
	水稻	2.2	0.8
	玉米	2.3	0.3
	谷子	3.8	0.44
	大豆	7.2	0.748
	棉花	11.7	3.04
	马铃薯	0.5	0.088
蔬菜	黄瓜	0.28	0.09
	番茄	0.33	0.1
	青椒	0.51	0.107
	茄子	0.34	0.1
	大白菜	0.15	0.07
	萝卜	0.28	0.057
	大葱	0.19	0.036
	大蒜	0.82	0.146
果树	桃	0.21	0.033
	葡萄	0.74	0.512
	香蕉	0.73	0.216
	苹果	0.3	0.08
	梨	0.47	0.23
	柑橘	0.6	0.11
经济作物	油料	7.19	0.887
	甘蔗	0.18	0.016
	甜菜	0.48	0.062
	烟叶	3.85	0.532
	茶叶	6.4	0.88
人工草地	苜蓿	0.2	0.2
	饲用燕麦	2.5	0.8
人工林地	桉树	3.3 kg/m^3	3.3 kg/m^3
	杨树	2.5 kg/m^3	2.5 kg/m^3

附表2 土壤不同氮（磷）养分水平下施肥供给养分占比推荐值

土壤氮（磷）养分分级		I	II	III
施肥供给占比		35%	45%	55%
土壤全氮含量/（g/kg）	旱地（大田作物）	>1.0	0.8～1.0	<0.8
	水田	>1.2	1.0～1.2	<1.0
	菜地	>1.2	1.0～1.2	<1.0
	果园	>1.0	0.8～1.0	<0.8
土壤有效磷含量/（mg/kg）		>40	20～40	<20

附表3-1 不同植物土地承载力推荐值

（土壤氮养分水平II，粪肥比例50%，当季利用率25%，以氮为基础）

作物种类		目标产量/（t/hm²）	土地承载力/（猪当量/亩/当季）	
			粪肥全部就地利用	固体粪便堆肥外供+肥水就地利用
大田作物	小麦	4.5	1.2	2.3
	水稻	6	1.1	2.3
	玉米	6	1.2	2.4
	谷子	4.5	1.5	2.9
	大豆	3	1.9	3.7
	棉花	2.2	2.2	4.4
	马铃薯	20	0.9	1.7
蔬菜	黄瓜	75	1.8	3.6
	番茄	75	2.1	4.2
	青椒	45	2.0	3.9
	茄子	67.5	2.0	3.9
	大白菜	90	1.2	2.3
	萝卜	45	1.1	2.2
	大葱	55	0.9	1.8
	大蒜	26	1.8	3.7
果树	桃	30	0.5	1.1
	葡萄	25	1.6	3.2
	香蕉	60	3.8	7.5
	苹果	30	0.8	1.5
	梨	22.5	0.9	1.8
	柑橘	22.5	1.2	2.3
经济作物	油料	2	1.2	2.5
	甘蔗	90	1.4	2.8
	甜菜	122	5.0	10
	烟叶	1.56	0.5	1.0
	茶叶	4.3	2.4	4.7
人工草地	苜蓿	20	0.3	0.7
	饲用燕麦	4	0.9	1.7
人工林地	桉树	30 m³/hm²	0.9	1.7
	杨树	20 m³/hm²	0.4	0.9

附表 3-2 不同植物土地承载力推荐值

（土壤磷养分水平Ⅱ，粪肥比例 50%，当季利用率 30%，以磷为基础）

作物种类		目标产量/ （t/hm²）	土地承载力/（猪当量/亩/当季）	
			粪肥全部就地利用	固体粪便堆肥外供+肥水就地利用
大田作物	小麦	4.5	1.9	4.7
	水稻	6	2.0	5.0
	玉米	6	0.8	1.9
	谷子	4.5	0.8	2.1
	大豆	3	0.9	2.3
	棉花	2.2	2.8	7.0
	马铃薯	20	0.7	1.8
蔬菜	黄瓜	75	2.8	7.0
	番茄	75	3.1	7.8
	青椒	45	2.0	5.0
	茄子	67.5	2.8	7.0
	大白菜	90	2.6	6.6
	萝卜	45	1.1	2.7
	大葱	55	0.8	2.1
	大蒜	26	1.6	4.0
果树	桃	30	0.4	1.0
	葡萄	25	5.3	13.3
	香蕉	60	5.4	13.5
	苹果	30	1.0	2.5
	梨	22.5	2.2	5.4
	柑橘	22.5	1.0	2.6
经济作物	油料	2	0.7	1.8
	甘蔗	90	0.6	1.5
	甜菜	122	3.2	7.9
	烟叶	1.56	0.3	0.9
	茶叶	4.3	1.6	3.9
人工草地	苜蓿	20	1.7	4.2
	饲用燕麦	4	1.3	3.3
人工林地	桉树	30 m³/hm²	4.2	10.4
	杨树	20 m³/hm²	2.1	5.2

农业部关于印发
《畜禽粪污资源化利用行动方案（2017—2020 年）》的通知

农牧发〔2017〕11 号

各省、自治区、直辖市及计划单列市农业（农牧、畜牧、农村经济）厅（局、委、办）、
新疆生产建设兵团农业局，黑龙江省、广东省农垦总局：

为贯彻落实习近平总书记在中央财经领导小组第 14 次会议上讲话精神和《国务院办
公厅关于加快推进畜禽养殖废弃物资源化利用的意见》（国办发〔2017〕48 号），深入开展
畜禽粪污资源化利用行动，加快推进畜牧业绿色发展，农业部制定了《畜禽粪污资源化利
用行动方案（2017—2020 年）》，现印发给你们。请结合本地实际，提高认识，强化落实，
细化工作方案，认真组织实施。

农业部
2017 年 7 月 7 日

畜禽粪污资源化利用行动方案（2017—2020 年）

抓好畜禽粪污资源化利用，关系畜产品有效供给，关系农村居民生产生活环境改善，
关系全面建成小康社会，是促进畜牧业绿色可持续发展的重要举措。为贯彻落实《国务院
办公厅关于加快推进畜禽养殖废弃物资源化利用的意见》，加快推进畜禽粪污资源化利用
工作，特制定本方案。

一、总体思路

（一）指导思想。全面贯彻党的十八大和十八届三中、四中、五中、六中全会精神，
深入贯彻习近平总书记系列重要讲话精神和治国理政新理念、新思想、新战略，认真落实
党中央、国务院决策部署，统筹推进"五位一体"总体布局和协调推进"四个全面"战略
布局，牢固树立和贯彻落实创新、协调、绿色、开放、共享的发展理念，坚持保供给与保
环境并重，坚持政府支持、企业主体、市场化运作的方针，坚持源头减量、过程控制、末
端利用的治理路径，以畜牧大县和规模养殖场为重点，以沼气和生物天然气为主要处理方
向，以农用有机肥和农村能源为主要利用方向，健全制度体系，强化责任落实，完善扶持
政策，严格执法监管，加强科技支撑，强化装备保障，全面推进畜禽养殖废弃物资源化利

用，加快构建种养结合、农牧循环的可持续发展新格局，为全面建成小康社会提供有力支撑。

（二）基本原则。

坚持统筹兼顾。准确把握我国农业农村经济发展的阶段性特点，根据资源环境承载能力和产业发展基础，统筹考虑畜牧业生产发展、粪污资源化利用和农牧民增收等重要任务，把握好工作的节奏和力度，积极作为、协同推进，促进畜牧业生产与环境保护和谐发展。

坚持整县推进。以畜牧大县为重点，加大政策扶持力度，积极探索整县推进模式。严格落实地方政府属地管理责任和规模养殖场主体责任，统筹县域内种养业布局，制定种养循环发展规划，培育第三方处理企业和社会化服务组织，全面推进区域内畜禽粪污治理。

坚持重点突破。以畜禽规模养殖场为重点，突出生猪、奶牛、肉牛三大畜种，指导老场改造升级，对新场严格规范管理，鼓励养殖密集区进行集中处理，推进种养结合、农牧循环发展。

坚持分类指导。根据不同区域资源环境特点，结合不同规模、不同畜种养殖场的粪污产生情况，因地制宜推广经济适用的粪污资源化利用模式，做到可持续运行。根据粪污消纳用地的作物和土壤特性，推广便捷高效的有机肥利用技术和装备，做到科学还田利用。

（三）行动目标。到2020年，建立科学规范、权责清晰、约束有力的畜禽养殖废弃物资源化利用制度，构建种养循环发展机制，畜禽粪污资源化利用能力明显提升，全国畜禽粪污综合利用率达到75%以上，规模养殖场粪污处理设施装备配套率达到95%以上，大规模养殖场粪污处理设施装备配套率提前一年达到100%。畜牧大县、国家现代农业示范区、农业可持续发展试验示范区和现代农业产业园率先实现上述目标。

二、重点任务

（一）建立健全资源化利用制度。配合环保部门加强畜禽规模养殖场环境准入管理，强化地方政府属地管理责任和规模养殖场主体责任，建立完善绩效评价和考核体系。农业部会同环保部，建立定期督查机制，联合开展督导检查，对责任落实不到位、推进工作不力的地方政府予以通报。各省组织对畜牧大县进行考核，定期通报工作进展；组织对大规模养殖场开展验收，确保大规模养殖场2019年年底前完成资源化利用任务。对粪污资源化利用不符合要求的规模养殖场，已获得国家畜禽养殖标准化示范场、核心育种场、良种扩繁推广基地等称号的，取消其相关资格。

（二）优化畜牧业区域布局。坚持以地定畜、以种定养，根据土地承载能力确定畜禽养殖规模，宜减则减、宜增则增，促使种养业在布局上相协调、在规模上相匹配。指导超过土地承载能力的区域和规模养殖场，逐步调减养殖总量。落实《全国生猪生产发展规划（2016—2020年）》和《农业部关于促进南方水网地区生猪养殖布局调整优化的指导意见》，优化调整生猪养殖布局，调减南方水网地区生猪养殖量，引导生猪生产向粮食主产区和环境容量大的地区转移。落实《全国草食畜牧业发展规划（2016—2020年）》，在牧区、农牧交错带、南方草山草坡等饲草资源丰富的地区，扩大优质饲草料种植面积，大力发展草食畜牧业。各地农牧部门要在地方人民政府的统一领导下，按照《畜禽养殖禁养区划定技术指南》（环办水体〔2016〕99号）要求，配合环保部门依法划定或调整禁养区，防止因禁养区划定不当对畜牧业生产造成严重冲击。

（三）加快畜牧业转型升级。继续开展畜禽养殖标准化示范创建活动，大力发展畜禽标准化规模养殖，支持规模养殖场发展生态养殖，改造圈舍设施，提升集约化、自动化、现代化养殖水平，推动畜牧业生产方式转变。推行规模养殖场精细化管理，实施科学规范的饲养管理规程，推广智能化精准饲喂，提高饲料转化效率，严格规范兽药、饲料添加剂的生产和使用，加强养殖环境自动化控制。

（四）促进畜禽粪污资源化利用。开展畜牧业绿色发展示范县创建活动，以畜禽养殖废弃物减量化产生、无害化处理、资源化利用为重点，"十三五"期间创建200个示范县，整县推进畜禽养殖废弃物综合利用。鼓励引导规模养殖场建设必要的粪污处理利用配套设施，对现有基础设施和装备进行改造升级。鼓励养殖密集区建设集中处理中心，开展专业化集中处理。印发畜禽粪污资源化利用技术指导意见和典型技术模式，集成推广清洁养殖工艺和粪污资源化利用模式，指导规模养殖场选择科学合理的粪污处理方式。各县（市、区）畜牧部门要针对本行政区域内不同规模养殖场的特点，逐场制定粪污资源化利用方案，做好技术指导和服务。

（五）提升种养结合水平。支持第三方处理机构和社会化服务组织发挥专业、技术优势，建立有效的市场运行机制，引导企业提供可持续的商业模式和盈利模式，构建种养循环发展机制。以发展生态循环农业、促进果菜茶质量效益提升为目标，以果菜茶优势产区、核心产区、知名品牌生产基地为重点，支持引导农民和新型经营主体积造和施用有机肥，实现节本增效、提质增效。健全畜禽粪污还田利用和检测方法标准体系。加大有机肥、沼肥施用装备研发推广力度。引导国家现代农业示范区、农业可持续发展试验示范区和现代农业产业园率先实现农牧循环发展，带动形成一批种养结合的典型模式。

（六）提高沼气和生物天然气利用效率。立足农村能源革命的总体要求，推动以畜禽粪污为主要原料的能源化、规模化、专业化沼气工程建设，促进农村能源发展和环境保护。支持规模养殖场和专业化企业生产沼气、生物天然气，促进畜禽粪污能源化，更多用于农村清洁取暖。优化沼气工程设施、技术和工艺，引导大规模养殖场在生产、生活用能中加大沼气或沼气发电利用比例。实施农村沼气工程项目，重点支持以沼气工程为纽带，实现苹果、柑橘、设施蔬菜、茶叶等高效经济作物种植与畜禽养殖有机结合的果菜茶沼畜种养循环项目。支持大型粪污能源化利用企业建立粪污收集利用体系，配套与粪污处理规模相匹配的消纳土地，促进沼液就近就地还田利用。

三、区域重点及技术模式

根据我国现阶段畜禽养殖现状和资源环境特点，因地制宜确定主推技术模式。以源头减量、过程控制、末端利用为核心，重点推广经济适用的通用技术模式。一是源头减量。推广使用微生物制剂、酶制剂等饲料添加剂和低氮低磷低矿物质饲料配方，提高饲料转化效率，促进兽药和铜、锌饲料添加剂减量使用，降低养殖业排放。引导生猪、奶牛规模养殖场改水冲粪为干清粪，采用节水型饮水器或饮水分流装置，实行雨污分离、回收污水循环清粪等有效措施，从源头上控制养殖污水产生量。粪污全量利用的生猪和奶牛规模养殖场，采用水泡粪工艺的，应最大限度降低用水量。二是过程控制。规模养殖场根据土地承载能力确定适宜养殖规模，建设必要的粪污处理设施，使用堆肥发酵菌剂、粪水处理菌剂和臭气控制菌剂等，加速粪污无害化处理过程，减少氮磷和臭气排放。三是末端利用。肉牛、羊和家禽等以固体粪便为主的规模化养殖场，鼓励进行固体粪便堆肥或建立集中处理中心生产商品有机肥；生猪和奶牛等规模化养殖场鼓励采用粪污全量收集还田利用和"固体粪便堆肥+污水肥料化利用"等技术模式，推广快速低排放的固体粪便堆肥技术和水肥一体化施用技术，促进畜禽粪污就近就地还田利用。在此基础上，各区域应因地制宜，根据区域特征、饲养工艺和环境承载力的不同，分别推广以下模式。

（一）京津沪地区。该区域经济发达，畜禽养殖规模化水平高，但由于耕地面积少，畜禽养殖环境承载压力大，重点推广的技术模式：一是"污水肥料化利用"模式，养殖污水经多级沉淀池或沼气工程进行无害化处理，配套建设肥水输送和配比设施，在农田施肥和灌溉期间实行肥水一体化施用；二是"粪便垫料回用"模式，对规模奶牛场粪污进行固液分离，固体粪便经过高温快速发酵和杀菌处理后作为牛床垫料；三是"污水深度处理"模式，对于无配套土地的规模养殖场，养殖污水固液分离后进行厌氧、好氧深度处理，达标排放或消毒回用。

（二）东北地区：包括内蒙古、辽宁、吉林和黑龙江4省（区）。该区域土地面积大、冬季气温低，环境承载力和土地消纳能力相对较高，重点推广的技术模式：一是"粪污全量收集还田利用"模式，对于养殖密集区或大规模养殖场，依托专业化粪污处理利用企业，集中收集并通过氧化塘贮存对粪污进行无害化处理，在作物收割后或播种前利用专业化施肥机械施用到农田，减少化肥施用量；二是"污水肥料化利用"模式，对于有配套农田的规模养殖场，养殖污水通过氧化塘贮存或沼气工程进行无害化处理，在作物收获后或播种前作为底肥施用；三是"粪污专业代能源利用"模式，依托大规模养殖场或第三方粪污处理企业，对一定区域内的粪污进行集中收集，通过大型沼气工程或生物天然气工程，沼气发电上网或提纯生物天然气，沼渣生产有机肥，沼液通过农田利用或浓缩使用。

（三）东部沿海地区：包括江苏、浙江、福建、广东和海南5省。该区域经济较发达、人口密度大、水网密集，耕地面积少，环境负荷高，重点推广的技术模式：一是"粪污专业化能源利用"模式，依托大规模养殖场或第三方粪污处理企业，对一定区域内的粪污进行集中收集，通过大型沼气工程或生物天然气工程，沼气发电上网或提纯生物天然气，沼渣生产有机肥，沼液还田利用；二是"异位发酵床"模式，粪污通过漏缝地板进入底层或转移到舍外，利用垫料和微生物菌进行发酵分解，采用"公司+农户"模式的家庭农场宜采用舍外发酵床模式，规模生猪养殖场宜采用高架发酵床模式；三是"污水肥料化利用"模式，对于有配套农田的规模养殖场，养殖污水通过厌氧发酵进行无害化处理，配套建设肥水输送和配比设施，在农田施肥和灌溉期间实行肥水一体化施用；四是"污水达标排放"模式，对于无配套农田养殖场，养殖污水固液分离后进行厌氧、好氧深度处理，达标排放或消毒回用。

（四）中东部地区：包括安徽、江西、湖北和湖南4省。该区域是我国粮食主产区和畜产品优势区，位于南方水网地区，环境负荷较高，重点推广的技术模式：一是"粪污专业化能源利用"模式，依托大规模养殖场或第三方粪污处理企业，对一定区域内的粪污进行集中收集，通过大型沼气工程或生物天然气工程，沼气发电上网或提纯生物天然气，沼渣生产有机肥，沼液直接农田利用或浓缩使用；二是"污水肥料化利用"模式，对于有配套农田的规模养殖场，养殖污水通过三级沉淀池或沼气工程进行无害化处理，配套建设肥水输送和配比设施，在农田施肥和灌溉期间实行肥水一体化施用；三是"污水达标排放"

模式,对于无配套农田的规模养殖场,养殖污水固液分离后通过厌氧、好氧进行深度处理,达标排放或消毒回用。

(五)华北平原地区:包括河北、山西、山东和河南 4 省。该区域是我国粮食主产区和畜产品优势区,重点推广的技术模式:一是"粪污全量收集还田利用"模式,在耕地面积较大的平原地区,依托专业化的粪污收集和施肥企业,集中收集粪污并通过氧化塘贮存进行无害化处理,在作物收割后和播种前采用专业化的施肥机械集中进行施用,减少化肥施用量;二是"粪污专业化能源利用"模式,依托大规模养殖场或第三方粪污处理企业,对一定区域内的粪污进行集中收集,通过大型沼气工程或生物天然气工程,沼气发电上网或提纯生物天然气,沼渣生产有机肥,沼液通过农田利用或浓缩使用;三是"粪便垫料回用"模式,规模奶牛场粪污进行固液分离,固体粪便经过高温快速发酵和杀菌处理后作为牛床垫料;四是"污水肥料化利用"模式,对于有配套农田的规模养殖场,养殖污水通过氧化塘贮存或厌氧发酵进行无害化处理,在作物收获后或播种前作为底肥施用。

(六)西南地区:包括广西、重庆、四川、贵州、云南和西藏 6 省(区、市)。除西藏外,该区域 5 省(区、市)均属于我国生猪主产区,但畜禽养殖规模水平较低,以农户和小规模饲养为主,重点推广的技术模式:一是"异位发酵床"模式,粪污通过漏缝地板进入底层或转移到舍外,利用垫料和微生物菌进行发酵分解,采用"公司+农户"模式的家庭农场宜采用舍外发酵床模式,规模生猪养殖场宜采用高架发酵床模式;二是"污水肥料化利用"模式,对于有配套农田的规模养殖场,养殖污水通过三级沉淀池或沼气工程进行无害化处理,配套建设肥水贮存、输送和配比设施,在农田施肥和灌溉期间实行肥水一体化施用。

(七)西北地区:包括陕西、甘肃、青海、宁夏和新疆 5 省(区)。该区域水资源短缺,主要是草原畜牧业,农田面积较大,重点推广的技术模式:一是"粪便垫料回用"模式,规模奶牛场粪污进行固液分离,固体粪便经过高温快速发酵和杀菌处理后作为牛床垫料;二是"污水肥料化利用"模式,对于有配套农田的规模养殖场,养殖污水通过氧化塘贮存或沼气工程进行无害化处理,在作物收获后或播种前作为底肥施用;三是"粪污专业化能源利用"模式,依托大规模养殖场或第三方粪污处理企业,对一定区域内的粪污进行集中收集,通过大型沼气工程或生物天然气工程,沼气发电上网或提纯生物天然气,沼渣生产有机肥,沼液通过农田利用或浓缩使用。

四、保障措施

(一)加强组织领导。要构建合力推进、上下联动的工作格局。畜禽粪污资源化利用涉及收集、储存、运输、处理、利用等多个环节,需要农业系统畜牧、种植、土肥、农村能源、农机等单位协同发力,共同推进。农业部成立畜禽粪污资源化利用办公室,计划、财务、科教、种植、畜牧等相关司局人员集中统一办公,强化顶层设计,加强项目资金整合和组织实施,开展绩效考核等。各省(区、市)农业部门也要进一步完善工作机制,推动形成各环节协同推进的局面。

(二)加大政策扶持。完善畜禽粪污资源化利用产品价格政策,降低终端产品进入市场的门槛,创新畜禽粪污资源化利用的设施建设和运营模式,通过 PPP 等方式降低运营成本和市场风险,畅通社会资本进入的渠道。推动地方政府围绕标准化规模养殖、沼气资源化利用、有机肥推广等关键环节出台扶持政策，提升规模养殖场、第三方处理机构和社会化服务组织粪污处理能力。认真组织实施中央财政畜禽粪污资源化利用项目和中央预算内投资畜禽粪污资源化利用整县推进项目，支持生猪、肉牛、奶牛大县整县推进畜禽粪污资源化利用。鼓励各地出台配套政策，统筹利用生猪（牛羊）调出大县奖励资金、果菜茶有机肥替代化肥等项目资金，对畜禽粪污资源化利用工作给予支持。

（三）强化科技支撑。各地要综合考虑水、土壤、大气污染治理要求，探索适宜的粪污资源化利用技术模式，制定本地区畜禽粪污资源化利用行动方案。加强技术服务与指导，开展技术培训，提高规模养殖场、第三方处理企业和社会化服务组织的技术水平。组织科技攻关，研发推广安全、高效、环保新型饲料产品，加强畜禽粪污资源化利用技术集成，推广应用有机肥、水肥一体化等关键技术，研发一批先进技术和装备。

（四）建立信息平台。以大型养殖企业和畜牧大县为重点，围绕养殖生产、粪污资源化处理等数据链条，建设统一管理、分级使用、数据共享的畜禽规模养殖场信息直联直报平台。严格落实养殖档案管理制度，对所有规模养殖场实行摸底调查、全数登记，赋予统一身份代码，逐步将养殖场信息与其他监管信息互联，提高数据真实性和准确性。

（五）注重宣传引导。大力宣传有关法律法规，及时解读畜禽粪污资源化利用相关支持政策，提高畜禽养殖从业者的思想认识。利用电视、报刊、网络等多种媒体，广泛宣传畜禽粪污资源化利用行动的主要内容、工作思路和总体目标，宣传推广各地的好经验、好做法，为推进畜禽粪污资源化利用行动营造良好氛围。

环境保护部关于发布《畜禽养殖业污染防治技术政策》的通知

环发〔2010〕151 号

各省、自治区、直辖市环境保护厅（局），新疆生产建设兵团环境保护局，计划单列市环境保护局：

　　为贯彻《中华人民共和国环境保护法》等环保法律法规，推动社会主义新农村建设，防治畜禽养殖业的环境污染，保护生态环境和人体健康，促进畜禽养殖业健康可持续发展，环境保护部组织制定了《畜禽养殖业污染防治技术政策》。现印发给你们，请结合本地区实际认真执行。

环境保护部
二〇一〇年十二月三十日

畜禽养殖业污染防治技术政策

一、总则

　　（一）为防治畜禽养殖业的环境污染，保护生态环境，促进畜禽养殖污染防治技术进步，根据《中华人民共和国环境保护法》《中华人民共和国水污染防治法》《中华人民共和国固体废物污染环境防治法》《中华人民共和国大气污染防治法》《中华人民共和国畜牧法》等相关法律，制定本技术政策。

　　（二）本技术政策适用于中华人民共和国境内畜禽养殖业防治环境污染，可作为编制畜禽养殖污染防治规划、环境影响评价报告和最佳可行技术指南、工程技术规范及相关标准等的依据，指导畜禽养殖污染防治技术的开发、推广和应用。

　　（三）畜禽养殖污染防治应遵循发展循环经济、低碳经济、生态农业与资源化综合利用的总体发展战略，促进畜禽养殖业向集约化、规模化发展，重视畜禽养殖的温室气体减排，逐步提高畜禽养殖污染防治技术水平，因地制宜地开展综合整治。

　　（四）畜禽养殖污染防治应贯彻"预防为主、防治结合，经济性和实用性相结合，管理措施和技术措施相结合，有效利用和全面处理相结合"的技术方针，实行"源头削减、清洁生产、资源化综合利用，防止二次污染"的技术路线。

（五）畜禽养殖污染防治应遵循以下技术原则：

1. 全面规划、合理布局，贯彻执行当地人民政府颁布的畜禽养殖区划，严格遵守"禁养区"和"限养区"的规定，已有的畜禽养殖场（小区）应限期搬迁；结合当地城乡总体规划、环境保护规划和畜牧业发展规划，做好畜禽养殖污染防治规划，优化规模化畜禽养殖场（小区）及其污染防治设施的布局，避开饮用水水源地等环境敏感区域。

2. 发展清洁养殖，重视圈舍结构、粪污清理、饲料配比等环节的环境保护要求；注重在养殖过程中降低资源耗损和污染负荷，实现源头减排；提高末端治理效率，实现稳定达标排放和"近零排放"。

3. 鼓励畜禽养殖规模化和粪污利用大型化和专业化，发展适合不同养殖规模和养殖形式的畜禽养殖废弃物无害化处理模式和资源化综合利用模式，污染防治措施应优先考虑资源化综合利用。

4. 种、养结合，发展生态农业，充分考虑农田土壤消纳能力和区域环境容量要求，确保畜禽养殖废弃物有效还田利用，防止二次污染。

5. 严格环境监管，强化畜禽养殖项目建设的环境影响评价、"三同时"、环保验收、日常执法监督和例行监测等环境管理环节，完善设施建设与运行管理体系；强化农田土壤的环境安全，防止以"农田利用"为名变相排放污染物。

二、清洁养殖与废弃物收集

（一）畜禽养殖应严格执行有关国家标准，切实控制饲料组分中重金属、抗生素、生长激素等物质的添加量，保障畜禽养殖废弃物资源化综合利用的环境安全。

（二）规模化畜禽养殖场排放的粪污应实行固液分离，粪便应与废水分开处理和处置；应逐步推行干清粪方式，最大限度地减少废水的产生和排放，降低废水的污染负荷。

（三）畜禽养殖宜推广可吸附粪污、利于干式清理和综合利用的畜禽养殖废弃物收集技术，因地制宜地利用农业废弃物（如麦壳、稻壳、谷糠、秸秆、锯末、灰土等）作为圈、舍垫料，或采用符合动物防疫要求的生物发酵床垫料。

（四）不适合敷设垫料的畜禽养殖圈、舍，宜采用漏缝地板和粪、尿分离排放的圈舍结构，以利于畜禽粪污的固液分离与干式清除。尚无法实现干清粪的畜禽养殖圈、舍，宜采用旋转筛网对粪污进行预处理。

（五）畜禽粪便、垫料等畜禽养殖废弃物应定期清运，外运畜禽养殖废弃物的贮存、运输器具应采取可靠的密闭、防泄漏等卫生、环保措施；临时储存畜禽养殖废弃物，应设置专用堆场，周边应设置围挡，具有可靠的防渗、防漏、防冲刷、防流失等功能。

三、废弃物无害化处理与综合利用

（一）应根据养殖种类、养殖规模、粪污收集方式、当地的自然地理环境条件以及废水排放去向等因素，确定畜禽养殖废弃物无害化处理与资源化综合利用模式，并择优选用低成本的处理处置技术。

（二）鼓励发展专业化集中式畜禽养殖废弃物无害化处理模式，实现畜禽养殖废弃物的社会化集中处理与规模化利用。鼓励畜禽养殖废弃物的能源化利用和肥料化利用。

（三）大型规模化畜禽养殖场和集中式畜禽养殖废弃物处理处置工厂宜采用"厌氧发

酵-(发酵后固体物)好氧堆肥工艺"和"高温好氧堆肥工艺"回收沼气能源或生产高肥效、高附加值复合有机肥。

（四）厌氧发酵产生的沼气应进行收集，并根据利用途径进行脱水、脱硫、脱碳等净化处理。沼气宜作为燃料直接利用，达到一定规模的可发展瓶装燃气，有条件的应采取发电方式间接利用，并优先满足养殖场内及场区周边区域的用电需要，沼气产生量达到足够规模的，应优先采取热电联供方式进行沼气发电并并入电网。

（五）厌氧发酵产生的底物宜采取压榨、过滤等方式进行固液分离，沼渣和沼液应进一步加工成复合有机肥进行利用。或按照种养结合要求，充分利用规模化畜禽养殖场（小区）周边的农田、山林、草场和果园，就地消纳沼液、沼渣。

（六）中小型规模化畜禽养殖场（小区）宜采用相对集中的方式处理畜禽养殖废弃物。宜采用"高温好氧堆肥工艺"或"生物发酵工艺"生产有机肥，或采用"厌氧发酵工艺"生产沼气，并做到产用平衡。

（七）畜禽尸体应按照有关卫生防疫规定单独进行妥善处置。染疫畜禽及其排泄物、染疫畜禽产品、病死或者死因不明的畜禽尸体等污染物，应就地进行无害化处理。

四、畜禽养殖废水处理

（一）规模化畜禽养殖场（小区）应建立完备的排水设施并保持畅通，其废水收集输送系统不得采取明沟布设；排水系统应实行雨污分流制。

（二）布局集中的规模化畜禽养殖场（小区）和畜禽散养密集区宜采取废水集中处理模式，布局分散的规模化畜禽养殖场（小区）宜单独进行就地处理。鼓励废水回用于场区园林绿化和周边农田灌溉。

（三）应根据畜禽养殖场的清粪方式、废水水质、排放去向、外排水应达到的环境要求等因素，选择适宜的畜禽养殖废水处理工艺；处理后的水质应符合相应的环境标准，回用于农田灌溉的水质应达到农田灌溉水质标准。

（四）规模化畜禽养殖场（小区）产生的废水应进行固液分离预处理，采用脱氮除磷效率高的"厌氧+兼氧"生物处理工艺进行达标处理，并应进行杀菌消毒处理。

五、畜禽养殖空气污染防治

（一）规模化畜禽养殖场（小区）应加强恶臭气体净化处理并覆盖所有恶臭发生源，排放的气体应符合国家或地方恶臭污染物排放标准。

（二）专业化集中式畜禽养殖废弃物无害化处理工厂产生的恶臭气体，宜采用生物吸附和生物过滤等除臭技术进行集中处理。

（三）大型规模化畜禽养殖场应针对畜禽养殖废弃物处理与利用过程的关键环节，采取场所密闭、喷洒除臭剂等措施，减少恶臭气体扩散，降低恶臭气体对场区空气质量和周边居民生活的影响。

（四）中小型规模化畜禽养殖场（小区）宜通过科学选址、合理布局、加强圈舍通风、建设绿化隔离带、及时清理畜禽养殖废弃物等手段，减少恶臭气体的污染。

六、畜禽养殖二次污染防治

（一）应高度重视畜禽养殖废弃物还田利用过程中潜在的二次污染防治，满足当地面源污染控制的环境保护要求。

（二）通过测试农田土壤肥效，根据农田土壤、作物生长所需的养分量和环境容量，科学确定畜禽养殖废弃物的还田利用量，有效利用沼液、沼渣和有机肥，合理施肥，预防面源污染。

（三）加强畜禽养殖废水中含有的重金属、抗生素和生长激素等环境污染物的处理，严格达标排放。废水处理产生的污泥宜采用有效技术进行无害化处理。

（四）畜禽养殖废弃物作为有机肥进行农田利用时，其重金属含量应符合相关标准；养殖场垫料应妥善处置。

七、鼓励开发应用的新技术

（一）国家鼓励开发、应用以下畜禽养殖废弃物无害化处理与资源化综合利用技术与装备：

1. 高品质、高肥效复合有机肥制造技术和成套装备；
2. 畜禽养殖废弃物的预处理新技术；
3. 快速厌氧发酵工艺和高效生物菌种；
4. 沼气净化、提纯和压缩等燃料化利用技术与设备。

（二）国家鼓励开发、应用以下畜禽养殖废水处理技术与装备：

1. 高效、低成本的畜禽养殖废水脱氮除磷处理技术；
2. 畜禽养殖废水回用处理技术与成套装备。

（三）国家鼓励开发、应用以下清洁养殖技术与装备：

1. 适合干式清粪操作的废弃物清理机械和新型圈舍；
2. 符合生物安全的畜禽养殖技术及微生物菌剂。

八、设施的建设、运行和监督管理

（一）规模化畜禽养殖场（小区）应设置规范化排污口，并建设污染治理设施，有关工程的设计、施工、验收及运营应符合相关工程技术规范的规定。

（二）国家鼓励实行社会化环境污染治理的专业化运营服务。畜禽养殖经营者可将畜禽养殖废弃物委托给具有环境污染治理设施运营资质的单位进行处置。

（三）畜禽养殖场（小区）应建立健全污染治理设施运行管理制度和操作规程，配备专职运行管理人员和检测手段；对操作人员应加强专业技术培训，实行考试合格持证上岗。

附录 4　地方规范性文件

北京市人民政府办公厅关于印发
《北京市推进畜禽养殖废弃物资源化利用工作方案》的通知

京政办发〔2018〕24 号

各有关区人民政府，市各有关单位：

　　《北京市推进畜禽养殖废弃物资源化利用工作方案》已经市政府同意，现印发给你们，请结合实际认真贯彻落实。

北京市人民政府办公厅

2018 年 6 月 20 日

北京市推进畜禽养殖废弃物资源化利用工作方案

　　为深入贯彻落实《国务院办公厅关于加快推进畜禽养殖废弃物资源化利用的意见》（国办发〔2017〕48 号），切实抓好本市畜禽养殖废弃物资源化利用工作，持续改善农业生态环境，促进农业可持续发展，特制定本方案。

一、总体要求

（一）指导思想

　　全面深入学习贯彻党的十九大精神，以习近平新时代中国特色社会主义思想为指导，坚定不移贯彻新发展理念，落实高质量发展要求，坚持保供给与保环境并重，坚持政府支持、企业主体、市场化运作的工作方针，坚持源头减量、过程控制、末端利用的治理路径，以养殖场为重点，以农用有机肥为主要利用方向，健全制度体系，强化责任落实，着力推进畜禽养殖废弃物资源化利用和农业生态环境保护，加快构建种养结合、种养循环的可持续发展新格局。

（二）基本原则

　　1. 统筹兼顾，有序推进。结合农业供给侧结构性改革，处理好"养"与"禁"的关系，统筹农业结构调整、资源环境承载、畜产品供给保障、农民持续增收，协同推进产业发展和环境保护，加快畜禽养殖业转型升级和绿色发展。

2. 因地制宜，分类实施。根据不同区域、不同养殖规模、不同养殖方式，以肥料化利用为主，采取经济高效适用的处理模式，宜肥则肥，宜气则气，宜电则电，实现畜禽粪污就地就近利用。

3. 政府引导，市场运作。完善以绿色生态为导向的农业补贴制度，建立企业投入为主、政府适当支持、社会资本积极参与的运营机制，培育发展畜禽养殖废弃物资源化利用产业。

（三）主要目标

2018 年年底前，全市大型规模养殖场粪污处理设施装备配套率达到 100%。2019 年年底前，建立科学规范、权责清晰、约束有力的畜禽养殖废弃物资源化利用制度，构建种养循环发展机制，全市畜禽粪污综合利用率达到 80% 以上，规模养殖场基本配备粪污处理设施装备并正常运行。

二、健全畜禽养殖废弃物资源化利用制度

（一）严格落实畜禽规模养殖环评制度。对畜禽规模养殖相关规划、新建或改扩建畜禽规模养殖场依法依规依程序开展环境影响评价。新建或改扩建畜禽规模养殖场应突出养分综合利用，配套与养殖规模和处理工艺相适应的粪污消纳用地，配备必要的粪污收集、贮存、处理、利用设施。对未依法进行环境影响评价的畜禽规模养殖场，环保部门依法予以处罚。（市环保局牵头，市农委、市农业局参与）

（二）健全畜禽养殖污染监管制度。构建统一管理、分级使用、共享直联的畜禽养殖污染防治监督管理平台，加强规模畜禽养殖场信息管理，确保信息真实准确、及时更新。建立健全畜禽养殖污染网格化巡查制度和畜禽养殖监督公示制度，强化线上线下"双监管"，实现动态长效防控。健全畜禽粪污治理达标备案、还田利用和检测标准体系。完善肥料登记管理制度，强化商品有机肥原料和质量的监管与认证。（市农委、市农业局、市环保局负责）

（三）落实属地管理责任制度。相关区政府对本行政区域内畜禽养殖废弃物资源化利用工作负总责，要结合本地实际，依法明确部门职责，细化任务分工，健全工作机制，加大资金投入，完善政策措施，强化日常监管，确保各项任务落实到位；要制定工作方案，细化分年度的重点任务和工作清单，并抄送市农委、市农业局备案。同时，坚持"谁污染、谁治理"的原则，监督指导本行政区域内养殖者履行环境保护责任和义务，确保畜禽养殖废弃物资源化利用有效实施。（各有关区政府负责）

（四）落实规模养殖主体责任制度。畜禽规模养殖场要严格执行《环境保护法》《水污染防治法》《畜禽规模养殖污染防治条例》《北京市水污染防治条例》《北京市土壤污染防治工作方案》等法律法规和规定，切实履行环境保护主体责任，因场施策，建设污染防治配套设施或者委托第三方进行粪污处理；要建立设施设备运行管理台账，加强设施设备管护并保持正常运行，确保粪污资源化利用。畜禽养殖标准化示范场要带头落实，切实发挥示范带动作用。（市农委、市农业局、市环保局负责）

（五）建立有效的市场运营机制。鼓励相关区在养殖密集区建设集中处理中心。支持

采取政府和社会资本合作（PPP）模式，调动社会资本积极性，充分发挥第三方处理机构和社会化服务组织的专业技术优势。鼓励建立受益者付费机制，保障第三方处理机构和社会化服务组织合理收益。（市农委、市农业局牵头，市发展改革委、市财政局、市环保局参与）

（六）构建种养循环发展机制。强化畜禽粪污的肥料资源属性，突出养分综合利用，将畜禽固体粪便经好氧堆肥无害化处理后就地还田利用或转化生产为有机肥产品参与市场大循环；将污水经多级沉淀、厌氧发酵或氧化塘等无害化处理后为农田提供有机肥水资源。实施有机肥替代化肥行动，加强粪肥还田技术指导，加大有机肥、肥水使用装备研发推广力度，支持在田间地头配套建设管网和储粪（液）池，解决粪肥还田"最后一公里"问题。（市农委、市农业局牵头，市环保局、市规划国土委参与）

三、支持政策

（一）加强财税政策支持。将畜禽养殖污染处理设施和废弃物资源化利用设施设备纳入农机购置补贴范围。完善市级有机肥补贴政策，支持利用畜禽养殖废弃物生产有机肥。鼓励规模化生物天然气工程和大中型沼气工程建设，生物天然气符合城市燃气管网入网技术标准的，经营燃气管网的企业应当接收其入网；落实国家可再生能源电价附加补助资金政策，优先组织申报国家补助资金。落实以畜禽粪污为原料的资源综合利用产品增值税即征即退政策。鼓励政府资金和社会资本设立投资基金，创新粪污资源化利用设施建设和运营模式。（市财政局、市发展改革委、市农委、市农业局、市环保局、市城市管理委、国家税务总局北京市税务局、北京市电力公司负责）

（二）统筹解决用地用电问题。按照国土资源部、农业部《关于促进规模化畜禽养殖有关用地政策的通知》（国土资发〔2007〕220号）和《关于进一步支持设施农业健康发展的通知》（国土资发〔2014〕127号）要求，结合实施《北京城市总体规划（2016—2035年）》，落实畜禽规模养殖用地。畜禽养殖场建设粪污处理设施用地，按照设施农业用地标准配套和管理。以畜禽养殖废弃物为主要原料的规模化生物天然气工程、大型沼气工程、有机肥厂、集中处理中心建设用地，应与土地利用总体规划相衔接，在年度建设用地供应计划中优先安排并充分利用存量建设用地或未利用地。畜禽养殖场养殖相关活动用电享受农业用电政策。（市规划国土委、市发展改革委牵头，市农委、市农业局参与）

四、保障措施

（一）加强组织领导。建立由市农委、市农业局、市环保局牵头，相关部门参与的畜禽养殖废弃物资源化利用工作协调机制，农业部门负责畜禽养殖监督管理及畜禽养殖污染防治的技术指导和服务，组织做好畜禽养殖污染治理、资源综合利用工作；环保部门负责养殖污染防治的统一监督管理，强化环境执法监管，依法依规严肃查处畜禽养殖污染违法违规行为；其他有关部门依照相关法律法规和职责，负责畜禽养殖污染防治相关工作。（市农委、市农业局、市环保局牵头，相关部门参与）

（二）强化科技支撑。充分利用首都科技资源优势，强化畜禽养殖废弃物资源化利用技术集成；发挥行业协会等社会组织作用，加强技术培训和推广，做好畜禽粪污治理及废弃物综合利用技术指导和服务工作。（市农委、市农业局、市科委负责）

（三）严格检查考核。根据农业农村部、生态环境部制定的考核办法，制定市级考核细则，对相关区政府开展畜禽养殖废弃物资源化利用工作进行考核，定期通报考核结果。强化考核结果应用，建立激励和责任追究机制。（市农委、市农业局、市环保局负责）

（四）加强社会监督。发挥新闻媒体监督作用，加大对违法行为的曝光力度。同时，建立健全群众举报机制，鼓励实行有奖举报，引导公众积极参与，促使畜禽养殖废弃物资源化利用各项措施落到实处。（市农委、市农业局、市环保局负责）

天津市人民政府办公厅关于印发
《天津市加快推进畜禽养殖废弃物资源化利用工作方案》的通知

津政办函〔2017〕124号

有农业的区人民政府，有关委、局，有关单位：

经市人民政府同意，现将《天津市加快推进畜禽养殖废弃物资源化利用工作方案》印发给你们，请照此执行。

天津市人民政府办公厅

2017年11月3日

天津市加快推进畜禽养殖废弃物资源化利用工作方案

为加快推进天津市畜禽养殖废弃物资源化利用，促进畜牧业可持续发展，解决养殖粪污有效处理和利用中存在的突出问题，保障畜产品有效供给，改善农村居民生产生活环境，根据《国务院办公厅关于加快推进畜禽养殖废弃物资源化利用的意见》（国办发〔2017〕48号）及《农业部关于印发〈畜禽粪污资源化利用行动方案（2017—2020年）〉的通知》（农牧发〔2017〕11号）要求，结合我市实际，制定本方案。

一、总体要求

（一）指导思想。全面贯彻党的十九大精神，深入学习贯彻习近平新时代中国特色社会主义思想，坚持以习近平总书记对天津工作提出的"三个着力"重要要求为元为纲，认真落实党中央、国务院决策部署，围绕扎实推进"五位一体"总体布局、"四个全面"战略布局的天津实施，牢固树立和贯彻落实新发展理念，坚持保供给与保环境并重，坚持政府支持、企业主体、市场化运作的方针，坚持源头减量、过程控制、末端利用的治理路径，以畜牧养殖大区和规模养殖场为重点，以农用有机肥为主要利用方向，健全制度体系，强化责任落实，完善扶持政策，严格执法监管，加强科技支撑，强化装备保障，全面推进畜禽养殖废弃物资源化利用，加快构建种养结合、农牧循环的可持续发展新格局，为全面建成高质量小康社会、加快建设生态宜居的现代化天津提供有力支撑。

（二）基本原则。

1. 统筹兼顾，有序推进。统筹资源环境承载能力、畜产品供给保障能力和养殖废弃物资源化利用能力，协同推进生产发展和环境保护，奖惩并举，疏堵结合，加快畜牧业转型升级和绿色发展，保障畜产品供给稳定。

2.因地制宜，多元利用。根据不同区域、不同畜种、不同规模，以肥料化利用为基础，采取污水肥料化利用、粪便垫料回用、污水深度处理的模式，实现粪污就地就近利用。

3.属地管理，落实责任。畜禽养殖废弃物资源化利用由政府负总责。各有关部门在本级人民政府的统一领导下，健全工作机制，督促指导畜禽养殖场切实履行主体责任。

4.政府引导，市场运作。建立企业投入为主、政府适当支持、社会资本积极参与的运营机制。完善以绿色生态为导向的农业补贴制度，充分发挥市场配置资源的决定性作用，引导和鼓励社会资本投入，培育发展畜禽养殖废弃物资源化利用产业。

（三）工作目标。到2020年，建立科学规范、权责清晰、约束有力的畜禽养殖废弃物资源化利用制度，构建种养循环发展机制，全市畜禽粪污综合利用率达到80%以上。到2019年，全市规模畜禽养殖场粪污处理设施装备配套率达到100%。

二、主要任务

（一）加快推进畜禽粪污治理

1.全面完成规模畜禽养殖场粪污治理工程建设。有农业的区人民政府要在实施"美丽天津·一号工程"的基础上，全部完成规模畜禽养殖场粪污治理，采用多级沉淀、厌氧发酵、固体堆肥等技术，按照"三改两分再利用"、种养一体化等模式处理畜禽粪污，建设粪污存储、收集、处理、转运等设施。支持在田间地头配套建设管网和储粪（液）池等，解决粪肥还田"最后一公里"问题。2017年完成500家规模畜禽养殖场粪污治理，2018年完成大型规模畜禽养殖场粪污治理，2019年完成其他规模畜禽养殖场粪污治理。（市农委牵头，市财政局、市环保局、市国土房管局配合，有农业的区人民政府落实。以下各项均需有农业的区人民政府落实，不再列出）

2.加强村庄内散养畜禽管理。属地政府要因地制宜制定政策，引导村庄内专业养殖户有序退出村庄。村庄内确需保留畜禽散养的，应当严格控制养殖规模并实行舍饲，由村民委员会负责组织对散养畜禽产生的粪污进行收集、处理、利用。（市相关部门按职责分工分别牵头）

3.加快畜牧业转型升级。大力发展标准化规模养殖，建设自动喂料、自动饮水、环境控制等现代化装备，推广节水、节料等清洁养殖工艺和干清粪、微生物发酵等实用技术，实现源头减量。加强规模养殖场精细化管理，推行标准化、规范化饲养，推广散装饲料和精准配方，提高饲料转化效率。加快畜禽品种遗传改良进程，提升母畜繁殖性能，提高综合生产能力。落实畜禽疫病综合防控措施，降低发病率和死亡率。以畜牧大区为重点，支持规模养殖场圈舍标准化改造和设备更新，继续开展畜禽养殖标准化示范创建。（市农委牵头，市财政局配合）

（二）大力推进畜禽养殖废弃物综合利用

1.推广经济适用技术模式。根据我市现阶段畜禽养殖现状和资源环境特点，以源头减量、过程控制、末端利用为核心，重点推广固体粪便堆肥、牛粪垫料回用、污水肥料化利用和污水深度处理等技术模式。有农业的区应根据各规模养殖场饲养工艺和环境承载力的不同，因地制宜采取经济适用技术促进畜禽粪污就近就地还田利用。（市农委牵头，市

相关部门配合）

2．扶持种养结合循环发展。支持规模化养殖场配套使用相应规模的粪污消纳用地，以农用有机肥为主要利用方向，粪污全量替代化肥还田利用。推广使用生物制剂消除畜禽养殖恶臭，鼓励应用多元技术和先进设施，打造 200 个种养一体、循环利用、绿色畜牧示范场、小区、村。加强粪肥还田技术指导，确保科学合理施用。鼓励沼液和经无害化处理的畜禽养殖废水作为肥料科学还田利用。完善肥料登记管理制度，强化商品有机肥原料和质量的监管与认证。（市农委牵头，市财政局配合）

3．鼓励第三方开展专业治理。推动建立畜禽粪污的收集、转化、利用网络体系，鼓励在养殖密集区域建立粪污集中处理中心，探索规模化、专业化、社会化运营机制。支持采取政府和社会资本合作（PPP）模式，调动社会资本积极性，形成畜禽粪污处理和资源化利用全产业链。培育壮大多种类型的粪污处理社会化服务组织，实行专业化生产、市场化运营。鼓励建立受益者付费机制，保障第三方处理企业和社会化服务组织合理收益。（市农委牵头，市财政局、市发展改革委配合）

4．整建制推进畜牧大区畜禽粪污资源化利用。蓟州区、宝坻区、武清区、宁河区和静海区作为畜牧大区要整体推进畜禽粪污资源化利用，区人民政府要做好顶层设计，科学编制种养循环发展规划，兼顾畜牧业和种植业，坚持以地定畜、以种定养，统筹考虑环境承载能力，优化调整畜牧业生产布局，根据土地承载能力确定畜禽养殖规模，超过土地承载能力的要逐步调减养殖总量。各畜牧大区要统筹项目整合，明确提高畜禽粪污综合利用水平的具体措施。（市相关部门按职责分工分别牵头，蓟州区、宝坻区、武清区、宁河区和静海区人民政府落实）

5．统筹解决畜禽粪污资源化利用用地用电问题。落实畜禽规模养殖用地，并与土地利用总体规划相衔接。完善规模养殖设施用地政策，以畜禽养殖粪污为主要原料的商品有机肥厂、集中处理中心选址要符合土地利用总体规划。对涉及新增建设用地，符合国家产业政策和供地政策的，在年度土地利用计划中给予支持。落实规模养殖场内养殖相关活动农业用电政策。（市国土房管局、市发展改革委牵头，市农委配合）

（三）严格落实畜禽规模养殖环评制度

1．依法进行环评。新建或改扩建畜禽规模养殖场，应突出养分综合利用，配套与养殖规模和处理工艺相适应的粪污消纳用地，配备必要的粪污收集、贮存、处理、利用设施，依法进行环境影响评价。对未依法进行环境影响评价的畜禽规模养殖场，环保部门予以处罚。（市环保局牵头，市相关部门配合）

2．合理编制环评报告。环评报告书、登记表的评价对象严格按照《建设项目环境影响评价分类管理名录》（环境保护部令　第 44 号）确定的畜禽养殖项目的环评文件和类别执行。环评报告的编制应当根据畜禽养殖特点、环境承载能力及周边需肥状况，以废弃物综合利用为防治污染的根本途径，重点论证项目选址的科学性、养殖数量的合理性、污染防治措施的经济性和可行性，切实提高污染防治水平。（市环保局牵头，市相关部门配合）

3．指导养殖场规范改造。统筹畜产品供给和畜禽粪污治理，落实"菜篮子"市长负责制有关要求，采用疏堵结合的方式，在治理的同时加强引导。组织有农业的区对现有规模畜禽养殖场开展环保清理排查，对于选址合理、污染防治措施符合环境管理要求的，完善环保手续后纳入环境监管范围；对于选址合理但现有污染防治措施不完善的，提出提升改造要求，完成整改后纳入环境监管范围；对于选址不合理、不能提升改造的，要关停取缔。（市农委、市环保局牵头，市相关部门配合）

（四）全面加强畜禽规模养殖环保执法监管

1. 建立长效管理机制。有农业的区人民政府应当建立畜禽粪污治理长效管理机制，各部门分工负责，保证畜禽污染防治效果。区环保部门负责畜禽养殖污染防治的统一监督管理，区国土部门负责协调落实项目用地，区农业部门负责畜禽粪污综合利用的指导和服务，区循环经济发展综合管理部门负责畜禽养殖循环经济工作的组织协调，区其他有关部门依照规定和各自职责，负责畜禽养殖污染防治相关工作，乡镇人民政府应当协助有关部门做好本行政区域的畜禽养殖污染防治工作。（市环保局牵头，市农委、市国土房管局等部门配合）

2. 加强日常监督管理。环保部门要将畜禽养殖污染防治纳入日常执法监管范围，采取随机抽查、例行检查相结合的方式，加大监督检查力度，及时做好记录，建立管理台账。实施畜禽规模养殖场分类管理，对设有固定排污口的畜禽规模养殖场，依法核发排污许可证，依法严格监管。（市环保局牵头，市相关部门配合）

3. 加大执法处罚力度。严厉打击非法排放畜禽污染物、不正常使用污染治理设施、监测数据弄虚作假等环境违法行为。对造成生态环境损害的责任者，依法严格落实赔偿责任。区环保、公安等部门进一步加强协作，健全行政执法与刑事司法衔接配合机制，对涉嫌环境犯罪的行为依法追究刑事责任。市环保、公安等部门要对严重污染环境、群众反映强烈的企业进行挂牌督办。（市环保局牵头，市公安局、市检察院配合）

三、保障措施

（一）明确责任

1. 落实属地管理责任。有农业的区人民政府对本行政区域内的畜禽养殖废弃物资源化利用工作负总责，要结合本地实际，依法明确部门职责，细化任务分工，健全工作机制，加大资金投入，完善政策措施，强化日常监管，确保各项任务落实到位。有农业的区人民政府应于 2017 年 11 月底前根据本方案制定并公布本区畜禽粪污资源化利用工作方案，确定重点任务和工作目标，并细化责任分工，落实具体项目，抄报市农委备案。（市相关部门按职责分工分别牵头）

2. 落实规模养殖场主体责任。畜禽规模养殖场要严格执行《环境保护法》《畜禽规模养殖污染防治条例》《水污染防治行动计划》《土壤污染防治行动计划》等法律法规和规定，切实履行环境保护主体责任，建设污染防治配套设施并保持正常运行，或者委托第三方进行粪污处理，确保粪污资源化利用。畜禽养殖标准化示范场要带头落实，切实发挥示范带动作用。污染环境、破坏生态行为造成生态环境损害的应承担损害评估、治理与修复的法律责任。（市环保局牵头，市公安局、市检察院、市农委配合）

3. 建立部门协作机制。建立畜禽养殖废弃物资源化利用工作协调机制，市农委牵头，市环保局、市发展改革委、市科委、市国土房管局、市财政局等相关部门密切配合，定期召开会议，研究政策措施，协调解决问题，组织督办落实，开展绩效评价。（市农委牵头，市环保局、市发展改革委、市科委、市国土房管局、市财政局等部门配合）

（二）严格考核问责

1．实行目标责任制。有农业的区人民政府要按照与市人民政府签订的目标责任书，分解落实目标任务。有关部门要分年度对本工作方案实施情况和各区工作方案实施情况进行考核。（市农委、市环保局牵头，市委组织部配合）

2．严格考评制度。评估和考核结果作为对领导班子和领导干部综合考核评价的重要依据。评估和考核结果作为相关资金分配的重要参考依据。对年度评估结果较差或未通过考核的区，提出限期整改意见，整改完成前，可按照环境保护部《关于印发〈建设项目环境影响评价区域限批管理办法（试行）〉的通知》（环发〔2015〕169号）的规定实施环评限批；整改不到位的，约谈相关区人民政府和相关部门负责人。（市农委、市环保局牵头，市委组织部配合）

3．建立问责机制。对畜禽养殖环境问题突出、防治工作不力、群众反映强烈的区，约谈相关区人民政府和相关部门主要负责人。对失职渎职、弄虚作假的，视情节轻重，予以通报、诫勉、责令公开道歉、组织调整和组织处理、纪律处分；对构成犯罪的，依法追究刑事责任，已经调离、提拔或者退休的，也要终身追究责任。（市农委、市环保局牵头，市委组织部配合）

（三）完善政策措施

1．加大财政投入。积极创新财政支持引导模式，争取中央政策和资金支持，利用好规模畜禽养殖粪污治理工程专项资金，支持有农业的区妥善用好债务资金，推进粪污治理与有机肥替代化肥示范区创建、商品有机肥补贴、粪污处理设备农机补贴等相关政策联动机制，探索实施PPP模式，全面完成规模畜禽养殖粪污治理。（市财政局、市农委牵头，市发展改革委配合）

2．强化科技支撑。组织开展畜禽粪污资源化利用先进工艺和技术研发，提高资源转化利用效率。开发安全、高效、环保新型饲料产品。加强畜禽粪污资源化利用技术集成，根据不同资源条件、不同畜种、不同规模，推广粪污全量收集还田利用、专业化能源利用、固体粪便肥料化利用、粪便垫料回用、污水肥料化利用、污水达标排放等经济实用技术模式。集成推广应用有机肥、水肥一体化等关键技术。加大技术培训力度，加强示范引领，不断提升养殖场粪污资源化利用水平。（市农委、市科委牵头，市环保局配合）

（四）加强社会监督和宣传教育

1．引导公众参与。健全举报制度，实行有奖举报，鼓励公众通过"88908890"专线、信函、电子邮件、政府网站、微信、微博平台等途径，对乱排畜禽粪污的环境违法行为进行监督。进一步提升社会公众参与环境保护的自觉性、主动性和能力水平。鼓励开展聘请环境保护监督员工作。（市环保局牵头，市相关部门配合）

2．推动公益诉讼。鼓励依法对畜禽养殖的环境违法行为提起公益诉讼。我市各级人民政府和有关部门应积极配合检察机关提起公益诉讼履行法律监督职能和人民法院办理相关案件的工作。（市检察院、市高法牵头，市环保局、市农委、市公安局等部门配合）

3．加强宣传教育。利用互联网、数字化放映平台及平面媒体等手段，结合美丽天津建设和新型职业农民培育、农村实用人才培训等，普及畜禽污染防治和资源化利用相关知识，加强法律法规政策宣传解读，营造良好社会氛围。（市农委牵头，市相关部门配合）

河北省人民政府办公厅关于印发
《河北省畜禽养殖废弃物资源化利用工作方案》的通知

冀政办字〔2017〕119 号

各市（含定州、辛集市）人民政府，各县（市、区）人民政府，雄安新区管委会，省政府有关部门：

《河北省畜禽养殖废弃物资源化利用工作方案》已经省政府同意，现印发给你们，请认真组织实施。

河北省人民政府办公厅
2017 年 9 月 16 日

河北省畜禽养殖废弃物资源化利用工作方案

为贯彻落实《国务院办公厅关于加快推进畜禽养殖废弃物资源化利用的意见》（国办发〔2017〕48 号）精神，切实做好畜禽粪污治理和资源化利用工作，推进农牧业与生态环境协调发展，结合我省实际，制定本方案。

一、总体要求

深入贯彻习近平总书记系列重要讲话精神，牢固树立创新、协调、绿色、开放、共享的发展理念，坚持"政府引导、市场运作、统筹兼顾、突出重点、梯次推进、逐县销号"原则，以沼气和生物天然气为主要处理方向，以就地就近用于农村能源和农用有机肥为主要使用方向，以畜牧大县和规模养殖场为重点，推行源头减量、严格过程控制、强化末端利用，落实主体责任，加大政策扶持，规范执法监督，突出科技引领，创新体制机制，加快畜禽养殖粪污处理设施建设，推进养殖废弃物资源化利用，构建种养结合、农牧循环长效机制，力争在环境保护和循环经济上有新突破。到 2020 年年底，建立科学规范、权责清晰、约束有力的畜禽养殖废弃物资源化利用制度，基本解决畜禽规模养殖污染，培育形成畜禽养殖废弃物资源化利用新兴产业。全省畜禽规模养殖场粪污处理设施装备配套率达到 100%，畜禽粪污综合利用率达到 75%以上。

二、严格落实畜禽养殖环境保护制度

（一）编制畜禽养殖污染防治规划。2017年年底前，各地要编制畜禽养殖污染防治规划，由本级政府或其授权的部门批准实施。畜禽养殖污染防治规划要与本地畜牧业发展规划相衔接，统筹考虑畜牧养殖生产布局，明确粪污防治目标，确定重点治理区域，细化污染防治措施，提升畜禽粪污综合治理水平。（牵头部门：省环境保护厅；配合部门：省农业厅）

（二）落实环境评价制度。按照《建设项目环境影响评价分类管理名录》要求，指导督促新建或改扩建养殖场依法开展环境影响评价，实行环评报告书、报告表审批或登记表管理。加强事中事后监管，落实环保"三同时"制度，主动公开建设项目环境信息，对未依法进行环境影响评价的畜禽规模养殖场，环保部门依法予以处罚。（牵头部门：省环境保护厅；配合部门：省农业厅）

（三）落实政府属地管理责任。各级政府对本行政区域内的畜禽养殖废弃物资源化利用工作负总责，组织、协调本行政区域粪污处理和资源化利用工作，结合本地实际，依法明确部门职责，细化任务分工，健全工作机制，加大资金投入，完善政策措施，强化日常监管，确保各项任务落实到位。统筹畜产品供给和畜禽粪污治理，落实"菜篮子"市长负责制。2017年年底前，各市县要制定畜禽养殖废弃物资源化利用行动计划，细化分解年度重点任务，编制工作清单，抓好工作落实，并抄送上级农业和环境保护主管部门备案。县级行动计划要具体到养殖场，细化到建设内容，明确治理完成时间。（责任单位：各市、县政府）

（四）落实部门监管责任。环保、农业等部门要依法履行职责，加强监督管理、指导和服务。落实规模养殖场备案制度，建立污染直联直报信息系统，构建统一管理、分级使用、共享直联的监管平台，加强对直报信息系统的在线监管、实时监控，对上报信息不实的依法予以处罚。实施畜禽规模养殖场分类管理，对设有固定排污口、符合条件的畜禽规模养殖场，依法核发排污许可证。加大环境执法监管力度，强化规模养殖场环境保护责任，对不运行处理设施，偷排、漏排污染物造成环境污染事故的依法处理，相关信息通过网站依法向社会公开。环保部门会同农业部门对规模养殖场粪污处理配套设施检查验收，对符合要求的，实施销号制度和定期复核制度。（牵头部门：省环境保护厅；配合部门：省农业厅）

（五）落实企业主体责任。畜禽规模养殖场是养殖废弃物防治的主体，要根据养殖规模和污染防治要求，建立畜禽粪污治理档案，按照"一场一策一方案"要求，建设与之相应的粪污收集、贮存、处理设施并保证其正常运行，或委托第三方进行粪污处理。畜禽粪污贮存设施要做到防雨、防渗、防溢，确保污染物不外排。鼓励建设干湿分离，雨水明沟排放、污水暗沟输送的雨污分流收集设施和粪便输运系统。通过直联直报系统上报粪污治理设施建设、废弃物产生、排放和综合利用等情况。到2019年年底，所有养殖场全部建设粪污处理设施。（牵头部门：省农业厅，配合部门：省环境保护厅、省发展改革委）

三、构建资源化利用循环经济发展新机制

（一）加快畜牧业转型升级。优化畜牧业养殖布局，推进畜牧业结构调整，继续开展畜禽养殖标准化示范创建，支持规模养殖场圈舍标准化改造和设备更新。加快畜禽品种改良进程，落实畜禽疫病防控措施，提高综合生产能力。定期开展兽药和饲料添加剂专项整治，规范兽药、饲料添加剂生产、销售和使用，防止有害物质通过畜禽废弃物进入农田。推广节水、节料等清洁养殖工艺和干清粪、微生物发酵等实用技术，实现源头减量。畜牧大县要科学编制种养循环发展规划，实行以地定畜，精准规划，促进种养业协调发展。（牵头部门：省农业厅；配合部门：省发展改革委、省财政厅、省环境保护厅、省质监局）

（二）开展环境承载能力评估。建设省级畜禽养殖污染监测评估中心，提升监测评估能力。按照粪肥养分综合平衡要求，开展畜禽养殖环境承载能力评估，根据畜禽粪肥供给量与农田负荷量，合理确定养殖规模，探索建立畜禽养殖污染评估机制。对畜禽养殖规模超过土地承载能力的县，提出承载能力预警，限期调减养殖总量，实现农业生态环境良性循环。2017年在20个县开展环境承载能力评估试点，2020年全省全面完成。（牵头部门：省农业厅；配合部门：省发展改革委、省环境保护厅、省财政厅）

（三）推进肥料化利用。落实肥料登记管理制度，强化商品有机肥原料和质量的监管与认证。充分发挥畜禽粪污肥料化属性，支持大中型畜禽规模养殖场和有机肥专业化、社会化服务组织加工生产有机肥；支持中小型畜禽养殖场采取堆沤发酵方式就近就地还田。实施有机肥替代化肥行动，开展果菜有机肥替代化肥试点示范，提升耕地有机质含量。支持在田间地头配套建设管网和储粪（液）池等方式，解决粪肥还田"最后一公里"问题。2017年在7个县实施有机肥替代化肥试点，每县建设3个万亩以上的有机肥替代化肥示范区，2020年全省全面推广。（牵头部门：省农业厅；配合部门：省环境保护厅、省财政厅）

（四）促进能源化利用。充分利用畜禽粪污能源化特性，支持大型畜禽养殖场建设池容1 000立方米以上沼气工程，盘活现有闲置大型沼气和生物天然气设施，用于发电、供气、压缩灌装、提纯净化、生产生物天然气，支持建设沼气配套管网入户工程，加快农村"煤改气"和清洁能源利用。突出沼渣、沼液肥用功能，开展沼肥加工、田间配送，用于粮食、蔬菜、林果、花卉等农业生产，实现循环利用。到2020年年底，新建或改造50个以上规模化大中型沼气或生物天然气工程。（牵头部门：省农业厅；配合部门：省发展改革委、省财政厅、省电力公司、冀北电力公司）

（五）开展养殖密集区治理。在畜禽养殖密集区推行"养治分离、专业生产、市场运作"的第三方治理模式，实施畜牧大县资源化利用整县推进项目，创建畜牧业发展绿色示范县，引导社会资本投入畜禽养殖环境治理领域，建立粪便污水分户贮存、统一收集、集中处理的市场化运行机制，形成政府、企业、社会共同参与的治污合力。到2020年，畜牧大县养殖密集区全部实现集中治理。（牵头部门：省农业厅；配合部门：省环境保护厅、省发展改革委）

（六）建立生态循环体系。加强示范带动，构建大中小"三个循环"。引导畜禽规模养殖场通过土地流转、租赁、合同订单等形式配套种植用地，就近就地消纳畜禽养殖粪污，构建种养结合主体双向小循环。充分发挥大中型沼气工程、有机肥加工企业作用，通过农牧对接、沼气利用、水肥一体化、智能化设施等建设，构建产业融合、种养平衡、农牧结

合的区域多向中循环。以县域为单位，结合当地实际，按照"一县一策"要求，统筹农牧产业、沼气工程建设、有机肥加工、农牧业废弃物收集加工、休闲农业、美丽乡村等配套服务措施，构建县域生态农牧业立体大循环。（牵头部门：省农业厅；配合部门：省环境保护厅、省发展改革委）

四、保障措施

（一）加大资金投入。各级财政要加大畜禽养殖废弃物资源化利用投入，加强省级支撑能力建设，支持规模养殖场、第三方处理企业、社会化服务组织建设粪污处理设施，积极推广使用有机肥。利用规模化大型沼气工程资金，支持建设大型能源化利用工程。利用国家种养结合一体化绿色示范县建设、畜禽粪污资源化利用、秸秆综合利用资金，支持种养结合整县推进。利用环境保护资金，对畜禽规模养殖粪污污染治理给予扶持。鼓励地方政府和社会资本设立投资基金，创新粪污资源化利用设施建设和运营模式。（责任部门：省财政厅、省农业厅、省环境保护厅、省发展改革委）

（二）加强政策支持。将以畜禽养殖粪污为主要原料的沼气工程、有机肥厂、集中处理中心建设用地等属于非农建设占地的，纳入土地利用总体规划，在年度用地计划中优先安排，将不属于非农建设占地的，按农业用地管理。提高规模养殖场粪污资源化利用和有机肥生产积造设施用地占比及规模上限。利用中央财政农机购置补贴资金，对粪污收、储、运及有机肥加工使用等畜禽养殖废弃物资源化利用装备实行敞开补贴。将畜禽养殖场内养殖相关活动用电纳入农业用电范围。降低单机发电功率门槛，积极做好沼气发电项目电网接入服务，符合并网技术标准的多余电量应全额收购。符合产品质量标准的生物天然气享受无歧视进入城镇天然气管网和加气站待遇，经营燃气管网企业应接受其入网。对符合法定减免税条件的粪污综合利用企业按规定给予税收优惠，落实沼气和生物天然气增值税即征即退政策，支持生物天然气和沼气工程开展碳交易项目。（责任部门：省国土资源厅、省财政厅、省发展改革委、省能源局、省农业厅、省住房和城乡建设厅、省国税局、省电力公司、冀北电力公司）

（三）强化科技支撑服务。开展畜禽粪污治理先进工艺、技术和装备研发，研究养殖场源头节水新技术、新工艺，开发安全、高效、环保型饲料产品及肥料产品，加强微生物发酵、污水深度处理安全回用及环境安全评价技术研究。支持现有大中型沼气工程进行技术改造，推行沼气低温低浓度高效制取、粪肥综合养分管理、水肥一体化等关键技术。推广气热电肥联产联供资源化利用、种养结合园区内自循环、第三方综合治理、肥料化利用、区域化集中处理、中小型养殖场堆积发酵就近还田利用等畜禽粪污资源化利用模式。加强对养殖场技术培训和指导，增强从业者治污意识，提升养殖场粪污资源化利用水平。（责任部门：省科技厅、省农业厅）

（四）严格绩效考核。将畜禽废弃物资源化利用绩效评价考核制度纳入市、县级政府绩效评价考核体系，省农业厅会同省环境保护厅制定具体考核办法，对各市政府开展考核。市级政府要对本行政区域内畜禽废弃物资源化利用工作开展考核。各级政府要加强督导检查，定期通报工作进展，层层传导压力。强化考核结果运用，实行责任追究制度，对任务完成好的市、县（市、区）通报表扬及政策奖励，对完成任务较差的通报批评并进行行政问责。（牵头部门：省农业厅、省环境保护厅、省发展改革委；配合部门：省委组织部）

（五）强化宣传引导。各级新闻媒体要加强对畜禽养殖废弃物治理法律、法规的宣传，宣传各地畜禽粪污治理的好经验、好做法，增强从业人员治污的责任感紧迫感。曝光一批违法排污的典型案例，加大对违法排污者处罚力度，形成治污的良好氛围，不断提高畜禽养殖废弃物综合利用水平。（牵头部门：省农业厅、省环境保护厅；配合部门：省委宣传部）

（六）加强组织领导。各级各有关部门要根据本工作方案要求，按照职责分工，加大工作力度，尽快制定和完善具体政策措施。省农业厅要会同省有关部门对工作落实情况进行定期督查和跟踪评估，并向省政府报告。

河南省畜牧局关于印发
《2017 年度全省打赢畜禽养殖污染防治攻坚战实施方案》的通知

各省辖市、直管县（市）畜牧局：

为深入贯彻习近平总书记在中央财经领导小组第十四次会议上的重要讲话精神，落实省委、省政府坚决打赢环境污染防治攻坚战的决策部署，着力解决畜禽养殖废弃物无害化处理和资源化利用问题，现将《2017 年度全省打赢畜禽养殖污染防治攻坚战的实施方案》印发给你们，请遵照执行。

河南省畜牧局

2017 年 3 月 15 日

2017 年度全省打赢畜禽养殖污染防治攻坚战实施方案

根据省政府《关于打赢水污染防治攻坚战的意见》等系列文件精神，为打赢全省畜禽养殖污染防治攻坚战，特制定本实施方案。

一、总体要求

（一）基本思路。认真贯彻习近平总书记在中央财经领导小组第十四次会议上的重要讲话精神，按照生态文明建设的总体部署和省委省政府有关要求，坚持政府支持、企业主体、市场化运作的方针，以畜禽养殖废弃物无害化处理和资源化利用为基本途径，加快禁养区内畜禽规模养殖场户关闭搬迁，加强畜禽规模养殖场户粪污处理利用基础设施建设，以养殖大县和养殖密集区为重点积极推广"分散收集，集中处理"的有效模式，积极开展绿色生态畜牧业示范市、示范县、示范场创建活动，大力发展种养结合，循环利用，持续提高畜禽粪污综合利用率，持续推进畜禽养殖污染防治法制化管理、产业化发展、市场化经营和社会化服务取得新进展。

（二）目标任务。在地方政府的领导下，配合有关部门在 2017 年年底前完成禁养区内规模畜禽养殖场户的关闭搬迁工作；全省畜禽规模养殖场户粪便综合处理利用设施配套率达到 65%以上；创建国家级畜禽养殖标准化示范场 45 个、畜牧业绿色发展示范县 8 个，省级生态畜牧业示范场 200 个。

二、重点工作

（一）扎实推进禁养区内养殖场户关闭搬迁。认真履行畜牧部门的牵头责任，3 月底前进一步明确禁养区内确需关闭搬迁畜禽规模养殖场户的清单，并报告地方政府进行公示。尽早会同环保、财政、国土等有关部门，向政府研究提出禁养区关闭搬迁的政策措施，明确部门任务分工和责任。畜牧部门要切实搞好关闭搬迁的指导服务，会同国土部门认真解决好搬迁用地问题，争取财政部门在关闭搬迁上予以资金支持，配合环保部门年底前对禁养区内规模养殖场户依法关闭搬迁。

（二）加强粪便综合处理利用基础设施建设。按照省政府《关于打赢水污染防治攻坚战的意见》《关于印发河南省流域水污染防治联防联控制度等 2 项制度的通知》《关于印发河南省水污染防治攻坚战 9 个实施方案的通知》的总要求，淮河、海河、黄河、长江流域以及南水北调中线工程丹江口水库及总干渠（河南辖区）流域的畜牧部门，要把畜禽规模养殖场户综合治理纳入年度工作目标，集中各类政策项目，支持现有规模养殖场户配套建设粪便污水处理利用基础设施建设，支持散养密集的区域实行畜禽粪污"分户收集，集中处理利用"，对新建、改建、扩建的养殖场户严格执行"三同时"制度，做好环评报告或备案。各地要按照农业部畜牧业司下发的《畜禽规模养殖场（小区）粪污处理利用设施建设情况登记表》要求，进一步深入开展粪便污水设施调查摸底，有关情况6 月底前报省局。

（三）大力开展生态畜牧业示范创建活动。重点抓好国家畜牧业绿色发展示范县创建、省级生态畜牧业示范市和示范场创建活动。各地要根据农业部《畜牧业绿色发展示范县创建活动方案》的要求，加强组织领导，认真谋划，加大创建力度，积极构建生态循环绿色发展方式，探索种养结合绿色发展机制，开创废弃物资源化利用产业形态，力争今年创建一批国家级畜牧业绿色发展示范县。漯河、平顶山、南阳、濮阳、驻马店要按照省级生态畜牧业示范市创建意见的总体要求和目标任务，进一步完善实施方案，落实关键措施，借助国家"化肥零增长"及"果茶菜有机肥替代化肥"行动计划等政策，大力推广"畜-肥-果（菜、茶、粮、林）"，打通畜禽粪便利用通道，提升示范市粪污治理循环利用整体功能与水平，示范引领全省生态畜牧业发展。各地要按照全省关于创建生态畜牧业示范场方案要求，大力宣传，积极组织，认真指导，全力服务，推进养殖场走生态发展之路，力争今年全省再创建 200 个生态畜牧业示范场。

（四）大力推广种养结合循环发展模式。各地要因地制宜，合理调整畜禽养殖结构、空间布局和发展规模，大力发展标准化规模养殖。一要打造种养结合小循环主体。鼓励规模养殖场开展种养结合，建立小循环主体，形成生态循环链，实现生态效益和经济效益有机统一。二要培育种养结合区域循环主体。立足于小循环主体，有效整合产业链、要素链、利益链，建立以龙头企业为核心、专业大户和家庭农场为基础、专业合作社为纽带的现代畜牧业产业化联合体，形成"畜牧龙头企业+专业合作社+家庭农场"生态循环链，实现一定区域内的"资源—废弃物—再生资源"产业循环。三要培育打造种养结合县域大循环主体。在县域范围内，统筹优化畜牧业产业布局，通过植物生产、动物转化、微生物还原的循环生态系统，推进种养结合，实现地域范围内的复合式循环。通过建立以企业为单元的生态小循环、以示范园区为单元的生态中循环、以县域为单元的生态大循环，让种养结合循环发展成为推进现代生态畜牧业发展的突破口。

（五）积极培育 PPP 商业化粪污处理利用模式。各地要以生猪奶牛养殖大县、养殖密集区为重点，集中政策项目，积极培育壮大第三方治理企业和社会化服务组织，千方百计调动社会资本参与粪污资源化利用的积极性，逐步建立"政府支持、企业主体、市场运作"的"分散收集、集中处理"的 PPP 有效运行模式，构建畜禽粪污收集、存储、运输、处理和综合利用的全产业链条，实现畜禽养殖废弃物资源化利用新格局。

三、工作措施

（一）加强组织领导

省局成立了"打赢畜禽养殖污染防治攻坚战"领导小组，并将全省畜禽粪污污染防治攻坚战目标任务纳入 2017 年年度工作计划和目标管理考核范围，建立工作台账，强化对全省各地畜禽粪污污染防治攻坚战的协调领导。各地也要抓紧组建相应的工作领导小组，因地制宜，科学制定当地《打赢畜禽养殖污染防治攻坚落实方案》，建立年度重点工作台账，分解目标任务、明确职责分工。各地于 4 月底之前上报领导小组成立、方案制定以及其他相关情况。

（二）加强政策激励

积极争取现代农业发展、畜禽粪污治理、农村环境整治、沼气工程建设、"化肥零增长"行动等涉农资金，向畜禽规模养殖场配套建设粪污处理基础设施倾斜。充分利用生猪养殖大县、奶牛标准化改造等政策项目资金，加大对生态畜牧业支持力度。各地要主动向当地政府领导汇报国家和省有关开展畜禽废弃物无害化处理资源化利用的总体要求、本地进展情况、需要政府解决的主要问题等有关情况，积极争取领导的支持，努力做到生态保护与畜牧业生产发展双丰收。要积极协调发改、财政、农业、环保、国土等有关部门，合力推进生态畜牧业发展。

（三）加强督导督查

省政府印发了打赢水污染防治攻坚战年度目标任务和考核办法。根据这一办法及有关要求，省局结合我省畜禽养殖废弃物污染防治实际，进一步明确了全省畜牧系统考核内容和细则，年底前将对各个地市开展绩效考核，考核成绩优秀的要给予表彰，考核不合格的要进行约谈。为了搞好绩效考核，省局将成立督导组，每季度至少开展 1 次专项督导督查，必要时报省政府攻坚办统一开展督查。各地也要建立督导机制，加大督导力度，传导工作压力，共同推进畜禽养殖污染防治工作。禁养区规模养殖场户关闭搬迁和畜禽粪污综合处置设施配套建设情况实行月报制，请各地每月 25 日和 6 月 25 日、12 月 25 日前分别报送当月任务完成进度统计表和半年、全年自查报告。

（四）加强宣传引导

各地要通过多种形式，大力宣传国家有关畜禽养殖废弃物污染防治的有关法律法规，宣传省委、省政府关于打赢水污染防治攻坚战的重大意义、目标任务和总体要求，宣传禁养区规模养殖场户关闭搬迁、粪污处理利用基础设施配套建设的有关要求，争取广大养殖场户的理解支持。认真解读好政策导向，增强养殖业主依法开展环保设施建设的主体责任意识，调动养殖场户配套建设畜禽粪便综合处理利用设施的积极性。要总结经验、树立典型、发挥示范引领作用，共同推进生态畜牧业建设。

山东省人民政府办公厅关于印发
《山东省畜禽养殖粪污处理利用实施方案》的通知

鲁政办字〔2016〕32 号

各市人民政府，各县（市、区）人民政府，省政府各部门、各直属机构，各大企业，各高等院校：

《山东省畜禽养殖粪污处理利用实施方案》已经省政府同意，现印发给你们，请认真贯彻执行。

山东省人民政府办公厅
2016 年 3 月 16 日

山东省畜禽养殖粪污处理利用实施方案

为深入推进全省畜禽养殖粪污处理利用，有效防治养殖污染，防控动物疫病，保护和改善环境，加快畜牧业转型升级，制定本方案。

一、畜禽养殖粪污综合利用现状

（一）畜禽粪污产生情况

1. 畜禽养殖量大。我省是畜禽养殖大省。据初步测算，2015 年，全省畜牧业总产值 2 500 亿元，居全国第一位；生猪存栏 2 849.6 万头，居全国第 4 位；牛存栏 503.6 万头，居全国第 5 位；羊存栏 2 235.7 万只，居全国第 2 位；家禽存栏 6.1 亿只，居全国第 1 位。全省畜禽总存栏合计 9 490 万个标准猪单位。每平方千米土地负荷 604.7 个标准猪单位，是全国平均水平的 6.4 倍；每公顷耕地负荷 12.6 个标准猪单位，是全国平均水平的 1.9 倍。

2. 粪污产生量多。全省畜禽养殖每年约产生粪尿 2.7 亿 t，其中粪 1.8 亿 t、尿 0.9 亿 t。分品种看，猪为 1.0 亿 t，占 36.3%；牛为 0.9 亿 t，占 32.6%；羊为 0.3 亿 t，占 12.0%；家禽为 0.5 亿 t，占 19.1%。

3. 分布差异显著。从生猪和奶牛粪尿产生量看，产生量比较大的前 5 个市是临沂、潍坊、菏泽、泰安、济宁，粪尿产生量为 9 080 万 t，占全省的 52.2%。从畜禽粪尿产生总量看，比较大的前 5 个市是德州、菏泽、临沂、潍坊和聊城，粪尿产生量为 1.31 亿 t，占全省的 48.9%。从单位耕地面积负荷看，粪污产生量最为集中的地区为泰安、德州和济南，每公顷耕地负载达到 50 t 以上，是全国平均水平的 2 倍多。综合评价，德州、泰安、济南、临沂、潍坊、菏泽、聊城等畜禽养殖处理利用的任务比较繁重。

（二）粪污处理利用情况

1. 利用取得较大进展。近年来，各级政府把畜禽养殖污染治理摆上重要议程，逐步加大工作力度，强化规划布局，推广适宜模式，取得了较好效果。目前，全省畜禽粪便利用率达到 92%，处理利用率 70%，污水处理利用率 46%。

2. 主要模式得到推广。一是自然发酵处理，主要用于家禽和散养牛羊、生猪，粪便堆积发酵、污水沉淀降解后还田，约占畜禽粪污处理量的 30%；二是垫料发酵床处理，主要用于中小型生猪和肉禽养殖，粪尿同时发酵降解，基本实现零排放，约占畜禽粪污处理量的 17%；三是沼气工程处理，主要用于大中型生猪和奶牛养殖，粪尿厌氧发酵，沼气用于生产、生活或发电，沼渣沼液处理还田，约占畜禽粪污处理量的 5%；四是生产有机肥，主要是利用生猪、奶牛和肉牛规模化养殖场的粪便，加工成商品有机肥，约占畜禽粪便处理量的 4%。

3. 设施建设不断加强。截至 2015 年年底，全省建设各类畜禽发酵床 1 350 万 m^2，存养畜禽 6 025.7 万头（只），其中生猪 538 万 m^2、484 万头，家禽 807 万 m^2、5 541 万只，肉牛肉羊 5 万 m^2、0.7 万头（只）。全省利用畜禽粪便生产有机肥企业 108 个，年加工商品有机肥 425 万 t。全省畜禽养殖场共建设大型沼气工程 360 个，厌氧池总容积 51.2 万 m^3，其中利用沼气发电企业 63 家，年发电量约 7 000 万 $kW \cdot h$。

（三）存在的主要问题

1. 污染影响大。全省 600 多万个畜禽养殖场户广泛分布在各地，污染面广量大。不仅造成部分水体富营养化，污染养殖场周边空气，而且传播疫病，影响农牧产品质量安全和人体健康。其中，污水是养殖污染的主要来源。据环保部门检测，全省 COD 排放和氨氮排放总量中，来自畜禽养殖的分别占 70% 和 38%。

2. 处理成本高。存栏量 2 000 头的养猪场日产污水约 30 t，存栏量 1 000 头的奶牛场日产污水约 100 t。出栏 1 头生猪污水处理成本需要 20 元，1 头奶牛每年的污水处理费用要 260 元。如果加上折旧和固体粪便的处理，成本还要增加 50%。

3. 种养循环差。由于化肥增产的比较优势、耕地碎片化、农村劳动力缺乏等问题，使养殖与种植无法有效衔接，造成了畜禽粪污无法得到充分利用。据调查，全省真正实现种养结合的比例在 20% 左右。充足的畜禽粪肥资源与仅有 1.4% 有机质含量的土壤地力现状形成了较大反差。据资料，欧美等发达国家农作物产量 70%～80% 靠基础地力，20%～30% 靠水肥投入，而我省耕地基础地力对农作物产量的贡献率仅为 50%，与欧美等发达国家相比，低 20～30 个百分点。

4. 技术支撑弱。无论在控源减排、清洁生产、无害化处理，还是在资源化利用等技术方面，缺乏专门研究、推广和服务力量，造成单位产品粪污产生量多、粪污处理不彻底、利用率不高等问题。畜禽养殖污染监测和治理的标准、方法、技术难以满足需要，无害化处理、市场化运作机制尚未建立。

5. 资金投入少。畜禽养殖比较效益低，大多数场户无力对污染治理进行投入。近几年，各级财政在畜禽污染治理上的投入较少，远不能满足粪污处理资金需求。金融部门的信贷积极性不高，已有的沼气发电并网和补贴政策难以落实，导致粪污治理设施设备配套不全、运转困难。

6. 历史欠账多。主要表现在养殖场内部设施设备工艺落后，如长流水饮水，水冲粪、水泡粪工艺多，雨污混流，粪污贮存不符合防渗、防雨、防溢流要求，粪污处理利用设施不配套等，填平补齐改造投资需求量大，全省畜禽粪污处理欠账多。

二、基本原则和任务目标

（一）基本原则

——统筹兼顾，突出重点。突出扶持畜禽养殖大县（市、区）粪污处理利用，特别支持产污量较多的生猪、奶牛养殖场粪污处理利用。既要着眼长远源头预防，又要突出当前污染治理。

——全程控制，生态循环。按照全程控制要求，落实畜禽养殖粪污处理利用措施。把畜牧业变成生态循环大农业的重要一环，合理布局规模化养殖场，积极发展粪污利用资源化等生态循环畜牧业模式。

——政府引导，多方投入。积极采取财政扶持、信贷支持等措施，引导社会资本投资畜禽养殖粪污利用和污染治理项目建设。鼓励发展包括设计、施工、运行等畜牧环保服务承包、政府和社会资本合作等模式，形成多路径、多形式、多层次推进格局。

——无害处理，资源利用。要把粪污就地无害化处理、就近肥料化利用的种养结合方式放在首位。因地制宜，利用粪污发展商品有机肥、沼气、天然气生产等，提高资源化利用水平。

——科技支撑，创新驱动。围绕重点问题和关键环节，加强粪污处理利用关键技术攻关和新技术转化，加快提升科技支撑能力。不断创新思路、创新机制、创新方法，加快培植新主体、培育新业态、培养新产业。

（二）任务目标

到 2017 年，依法完成禁养区内畜禽养殖场（小区）和养殖专业户的关闭或搬迁；畜禽粪便处理利用率达到 78%以上，污水处理利用率达到 50%以上；向环境排放的畜禽粪污符合国家和地方规定的污染物排放标准和总量控制指标；粪污处理利用模式基本建立；粪污处理利用产业化开发初见成效。

到 2020 年，全省规模养殖场畜禽粪便和污水处理利用率分别达到 90%和 60%以上；种养相对平衡、农牧共生互动、生态良好循环的生态畜牧业产业体系基本形成，在全国率先建成现代生态畜牧业强省。规模化畜禽养殖场区全部配套建设粪污贮存、处理、利用设施并正常运行，或者委托他人对畜禽粪污代为综合利用和无害化处理。各地完成畜禽养殖"三区"划分，区域养殖量达到"三区"功能定位要求。粪污处理利用模式趋于成熟稳定，粪污处理利用产业化开发取得突破。

三、实施重点

（一）加快调整优化产业布局

1. 划定"三区"，优化养殖布局。县级政府应依据有关法律法规，结合当地畜禽养殖实际和环境保护需要，科学划定禁养区、限养区和适养区。2017 年年底前完成禁养区内养殖场户关闭或搬迁，其中，国家水污染防治重点流域即海河、淮河流域内各市及畜禽养殖污染防治重点区域提前 1 年完成。限养区内，严格控制畜禽养殖场区的数量和规模，不得新建小型畜禽养殖场区。限养区和适养区内，新建畜禽养殖场（区）要严格执行环境影响评价及"三同时"制度。对既有的畜禽养殖场（区）要落实粪污处理利用措施，对不达标的限期治理。

2. 农牧结合，优化生态布局。引导支持畜禽养殖向适宜养殖区集中，并与种植业生产配套布局。结合各地畜牧业发展规划、畜禽养殖污染防治规划和《山东省主体功能区规划》等，因地制宜，做好畜-粮、畜-菜、畜-果结合工作，在搞好粪污无害化处理的基础上，实现粪污资源化利用，形成养殖业、种植业生态循环大格局。在目前农牧结合率约 30% 的基础上，未来 5 年，分别按照 15%、12%、9%、6% 和 3% 的速度增加农牧结合的比例，到 2020 年争取 75% 的畜禽养殖实现农牧结合。粪便污水产生量超过周边环境承载能力的养殖场（区），要切实搞好粪便的商品化利用和污水的处理再利用或达标排放。各级政府应对购买使用有机肥的种植者给予政策补贴，鼓励使用有机肥，减少化肥使用量。

（二）大力推行标准化清洁生产

1. 大力推进标准化生产。组织环保饲料研究开发。积极推广饲料科学配方、新型饲料添加剂、分阶段高效饲养技术，提高畜禽生产效率，降低污染物排放量。完善技术、设备的组装配套，引导大型奶牛场和养猪场不断完善精细化管理制度，采用先进适用生产技术，加强养殖全程监控，提高生产管理水平。

2. 全面推行粪污处理基础设施标准化改造，即"一控两分三防两配套一基本"建设。"一控"，即改进节水设备，控制用水量，压减污水产生量。"两分"，即改造建设雨污分流、暗沟布设的污水收集输送系统，实现雨污分离；改变水冲粪、水泡粪等湿法清粪工艺，推行干法清粪工艺，实现干湿分离。"三防"，即配套设施符合防渗、防雨、防溢流要求。"两配套"，即养殖场配套建设储粪场和污水储存池。"一基本"，即粪污基本实现无害化处理、资源化利用。

（三）分类推行无害化处理资源化利用模式

1. 自然发酵。厌氧堆肥发酵是传统的堆肥方法，在无氧条件下，借助厌氧微生物将有机质进行分解，主要适用于各类中小型畜禽养殖场和散养户固体粪便的处理。液体粪污在氧化塘自然发酵处理后还田，主要适用于各类中小型畜禽养殖场和散养户。

2. 垫料发酵床。将发酵菌种与秸秆等混合制成有机垫料，利用其中的微生物对粪便进行分解形成有机肥还田。主要适用于中小型生猪养殖场、肉鸭养殖场等。

3. 有机肥生产。有机肥生产主要是采用好氧堆肥发酵。好氧堆肥发酵是在有氧条件下，依靠好氧微生物的作用使粪便中有机物质稳定化的过程。好氧堆肥有条垛、静态通气、槽式、容器 4 种堆肥形式。堆肥过程中可通过调节碳氮比、控制堆温、通风、添加沸石和采用生物过滤床等技术进行除臭。主要适用于各类大型养殖场、养殖密集区和区域性有机肥生产中心对固体粪便处理。

4. 沼气工程。养殖场畜禽粪便、尿液及其冲洗污水经过预处理后进入厌氧反应器，经厌氧发酵产生沼气、沼渣和沼液。一般 1 t 鲜粪产生沼气 50 m³ 左右，1 m³ 沼气相当于 0.7 kg 标准煤，能够发电约 2 kW·h。主要适用于大型畜禽养殖场、区域性专业化集中处理中心。

5. 种养结合，即"以地定养、以养肥地、种养对接"。根据畜禽养殖规模配套相应粪污消纳土地，或根据种植需要发展相应养殖场户。种植养殖通过流转土地一体运作、建立合作社联动运作、签订粪污产用合同订单运作等方式，针对种植需要对畜禽粪便和污水采取不同方式处理后，直接用于农作物、蔬菜、果品生产，形成农牧良性循环模式，维护畜禽健康养殖，生产高端农产品，提高土壤肥力，实现生态、经济效益双丰收。

四、保障措施

（一）强化政策支持

按照"政策引导、社会参与，重点治理、区域推进，目标分解、逐步实施"原则，根据区域经济发展特点、畜禽养殖发展现状、种养业结合程度、畜禽粪污处理利用基础等情况，对畜禽粪污处理利用分类、分批、分区域进行政策支持。对于禁养区内畜禽养殖场户关闭或搬迁，致使畜禽养殖者遭受经济损失的，县级以上政府要依法予以补偿。对于畜禽养殖粪污无害化处理设施建设用地，国土资源部门要按照土地管理法律法规规定，优先予以保障。从事畜禽养殖粪污无害化处理的个人和单位，享受国家规定的办理有关许可、税收、用电等优惠政策。环保部门要严格依法加快区域性专业化粪污无害化处理厂（中心）的环评文件审批工作。畜禽养殖粪污无害化处理厂从事循环经济的收入，按规定享受企业所得税优惠政策。畜禽养殖场、养殖小区的畜禽养殖污染防治设施运行用电，执行农业用电价格。农业机械管理部门要将符合要求的畜禽粪污处理设备纳入农机购置补贴范围。金融机构要拓宽金融支持领域，加大对畜禽粪污无害化处理企业的贷款扶持力度。

（二）强化示范引导

1. 加强示范创建。开展不同畜禽、不同规模、不同模式的畜禽粪污处理技术示范和典型培育。引导畜禽养殖场以"一控两分三防两配套一基本"为主要内容，进行标准化改造。及时总结典型，树立示范标杆，通过现场会、座谈会、培训班等形式，推广先进经验，不断提高粪污处理利用水平。

2. 搞好规划引导。制定发布我省畜禽养殖粪污处理利用实施意见和畜禽养殖污染防治规划，确定目标，明确重点，制定政策，落实措施。根据全省主体功能区规划要求和畜牧业发展实际，引导各地及早划定禁养区、限养区。

3. 推进政策落实。现代畜牧业、耕地质量提升等相关项目继续向畜禽粪污处理利用倾斜。拓宽现有的环保和涉农财政资金渠道，加强资金整合，逐步建立各级财政、企业、社会多元化投入机制。

（三）强化科技支撑

1. 加强科技研发。集中人力、物力、财力，研究集成一批控源减排、清洁生产、高效堆肥、沼液沼渣综合利用等先进技术。攻关研发前瞻技术，如畜禽粪便综合养分管理计划编制、粪污利用环境风险防控等技术。

2. 加强技术组装。组织科研、教学、推广等各方力量，对场舍建设、饲料生产、饲喂方式、粪污处理、农牧结合等关键技术组装配套。广泛开展国际技术交流合作，加强先进技术和设备的引进与创新，为畜禽粪污处理利用提供有力的技术支持。

3. 加强技术推广。通过示范、培训等多种方式，加快粪污处理技术推广，把低氮饲料生产使用、干清粪、污水处理利用等先进实用技术尽快应用到生产实践中。通过人才引进、交流合作、技能培训，尽快建立一支与粪污处理利用相适应的人才队伍。

（四）强化监督管理

1. 抓好条例落实。全面贯彻《畜禽规模养殖污染防治条例》（国务院令　第 643 号），明确部门职能，落实预防措施，配套完善综合利用与治理设施，细化激励政策，明确法律责任，全面做好畜禽粪污处理，有效预防环境污染。

2. 密切部门合作。环保部门要把畜禽养殖污染物排放作为经常性监督检查的重要内容，在搞好日常监管的同时，组织开展对重点区域、重点企业的联合执法检查。逐步建立监督监测、信息发布制度，加强日常抽查检测，定期公布检测结果。畜牧兽医部门要做好畜禽养殖粪污处理与综合利用的技术指导和服务工作，农业部门应做好畜禽粪肥还田的组织与引导工作。

3. 加大宣传力度。要充分利用各类新闻媒体，加强宣传报道，提高社会各界对畜禽养殖污染防治重要性的认识，增强环保意识，调动社会各方面参与污染防治的积极性，为搞好畜禽养殖粪污处理利用创造良好的舆论氛围。

山东省人民政府办公厅

2016 年 3 月 18 日

重庆市农业委员会　重庆市环境保护局
关于印发《重庆市畜禽养殖污染防治方案》的通知

渝农发〔2017〕229 号

各区县（自治县）农委、畜牧兽医局（畜牧发展中心）、环保局，万盛经开区农林局、环保局：

为全面贯彻落实《畜禽规模养殖污染防治条例》（国务院令　第 643 号）、《重庆市人民政府关于贯彻〈畜禽规模养殖污染防治条例〉的实施意见》（渝府发〔2014〕37 号）、《重庆市人民政府关于印发贯彻落实国务院水污染防治行动计划实施方案的通知》（渝府发〔2015〕69 号），加强我市畜禽养殖污染防治工作，促进畜牧业发展和农村环境保护统筹推进，我们编制了《重庆市畜禽养殖污染防治方案》，现印发给你们。请结合本地实际，提高认识，强化落实，细化实施方案，认真组织实施。

重庆市农业委员会

重庆市环境保护局

2017 年 9 月 5 日

重庆市畜禽养殖污染防治方案

为全面贯彻落实《畜禽规模养殖污染防治条例》（国务院令　第 643 号）、《重庆市人民政府关于贯彻〈畜禽规模养殖污染防治条例〉的实施意见》（渝府发〔2014〕37 号）、《重庆市人民政府关于印发贯彻落实国务院水污染防治行动计划实施方案的通知》（渝府发〔2015〕69 号）（以下简称《水十条》），加强我市畜禽养殖污染防治工作，促进畜牧业发展和农村环境保护统筹推进，制定本方案。

一、总体目标和基本原则

（一）总体目标。深入贯彻党的十八大和十八届五中全会精神，坚持创新、协调、绿色、开放、共享的发展理念。因地制宜、依法依规，科学划定畜禽养殖禁养区。2017 年年底前，完成禁养区整治任务。开展畜禽养殖污染综合整治，现有畜禽养殖场（含养殖小区）（以下简称"畜禽养殖场"），应配套建设粪便污水收集、贮存、处理与资源化利用设施；养殖专业户应配备必要的粪污收集、储存、处理设施，鼓励和支持采取种养结合、粪肥还田等方式，就近就地资源化利用；散养密集区要实行畜禽粪便污水分户收集、集中处理利用。新建、改扩建规模化畜禽养殖场要实施雨污分流、粪便污水资源化利用。全面推进畜禽养殖废弃物资源化利用，加快构建种养结合、农牧循环的可持续发展新格局。病死畜禽的无害化处理及其监管工作按照相关现定执行。

（二）基本原则。在推进畜禽养殖污染防治工作中要坚持以下原则：

一是依法行政原则。按照《中华人民共和国环境保护法》《中华人民共和国水污染防治法》等有关法律法规、规章、规范性文件要求，各区县（自治县）相关部门应当依法依规开展畜禽养殖污染防治工作，从产业布局、环境准入、技术模式选取、管理制度制定、生产过程监管、监督执法等环节，规范现有和新建、改扩建畜禽养殖场和养殖专业户的环境管理工作。

二是统筹兼顾原则。按照环境保护"管发展必须管环保、管生产必须管环保""环保部门统一监督管理与相关部门分工负责相结合"的总体要求，落实行业主管部门、生产经营者和环保主管部门的环保责任，正确处理经济效益、社会效益和环境效益三者之间关系，促进畜牧业生产和农村农业环境保护的协调发展。

三是属地管理原则。按照环境保护属地管理责任的原则，各区县（自治县）人民政府对本行政区畜牧业发展和畜禽养殖污染防治工作负责。应当科学划定畜禽养殖区域，依法关闭或搬迁禁养区内的畜禽养殖场和养殖专业户，监督指导畜禽养殖业主建设完善污染治理配套设施，提升畜禽养殖废弃物资源化利用水平。畜禽散养密集区所在区县、乡级人民政府应当组织对畜禽粪污进行分户收集、集中处理利用。

乡镇人民政府、街道办事处应当做好本辖区内畜禽养殖场环境保护基础设施的日常监督管理、现场巡查检查、环境污染投诉调查及损害纠纷调解等环境保护相关工作。

四是主体责任原则。按照环境保护"谁污染谁治理"的原则，畜禽养殖业主是畜禽养殖污染治理的责任主体，应当自觉履行环境保护义务、增强环境保护意识、加大污染治理投入、确保设施正常运行、采取科学措施，防止和减少环境污染和生态破坏，并对所造成的环境损害依法承担责任。

二、主要任务

（一）严格实施畜禽养殖区域管理。各区县（自治县）环保部门会同畜牧兽医部门，应当根据当地环境承载能力和畜禽粪污资源化利用水平，按照《畜禽养殖禁养区划定技术指南》和《关于调整畜禽养殖禁养区划定有关事宜的通知》（渝环〔2017〕102号）要求，于 2017 年年底前完成禁养区的调整划定工作，调整方案报送市环保局和市农委。已有的畜禽养殖在城市建成区内的，由城市管理部门责令关闭、搬迁；在非城市建成区内，由畜牧兽医部门责令关闭、搬迁。

（二）加强两个规划的引导作用。畜牧兽医部门负责编制畜牧业发展规划。环保部门会同畜牧兽医部门负责编制畜禽养殖污染防治规划，环保部门和畜牧兽医部门要做好两个规划编制的衔接，统筹考虑本地畜牧业发展和环境保护的要求，健全管理机制，优化畜牧业生产布局，建设完善污染治理配套设施，提升废弃物综合利用水平，明确年度目标任务。逐步建立政府引导、制度管控、企业自律、社会参与、群众监督的管理机制。

（三）推进畜禽养殖污染的综合整治。各区县（自治县）环保部门会同畜牧兽医部门，制定出台整治方案，实施"一场一策"，完善"一场一档"。按照《水十条》要求，2017年年底前全市完成禁养区内1 064家畜禽养殖场和养殖专业户的关闭或搬迁，完成81万头生猪当量的污染治理配套设施工程整改任务。按照中央环保督察反馈意见中的"全市近10万家畜禽养殖场（含养殖专业户）大部分未纳入整治计划"的整改要求，完成市环保局认定的重庆市万州区崔耀夫农业开发有限公司等197家规模化畜禽养殖场污染治理配套工程设施整改任务；于2020年年底前，分年度完成常年存栏生猪当量20头以上的畜禽养殖场（含养殖专业户）的整治任务。

（四）提升环境监管信息化水平。各区县（自治县）畜牧兽医部门和环保部门应当加强畜禽养殖环保基础信息管理系统数据填报和使用，共同构建统一管理、分级使用、共享直联的管理平台。其中，畜牧兽医部门对本行政区畜牧业发展规模及总量负责，区县（自治县）环保局负责审核畜禽养殖场（$Q \geq 200$，Q为畜禽常年存栏猪当量）的环保基础信息；区县（自治县）畜牧兽医部门负责审核畜禽养殖专业户（$200 > Q \geq 20$，Q为畜禽常年存栏猪当量）的环保基础信息，畜牧兽医部门和环保部门同步输入重庆市畜禽养殖环保基础信息管理系统。

（五）加强畜禽养殖业污染源头控制。新建、改建、扩建畜禽养殖场，应当严格执行《环境影响评价法》《畜禽规模养殖污染防治条例》《建设项目环境影响评价分类管理名录》《建设项目环境影响登记表备案管理办法》等法律法规和相关规定，突出养分综合利用，配套与养殖规模和处理工艺相适应的粪污消纳用地，配备必要的粪污收集、贮存、处理、利用设施，依法进行环境影响评价。对依法应当进行环境影响评价，但未开展环境影响评价的畜禽养殖场，由各区县（自治县）环保部门依法查处。

各区县（自治县）环保部门会同畜牧兽医部门，督促指导乡镇人民政府加强本辖区内畜禽养殖场的环境管理，采取区域性管理，落实监管责任，完善管理措施，监督指导畜禽养殖业主自觉履行环境保护义务。

（六）加强畜禽养殖废弃物资源化利用指导和服务。各区县（自治县）畜牧兽医部门应当将促进畜禽废弃物综合利用作为解决畜禽养殖污染问题的根本出路，深入开展畜禽养殖标准化示范创建活动，发挥示范引领作用，加强技术培训和推广。加强指导畜禽养殖场结合实际选用适宜的污染治理和综合利用模式。积极发展生态循环畜牧业，引导畜禽养殖场采用节水养殖模式，鼓励粪肥还田利用，推进种养循环发展，促进畜牧业生产绿色持续发展。

（七）加快培育畜禽废弃物综合利用市场主体。各区县（自治县）环保部门会同畜牧兽医部门应探索和创新畜禽养殖废弃物综合利用产业发展机制，鼓励发展畜牧业环保社会化服务组织，探索建立第三方治理和养殖业主付费机制。鼓励大型畜禽养殖场将周边畜禽养殖废弃物集中收集一体化处置，鼓励在养殖密集区开展畜禽粪便污水分户收集并集中处理或生产有机肥，鼓励种养结合绿色发展，支持畜禽养殖废弃物生产有机肥，发展规模化沼气工程，构建生态农业循环模式。

（八）加强畜禽养殖业环保执法监督执法检查。各区县（自治县）环保部门应加大畜禽养殖业环保监督执法力度，依法严格查处"未批先建""未验先投"等违反环境影响评价和"三同时"制度、擅自停运污染防治设施污染环境，以及在禁养区内擅自建设畜禽养殖场和养殖专业户、流域内养殖废水直排等环境违法行为。环保部门要积极协调相关部门，联合开展畜禽养殖业环保专项执法检查，形成多部门监管合力。

（九）强化畜禽养殖污染防治技术研发和示范推广。市农委会同市环保局按照"因地制宜、多元利用"原则，健全畜禽养殖粪污还田利用和检测标准体系，制定畜禽养殖粪污土地承载力测算方法。重点研发高效堆肥技术，废弃物中重金属、激素等有毒有害物质脱除技术，沼液沼渣综合利用技术，废弃物利用的环境风险防控技术等。组织科研单位和专家对畜禽养殖污染防治技术的经济可行性、环境效益等开展技术筛选和评估。实施低建设成本、低运行费用、易于管理维护的实用技术模式示范点建设。

三、保障措施

（一）加强组织领导。各区县（自治县）畜牧兽医部门与环保部门积极争取当地党委、政府加强领导，按法定职责牵头做好畜禽养殖污染防治工作，统筹发展改革、财政、国土等相关部门，按照各自职责分工，加强协调配合，完善联动机制，形成工作合力。

（二）加大激励扶持。进一步加大政策激励和资金扶持力度，统筹沼气工程建设、畜禽标准化规模养殖项目等资金，优先支持畜禽养殖废弃物资源化利用、农业面源污染治理等项目建设。优化资金使用方向，探索"以奖代补"等方式，引导有机肥产业健康发展。

（三）强化舆论宣传。充分利用广播、电视、网络等媒体宣传相关法规和政策，提高养殖业主和广大人民群众的环保意识，鼓励公众参与、社会监督，增强广大养殖业主环境保护的自觉性和积极性。

（四）维护社会稳定。要正确处理好环境治理和维护社会稳定的关系，认真细致地做好群众的思想工作，争取群众的理解和支持。因土地利用总体规划、城乡规划调整划定禁养区，或者因对污染严重的畜禽养殖密集区域进行综合整治，确需搬迁或者关闭的现有养殖场所，致使养殖场（户）产生经济损失的，由当地畜牧兽医部门或环保部门报请县级以上人民政府依法予以补偿。对在清理整治工作中人为设置障碍、妨碍公务的行为，要依法依规处理。

（五）本通知中畜禽养殖场、养殖小区、养殖专业户等规模标准界定及名称参照《重庆市环境保护局　重庆市农业委员会关于印发〈畜禽养殖规模标准〉的通知》（渝环发〔2014〕61号）执行。

广西壮族自治区人民政府办公厅关于印发

《广西畜禽养殖废弃物资源化利用工作方案（2017—2020 年）》

的通知

桂政办发〔2017〕175 号

各市、县人民政府，自治区人民政府各组成部门、各直属机构：

《广西畜禽养殖废弃物资源化利用工作方案（2017—2020 年）》已经自治区人民政府同意，现印发给你们，请认真组织实施。

广西壮族自治区人民政府办公厅

2017 年 12 月 7 日

广西畜禽养殖废弃物资源化利用工作方案

（2017—2020 年）

为贯彻落实《国务院办公厅关于加快推进畜禽养殖废弃物资源化利用的意见》（国办发〔2017〕48 号）精神，加快推进我区畜禽养殖废弃物资源化利用工作，结合我区实际，特制定本方案。

一、总体要求

（一）指导思想。全面贯彻落实党的十九大精神，深入学习贯彻习近平新时代中国特色社会主义思想，牢固树立创新、协调、绿色、开放、共享的发展理念，坚持政府支持、企业主体、市场化运作的方针，以生猪调出大县和规模养殖场为重点，以农用有机肥和农村能源为主要利用方向，健全制度体系，强化责任落实，完善扶持政策，严格执法监管，加强科技支撑，强化装备保障，全面推进畜禽养殖废弃物资源化利用，加快构建种养结合、农牧循环的可持续发展新格局，为全区营造山清水秀的自然生态提供有力支撑。

（二）主要目标。到 2020 年，建立科学规范、权责清晰、约束有力的畜禽养殖废弃物资源化利用制度，构建种养循环发展机制，全区各市、县（市、区）畜禽粪污综合利用率达到 75% 以上，规模养殖场粪污处理设施装备配套率达到 95% 以上，大型规模养殖场粪污处理设施装备配套率提前一年达到 100%。畜牧大县、国家现代农业示范区、农业可持续发展试验示范区和现代农业产业园率先实现上述目标。建设 23 个国家畜禽粪污资源化利用重点县、10 个自治区级畜禽粪污资源化利用重点县。

二、重点工作任务分工

（一）落实畜禽规模养殖环境影响评估制度

1. 加强畜禽规模养殖场、养殖小区环境监管，按照建设项目环境影响评价分类管理和相关技术标准要求，认真落实环境影响评价审批和备案制度。（环境保护厅牵头，各市人民政府及自治区相关部门按职责分工负责）

2. 新建或改扩建畜禽规模养殖场要制订养分资源综合利用计划，明确畜禽粪污资源化处理模式，配套与养殖规模和处理工艺相适应的粪污消纳用地，配备必要的粪污收集、贮存、处理、利用设施，依法进行环境影响评价。（农业厅牵头，各市人民政府及自治区相关部门按职责分工负责）

3. 畜禽规模养殖场未依法进行环境影响评价的、未对养殖废弃物进行综合利用或未委托第三方进行无害化处理（综合利用）且无害化处理后不达标排放的，由环境保护部门依法进行处罚。（环境保护厅牵头，各市人民政府按职责分工负责）

（二）建立健全畜禽养殖污染监管制度

1. 把畜禽规模养殖场污染监管内容纳入广西水产畜牧产品质量安全信息化监管体系，构建统一管理、分级使用、互联互通的管理平台。全区各级有关监管部门要督促畜禽规模养殖企业落实主体责任，逐步建立和完善诚信体系、"红黑榜"制度，设立畜禽养殖污染举报投诉电话，加快构建社会共治新局面。（环境保护厅、农业厅牵头，各市人民政府及自治区相关部门按职责分工负责）

2. 健全畜禽粪污还田利用和检测标准体系，完善肥料登记管理制度，强化商品有机肥原料和质量的监管与认证。（农业厅牵头，各市人民政府及自治区相关部门按职责分工负责）

3. 全区各县（市、区）要根据畜禽养殖粪污土地承载能力测算方法，科学确定并严格控制县域畜禽养殖总量。对设有固定排污口的畜禽规模养殖场，依法核发排污许可证，定期监测污水排放量和污染物浓度；对畜禽粪污全部还田利用的畜禽规模养殖场，将无害化还田利用量作为统计污染物削减量的重要依据。（环境保护厅牵头，各市人民政府及自治区相关部门按职责分工负责）

（三）建立属地管理责任制度

1. 全区各级人民政府对本行政区域内的畜禽养殖废弃物资源化利用工作负总责，把推进畜禽粪污资源化利用列入推进环境保护重点工作内容。自治区要与各市、各市要与各县（市、区）签订目标责任书。（环境保护厅、农业厅牵头，各市人民政府及自治区相关部门按职责分工负责）

2. 全区各市、县（市、区）人民政府要制定并公布本行政区域畜禽粪污资源化利用计划，并抄送上一级农业主管部门备案。（农业厅牵头，各市人民政府及自治区相关部门按职责分工负责）

3. 全区各市、县（市、区）及自治区相关部门要依照有关法律法规和《广西壮族自治区环境保护工作职责规定（试行）》要求，明确职责，细化任务分工，建立网格化管理体系和协同推进工作机制。（环境保护厅牵头，各市人民政府及自治区相关部门按职责分工负责）

（四）落实规模养殖场主体责任制度

1. 根据畜禽养殖污染防治相关法律法规和规定要求，以"谁产污，谁治理；谁污染，谁付费；谁污染，谁受罚"为原则，由畜禽养殖业主向县级环境保护部门签订承担污染防治主体责任的承诺书；凡畜禽粪污处理利用主体责任不落实和造成环境污染的畜禽养殖业主，由县级环境保护部门责令其限期整改或依法对其进行处罚。（环境保护厅牵头，各市人民政府及自治区相关部门按职责分工负责）

2. 鼓励支持畜禽养殖户委托第三方进行畜禽粪污处理，鼓励支持畜禽养殖业主与周边种植业主就近就地资源化利用畜禽养殖粪污。（农业厅牵头，各市人民政府及自治区相关部门按职责分工负责）

3. 对畜禽粪污处理利用主体责任不落实和造成环境污染的畜禽养殖业主，凡属于农业龙头企业并获得动物防疫条件合格证、种畜禽经营许可证、"三品一标"认证、标准化示范场、生态养殖认证、排污许可证等资格的，由相关主管部门撤销其农业龙头企业称号及相关资格。（农业厅牵头，各市人民政府及自治区相关部门按职责分工负责）

（五）建立健全绩效评价考核制度

以规模养殖场粪污处理、有机肥还田利用、沼气和生物天然气使用等指标为重点，建立畜禽养殖废弃物资源化利用绩效评价考核制度，并纳入自治区、市、县（市、区）绩效评价考核体系。由农业厅、环境保护厅根据农业部、环境保护部联合制定的有关考核办法，对各市人民政府开展考核，并定期通报工作进展，将考核结果报送自治区党委组织部。（农业厅、环境保护厅牵头，各市人民政府及自治区相关部门按职责分工负责）

（六）构建种养循环发展机制

1. 生猪调出大县要科学制定种养循环发展规划（实施方案），围绕完成县域粪污资源化利用总体目标，制定每个畜禽规模养殖场建设内容和粪污养分管理计划。果菜茶大县要制定和推进有机肥替代化肥行动计划。（农业厅牵头，各市人民政府及自治区相关部门按职责分工负责）

2. 全区各县（市、区）要根据畜禽养殖总量、养殖场分布和规模种植情况，按照规模化、专业化、社会化机制运营要求，合理布局建设畜禽粪污、沼气副产品和农业废弃物收运、转化、利用网络体系和服务组织，配套建设有机肥厂和农业废弃物初加工厂。（农业厅牵头，各市人民政府及自治区相关部门按职责分工负责）

3. 鼓励全区各县（市、区）人民政府和企业采取 PPP（政府和社会资本合作）模式，对县域或特定区域的粪污资源化利用进行总承包。建立和完善利益共享机制，支持第三方处理企业和社会化服务组织能力建设，鼓励建立受益者付费机制。（自治区发展改革委牵头，各市人民政府及自治区相关部门按职责分工负责）

4. 鼓励支持畜牧大县与果菜茶大县或畜禽养殖业主与周边种植业主建立互利合作关系；建立种植产品质量认证与使用有机肥关联制度，推进有机肥替代化肥行动。（农业厅牵头，各市人民政府及自治区相关部门按职责分工负责）

三、主要保障措施

（一）加强财政资金支持

自治区、市、县三级财政部门要加大财政投入力度，积极配合农业部门争取中央畜禽粪污资源化利用试点等项目，按规定整合相关涉农资金；鼓励市、县（市、区）人民政府和社会资本设立投资基金，创新粪污资源化利用设施建设和运营模式，大力支持畜禽粪污资源化利用项目建设。（财政厅牵头，各市人民政府及自治区相关部门按职责分工负责）

（二）落实税收支持政策

1. 对采用零污水养殖工艺、没有污水排放、粪污全量资源化利用的畜禽规模养殖场，符合国家和地方环境保护标准的，从 2018 年 1 月 1 日起，暂免征环境保护税。（自治区地税局牵头，各市人民政府及自治区相关部门按职责分工负责）

2. 对利用沼气发电上网的大中型沼气工程，享受沼气发电上网标杆电价、上网电量全额保障性收购和增值税即征即退政策。支持沼气工程开展碳交易项目。（自治区国税局牵头，各市人民政府及自治区相关部门按职责分工负责）

3. 对规模化生物天然气工程，符合城市燃气管网入网技术标准的，经营燃气管网的企业应当接收其入网，对销售生物天然气取得的收入享受增值税即征即退政策。支持生物天然气工程开展碳交易项目。（自治区能源局牵头，各市人民政府及自治区相关部门按职责分工负责）

（三）解决用地用电问题

1. 将畜禽规模养殖和以畜禽养殖（含种植）废弃物为主要原料的有机肥厂、规模化生物天然气工程、大型沼气工程、集中处理中心建设用地列入当地土地利用总体规划，在年度用地计划中优先安排。（国土资源厅牵头，各市人民政府及自治区相关部门按职责分工负责）

2. 对畜禽规模养殖场粪污资源化利用和有机肥生产积造设施用地，属于规模化畜禽养殖附属设施用地的，原则上控制在项目用地规模的 7%以内（其中规模养牛、养羊的附属设施用地规模控制在10%以内），最多不超过 15 亩，鼓励建设多（高）层养殖栏舍。（国土资源厅牵头，各市人民政府及自治区相关部门按职责分工负责）

3. 对处理利用畜禽养殖（种植）废弃物生产有机肥和规模养殖场内养殖相关活动的电价，按分类用电政策执行。（自治区物价局牵头，各市人民政府及自治区相关部门按职责分工负责）

（四）加快畜牧业转型升级

1. 优化调整生猪养殖布局，向优势特色种植业主产区和环境容量大的地区转移产能。大力发展畜禽现代生态养殖，支持畜禽规模养殖场建设配置节水控污、自动清粪、自动投喂、环境控制、粪污处理、病死畜禽无害化处理等现代化装备设施，推广应用饲料精准配方、全程益生菌发酵技术，提高饲料转化效率和养殖效益，实现粪污源头减量和末端利用便利化。以生态养殖场为重点，继续开展畜禽养殖标准化示范创建。（农业厅牵头，各市人民政府及自治区相关部门按职责分工负责）

2. 把国家和自治区果菜茶重点县、现代特色农业示范区、农业可持续发展试验示范区和现代农业产业园建设成有机肥使用和有机农产品生产示范县（片）。（农业厅牵头，各

市人民政府及自治区相关部门按职责分工负责）

（五）提升粪污资源化利用能力

1．根据完成县域畜禽粪污资源化利用率达到 75%以上的总体要求，扶持建设一批利用畜禽养殖（种植）废弃物生产有机肥等生态产业企业，形成农牧结合主导平台；鼓励支持有机肥加工企业选用先进设备设施工艺，优化配方配比，提升有机肥品质和市场竞争力；以提高畜禽粪污资源利用便利性和效益为导向，示范引导规模养殖场选用科学有效、适用实用养殖工艺和粪污处理利用模式。鼓励在养殖密集区域建立粪污集中处理中心，支持通过在田间地头配套建设管网和储粪（液）池等方式解决粪肥还田"最后一公里"问题。（农业厅牵头，各市人民政府及自治区相关部门按职责分工负责）

2．强化技术支撑，加强畜禽粪污资源化利用集成研究及示范推广应用。鼓励研究开发新型环保饲料产品，引导矿物元素类饲料添加剂减量使用，鼓励使用有机微量元素。（科技厅牵头，各市人民政府及自治区相关部门按职责分工负责）

（六）健全组织，加强领导

建立广西畜禽养殖废弃物资源化利用工作厅际联席会议制度，联席会议统筹协调推进我区畜禽养殖废弃物资源化利用工作。由农业厅主要负责人担任召集人，由自治区绩效办、发展改革委、工业和信息化委、科技厅、财政厅、国土资源厅、环境保护厅、住房和城乡建设厅、地税局、质监局、农机局、国税局等有关部门负责人担任成员。全区各地各有关部门要根据本方案要求，按照职责分工，加大工作力度，尽快制定和完善具体政策措施。农业厅要会同自治区相关部门对工作落实情况进行定期督查和跟踪评估，并向自治区人民政府报告。（农业厅牵头，各市人民政府及自治区相关部门按职责分工负责）

四川省人民政府办公厅
关于加快推进畜禽养殖废弃物资源化利用的实施意见

川办发〔2017〕99号

各市（州）人民政府，省政府各部门、各直属机构：

为贯彻落实《国务院办公厅关于加快推进畜禽养殖废弃物资源化利用的意见》（国办发〔2017〕48号）精神，大力推进全省畜禽养殖废弃物资源化利用，改善农村居民生产生活环境，构建生态文明建设新格局，促进农业可持续发展，经省政府同意，现提出以下意见。

一、总体要求

（一）指导思想。牢固树立和贯彻落实创新、协调、绿色、开放、共享的发展理念，坚持保供给与保环境并重，坚持就地消纳、能量循环、综合利用的原则，坚持政府支持、企业主体、市场运作、社会参与的方针，坚持源头减量、过程控制、末端利用的治理路径，以畜牧大县和规模养殖场为重点，以沼气和生物天然气为主要处理方向，以农用有机肥和农村能源为主要利用方向，健全制度体系，强化责任落实，完善扶持政策，加强科技支撑，扎实有序推进畜禽养殖废弃物资源化利用工作，加快构建种养结合、农牧循环的可持续发展新格局，推动我省由畜牧大省向畜牧强省跨越。

（二）基本原则。

政策引导，统筹兼顾。积极采取财政、金融、税收等措施，引导社会资本参与畜禽废弃物综合利用，鼓励发展畜牧业环保社会化服务组织。以畜牧业生产方式转变为突破口，突出抓好畜禽粪污综合利用和病死畜禽无害化处理，稳定主要畜产品市场供给，实现畜禽养殖污染治理和畜牧业生产发展"双赢"。

科技支撑，产业驱动。加快提升科技支撑能力，围绕重点问题和关键环节，加强技术攻关和成果转化，加快培育新主体、新业态、新产业，创新推进畜禽养殖废弃物资源化利用产业发展。

机制创新，循环发展。积极发展生态循环畜牧业，科学合理布局畜禽规模养殖场，鼓励粪肥还田利用，推进种养循环发展。探索建立第三方治理机制，形成多路径、多形式、多层次推进畜禽养殖种养结合的新格局。

（三）工作目标。到2020年，建立科学规范、权责清晰、约束有力的畜禽养殖废弃物资源化利用制度，构建种养结合循环发展机制。全省创建10个国家畜牧业绿色发展示范县，每年创建部省级标准化示范场100个，每年选择10个县（市、区）开展省级畜禽粪污资源化利用重点县项目整县推进试点。全省畜禽粪污综合利用率达到75%以上，规模养殖场粪污处理设施装备配套率达到95%以上，大型规模养殖场粪污处理设施装备配套率提前 1 年达到 100%,畜禽粪污基本实现资源化利用。病死畜禽全面实现集中收集、统一无害化处理。畜牧大县、国家现代农业示范区、农业可持续发展试验示范区、畜禽养殖废弃物资源化利用试点县、现代农业产业园、现代农业示范县、现代农业畜牧业重点县、省级现代农业产业融合示范园区和全省"四区四基地"率先实现上述目标。

二、工作措施

(四)落实畜禽规模养殖环评制度。畜禽规模养殖相关规划及建设项目应依法依规开展环境影响评价。畜禽养殖项目应严格按照《建设项目环境影响分类管理目录》分类开展项目环评工作。设有固定排污口的畜禽规模养殖场应依法申请排污许可证。对未依法进行环境影响评价的畜禽规模养殖场,环保部门予以处罚。(环境保护厅、农业厅牵头)

(五)强化畜禽养殖污染监管。加强畜禽养殖信息化管理,完善监管体系,建立畜禽规模养殖场直联直报信息系统。建立畜禽规模养殖场废弃物减排核算制度,制定畜禽养殖粪污土地承载能力测算方法,改革完善畜禽粪污产生、排放统计核算方法,对畜禽粪污全部还田利用的畜禽规模养殖场,将无害化还田利用量作为统计污染物削减量的重要依据。对畜禽养殖中产生的废弃物种类、数量、综合利用、无害化处理以及向环境直接排放的情况实行定期登记备案。(农业厅、环境保护厅牵头,财政厅参与)

(六)推进种养循环发展。科学编制种养循环发展规划,大力发展种养循环农业,推广农牧结合生态治理模式,精准引导畜牧业和种植业发展。按照"以种带养、以养促种、种养结合、循环利用"的原则,重点支持在种养配套工程、粪污高效处理、有机肥高效利用、生物饲料和有机微量元素等方面开展研发与推广应用,建立种养循环技术支撑体系。鼓励养殖场(小区)通过自身流转承包周边农田林地方式,采取"养殖场(小区)→种植基地(农户)"模式,实现畜禽粪污就近还田利用。对不能就近还田消纳的,养殖场(小区)应通过与第三方签订协议的方式,采取"养殖场(小区)→第三方主体→种植基地(农户)"模式,实现畜禽养殖粪污的异地还田利用。鼓励建立受益者付费机制,保障第三方主体合理收益。畜禽粪污资源化利用重点县要探索规模化、专业化、社会化运营机制,建立健全畜禽粪污等农业有机废弃物收集、转化、利用体系,形成畜禽粪污资源化利用路线图,初步建立畜禽粪污"从哪里来,到哪里去"的追溯机制。(农业厅、环境保护厅牵头,省发展改革委、财政厅参与)

(七)加快畜禽粪污资源化利用。深入推进畜禽粪污沼气转化利用,科学规划、布局建设各类沼气工程,推进畜禽养殖沼气工程建设,不断提高养殖场(小区)沼气工程配套率。积极推进规模化大型沼气工程建设,综合考虑沼气工程沼渣沼液产量和种植业基地消纳能力,做到生产消纳平衡、沼渣沼液高质利用。积极推进新农村综合体和新村聚居点的沼气集中供气工程建设,解决农户清洁能源使用问题,为种植基地提供优质的有机肥。深入推进沼气高值高效深度开发利用,因地制宜推进沼气发电上网,开展规模化生物天然气项目试点示范。(农业厅、科技厅牵头,省发展改革委、财政厅参与)

深入推进固体粪便肥料化利用,大力推广工厂化堆肥处理和商品化有机肥生产技术,根据畜禽饲养量和固体粪便产生量,科学布局、建设配套有机肥加工厂和堆肥场。支持发展以畜禽粪便为原料的商品有机肥产业,鼓励现有有机肥企业扩大生产规模,提高畜禽粪污深度加工和利用水平。加强畜禽干粪加工、有机肥生产管理,从源头保证商品有机肥质量。加强商品有机肥生产证后监管，进一步规范有机肥生产和经营行为。（农业厅牵头，省发展改革委、省经济和信息化委、科技厅、财政厅、省工商局、省质监局参与）

（八）强化属地管理责任。地方各级人民政府对本行政区域内的畜禽养殖废弃物资源化利用工作负总责，要结合本地实际，依法明确部门职责，细化任务分工，加强协作配合，健全工作机制，指导督促其行政区域内全面开展畜禽养殖废弃物资源化利用工作，建立完善的畜禽养殖废弃物资源化利用制度，确保各项任务落实到位。落实"菜篮子"市长负责制，统筹兼顾畜禽产品供给和畜禽污染治理之间的关系，推进农牧结合、资源化利用，因势利导推动解决畜牧业养殖污染问题。各市（州）人民政府应于 2017 年年底前制定并公布畜禽养殖废弃物资源化利用工作方案，细化分年度的重点任务和工作清单，并抄送农业厅备案。（农业厅牵头，环境保护厅参与）

（九）强化规模养殖场主体责任。督促畜禽规模养殖场切实履行环境保护主体责任，按要求建设污染防治配套设施并保持正常运行，或者委托第三方进行粪污处理。新建或改（扩）建畜禽规模养殖场，必须配套与养殖规模和处理工艺相适应的粪污消纳用地，配备废弃物收集、贮存、处理、利用设施，已经委托他人对畜禽养殖废弃物代为综合利用和无害化处理的，可不再自行建设综合利用和无害化处理设施。（农业厅、环境保护厅牵头）

（十）强化绩效考核。以规模养殖场粪污处理、有机肥还田利用、沼气和生物天然气使用等指标为重点，建立畜禽养殖废弃物资源化利用绩效评价考核制度，纳入地方政府绩效评价考核体系。根据农业部、环境保护部联合制定的考核办法，农业厅、环境保护厅要联合制定四川省具体考核办法，对各市（州）人民政府开展考核。各市（州）人民政府要对本行政区域内畜禽养殖废弃物资源化利用工作开展考核，定期通报工作进展，层层传导压力。强化考核结果应用，把履行环境保护、安全生产职责情况作为重要参考，纳入干部工作调研、领导班子综合研判、干部考察的重要内容。（农业厅、环境保护厅牵头，省委组织部参与）

三、保障措施

（十一）强化组织领导。各地各有关部门要按照职责分工，加大养殖废弃物污染治理工作力度，抓紧制定和完善具体政策措施。农业厅要会同省直有关部门对本方案实施情况进行定期督查和跟踪评估，并向省政府报告。（农业厅牵头）

（十二）加强财税政策支持。鼓励地方政府利用中央财政农机购置补贴资金对畜禽养殖废弃物资源化利用装备实行敞开补贴。落实《财政部　国家税务总局关于印发〈资源综合利用产品和劳务增值税优惠目录〉的通知》（财税〔2015〕78 号）规定，纳税人利用畜禽粪便生产的沼气，以及利用畜禽粪便发酵产生的沼气生产的电力，可以享受增值税即征即退 100%的优惠政策。支持规模养殖场、第三方处理企业、社会化服务组织建设粪污处理设施，积极推广使用有机肥。鼓励地方政府和社会资本设立投资基金，创新粪污资源化利用设施建设和运营模式。（财政厅、省发展改革委、农业厅、环境保护厅、省国税局等负责）

（十三）加强用电用地政策支持。落实规模养殖场内养殖相关活动农业用电政策，对规模养殖场内为获得各种畜禽产品而从事的动物饲养活动用电执行农业生产电价。落实《中华人民共和国可再生能源法》《四川省可再生能源发电全额保障性收购管理实施细则》，督促电网公司对生物质发电实行全额保障性收购。降低单机发电功率门槛，沼气发电项目实行属地备案管理，接收符合入网技术标准的生物天然气入网城市燃气管网。将符合要求的规模化养殖设施、规模养殖场粪污资源化和有机肥生产积造设施纳入设施农用地管理，将以畜禽养殖废弃物为主要原料的规模化生物天然气工程、大型沼气工程、有机肥厂、集中处理中心建设用地纳入土地利用总体规划，积极保障合理用地要求。（财政厅、省发展改革委、国土资源厅、农业厅、环境保护厅、住房和城乡建设厅、国网四川电力等负责）

（十四）强化科技支撑。开展各类规模养殖粪便、沼液处理利用模式研究，规范养殖企业的粪便处理行为。开展包括对水果、经济作物、蔬菜及牧草等的有机肥使用和施肥方法研究。健全畜禽粪污还田利用和检测标准体系，制定有机肥使用技术指南，科学利用和促进有机肥产业发展，推进饲料中有机矿物元素替代无机矿物元素。结合农业部发布的畜禽粪污资源化利用模式，因地制宜确定本地主推模式，细化工艺技术并加以创新推广。深入开展畜禽粪污处理工艺、安全利用途径研究以及粪污处理模式技术经济效果评价，建立畜禽粪污资源化综合利用创新示范基地，形成具有四川特色的畜禽粪污资源化利用方式。（农业厅牵头、科技厅参与）

（十五）加快畜牧业转型升级。围绕供给侧结构性改革，提升畜牧产业结构特色化水平。大力开展畜牧业绿色发展示范县创建，加快畜禽粪污资源化利用重点县项目整县推进，做好畜禽粪污综合利用和病死畜禽无害化处理，促进畜牧业生产和生态环境保护协调发展。（农业厅牵头，省发展改革委、财政厅参与）

四川省人民政府办公厅
2017 年 11 月 2 日

附录 5　国家和行业标准

饲料卫生标准

（GB 13078—2017）

1　范围

本标准规定了饲料原料和饲料产品中的有毒有害物质及微生物的限量及试验方法。

本标准适用于表 1 中所列的饲料原料和饲料产品。

本标准不适用于宠物饲料产品和饲料添加剂产品。

2　规范性引用文件

下列文件对于本文件的应用是必不可少的。凡是注日期的引用文件，仅注日期的版本适用于本文件。凡是不注日期的引用文件，其最新版本（包括所有的修改单）适用于本文件。

GB/T 5009.19　食品中有机氯农药多组分残留量的测定

GB 5009.190　食品安全国家标准食品中指示性多氯联苯含量的测定

GB/T 13079　饲料中总砷的测定

GB/T 13080　饲料中铅的测定　原子吸收光谱法

GB/T 13081　饲料中汞的测定

GB/T 13082　饲料中镉的测定方法

GB/T 13083　饲料中氟的测定　离子选择性电极法

GB/T 13084　饲料中氰化物的测定

GB/T 13085　饲料中亚硝酸盐的测定　比色法

GB/T 13086　饲料中游离棉酚的测定方法

GB/T 13087　饲料中异硫氰酸酯的测定方法

GB/T 13088—2006　饲料中铬的测定

GB/T 13089　饲料中恶唑烷硫酮的测定方法

GB/T 13090　饲料中六六六、滴滴涕的测定

GB/T 13091　饲料中沙门民菌的检测方法

GB/T 13092　饲料中霉菌总数的测定

GB/T 13093　饲料中细菌总数的测定

GB/T 30956　饲料中脱氧雪腐镰刀菌烯醇的测定　免疫亲和柱净化-高效液相色谱法

GB/T 30957　饲料中赭曲霉毒素 A 的测定　免疫亲和柱净化-高效液相色谱法

NY/T 1970　饲料中伏马毒素的测定

NY/T 2071　饲料中黄曲霉毒素、玉米赤霉烯酮和 T-2 毒素的测定　液相色谱-串联质谱法

SN/T 0127　进出口动物源性食品中六六六、滴滴涕和六氯苯残留量的检测方法　气相色谱-质谱法

3　要求

饲料卫生指标及试验方法见表 1～表 24。

表中所列限量，除特别注明外均以干物质含量 88% 为基础计算（霉菌总数、细菌总数、沙门氏菌除外）。

饲料原料单独饲喂时，应按照配合饲料限量执行。

表 1　饲料中总砷限量及试验方法　　　　　　　　　　　单位：mg/kg

产品名称	限量	试验方法	备注
饲料原料			
干草及其加工产品	≤4	GB/T 13079	
棕榈仁饼（粕）	≤4		
藻类及其加工产品	≤40		
甲壳类动物及其副产品（虾油除外）、鱼虾粉、水生软体动物及其副产品（油脂除外）	≤15		
其他水生动物源性饲料原料（不含水生动物油脂）	≤10		
肉粉、肉骨粉	≤10		
石粉	≤2		
其他矿物质饲料原料	≤10		
油脂	≤7		
其他饲料原料	≤2		
饲料产品			
添加剂预混合饲料	≤10	GB/T 13079	
浓缩饲料	≤4		
精料补充料	≤4		
水产配合饲料	≤10		
狐狸、貉、貂配合饲料	≤10		
其他配合饲料	≤2		

表 2 饲料中铅限量及试验方法 单位：mg/kg

产品名称	限量	试验方法	备注
饲料原料			
单细胞蛋白饲料原料	≤5	GB/T 13080	
矿物质饲料原料	≤15		
饲草、粗饲料及其加工产品	≤30		
其他饲料原料	≤10		
饲料产品			
添加剂预混合饲料	≤40	GB/T 13080	
浓缩饲料	≤10		
精料补充料	≤8		
配合饲料	≤5		

表 3 饲料中汞限量及试验方法 单位：mg/kg

产品名称	限量	试验方法	备注
饲料原料			
鱼、其他水生生物及其副产品类饲料原料	≤0.5	GB/T 13081	
其他饲料原料	≤0.1		
饲料产品			
水产配合饲料	≤0.5	GB/T 13081	
其他配合饲料	≤0.1		

表 4 饲料中镉限量及试验方法 单位：mg/kg

产品名称	限量	试验方法	备注
饲料原料			
藻类及其加工产品	≤2	GB/T 13082	
植物性饲料原料	≤1		
水生软体动物及其副产品	≤75		
其他动物源性饲料原料	≤2		
石粉	≤0.75		
其他矿物质饲料原料	≤2		
饲料产品			
添加剂预混合饲料	≤5	GB/T 13082	
浓缩饲料	≤1.25		
犊牛、羔羊精料补充料	≤0.5		
其他精料补充料	≤1		
虾、蟹、海参、贝类配合饲料	≤2		
水产配合饲料（虾、蟹、海参、贝类配合饲料除外）	≤1		
其他配合饲料	≤0.5		

表5　饲料中铬限量及试验方法　　　　　　　　　　单位：mg/kg

产品名称	限量	试验方法	备注
饲料原料			
饲料原料	≤5	GB/T 13088—2006	
饲料产品			
猪用添加剂预混合饲料	≤20		
其他添加剂预混合饲料	≤5		
猪用浓缩饲料	≤6	GB/T 13088—2006	
其他浓缩饲料	≤5		
配合饲料	≤5		

表6　饲料中氟限量及试验方法　　　　　　　　　　单位：mg/kg

产品名称	限量	试验方法	备注
饲料原料			
甲壳类动物及其副产品	≤3 000		
其他动物源性饲料原料	≤500		
蛭石	≤3 000	GB/T 13083	
其他矿物质饲料原料	≤400		
其他饲料原料	≤150		
饲料产品			
添加剂预混合饲料	≤800		
浓缩饲料	≤500		
牛、羊精料补充料	≤50		
猪配合饲料	≤100		
肉用仔鸡、育雏鸡、育成鸡配合饲料	≤250	GB/T 13083	
产蛋鸡配合饲料	≤350		
鸭配合饲料	≤200		
水产配合饲料	≤350		
其他配合饲料	≤150		

表7　饲料中亚硝酸盐（以 $NaNO_2$ 计）限量及试验方法　　　　单位：mg/kg

产品名称	限量	试验方法	备注
饲料原料			
火腿肠粉等肉制品生产过程中获得的前食品和副产品	≤80	GB/T 13085	
其他饲料原料	≤15		
饲料产品			
浓缩饲料	≤20		
精料补充料	≤20	GB/T 13085	
配合饲料	≤15		

表 8　饲料中黄曲霉毒素 B₁ 限量及试验方法　　　　　单位：μg/kg

产品名称	限量	试验方法	备注
饲料原料			
玉米加工产品、花生饼（粕）	≤50	NY/T 2071	
植物油脂（玉米油、花生油除外）	≤10		
玉米油、花生油	≤20		
其他植物性饲料原料	≤30		
饲料产品			
仔猪、雏禽浓缩饲料	≤10	NY/T 2071	
肉用仔鸭后期、生长鸭、产蛋鸭浓缩饲料	≤15		
其他浓缩饲料	≤20		
犊牛、羔羊精料补充料	≤20		
泌乳期精料补充料运	≤10		
其他精料补充料运	≤30		
仔猪、雏禽配合饲料	≤10		
肉用仔鸭后期、生长鸭、产蛋鸭配合饲料	≤15		
其他配合饲料	≤20		

表 9　饲料中赭曲霉毒素 A 限量及试验方法　　　　　单位：μg/kg

产品名称	限量	试验方法	备注
饲料原料			
谷物及其加工产品	≤100	GB/T 30957	
饲料产品			
配合饲料	≤100	GB/T 30957	

表 10　饲料中玉米赤霉烯酮限量及试验方法　　　　　单位：mg/kg

产品名称	限量	试验方法	备注
饲料原料			
玉米及其加工产品（玉米皮、喷浆玉米皮、玉米浆干粉除外）	≤0.5	NY/T 2071	
玉米皮、喷浆玉米皮、玉米浆干粉、玉米酒糟类产品	≤1.5		
其他植物性饲料原料	≤1		
饲料产品			
犊牛、羔羊、泌乳期精料补充料	≤0.5	NY/T 2071	
仔猪配合饲料	≤0.15		
青年母猪配合饲料	≤0.1		
其他猪配合饲料	≤0.25		
其他配合饲料	≤0.5		

表 11   饲料中脱氧雪腐镰刀菌烯醇（呕吐毒素）限量及试验方法   单位：mg/kg

产品名称	限量	试验方法	备注
饲料原料			
植物性饲料原料	≤5	GB/T 30956	
饲料产品			
犊牛、羔羊、泌乳期精料补充料	≤1	GB/T 30956	
其他精料补充料	≤3		
猪配合饲料	≤1		
其他配合饲料	≤3		

表 12   饲料中 T-2 毒素限量及试验方法   单位：mg/kg

产品名称	限量	试验方法	备注
饲料原料			
植物性饲料原料	≤0.5	NY/T 2071	
饲料产品			
猪、禽配合饲料	≤0.5	NY/T 2071	

表 13   饲料中伏马毒素（B_1+B_2）限量及试验方法   单位：mg/kg

产品名称	限量	试验方法	备注
饲料原料			
玉米及其加工产品、玉米酒糟类产品、玉米青贮饲料和玉米秸秆	≤60	NY/T 1970	
饲料产品			
犊牛、羔羊精料补充料	≤20	NY/T 1970	
马、兔精料补充料	≤5		
其他反刍动物精料补充料	≤50		
猪浓缩饲料	≤5		
家禽浓缩饲料	≤20		
猪、兔、马配合饲料	≤5		
家禽配合饲料	≤20		
鱼配合饲料	≤10		

表 14   饲料中氢化物（以 HCN 计）限量及试验方法   单位：mg/kg

产品名称	限量	试验方法	备注
饲料原料			
亚麻籽【胡麻籽】	≤250	GB/T 13084	
亚麻籽【胡麻籽】饼、亚麻籽【胡麻籽】粕	≤350		
木薯及其加工产品	≤100		
其他饲料原料	≤50		
饲料产品			
雏鸡配合饲料	≤10	GB/T 13084	
其他配合饲料	≤50		

表 15　饲料中游离棉酚限量及试验方法　　　　　　　　　　　　　单位：mg/kg

产品名称	限量	试验方法	备注
饲料原料			
棉籽油	≤200		
棉籽	≤5 000		
脱酚棉籽蛋白、发酵棉籽蛋白	≤400	GB/T 13086	
其他棉籽加工产品	≤1 200		
其他饲料原料	≤20		
饲料产品			
猪（仔猪除外）、兔配合饲料	≤60		
家禽（产蛋禽除外）配合饲料	≤100		
犊牛精料补充料	≤100		
其他牛精料补充料	≤500		
羔羊精料补充料	≤60	GB/T 13086	
其他羊精料补充料	≤300		
植食性、杂食性水产动物配合饲料	≤300		
其他水产配合饲料	≤150		
其他畜禽配合饲料	≤20		

表 16　饲料中异硫氰酸酯（以丙烯基异硫氰酸酯计）限量及试验方法　　　单位：mg/kg

产品名称	限量	试验方法	备注
饲料原料			
菜籽及其加工产品	≤4 000	GB/T 13087	
其他饲料原料	≤100		
饲料产品			
犊牛、羔羊精料补充料	≤150		
其他牛、羊精料补充料	≤1 000		
猪（仔猪除外）、家禽配合饲料	≤500	GB/T 13087	
水产配合饲料	≤800		
其他配合饲料	≤150		

表 17　饲料中噁唑烷硫酮（以 5-乙烯基-噁唑-2 硫酮计）限量及试验方法　　单位：mg/kg

产品名称	限量	试验方法	备注
饲料原料			
菜籽及其加工产品	≤2 500	GB/T 13089	
饲料产品			
产蛋禽配合饲料	≤500		
其他家禽配合饲料	≤1 000	GB/T 13089	
水产配合饲料	≤800		

表 18　饲料中多氯联苯限量及试验方法　　　　　　　　　　单位：mg/kg

产品名称	限量	试验方法	备注
饲料原料			
植物性饲料原料	≤10		
矿物质饲料原料	≤10		
动物脂肪、乳脂和蛋脂	≤10		
其他陆生动物产品，包括乳、蛋及其制品	≤10	GB 5009.190	
鱼油	≤175		
鱼和其他水生动物及其制品（鱼油、脂肪含量>20%的鱼蛋白水解物除外）	≤30		
脂肪含量>20%的鱼蛋白水解物	≤50		
饲料产品			
添加剂预混合饲料	≤10		
水产浓缩饲料、水产品配合饲料	≤40	GB 5009.190	
其他浓缩饲料、精料补充料、配合饲料	≤10		

注：多氯联苯（PCB），以 PCB28、PCB52、PCB101、PCB138、PCB153、PCB180 之和计。

表 19　饲料中六六六限量及试验方法　　　　　　　　　　单位：mg/kg

产品名称	限量	试验方法	备注
饲料原料			
谷物及其加工产品（油脂除外）、油料籽实及其加工产品（油脂除外）、鱼粉	≤0.05	GB/T 13090	
油脂	≤2.0	GB/T 5009.19	
其他饲料原料	≤0.2	GB/T 13090	
饲料产品			
添加剂预混合饲料、浓缩饲料、精料补充料、配合饲料	≤0.2	GB/T 13090	

注：六六六（HCH），以 α-HCH、β-HCH、γ-HCH 之和计。

表 20　饲料中滴滴涕限量及试验方法　　　　　　　　　　单位：mg/kg

产品名称	限量	试验方法	备注
饲料原料			
谷物及其加工产品（油脂除外）、油料籽实及其加工产品（油脂除外）、鱼粉	≤0.02	GB/T 13090	
油脂	≤0.5	GB/T 5009.19	
其他饲料原料	≤0.05	GB/T 13090	
饲料产品			
添加剂预混合饲料、浓缩饲料、精料补充料、配合饲料	≤0.05	GB/T 13090	

注：滴滴涕，以 p,p'-DDE、o,p'-DDT、p,p'-DDD、p,p'-DDT 之和计。

表 21 饲料中六氯苯限量及试验方法 单位：mg/kg

产品名称	限量	试验方法	备注
饲料原料			
油脂	≤0.2	SN/T 0127	
其他饲料原料	≤0.01		
饲料产品			
添加剂预混合饲料、浓缩饲料、精料补充料、配合饲料	≤0.01	SN/T 0127	

表 22 饲料中霉菌总数限量及试验方法 单位：CFU/g

产品名称	限量	试验方法	备注
饲料原料			
谷物及其加工产品	$<4 \times 10^4$	GB/T 13092	
饼粕类饲料原料（发酵产品除外）	$<4 \times 10^3$		
乳制品及其加工副产品	$<1 \times 10^3$		
鱼粉	$<1 \times 10^4$		
其他动物源性饲料原料	$<2 \times 10^4$		

表 23 饲料中细菌总数限量及试验方法 单位：CFU/g

产品名称	限量	试验方法	备注
动物源性饲料原料	$<2 \times 10^6$	GB/T 13093	

表 24 饲料中沙门氏菌限量（25 g 中）及试验方法

产品名称	限量	试验方法	备注
饲料原料和饲料产品	不得检出	GB/T 13091	

饲料标签

(GB 10648—1999)

1　范围

本标准规定了饲料标签设计制作的基本原则、要求以及标签标示的基本内容和方法。

本标准适用于商品饲料和饲料添加剂（包括进口饲料和饲料添加剂）的标签。合同定制饲料、自用饲料、可饲用原粮及其加工产品和药物饲料添加剂除外。

2　引用标准

下列标准所包含的条文，通过在本标准中引用而构成为本标准的条文。本标准出版时，所示版本均为有效。所有标准都会被修订，使用本标准的各方应探讨使用下列标准最新版本的可能性。

GB/T 10647—1989　饲料工业通用术语

GB 13078—1991　饲料卫生标准

3　定义

本标准采用 GB/T 10647 中的定义。其他术语采用下列定义。

3.1　饲料标签　feed label

以文字、图形、符号说明饲料内容的一切附签及其他说明物。

3.2　药物饲料添加剂　medical feed additive

为预防动物疾病或影响动物某种生理、生化功能，而添加到饲料中的一种或几种药物与载体或稀释剂按规定比例配制而成的均匀预混物。

3.3　产品成分分析保证值　guaranteed analytical value of product

生产者根据规定的保证值项目，对其产品成分必须做出的明示承诺和保证，保证在保质期内，采用规定的分析方法均能分析得到的符合标准要求的产品成分值。

3.4　净重　net mass

去除包装容器和其他包装材料后，内装物的实际质量。

3.5　保质期　shelf life

在规定的贮存条件下，保证饲料产品质量的期限。在此期限内，产品的成分、外观等应符合标准要求。

4　基本原则

4.1　饲料标签标示的内容必须符合国家有关法律和法规的规定，并符合相关标准的规定。

4.2　饲料标签所标示的内容必须真实并与产品的内在质量相一致。

4.3　饲料标签内容的表述应通俗易懂、科学、准确，并易于为用户理解掌握。不得使用虚假、夸大或容易引起误解的语言，更不得以欺骗性描述误导消费者。

5　必须标示的基本内容

5.1　饲料标签上应标有"本产品符合饲料卫生标准"字样，以明示产品符合 GB 13078 的规定。

5.2　饲料名称

5.2.1　饲料产品应按 GB/T 10647 中的有关定义，采用表明饲料真实属性的名称进行命名。

5.2.2　需要指明饲喂对象和饲喂阶段的，必须在饲料名称中予以表明。

5.2.3　在使用商标名称或牌号名称时，必须同时使用 5.2.1 规定的名称。

5.3　产品成分分析保证值

5.3.1　标签上应按表 1 规定项目列出产品成分分析保证值。

5.3.2　保证值必须符合产品生产所执行标准的要求。

5.3.3　各类产品成分分析保证值的项目规定见表 1。

表 1　产品成分分析保证值项目

序号	产品类别	保证值项目	备注
1	蛋白质饲料	粗蛋白质、粗纤维、粗灰分、水分（动物蛋白质饲料增加钙、总磷、食盐）、氨基酸	
2	配合饲料	粗蛋白质、粗纤维、粗灰分、钙、总磷、食盐、水分、氨基酸	
3	浓缩饲料	粗蛋白质、粗纤维、粗灰分、钙、总磷、食盐、水分、氨基酸、主要微量元素和维生素	
4	精料补充料	粗蛋白质、粗纤维、粗灰分、钙、总磷、食盐、水分、氨基酸、主要微量元素和维生素	
5	复合预混料	微量元素及维生素和其他有效成分含量；载体和稀释剂名称；水分	
6	微量元素预混料	微量元素有效成分含量；载体和稀释剂名称；水分	
7	维生素预混料	维生素有效成分含量；载体和稀释剂名称；水分	
8	矿物质饲料	主成分含量、主要有毒有害物质最高含量、水分、粒度	若无粒度、水分要求时，此两项可以不列
9	营养性添加剂	有效成分含量	
10	非营养性添加剂	有效成分含量	不包括药物饲料添加剂
11	其他	标明能说明产品内在质量的项目	

注：序号1、2、3、4保证值项目中氨基酸的具体种类和保证值的标注由企业根据产品的特性自定。

5.4　原料组成

标明用来加工饲料产品使用的主要原料名称以及添加剂、载体和稀释剂名称。营养性原料可按种类标注。单一有效成分饲料添加剂可不标注原料组成。

5.5　产品标准编号

标签上应标明生产该产品所执行的标准编号。

5.6　加入药物饲料添加剂的饲料产品

5.6.1　对于添加有药物饲料添加剂的饲料产品,其标签上必须标注"含有药物饲料添加剂"字样,字体醒目,标注在产品名称下方。

5.6.2　标明所添加药物的法定名称。

5.6.3　标明饲料中药物的准确含量、配伍禁忌、停药期及其他注意事项。

5.7　使用说明

预混料、浓缩饲料和精料补充料,应给出相应配套的推荐配方或使用方法及其他注意事项。

5.8　净重（或净含量）

应在标签的显著位置标明饲料在每个包装物中的净重;散装运输的饲料,标明每个运输单位的净重,以国家法定计量单位克（g）、千克（kg）或吨（t）表示。若内装物不以质量计量时,应标注"净含量"。

5.9　生产日期

必须标明产品的生产日期。生产日期应明确完整地标明年、月、日。

5.10　保质期

5.10.1　用"保质期____个月（或若干年、天）"表示。

5.10.2　根据需要可标明贮存条件及贮存方法。

5.11　生产者、分装者的名称和地址

5.11.1　必须标明与其营业执照一致的生产者、分装者的名称和详细地址、邮政编码和联系电话。

5.11.2　进口产品必须用中文标明原产国名、地区名,及与营业执照一致的经销者在国内依法登记注册的名称和详细地址、邮政编码、联系电话等。

5.11.3　进口产品的生产日期和净重,可根据情况在中文标签上以"见原产地标签"或"见外包装"字样标注,但原产地标签或外包装上标注的生产日期、净重必须符合本标准的规定。

5.12　生产许可证和产品批准文号

实施生产许可证、产品批准文号管理的产品,应标明有效的生产许可证号、产品批准文号。进口饲料和饲料添加剂必须在标签的显著位置上标明进口产品登记许可证编号。

5.13　其他

可以标注必要的其他内容,如有效期内的质量认证标志等。

6　基本要求

6.1　饲料标签不得与包装物分离。

6.2　散装产品的标签随发货单一起传送。

6.3　饲料标签的印制材料应结实耐用；文字、符号、图形清晰醒目。

6.4　标签上印制的内容不得在流通过程中变得模糊不清甚至脱落，必须保证用户在购买和使用时清晰

6.5　饲料标签上必须使用规范的汉字；可以同时使用有对应关系的汉语拼音及其他文字。

6.6　标签上出现的符号、代号、术语等应符合国家法令、法规和有关标准的规定。

6.7　饲料标签标注的计量单位，必须采用法定计量单位。饲料标签上常用计量单位的标注见附录 A。

6.8　一个标签只标示一个饲料产品，不可一个标签上同时标出数个饲料产品。

附录 A

（标准的附录）

饲料标签计量单位的标注

A1　产品成分分析保证值

A1.1　粗蛋白质、粗纤维、粗脂肪、粗灰分、总磷、钙、食盐、水分、各种氨基酸的含量，以质量分数（%）表示。

A1.2　微量元素的含量，以每千克饲料中含有某元素的质量表示（如 mg 或 μg）。

A1.3　有毒有害物质的含量，以每千克饲料中有毒有害物质的质量或个数表示（如 mg、μg 或细菌个数）。

A1.4　药物和维生素含量，以每千克饲料中含药物或维生素的质量，或以表示药物生物效价的国际单位表示（如 mg、μg 或国际单位 IU）。

畜禽粪便监测技术规范

(GB/T 25169—2010)

1 范围

本标准规定了畜禽粪便监测过程中背景调查、采样点布设、采样、样品运输、试样制备、样品保存、检测项目与相应的分析方法、结果表示及质量控制的技术要求。

本标准适用于畜禽养殖场和养殖小区的畜禽粪便监测。

2 规范性引用文件

下列文件中的条款通过本标准的引用而成为本标准的条款。凡是注明日期的引用文件，其随后所有的修改单（不包括勘误的内容）或修订版均不适用于本标准，然而，鼓励根据本标准达成协议的各方研究是否可使用这些文件的最新版本。凡是未注明日期的引用文件，其最新版本适用于本标准。

GB 7959—1987 粪便无害化卫生标准

GB/T 8576 复混肥料中游离水含量的测定 真空烘箱法

GB/T 17138 土壤质量铜、锌的测定 火焰原子吸收分光光度法

NY/T 87 土壤全钾测定法

NY 525—2002 有机肥料

3 背景调查

3.1 监测点基本情况

3.1.1 区域环境情况

包括所处地理位置、所属气候带、周边环境状况等。

3.1.2 养殖情况

包括监测点的生产类型（如蛋用、肉用、奶用等）、畜禽品种、各阶段的存栏量和出栏量、饲养形式、饲养周期、日龄和体重等。

3.2 采食量与饲料特性

畜禽采食量以及与粪便特性相关的饲料成分指标。

3.3 粪便处理利用情况

粪便处理设施、处理能力、实际运行情况以及粪便利用方式和比例等。

4 采样点布设

4.1 舍内粪便的采样点布设

4.1.1 猪舍

在保育舍、育成育肥舍和繁殖母猪舍分别随机抽取 30 头、30 头和 10 头进行粪便收集

和采样。

4.1.2　牛舍

对不同类型牛舍随机选取不少于 5 头进行粪便收集和采样。

4.1.3　鸡舍

对不同类型鸡舍随机抽取不少于 400 只进行粪便收集和采样。

4.2　堆放粪便的采样点布设

有粪便堆放的养殖场，采样点的布设应覆盖所有堆放点。

5　采样

5.1　采样物品准备

5.1.1　工具

不锈钢采样土铲和土钻、竹片等，清洗干净后备用。

5.1.2　器具

台秤（±1 g）、聚乙烯样品自封袋（30 cm×20 cm）、样品混合盆（10 L）、保温样品箱等。

5.1.3　文具

现场记录表格、样品标签、记号笔、记录笔、卷尺等。

5.1.4　试剂

硫酸：分析纯，$c_{H_2SO_4}$ =9.0 mol/L。

5.1.5　安全防护用品

手套、口罩和药品箱等。

5.2　采样时间

每次采样连续 3～5 天，保证 3 天有效采样。

5.3　采样过程

5.3.1　舍内粪便采样

对采样点收集的舍内粪便进行称重，填写畜禽粪便收集量记录表（见附录 A）。

将称重后的粪便混合均匀，用四分法（见附录 B）取 2 份样品，分别编号，每份样品约 1 kg。其中一份直接用于含水率、粪大肠菌群和蛔虫卵的测定；另一份按每 100 g 样品添加 10 mLH$_2$SO$_4$（5.1.4）进行现场固定处理，用于测定其他指标。

5.3.2　堆放粪便采样

在每个堆放粪便采样点分别由底部自下而上每 20 cm 取样 1 次、每次采样约 500 g 装入样品混合盆中，混匀后采用四分法（见附录 B）取 2 份样品，分别编号，每份样品约 1 kg。样品处理同 5.3.1。

5.4　样品记录和标识

5.4.1　现场填写畜禽粪便收集量记录表（见附录 A）、样品标签（见附录 C）和畜禽粪便采样记录表（见附录 D），填写完毕后将样品标签贴在对应的样品包装上，防止脱落。

5.4.2　采样记录应使用签字笔填写。需要改正时，在错误数据中间画一横线，在其上方写上正确数据，在修改数据附近签名。

5.4.3　记录数据要采用法定计量单位，其有效数字位数应根据计量器具的精度及分析仪器的刻度值确定，不得随意增添或删减。

5.4.4　采样结束后在现场逐项逐个检查，包括粪便收集量记录表、粪便采样记录表、样品标签、粪便样品等，如有缺项、漏项和错误处，及时补齐和修正后再撤离采样现场。采样记录表应有页码编号，内容齐全，填写翔实，字迹清楚，数据准确，保存完整。不应有缺页和撕页，更不应丢失。

5.4.5　粪便采样记录表在样品送达检测实验室前应始终与样品存放在一起。送样人员与接样人员确认样品完好无误后签字确认，保证样品安全送达检测实验室。

6　样品的运输

6.1　粪便样品在运输前应逐一核对采样记录和样品标签，分类装箱。

6.2　粪便样品在运输过程宜低温保存，避免在运输途中破损、日光照射。

7　试样制备

经过现场固定处理的粪便样品应及时摊开晾干或利用设备制备成风干样品，经粗磨过2 mm尼龙筛，再经过非金属细磨过0.25 mm尼龙筛制成制备样。

8　样品的保存

采集的样品应尽快送至检测实验室分析化验。如果不能及时送达，应将样品临时保存在冰箱中。粪便样品各检测项目保存条件和期限见表1。

表1　畜禽粪便样品保存条件及有效期

检测项目	保存条件及有效期		
	新鲜样	风干样	制备样
含水率、粪大肠菌群、蛔虫卵	避光、<4℃，24 h	—	—
有机质、全氮、全磷	避光、<4℃，7 h	常温干燥避光，30天	常温干燥避光，180天
铜、锌、镉、全钾	避光、<4℃，7 h	常温干燥避光，180天	常温干燥避光，365天

9　检测项目、方法和结果表示

9.1　检测项目

含水率、有机质、全氮、全磷、全钾、铜、锌、镉、粪大肠菌群和蛔虫卵。

9.2　分析方法

9.2.1　含水率，按GB/T 8576规定执行。

9.2.2　有机质，按NY 525—2002中5.2规定执行。

9.2.3　全氮，按NY 525—2002中5.3规定执行。

9.2.4　全磷，按NY 525—2002中5.4规定执行。

9.2.5　铜、锌和镉，按GB/T 17138规定执行。

9.2.6　全钾，按NY/T87规定执行。

9.2.7　粪大肠菌群，按GB 7959—1987中附录A规定执行。

9.2.8　蛔虫卵，按GB 7959—1987中附录B规定执行。

9.3　结果表示

按相应分析方法规定执行。

10　质量保证与质量控制

畜禽粪便监测质量保证包括人员素质、采样过程、检测分析方法的选定、实验室内的质量控制、实验室间质量控制、数据处理和报告审核等一系列质量保证措施和技术要求。

10.1　采样过程质量控制

10.1.1　采样人员应通过岗前培训切实掌握采样技术，熟知粪便样品固定、保存、运输条件。

10.1.2　粪便样品采集全过程应双人采样和记录，相互监督。

10.1.3　每批粪便采样应加采 10%平行样，一起送实验室分析。

10.2　检测实验室分析质量控制

10.2.1　送入实验室粪便样首先应核对采样记录、样品编号、保存条件和有效期等。符合要求的样品方可开展分析。

10.2.2　检测分析过程中采用市售有证标准样品作为控制手段，每批样品带一个已知浓度的质控样品。质控样品的测试结果应控制在 90%～110%。

10.2.3　凡能做平行双样的分析项目，分析每批样品时均须做 10%的平行双样，样品较少时，每批样品应至少做一份样品的平行双样。平行双样可采用密码或明码编入。测定的平行双样允许差符合规定质控指标的样品，最终结果以双样测试结果的平均值报出。平行双样测试结果超出规定允许偏差时，在样品允许保存期内再加测一次，取相对偏差符合规定质控指标的两个测定值报出。

附录 A

（规范性附录）

畜禽粪便收集量记录表

畜禽粪便收集量记录表内容见表 A.1。

表 A.1　畜禽粪便收集量记录表

养殖场（区）名称									
养殖场（区）地质		省（市、自治区）　　　县（市、区）　　　乡（镇）村							
日期	记录时间	容器重/kg	粪便+容器重/kg	粪便重/kg	饲养阶段	日龄/天	体重/kg	头数/头	备注
现场情况记录					采样点位置示意图				

记录人：　　　　校核人：　　　　　　日期：　年　月　日

附录 B
（规范性附录）
四分法简图

四分法简图见图 B.1。

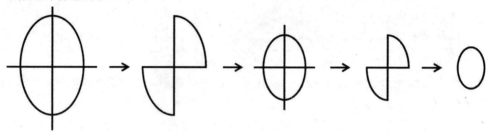

图 B.1　四分法简图

附录 C
（规范性附录）
采样标签样式图

畜禽粪便采样标签的样式见图 C.1。

畜禽粪便采样标签	
采样样品编号	
监 测 点 名 称	
采 样 地 点	
样 品 名 称	
现 场 预 处 理	
采 样 时 间：	采样人：

图 C.1　畜禽粪便采样标签样式

附录 D
（规范性附录）
畜禽粪便采样记录表

畜禽粪便采样记录表内容及格式见表 D.1。

表 D.1 畜禽粪便采样记录表

共 页，第 页

畜禽场（区）名称					
畜禽场（区）地址	省（市、自治区）		县（市、区）	乡（镇）村	
动物种类			饲养类型		
粪便感官描述	颜色		气味	含水情况	其他
样品编号	采样时间	采样地点	饲养阶段	日龄或堆放时间/天	备注

现场情况记录	采样点位置示意图

记录人：_____ 采样人：_____ 日期： 年 月 日

畜禽粪便安全使用准则

（NY/T 1334—2007）

1　范围

本准则规定了畜禽粪便安全使用术语和定义、要求、采样及分析方法。

本准则适用于以畜禽粪便为主要原料制成的各种肥料在农田中的使用。

2　规范性引用文件

下列文件中的条款通过本标准的引用而成为本标准的条款。凡是注明日期的引用文件，其随后所有的修改单（不包括勘误的内容）或修订版均不适用于本标准，然而，鼓励根据本标准达成协议的各方研究是否可使用这些文件的最新版本。凡是未注明日期的引用文件，其最新版本适用于本标准。

GB 7959　粪便无害化卫生标准　附录 A　堆肥、粪稀中粪大肠菌群检验法

GB 7959　粪便无害化卫生标准　附录 B　堆肥捆虫卵检查法

GB 7959　粪便无害化卫生标准　附录 C　粪稀刺虫卵检查法

GB 7959　粪便元害化卫生标准　附录 D　粪稀钩虫卵检查法

GB 7959　粪便无害化卫生标准　附录 E　粪稀血吸虫卵检查法

GB/T 17134　土壤质量　总砷的测定　二乙基二硫代氨基甲酸银分光光度法

GB/T 17138　土壤质量　铜、锌的测定　火焰原子吸收分光光度法

GB/T 17419　含氨基酸叶面肥料

GB/T 17420　微量元素叶面肥料

NY/T 1168　畜禽粪便无害化处理技术规范

3　术语和定义

下列术语和定义适用于本准则。

安全使用　safety using

畜禽粪便作为肥料使用，应使农产品产量、质量和周边环境没有危险，不受到威胁。畜禽粪肥施于农田，其卫生学指标、重金属含量、施肥用量及注意要点应达到本标准提出的要求。

4　要求

4.1　无害化处理

4.1.1　畜禽粪便施用于农田前应进行处理，且充分腐熟并杀灭病原菌、虫卵和杂草种子。

4.1.2　制作堆肥以及以畜禽粪便为原料制成的商品有机肥、生物有机肥、有机复混肥，其卫生学指标均应符合表1的规定。

表1　堆肥的卫生学要求

项目	指标
蛔虫卵死亡率	95%～100%
粪大肠菌群	10^{-2}～10^{-1}
苍蝇	堆肥及堆肥周围没有活的蛆、蛹或新羽化的成蝇

4.1.3　制作沼气肥，其沼液和沼渣应符合表2的规定。沼渣出池后应进行进一步堆制，充分腐熟后才能使用。

表2　沼气肥的卫生学要求

项目	卫生标准
蛔虫卵沉降率	95%以上
血吸虫卵和钩虫卵	在使用的沼液中不应有活的血吸虫卵和钩虫卵
粪大肠菌群	10^{-2}～10^{-1}
蚊子、苍蝇	有效地控制蚊蝇滋生，粪液中无子了，池的周围无活的蛆、蛹或新羽化的成蝇
沼气池粪渣	应符合表1的要求

4.1.4　粪便的收集、贮存及处理技术要求应按NY/T 1168规定执行。

4.1.5　根据施用不同pH值的土壤，以畜禽粪便为主要原料的肥料中，其畜禽粪便的重金属含量限值应符合表3的要求。

表3　制作肥料的畜禽粪便中重金属含量限值（干粪含量）　　单位：mg/kg

项目		土壤pH值		
		<6.5	6.5～7.5	>7.5
砷	旱田作物	50	50	50
	水稻	50	50	50
	果树	50	50	50
	蔬菜	30	30	30
铜	旱田作物	300	600	600
	水稻	150	300	300
	果树	400	800	800
	蔬菜	85	170	170
锌	旱田作物	2 000	2 700	3 400
	水稻	900	1 200	1 500
	果树	1 200	1 700	2 000
	蔬菜	500	700	900

4.2　安全使用

4.2.1　使用原则

畜禽粪便作为肥料应充分腐熟，卫生学指标及重金属含量达到本准则的要求后方可施用。畜禽粪料单独或与其他肥料配施时，应满足作物对营养元素的需要，适量施肥，以保持或提高土壤肥力及土壤活性。肥料的使用应不对环境和作物产生不良后果。

4.2.2　施用方法

4.2.2.1　基肥（基施）

4.2.2.1.1　撒施：在耕地前将肥料均匀撒于地表，结合耕地把肥料翻入土中，使肥土相融，适用于水田、大田作物及蔬菜作物。

4.2.2.1.2　条施（沟施）：结合犁地开沟，将肥料按条状集中施于作物播种行内，适用于大田、蔬菜作物。

4.2.2.1.3　穴施：在作物播种或种植穴内施肥，适用于大田、蔬菜作物。

4.2.2.1.4　环状施肥（轮状施肥）：在冬前或春季，以作物主茎为圆心，沿株冠垂直投影边缘外侧开沟，将肥料施入沟中并覆土，适用于多年生果树施肥。

4.2.2.2　追肥（追施）

4.2.2.2.1　腐熟的沼渣、沼液和添加速效养分的有机复混肥可用作追肥。

4.2.2.2.2　条施：使用方法同基施中的条施，适用于大田、蔬菜作物。

4.2.2.2.3　穴施：在苗期按株或在两株间开穴施肥，适用于大田、蔬菜作物。

4.2.2.2.4　环状施肥：使用方法同基施中的环状施肥，适用于多年生果树。

4.2.2.2.5　根外追肥：在作物生育期间，采用叶面喷施等方法，迅速补充营养满足作物生长发育的需要。

4.2.2.3　沼液用作叶面肥施用时，其质量应符合 GB/T 17419 和 GB/T 17420 的技术要求。春、秋季节，宜在上午露水干后（约 10 时）进行，夏季以傍晚为好，中午高温及雨天不要喷施。喷施时，以叶面为主。沼液浓度视作物品种、生长期和气温而定，一般需要加清水稀释。在作物幼苗、嫩叶期和夏季高温期，应充分稀释，防止对稳株造成危害。

4.2.2.4　条施、穴施和环状施肥的沟深、沟宽应按不同作物、不同生长期的相应生产技术规程的要求执行。

4.2.2.5　畜禽粪肥主要用作基肥，施肥时间秋施比春施效果好。

4.2.2.6　畜禽粪肥在饮用水水源保护区禁止施用。在农业区使用时应避开雨季，施入裸露农田后必须在 24 h 内翻耕入土。

4.2.3　施用量

4.2.3.1　以生产需要为基础，以地定产、以产定肥。

4.2.3.2　根据土壤肥力，确定作物预期产量（能达到的目标产量），计算作物单位产量的养分吸收量。

4.2.3.3　结合畜禽粪便中营养元素的含量、作物当年或当季的利用率，计算基施或追施应投加的畜禽粪便的量。

4.2.3.4　畜禽粪便的农田施用量计算公式和施用限量参考值、相应参数可参照附录 A 执行。

4.2.3.5　沼液、沼渣的施用量应折合成干粪的营养物质含量进行计算。

5　采样

5.1　采样方法

5.1.1　采样点的确定

根据粪肥数量（或体积）确定取样点（个）数，见表4。

表4　畜禽粪肥的取样点数

数量/t	取样点数/个
<5	5
5～30	11
>30	14

注：采样时应交叉或梅花形布点采样。

5.1.2　采样要求

取样点的位置应离地面 15 cm 以上，距肥堆顶部 5～10 cm 以下。每个样品取 200 g，混匀后（按取样点数要求，多个样品混合）缩分为 4 份。在 1/4 样品中，去除土块等杂物后，留取 250 g 供分析化验用。

5.1.3　采样工具

用土钻或铁锹等均可。

5.2　监测频率

使用前：监测一次。

存放期：3～6 个月监测一次。

5.3　分析方法

5.3.1　粪大肠菌值：按照 GB 7959 附录 A 规定执行。

5.3.2　蛔虫卵死亡率：按照 GB 7959 附录 B 规定执行。

5.3.3　寄生虫卵沉降率：按照 GB 7959 附录 C 规定执行。

5.3.4　钩虫卵数：按照 GB 7959 附录 D 规定执行。

5.3.5　血吸虫卵数：按照 GB 7959 附录 E 规定执行。

5.3.6　总砷：按照 GB/T 17134 执行。

5.3.7　铜、锌：按照 GB/T 17138 执行。

附录 A

（资料性附录）

施肥量计算的推荐公式及相应参数的确定

A.1 在有田间试验和土肥分析化验的条件下施肥量的确定

A.1.1 计算公式

$$N = \frac{A-S}{d \times r} \times f \qquad\qquad (A.1)$$

式中，N——一定土壤肥力和单位面积作物预期产量下需要投入的某种畜禽粪便的量，t/hm^2；

A——预期单位面积产量下作物需要吸收的营养元素的量，t/hm^2；

S——预期单位面积产量下作物从土壤中吸收的营养元素量（或称土壤供肥量），t/hm^2；

d——畜禽粪便中某种营养元素的含量，%；

r——畜禽粪便的当季利用率，%；

f——当地农业生产中，施于农田中的畜禽粪便的养分含量占施肥总量的比例，%。

A.1.2 相应参数的确定

A.1.2.1 A 的确定（t/hm^2）

$$A = y \times a \times 10^{-2} \qquad\qquad (A.2)$$

式中，y——预期单位面积产量，t/hm^2；

a——作物形成 100 kg 产量吸收的营养元素的量，kg。

主要作物 a 可参照表 A.1。不同作物、同种作物的不同品种及地域因素等导致作物形成 100 kg 产量吸收的营养元素的量各不相同，a 值选择应以地方农业管理、科研部门公布的数据为准。

表 A.1 作物形成 100 kg 产量吸收的营养元素的量

作物种类	氮/kg	磷/kg	钾/kg	产量水平/（t/hm^2）
小麦	3.0	1.0	3.0	4.5
水稻	2.2	0.8	2.6	6
苹果	0.3	0.08	0.32	30
梨	0.47	0.23	0.48	22.5
柑橘	0.6	0.11	0.4	22.5
黄瓜	0.28	0.09	0.29	75
番茄	0.33	0.1	0.53	75
茄子	0.34	0.1	0.66	67.5
青椒	0.51	0.107	0.646	45
大白菜	0.15	0.07	0.2	90

注：表中作物形成 100 kg 产量吸收的营养元素的量为相应产量水平下吸收的量。

A.1.2.2　S 的确定（t/hm²）

$$S = 2.25 \times 10^{-3} \times c \times t \qquad (A.3)$$

式中，2.25×10^{-3}——土壤养分的"换算系数"，20 cm 厚的土壤表层（耕作层或称为作物营养层）每公顷重约为 225 万 kg，那么 1 mg/kg 的养分在 1 hm² 地中所含的量为 2.25×10^{6} kg/hm² × 1 mg/kg，即 2.25×10^{-3} t/hm²；

　　　c——土壤中某营养元素的测定值，mg/kg；

　　　t——土壤养分校正系数。因土壤具有缓冲性能，故任一测定值，只代表某一养分的相对含量，而不是一个绝对值。不能反映土壤供肥的绝对量。因此，还要通过田间实验找到实际有多少养分可被吸收，其占所测定值的比重成为土壤养分的"校正系数"。在实际应用中，可实际测定或根据当地科研部门公布的数据进行计算。

A.1.2.3　d 的确定

畜禽粪便中某种营养元素的含量，因畜禽种类、畜禽粪便的收集与处理方式不同而差别较大。施肥量的确定应根据某种畜禽粪便的营养成分进行计算。

A.1.2.4　r 的确定

畜禽粪便养分的当季利用率因土壤理化性状、通气性能、温度、湿度等条件而不同，一般在 25%～30% 范围内变化，故当季吸收率可在此范围内选取或通过田间试验确定。

A.1.2.5　f 的确定

应根据当地的施肥习惯，确定粪料作为基肥和（或）追肥的养分含量占施肥总量的比例。

A.2　不具备田间试验和土肥分析化验的条件下施用量的确定

A.2.1　计算公式

$$N = \frac{A \times p}{d \times r} \qquad (A.4)$$

式中，N——一定土壤肥力和单位面积作物预期产量下需要投入的某种畜禽粪便的量，t/hm²；

　　　A——预期单位面积产量下作物需要吸收的营养元素的量，t/hm²；

　　　p——作物由施肥创造的产量占总产量的比例，%；

　　　d——畜禽粪便中某种营养元素的含量，%；

　　　r——畜禽粪便养分的当季利用率，%。

A.2.2　相应参数的确定

A.2.2.1　A、d、r、f 的确定，见 A.1.2.1、A.1.2.3、A.1.2.4、A.1.2.5。

A.2.2.2　作物由施肥创造的产量占总产量的比例（p）可参照表 A.2、表 A.3 选取。

表 A.2　不同土壤肥力下作物由施肥创造的产量占总产量的比例（p）

土壤肥力	土壤肥力		
	I	II	III
p/%	30～40	40～50	50～60

表 A.3　土壤肥力分级指标

项目		不同肥力水平的土壤全氮含量/（g/kg）		
		I	II	III
土地类别	旱地（大田作物）	>1.0	0.8～1.0	<0.8
	水田	>1.2	1.0～1.2	<1.0
	菜地	>1.2	1.0～1.2	<1.0
	果园	>1.0	0.8～1.0	<0.8

A.3　猪粪使用农田的限量参考值（表 A.4、表 A.5 和表 A.6）。

表 A.4　小麦、水稻每茬猪粪施用限量

农田本地肥力	高	中	低
麦田施用限量/（t/km^2）	19	16	14
稻田施用限量/（t/km^2）	22	18	16

表 A.5　果园每年猪粪施用限量

果树种类	苹果	梨	柑橘
施用限量/（t/km^2）	20	23	29

表 A.6　菜地每茬猪粪施用限量

蔬菜种类	黄瓜	番茄	茄子	青椒	大白菜
施用限量/（t/km^2）	23	35	30	30	16

注：以上限值均指在不施用化肥情况下，以干物质计算的猪粪肥料的施用限量。如果施用牛粪、鸡粪、羊粪等肥料可根据猪粪换算，其换算系数为牛粪 0.8、鸡粪 1.6、羊粪 1.0。

A.4　畜禽粪便养分含量参考值（表 A.7）。

表 A.7　畜禽粪便干基的养分含量

粪便种类	畜禽粪便干基的养分含量/%		
	氮	磷	钾
猪粪	1.0	0.9	1.12
牛粪	0.8	0.43	0.95
羊粪	1.2	0.5	1.32
鸡粪	1.6	0.93	1.61

注：以上数据均为处理后的畜禽粪便养分含量。由于各地喂养的饲料不同，其畜禽粪便的养分含量也有不同，上述数据仅供参考，应以当地实测数据为准。

畜禽粪便还田技术规范

(GB/T 25246—2010)

1 范围

本标准规定了畜禽粪便还田术语和定义、要求、限量、采样及分析方法。

本标准适用于经无害化处理后的畜禽粪便、堆肥以及以畜禽粪便为主要原料制成的各种肥料在农田中的使用。

2 规范性引用文件

下列文件中的条款通过本标准的引用而成为本标准的条款。凡是注明日期的引用文件，其随后所有的修改单（不包括勘误的内容）或修订版均不适用于本标准，然而，鼓励根据本标准达成协议的各方研究是否可使用这些文件的最新版本。凡是未注明日期的引用文件，其最新版本适用于本标准。

GB 7959—1987 粪便无害化卫生标准

GB/T 17134 土壤质量 总砷的测定 二乙基二硫代氨基甲酸银分光光度法

GB/T 17138 土壤质量 铜、锌的测定 火焰原子吸收分光光度法

GB/T 17419 含氨基酸叶面肥料

GB/T 17420 微量元素叶面肥料

NY/T 1168 畜禽粪便无害化处理技术规范

3 术语和定义

下列术语和定义适用于本标准。

安全使用 safetyu sing

畜禽粪便作为肥料使用，应使农产品产量、质量和周边环境没有危险，不受到威胁。畜禽粪肥施于农田，其卫生学指标、重金属含量、施肥用量及注意要点应达到本标准提出的要求。

4 要求

4.1 无害化处理

4.1.1 畜禽粪便还田前应进行处理，且充分腐熟并杀灭病原菌、虫卵和杂草种子。

4.1.2 制作堆肥以及以畜禽粪便为原料制成的商品有机肥、生物有机肥、有机复合肥，其卫生学指标应符合表1的规定。

表1　堆肥的卫生学要求

项目	要求
蛔虫卵死亡率	95%～100%
粪大肠菌群	10^{-2}～10^{-1}
苍蝇	堆肥中及堆肥周围没有活的蛆、蛹或新孵化的成蝇

4.1.3　制作沼气肥，其沼液和沼渣应符合表2的规定。沼渣出池后应进行进一步堆制，充分腐熟后才能使用。

表2　堆肥的卫生学要求

项目	要求
蛔虫卵沉降率	95%以上
血吸虫卵和钩虫卵	在使用的沼液中不应有活的血吸虫和钩虫卵
粪大肠菌群	10^{-2}～10^{-1}
蚊子、苍蝇	有效地控制蚊蝇滋生，沼液中无孑了，池的周围无活蛆、蛹或新羽化的成蝇
沼气池粪渣	应符合表1的要求

4.1.4　粪便的收集、贮存及处理技术要求，应按 NY/T 1168 的规定执行。

4.1.5　根据施用不同 pH 值的土壤，以畜禽粪便为主要原料的肥料中，其畜禽粪便的重金属含量限值应符合表3的要求。

表3　制作肥料的畜禽粪便中重金属含量限值（干粪含量）　　　单位：mg/kg

项目		土壤 pH 值		
		<6.5	6.5～7.5	>7.5
砷	旱田作物	50	50	50
	水稻	50	50	50
	果树	50	50	50
	蔬菜	30	30	30
铜	旱田作物	300	600	600
	水稻	150	300	300
	果树	400	800	800
	蔬菜	85	170	170
锌	旱田作物	2 000	2 700	3 400
	水稻	900	1 200	1 500
	果树	1 200	1 700	2 000
	蔬菜	500	700	900

4.2　安全使用

4.2.1　使用原则

畜禽粪便作为肥料应充分腐熟，卫生学指标及重金属含量达到本标准的要求后方可施用。畜禽粪料单独或与其他肥料配施时，应满足作物对营养元素的需要，适量施肥，以保持或提高土壤肥力及土壤活性。肥料的使用应不对环境和作物产生不良后果。

4.2.2　施用方法

4.2.2.1　基肥（基施），如下：

a）撒施：在耕地前将肥料均匀撒于地表，结合耕地把肥料翻入土中，使肥土相融，适用于水田、大田作物及蔬菜作物。

b）条施（掏施）：结合犁地开沟，将肥料按条状集中施于作物播种行内，适用于大田、蔬菜作物。

c）穴施：在作物播种或种植穴内施肥，适用于大田、蔬菜作物。

d）环状施肥（轮状施肥）：在冬前或春季，以作物主茎为圆心，沿株冠垂直投影边缘外侧开沟，将肥料施入沟中并覆土，适用于多年生果树施肥。

4.2.2.2　追肥（追施），如下：

a）腐熟的沼渣、沼液和添加速效养分的有机复混肥可用作追肥。

b）条施：使用方法同基施中的条施，适用于大田、蔬菜作物。

c）穴施：在苗期按株或在两株间开穴施肥，适用于大田、蔬菜作物。

d）环状施肥：使用方法同基施中的环状施肥，适用于多年生果树。

e）根外追肥：在作物生育期间，采用叶面喷施等方法，迅速补充营养满足作物生长发育的需要。

4.2.2.3　沼液用作叶面肥施用时，其质量应符合 GB/T 17419 和 GB/T 17420 的技术要求。春、秋季节，宜在上午露水干后（约 10 时）进行，夏季以傍晚为好，中午高温及雨天不要喷施。喷施时，以叶面为主。沼液浓度视作物品种、生长期和气温而定，一般需要加清水稀释。在作物幼苗、嫩叶期和夏季高温期，应充分稀释，防止对植株造成危害。

4.2.2.4　条施、穴施和环状施肥的沟深、沟宽应按不同作物、不同生长期的相应生产技术规程的要求执行。

4.2.2.5　畜禽粪肥主要用作基肥，施肥时间秋施比春施效果好。

4.2.2.6　在饮用水水源保护区不应施用畜禽粪肥。在农业区使用时应避开雨季，施入裸露农田后应在 24 h 内翻耕入土。

4.2.3　还田限量

4.2.3.1　以生产需要为基础，以地定产、以产定肥。

4.2.3.2　根据土壤肥力，确定作物预期产量（能达到的目标产量），计算作物单位产量的养分吸收量。

4.2.3.3　结合畜禽粪便中营养元素的含量、作物当年或当季的利用率，计算基施或追施应投加的畜禽粪便的量。

4.2.3.4　畜禽粪便的农田施用量计算公式和施用限量参考值、相应参数可参照附录 A 执行。

4.2.3.5　沼液、沼渣的施用量应折合成干粪的营养物质含量进行计算。

4.2.3.6　小麦、水稻、果园和菜地畜禽粪便的使用限量见表 4、表 5 和表 6。

表4　小麦、水稻每茬猪粪使用限量

农田本底肥力水平	I	II	III
小麦和玉米田施用限量/（t/hm²）	19	16	14
稻田施用限量/（t/hm²）	22	18	16

表5　果园每年猪粪使用限量

果树种类	苹果	梨	柑橘
施用限量/（t/hm²）	20	23	29

表6　菜地每茬猪粪使用限量

蔬菜种类	黄瓜	番茄	茄子	青椒	大白菜
施用限量/（t/hm²）	23	35	30	30	16

注：以上限值均指在不施用化肥的情况下，以干物质计算的猪粪肥料的使用限量。如果施用牛粪、鸡粪、羊粪等肥料可根据猪粪换算，其换算系数为牛粪0.8、鸡粪1.6、羊粪1.0。

5　采样和分析方法

5.1　采样方法

5.1.1　采样地点的确定

根据粪肥质量（或体积）确定取样点（个）数，见表7。

表7　畜禽粪肥的取样点数

质量/t	取样点个数/个
<5	5
5～30	11
>30	14

注：取样时应以交叉或梅花形布点取样。

5.1.2　采样要求

取样点的位置：应离地面15 cm以上，距肥堆顶部5～10 cm以下。每个样品取200 g，混匀后（按取样点数要求，多个样品混合）缩分为4份。在1/4样品中，去除土块等杂物后，留取250 g供分析化验用。

5.1.3　采样工具

用土钻或铁锹等均可。

5.2　监测频率

使用前：监测一次。

存放期：3～6个月监测一次。

5.3　分析方法

5.3.1　粪大肠菌群

按照 GB 7959—1987 附录 A 规定执行。

5.3.2 蛔虫卵死亡率

按照 GB 7959—1987 附录 B 规定执行。

5.3.3 寄生虫卵沉降率

按照 GB 7959—1987 附录 C 规定执行。

5.3.4 钩虫卵数

按照 GB 7959—1987 附录 D 规定执行。

5.3.5 血吸虫卵数

按照 GB 7959—1987 附录 E 规定执行。

5.3.6 总砷

按照 GB/T 17134 执行。

5.3.7 铜、锌

按照 GB/T 17138 执行。

附录 A

（资料性附录）

施肥量计算的推荐公式及相应参数的确定

A.1 在有田间试验和土肥分析化验的条件下施肥量的确定

A.1.1 计算公式

$$N = \frac{A-S}{d \times r} \times f$$

式中，N——一定土壤肥力和单位面积作物预期产量下需要投入的某种畜禽粪便的量，t/hm^2；

A——预期单位面积产量下作物需要吸收的营养元素的量，t/hm^2；

S——预期单位面积产量下作物从土壤吸收的营养元素量（或称土壤供肥量），t/hm^2；

d——畜禽粪便中某种营养元素的含量，%；

r——畜禽粪便的当季利用率，%；

f——当地农业生产中施于农田中的畜禽粪便的养分含量占施肥总量的比例，%。

A.1.2 相应参数的确定

A.1.2.1 A 的确定（t/hm^2）

$$A = y \times a \times 10^{-2}$$

式中，y——预期单位面积产量，t/hm^2；

a——作物形成 100 kg 产量吸收的营养物质的量，kg。

主要作物 a 可参照表 A.1。不同作物、同种作物的不同品种及地域因素等导致作物形成 100 kg 产量吸收的营养元素的量各不相同，a 值选择应以地方农业管理、科研部门公布的数据为准。

表 A.1　作物形成 100 kg 产量吸收的营养元素的量

作物种类	氮/kg	磷/kg	钾/kg	产量水平/（t/hm²）
小麦	3.0	1.0	3.0	4.5
水稻	2.2	0.8	2.6	6
苹果	0.3	0.08	0.32	30
梨	0.47	0.23	0.48	22.5
柑橘	0.6	0.11	0.4	22.5
黄瓜	0.28	0.09	0.29	75
番茄	0.33	0.1	0.53	75
茄子	0.34	0.1	0.66	67.5
青椒	0.51	0.107	0.646	45
大白菜	0.15	0.07	0.2	90

注：表中作物形成 100 kg 产量吸收的营养元素的量为相应产量水平下的吸收量。

A.1.2.2　S 的确定（t/hm²）

$$S = 2.25 \times 10^{-3} \times c \times t$$

式中，2.25×10^{-3}——土壤养分的"换算系数"，20 cm 厚的土壤表层（耕作层或称为作物营养层），其每公顷总重约为 225 万 kg，那么 1 mg/kg 的养分在 1 公顷地中所含的量为 2 250 000 kg/hm²×1 mg/kg，即 2.25×10^{-3} t/hm²；

c——土壤中某种营养元素以 mg/kg 计的测定值；

t——土壤养分校正系数。因土壤具有缓冲性能，故任一测定值只代表某一养分的相对含量，而不是一个绝对值，不能反映土壤供肥的绝对值。因此，还要通过田间实验找到实际有多少养分可以被吸收，其占所测定值的比重称为土壤养分的"校正系数"。在实际应用中，可实际测定或根据当地科研部门公布的数据进行计算。

A.1.2.3　d 的确定

畜禽粪便中某种营养元素的含量，因畜禽种类、畜禽粪便的收集与处理方式不同而差别较大。施肥量的确定应根据某种畜禽粪便的营养成分进行计算。

A.1.2.4　r 的确定

畜禽粪便养分的当季利用率，因土壤理化性状、通气性能、温度、湿度等条件不同，一般在 25%～30%内变化，故当季吸收率可在此范围内选取或通过田间试验确定。

A.1.2.5　f 的确定

应根据当地的施肥习惯，确定粪料作为基肥和（或）追肥的养分含量占施肥总量的比例。

A.2　不具备田间试验和土肥分析化验的条件下施肥量的确定

A.2.1　计算公式

$$N = \frac{A \times p}{d \times r} \times f$$

式中，N——一定土壤肥力和单位面积作物预期产量下需要投入的某种营养元素的量，t/hm^2；

　　　A——预期单位面积产量下作物需要吸收的营养元素的量，t/hm^2；

　　　p——由施肥创造的产量占总产量的比例，%；

　　　d——畜禽粪便中某种营养元素的含量，%；

　　　r——畜禽粪便养分的当季利用率，%；

　　　f——畜禽粪便的养分含量占施肥总量的比率，%。

A.2.2　相应参数的确定

A.2.2.1　A、d、r、f 的确定，见 A.1.2.1、A.1.2.2、A.1.2.3、A.1.2.4、A.1.2.5。

A.2.2.2　由施肥创造的产量占总产量的比例可参照表 A.2、表 A.3 选取。

表 A.2　不同土壤肥力下作物由施肥创造的产量占总产量的比例（p）

项目	土壤肥力		
	I	II	III
p	30%～40%	40%～50%	50%～60%

表 A.3　土壤肥力分级指标　　　　　　　　　　　单位：g/kg

项目		不同肥力水平的土壤全氮含量		
		I	II	III
土地类别	旱地（大田作物）	>1.0	0.8～1.0	<0.8
	水田	>1.2	1.0～1.2	<1.0
	菜地	>1.2	1.0～1.2	<1.0
	果园	>1.0	0.8～1.0	<0.8

畜禽粪便农田利用环境影响评价准则

(GB/T 26622—2011)

1 范围

本标准规定了畜禽粪便农田利用对环境影响的评价程序、评价方法、评价报告的编制等要求。

本标准适用于畜禽粪便农田利用的环境影响评价。

2 规范性引用文件

下列文件中的条款通过本标准的引用而成为本标准的条款。凡是注明日期的引用文件，其随后所有的修改单（不包括勘误的内容）或修订版均不适用于本标准，然而，鼓励根据本标准达成协议的各方研究是否可使用这些文件的最新版本。凡是未注明日期的引用文件，其最新版本适用于本标准。

GB 3838 地表水环境质量标准

GB/T 14848 地下水质量标准

NY/T 395 农田土壤环境质量监测技术规范

3 术语和定义

下列术语和定义适用于本标准。

3.1 无害化处理 sanitation treatment

利用高温、好氧、厌氧发酵和消毒等技术杀灭畜禽粪便中病原菌、寄生虫（卵）和杂草种子的过程。

3.2 畜禽粪便农田利用的环境影响评价 environmental impac tassessment for the animal manure land application

对畜禽粪便农田利用后可能造成的环境影响进行分析、预测和评估，提出预防或减轻不良环境影响的对策和措施，并进行跟踪监测的方法和制度的全过程评价。

3.3 农田粪便承载力指数 index for manure load of land application

在一定土壤肥力和单位面积作物预期产量的条件下，畜禽粪便农田实际施用量与除化学肥料之外的所需投入畜禽粪便量的比值。

4 评价程序

4.1 资料收集

4.1.1 根据评价任务要求制定评价工作计划，包括评价范围、等级、方法、监测指标和采样方式，做好现场调查前的准备工作。

4.1.2　收集国家相关法律、法规和标准。

4.1.3　调查当地区域地理位置，收集地区经纬度、行政区位置和平面图。

4.1.4　收集当地自然、气候、地质、地形、水文、环境、社会条件和农业生产技术水平等资料，进行现场调查。

4.1.5　收集当地土地利用现状、面积、土壤母质、农田施肥水平、农作物产量等资料。

4.1.6　收集调查当地经济发展历史和现状、农业生产布局、畜牧业发展情况和畜禽粪便管理现状，包括当地农作物种类、栽培技术措施、耕作制度、化肥种类及其施用量，畜禽粪便消纳及环境容量等资料。

4.2　编制畜禽粪便农田利用环境影响评价工作大纲

根据评价目的，宜进行畜禽粪便农田利用环境质量评价工作大纲的编制工作，其内容和格式见附录 A。

4.3　环境监测

环境监测对象包括畜禽粪便、土壤、水（地表水、地下水），采样时要注意采集具有代表性的样品，记录采样时间、地点、方法以及采样前和当时的土地利用情况。监测分析过程中应采用国家规定的标准方法。

4.4　数据分析处理

将收集到的数据和实际监测数据进行筛选、处理和统计分析，对畜禽粪便不同施用量的土壤质量与当地土壤环境本底值进行对比，做出评价结论；通过预测土壤环境变化，提出畜禽养殖业发展和畜禽粪便利用建议和对策。

4.5　编制环境影响评价报告

编制的畜禽粪便农田利用环境影响评价报告要求数据准确、文字简洁、论点明确、论据充足和结论科学，提供必要的图表和图片并加以说明，以利审核。环境影响评价报告的内容和格式见附录 B。

5　评价方法

5.1　现场布点和采样

5.1.1　在调查的基础上，选择具有代表性的地块进行采样。土壤采样按 NY/T 395 规定执行。采集有代表性待施入农田的粪便样品 2 kg。水样采集布点数量根据当地实际情况制定，地下水宜采用井水，体积不少于 2 L；地表水不少于 2 L。

5.1.2　评价因子

包括氮、磷、粪大肠菌群、蛔虫卵和主要重金属（铜、锌、铅、铬、镉、砷）；水质评价因子应包括化学需氧量、生化需氧量和硝酸盐。

5.2　畜禽粪便农田利用环境影响评价

5.2.1　农田粪便承载力指数 FC 按式（1）计算：

$$FC = \frac{T}{N-H} \qquad (1)$$

式中，T——单位面积农田畜禽粪便实际施用量，t/hm²；

　　　　N——单位面积农田粪便最大施用量，t/hm²，参见附录 C；

H——单位面积化学肥料折算的粪便施用量，t/hm^2。

5.2.2 水质污染指数 P_i，按式（2）计算：

$$P_i = \frac{C_i}{S_i} \qquad (2)$$

式中，C_i——水质污染物实测浓度；

　　　 S_i——水体污染物的环境标准浓度限值，见 GB 3838 和 GB/T 14848。

5.2.3 土壤综合污染指数

按 NY/T 395 规定执行。

5.2.4 环境质量分级

农田粪便承载力指数（FC）和水质污染指数（P）等级见表 1。土壤综合污染指数分级按 NY/T 395 规定执行。

表 1   农田粪便承载力指数及水质污染指数分级

等级	I	II	III	IV	V
P 和 FC 的最大值	P (FC) ≤0.7	0.7＜P (FC) ≤1.0	1.0≤P (FC) ≤2.0	2.0＜P (FC) ≤3.0	P (FC) ＞3.0

6 畜禽粪便农田利用环境影响评价报告的编制

6.1 评价报告应全面、概括地反映环境质量评价全部工作，尽量采用图表加以说明。原始数据和计算过程不必在报告中列出，必要时可编入附录。参考文献按发表的时间次序由近至远列出。评价报告应同时附采样点位置图和监测结果报告。

6.2 环境影响评价报告根据实际情况选择附录 B 中全部内容或部分内容进行编制。

附录 A

（规范性附录）

畜禽粪便农田利用环境影响评价工作大纲

A.1 前言

概述畜禽粪便农田利用环境评价项目的意义和由来、任务委托情况、承担总体评价任务的单位。

A.2 编制依据

——有关法规和标准。

——评价任务委托书。

A.3 畜禽粪便农田利用环境质量评价工作概况

A.3.1 畜禽养殖基本情况

畜禽粪便农田利用环境质量评价涉及规模化畜禽养殖场的名称、地点、性质、生产规模、占地面积和场区总平面布置简图。新建的应提供环境影响评价报告书。

A.3.2　环境因子的识别和简要分析

根据对规模化养殖场畜禽粪便农田利用现状的初步分析，识别其施用后可能对水体、土壤产生影响的环境因子，从中辨析出畜禽粪便农田利用后对土壤、水体可能产生的污染及其强度。

A.4　畜禽粪便农田利用环境评价区域概况

A.4.1　自然环境概况

包括被评价区域的地质、地貌、地形、地震、水文、气候与气象等。

A.4.2　社会环境

A.4.2.1　环境影响评价区域的地理位置（附地理位置图）、行政区划、交通运输、畜禽养殖和农田情况。

A.4.2.2　畜禽粪便农田利用方式、作物种类、施用量、土壤质量等。

A.5　评价工作内容

——评价目的。

——评价范围的确定：应根据被评价畜禽粪便农田利用的典型田块和水体调查来确定评价区域范围。

——评价重点：主要针对畜禽粪便农田利用后的土壤、水体质量进行评价。

——评价工作概述。

A.6　畜禽粪便农田利用环境质量评价

通过调查与监测畜禽粪便施用典型地块的土壤、水体等的环境质量状况，对畜禽粪便农田利用的环境质量现状进行评价。

畜禽粪便农田利用后对评价区域土壤、水体可能产生的影响进行分析，重点分析长期施用畜禽粪便对该地区环境质量的影响范围和影响程度。

A.7　环境经济损益分析

——社会效益分析；

——经济效益分析；

——环境效益分析。

A.8　环境管理计划和监控计划

——环境管理体系及职能；

——环境监控计划。

A.9　畜禽粪便农田利用后的环境质量和环境影响评价结论和建议。

A.10　评价工作进度。

A.11　评价工作经费预算。

附录 B

（规范性附录）

畜禽粪便农田利用环境影响评价报告

B.1　前言

概述畜禽粪便农田利用环境影响评价项目意义和由来、评价标准、评价方法和评价区域。

B.2　环境因子的识别和简要分析

B.3　评价区域环境概况

B.3.1　自然环境概况

B.3.1.1　地理位置，包括所处地区经纬度、行政区位置和交通位置（主要交通线并附平面图）。

B.3.1.2　气候、气象、地质、地形、地貌、水文（含地表水、地下水、水资源总量利用情况及存在的问题）。

B.3.1.3　土地利用类型、面积、土壤类型、土壤肥力水平以及农田施用粪便种类和数量，化学肥料施用种类和数量。

B.3.1.4　矿产、森林、草原、水产、动植物与生态。

B.3.2　社会经济概况

B.3.2.1　行政区划情况。

B.3.2.2　农业生产布局情况。

B.3.2.3　农牧业发展情况。

B.3.3　环境评价区域内畜禽养殖及粪便利用概况

B.3.3.1　畜禽养殖基本情况

B.3.3.1.1　畜禽养殖种类和数量。

B.3.3.1.2　粪便产生量、处理和利用基本情况。

B.3.3.1.3　待施用于农田的畜禽粪便特性，包括氮、磷、钾、重金属、粪大肠菌群、蛔虫卵含量等。

B.3.3.2　畜禽粪便农田利用环境质量现状

B.3.3.2.1　土壤环境质量状况

　　a）土壤质量现状。

　　b）土壤监测结果分析。

　　c）土壤环境质量现状评价。

B.3.3.2.2　水环境质量状况

　　a）水质现状。

　　b）水质监测结果分析。

　　c）水体质量现状评价。

B.4　环境经济损益分析

B.5　畜禽粪便农田利用环境承载力分析和预测

　　通过调查不同土地利用类型的畜禽粪便施用量，分析计算农田畜禽粪便承载力。

　　监测畜禽粪便农田利用典型地块附近水体环境质量，在分析计算水质污染指数及其等级基础上评价水体质量现状，探讨畜禽粪便农田利用后对当地水体环境质量的影响范围和影响程度。

　　结合当地环境容量、畜禽养殖业和种植业发展规划，分析三者之间的协调性。

B.6　预防或减轻不良环境影响对策和措施

　　提出减轻或降低畜禽粪便农田利用环境污染的政策、管理措施，并对增施有机肥、减施化肥进行可行性和经济性分析。

B.7　环境影响评价结论和建议

　　综述畜禽粪便农田利用对生态、环境的有利和不利影响以及环境的总体变化趋势。

　　畜禽粪便农田利用的社会经济和环境的总体效益分析。

附录 C
（规范性附录）
畜禽粪便农田施肥量计算的推荐公式及相应参数的确定

C.1　在有田间试验和土肥分析化验的条件下施用量的确定

C.1.1　计算公式

$$N = \frac{A - S}{d \times r} \qquad (\text{C.1})$$

式中，N ——一定土壤肥力和单位面积作物预期产量下需要投入的某种畜禽粪便的量，t/hm^2；

　　　A ——预期单位面积产量下作物需要吸收的营养元素的量，t/hm^2；

　　　S ——预期单位面积产量下作物从土壤中吸收的营养元素量（或称土壤供肥量），t/hm^2；

　　　d ——畜禽粪便中某种营养元素的含量，%；

　　　r ——畜禽粪便的当季利用率，%。

C.1.2　相应参数的确定

C.1.2.1　A 的确定（t/hm^2）

$$A = Y \times a \times 10^{-2} \qquad (\text{C.2})$$

式中，Y ——预期单位面积产量，t/hm^2；

　　　a ——作物形成 100 kg 产量吸收的营养元素的量，kg。

　　　主要作物形成 100 kg 产量吸收的营养元素的量可以参照表 C.1。不同作物、同种作物的不同品种及地域因素等导致作物形成 100 kg 产量吸收的营养元素的量各不相同，a 值选择应以地方农业管理、科研部门公布的数据为准。

表 C.1 作物形成 100 kg 产量吸收的营养元素的量

作物种类	氮/kg	磷/kg	钾/kg	产量水平/（t/hm²）
小麦	3.0	1.0	3.0	4.5
水稻	2.2	0.8	2.6	6
黄瓜	0.28	0.09	0.29	75
番茄	0.33	0.1	0.53	75
茄子	0.34	0.1	0.66	67.5
青椒	0.51	0.107	0.646	45
大白菜	0.15	0.07	0.2	90
苹果	0.3	0.08	0.32	30
梨	0.47	0.23	0.48	22.5
柑橘	0.6	0.11	0.4	22.5

注：表中作物形成 100 kg 产量吸收的营养元素的量为相应产量水平下吸收的量。

C.1.2.2 S 的确定（t/hm²）

$$S = 2.25 \times 10^{-3} \times c \times t \qquad (C.3)$$

式中，2.25×10^{-3} ——土壤养分的换算系数，20 cm 厚的土壤表层 1 hm² 总重约为 2.25×10^{6} kg，那么 1 mg/kg 的养分在 1 hm² 地中所含的量为 2.25×10^{6} kg/hm²× 1 mg/kg，即 2.25×10^{-3} t/hm²；

c ——土壤中某营养元素的测定值，mg/kg；

t ——土壤养分校正系数，可实际测定或根据当地科研部门公布的数据进行计算。

C.1.2.3 d 的确定

畜禽粪便中某种营养元素的含量，因畜禽种类、畜禽粪便的收集与处理方式不同而差别较大。施肥量的确定应根据某种畜禽粪便的营养成分进行计算。

C.1.2.4 r 的确定

畜禽粪便养分的当季利用率，因土壤理化性状、通气性能、温度、湿度等条件而不同，一般在 25%～30% 内变化，故当季吸收率可在此范围内选取或通过田间试验确定。

C.2 不具备田间试验和土肥分析化验的条件下施用量的确定

C.2.1 计算公式

$$N = \frac{A \times p}{d \times r} \qquad (C.4)$$

式中，N ——一定土壤肥力和单位面积作物预期产量下需要投入的某种畜禽粪便的量，t/hm²；

A ——预期单位面积产量下作物需要吸收的营养元素的量，t/hm²；

p ——作物由施肥创造的产量占总产量的比例，%；

d ——畜禽粪便中某种营养元素的含量，%；

r ——畜禽粪便养分的当季利用率，%。

C.2.2 相应参数的确定

C.2.2.1 A、d、r 的确定见 C.1.2.1、C.1.2.3、C.1.2.4。

C.2.2.2　作物由施肥创造的产量占总产量的比例（p）可参照表 C.2、表 C.3 选取。

表 C.2　不同土壤肥力下作物由施肥创造的产量占总产量的比例（p）

土壤肥力	I	II	III
p/%	30～40	40～50	50～60

表 C.3　土壤肥力分级指标

项目		不同肥力水平的土壤全氮含量/（g/kg）		
		I	II	III
土地类别	旱地（大田作物）	>1.0	0.8～1.0	<0.8
	水田	>1.2	1.0～1.2	<1.0
	菜地	>1.2	1.0～1.2	<1.0
	果园	>1.0	0.8～1.0	<0.8

C.2.2.3　畜禽粪便干基的养分含量（d）可参照表 C.4。

表 C.4　畜禽粪便干基的养分含量

粪便种类	畜禽粪便干基的养分含量/%		
	氮	磷	钾
猪粪	1.0	0.9	1.12
牛粪	0.8	0.43	0.95
羊粪	1.2	0.5	1.32
鸡粪	1.6	0.93	1.61

注：以上数据均为处理后的畜禽粪便养分含量。由于各地喂养的饲料不同，其畜禽粪便的养分含量也有不同，上述数据仅供参考，应以当地实测数据为准。

畜禽粪便无害化处理技术规范

（NY/T 1168—2006）

1　范围

本标准规定了畜禽粪便无害化处理设施的选址、场区布局、处理技术、卫生学控制指标及污染物监测和污染防治的技术要求。

本标准适用于规模化养殖场、养殖小区和畜禽粪便处理场。

2　规范性引用文件

下列文件中的条款通过本标准的引用而成为本标准的条款。凡是注明日期的引用文件，其随后所有的修改单（不包括勘误的内容）或修订版均不适用于本标准，然而，鼓励根据本标准达成协议的各方研究是否可使用这些文件的最新版本。凡是未注明日期的引用文件，其最新版本适用于本标准。

GB 5084　农田灌溉水质标准

GB 18596　畜禽养殖业污染物排放标准

GB 18877　有机-无机复混肥料

NY 525　有机肥料

NY/T 682　畜禽场场区设计技术规范

3　术语和定义

下列术语和定义适用于本标准。

3.1　粪便　manure

畜禽的粪尿排泄物。

3.2　规模化养殖场　concentrated animal operation

指在较小的场地内，养殖数量达到本标准规定存栏规模的饲养场：蛋鸡≥15 000只，肉鸡≥30 000只，猪≥500头，奶牛≥100头，肉牛≥200头，羊≥1 500只。

3.3　养殖小区　animal park

在适合畜禽养殖的地域内建立的有一定规模的较为规范、严格管理的畜禽养殖基地，基地内养殖设施完备，技术规程及措施统一，只养一种畜禽，由多个养殖业主进行标准化养殖。

3.4　畜禽粪便处理场　centralized manure treatment facility

专业从事畜禽粪便处理、加工的企业和专业户。

3.5　堆肥

将畜禽粪便等有机固体废物集中堆放并在微生物作用下使有机物发生生物降解，形成一种类似腐殖质土壤的物质的过程。

3.6　厌氧消化　anaerobic digest

利用厌氧菌或兼性厌氧菌在无氧状态下将有机物质分解的处理方法。

3.7　无害化处理　non-hazardous treatment

利用高温、好氧或厌氧等技术杀灭畜禽粪便中病原菌、寄生虫和杂草种子的过程。

4　处理原则

4.1　畜禽养殖场或养殖小区应通过采用先进的工艺、技术与设备，改善管理，综合利用等措施，从源头削减污染量。

4.2　畜禽粪便处理应坚持综合利用的原则，实现粪便的资源化。

4.3　畜禽养殖场和养殖小区必须建立配套的粪便无害化处理设施或处理（置）机制。

4.4　畜禽养殖场、养殖小区或畜禽粪便处理场应严格执行国家有关的法律、法规和标准，畜禽粪便经过处理达到无害化指标或有关排放标准后才能施用和排放。

4.5　发生重大疫情畜禽养殖场粪便必须按照国家兽医防疫有关规定处置。

5　处理场地的要求

5.1　新建、扩建和改建畜禽养殖场或养殖小区必须配置畜禽粪便处理设施或畜禽粪便处理场。已建的畜禽场没有处理设施或处理场的，应及时补上。畜禽养殖场的选址禁止在下列区域内建设畜禽粪便处理场：

5.1.1　生活饮用水水源保护区、风景名胜区、自然保护区的核心区及缓冲区；

5.1.2　城市和城镇居民区，包括文教科研区、医疗区、商业区、工业区、游览区等人口集中地区；

5.1.3　县级人民政府依法划定的禁养区域；

5.1.4　国家或地方法律、法规规定需特殊保护的其他区域。

5.2　在禁建区域附近建设畜禽粪便处理设施和单独建设的畜禽粪便处理场，应设在5.1规定的禁建区域常年主导风向的下风向或侧风向处，场界与禁建区域边界的最小距离不得小于500 m。

6　处理场地的布局

设置在畜禽养殖区域内的粪便处理设施应按照 NY/T 682 的规定设计，应设在养殖场的生产区、生活管理区的常年主导风向的下风向或侧风向处，与主要生产设施之间保持100 m 以上的距离。

7　粪便的收集

7.1　新建、扩建和改建畜禽养殖场和养殖小区应采用先进的清粪工艺，避免畜禽粪便与冲洗等其他污水混合，减少污染物排放量，已建的养殖场和养殖小区要逐步改进清粪工艺。

7.2　畜禽粪便收集、运输过程中必须采取防扬散、防流失、防渗漏等环境污染防止措施。

8　粪便的贮存

8.1　畜禽养殖场产生的畜禽粪便应设置专门的贮存设施。

8.2　畜禽养殖场、养殖小区或畜禽粪便处理场应分别设置液体和固体废弃物贮存设施，畜禽粪便贮存设施位置必须距离地表水体 400 m 以上。

8.3　畜禽粪便贮存设施应设置明显标志和围栏等防护措施，保证人畜安全。

8.4　贮存设施必须有足够的空间来贮存粪便。在满足下列最小贮存体积条件下设置预留空间，一般在能够满足最小容量的前提下将深度或高度增加 0.5 m 以上。

8.4.1　对于固体粪便储存设施，其最小容积为贮存期内粪便产生总量和垫料体积总和。

8.4.2　对于液体粪便贮存设施，其最小容积为贮存期内粪便产生量和污水排放量总和。对于露天液体粪便贮存时，必须考虑贮存期内降水量。

8.4.3　采取农田利用时，畜禽粪便贮存设施最小容量不能小于当地农业生产使用间隔最长时期内养殖场粪便产生总量。

8.5　畜禽粪便贮存设施必须进行防渗处理，防止污染地下水。

8.6　畜禽粪便贮存设施应采取防雨（水）措施。

8.7　贮存过程中不应产生二次污染，其恶臭及污染物排放应符合 GB 18596 的规定。

9　粪便的处理

9.1　禁止未经无害化处理的畜禽粪便直接施入农田。畜禽粪便经过堆肥处理后必须达到表 1 的卫生学要求。

表 1　粪便堆肥无害化卫生学要求

项目	卫生标准
蛔虫卵	死亡率≥95%
粪大肠菌群	≤10^5 个/kg
苍蝇	有效地控制苍蝇滋生，堆体周围没有活的蛆、蛹或新羽化的成蝇

9.2　畜禽固体粪便宜采用条垛式、机械强化槽式和密闭仓式堆肥等技术进行无害化处理，养殖场、养殖小区和畜禽粪便处理场可根据资金、占地等实际情况选用。

9.2.1　采用条垛式堆肥时，保持发酵温度 45℃ 以上的时间不少于 14 天。

9.2.2　采用机械强化槽式和密闭仓式堆肥时，保持发酵温度 50℃ 以上的时间不少于 7 天，或发酵温度 45℃ 以上的时间不少于 14 天。

9.3　液态畜禽粪便可以选用沼气发酵、高效厌氧、好氧、自然生物处理等技术进行无害化处理。处理后的上清液和沉淀物应实现农业综合利用，避免产生二次污染。

9.3.1　处理后的上清液、沉淀物作为肥料进行农业利用时，其卫生学指标应达到表 2 的要求。

9.3.2　处理后的上清液作为农回灌溉用水时，应符合 GB 5084 的规定。

9.3.3　处理后的污水直接排放时．应符合 GB 18596 的规定。

表 2　液态粪便厌氧无害化卫生学要求

项目	卫生标准
寄生虫卵	死亡率≥95%
血吸虫卵	在使用粪液中不得检出活的血吸虫卵
粪大肠菌群	常温沼气发酵≤10 000 个/L，高温沼气发酵≤100 个/L
蛔虫卵	死亡率≥95%
蚊子、苍蝇	有效地控制蚊蝇滋生，粪液中无子孑，池的周围无活的蛆、蛹或新羽化的成蝇
沼气池粪渣	达到表 1 要求后方可用作农肥

9.4　无害化处理后的畜禽粪便进行农田利用时，应综合当地环境容量和作物需求进行综合利用规划。

9.5　利用无害化处理后的畜禽粪便生产商品化有机肥和有机-无机复混肥，须分别符合 NY 525 和 GB 18877 的规定。

9.6　利用畜禽粪便制取其他生物质能源或进行其他类型的资源回收利用时，应避免二次污染。

10　对粪便处理场场区要求

畜禽粪便处理场场区臭气浓度应符合 GB 18596 的规定。

11　监督与管理

11.1　畜禽养殖场、养殖小区和畜禽粪便处理场按当地农业部门和环境保护行政主管部门要求，定期报告粪便产生量、粪便特性、贮存、处理设施的运行情况，并接受当地和上级农业部门和环境保护机构的监督与检查。

11.2　排污口标志应按国家环境保护总局有关规定设置。

畜禽粪便中铅、镉、铬、汞的测定　电感耦合等离子体质谱法

(GB/T 24875—2010)

1　范围

本标准规定了畜禽粪便中铅（Pb）、镉（Cd）、铬（Cr）、汞（Hg）的电感耦合等离子体质谱（ICP-MS）测定方法。

本标准适用于畜禽粪便样品中 Pb、Cd、Cr、Hg 含量的测定。

本方法定量限：Pb、Cd、Cr、Hg 为 0.1 mg/kg。

2　规范性引用文件

下列文件中的条款通过本标准的引用而成为本标准的条款。凡是注明日期的引用文件，其随后所有的修改单（不包括勘误的内容）或修订版均不适用于本标准，然而，鼓励根据本标准达成协议的各方研究是否可使用这些文件的最新版本。凡是未注明日期的引用文件，其最新版本适用于本标准。

GB/T 6682　分析实验室用水规格和试验方法

3　方法原理

样品经微波消解后，试样液引入等离子体质谱仪。对于一定质荷比的待测离子，质谱信号响应与进入质谱仪中的离子数成正比，通过测量质谱的信号计数来测定样品中元素的浓度。采用标准曲线法计算元素含量。

4　试剂和材料

除非另有说明，在分析中仅使用确认为优级纯的试剂，实验室用水符合 GB/T 6682 中一级水的规定。

4.1　硝酸：ρ（HNO_3）=65%。

4.2　硝酸溶液：硝酸（4.1）+水＝5+60。

4.3　标准储备溶液：Hg 使用市售有证单元素标准溶液，Pb、Cd、Cr 直接采用市售有证 ICP-MS 专用多元素标准溶液或使用市售有证单元素标准溶液。

4.4　标准工作溶液=取适量的标准储备溶液或各单标标准储备溶液（4.3），用硝酸溶液（4.2）逐级稀释到相应的浓度，配制成下列浓度的混合标准工作溶液：Pb、Cd、Cr 为 1.0 μg/mL，Hg 为 0.5 μg/mL。现用现配。

4.5　混合在线内标溶液：钪（Sc）、铟（In）、铋（Bi）浓度为 1.0 μg/mL，以硝酸溶液（4.2）为介质。

4.6　质谱调谐液：仪器自备调谐液。

5　仪器和设备

5.1　电感耦合等离子体质谱仪（ICP-MS）。

5.2　微波消解系统，配有耐高温高压消解罐。

5.3　超纯水系统。

5.4　电子天平：感量 0.001 g。

5.5　高纯氩气：纯度不低于 99.99%。

5.6　移液器：量程 50～1 000 μL。

5.7　样品粉碎设备：球磨机、粉碎机、0.25 mm 样品筛等。

6　试样制备

取经充分混匀有代表性的样品不少于 500 g。样品经 65℃烘干至恒重后粉碎或研磨，过 0.5 mm 样品筛。

7　测定步骤

7.1　消解

称取试样约 0.4 g，精确至 0.001 g，置于消解罐中，准确加入硝酸（4.1）8 mL，轻微摇晃浸润样品，拧紧瓶盖后于 1 200 W 下升温：初温室温，5 min 内匀速升温至 120℃，保持 3 min；然后 5 min 内匀速升温至 160℃，保持 3 min，再以 10℃/min 升至 180℃，保持 15 min。冷却后，转移消解液于 50 mL 容量瓶中。冲洗消解罐并将洗涤液转移至容量瓶中，用水定容、混匀，静置备用。消解后的试样中如有不溶物质，要静置过夜或取部分离心至澄清。

7.2　仪器参考条件

功率（RF power）：1 250～1 550 W。

采样深度（sampling depth）：6.0～10.0 mm。

载气流速（carrier-gas flow）：0.65～1.20 L/min。

载气补偿气流速（make-up-gas flow）：0～0.55 L/min。

样品提升速率（sampling rate）：0.10～0.40 mL/min。

积分时间（intergretion time）：Hg、Cd 2.0 s，Cr、Pb 0.3 s。

7.3　标准曲线的绘制

准确吸取 0 mL、0.05 mL、0.10 mL、0.50 mL、1.00 mL、2.50 mL 标准工作溶液（4.4）于 6 个 50 mL 容量瓶中，用硝酸溶液（4.2）稀释定容至刻度，混匀，其标准系列浓度 Cr、Pb、Cd 为 0 ng/mL、1.00 ng/mL、2.00 ng/mL、10.0 ng/mL、20.0 ng/mL、50.0 ng/mL；Hg 为 0 ng/mL、0.50 ng/mL、1.0 ng/mL、5.0 ng/mL、10.0 ng/mL、25.0 ng/mL。在线加入内标溶液（4.5），浓度由低到高进样检测，以信号计数-浓度作图，得到标准曲线回归方程。

7.4　测定

用调谐液（4.6）调节仪器的灵敏度、氧化物与双电荷干扰等指标，以满足测试要求。仪器稳定后，将试样液（7.1）引入等离子体质谱，在线加入内标溶液（4.5），得到各待测元素及内标元素的信号计数，根据待测元素与内标元素的强度比值，得到校正后的各待测元素的信号计数，由标准曲线查得样品中各元素的质量浓度。超过线性范围则应用硝酸溶液（4.2）稀释后再进样分析。

7.5 空白试验

进行双份空白试验，除不加试料外，采用完全相同的测定步骤进行平行测定。

8 结果计算

试料中各元素的含量以质量分数 X_i 计，单位以毫克每千克（mg/kg）表示，按式（1）计算：

$$X_i = \frac{(c_i - c_{0i}) \times V \times f}{m \times 1\,000} \qquad (1)$$

式中，c_i ——经干扰校正后试样液中各元素的浓度，ng/mL；

c_{0i} ——经干扰校正后空白溶液中各元素的浓度，ng/mL；

V ——试样液体积，mL；

f ——试样液稀释倍数；

m ——试样质量，g。

计算结果保留两位有效数字。

9 精密度

9.1 元素含量≤0.5 mg/kg 时，在重复性条件下获得的两次独立测定结果的绝对差值不得超过算术平均值的 30%，以大于这两个测定值的算术平均值的 30% 情况不超过 5% 为前提。

9.2 元素含量＞0.5 mg/kg 时，在重复性条件下获得的两次独立测定结果的绝对差值不得超过算术平均值的 20%，以大于这两个测定值的算术平均值的 20% 情况不超过 5% 为前提。

附录 A

（资料性附录）

待测元素分析物质量数、相应的内标物及其质量数

表 A.1 为待测元素分析物质量数、相应的内标物及质量数

表 A.1 分析物质量数、内标物及质量数

元素	分析物质量数/（m/z）	内标物及其质量数/（m/z）
Pb	208	Bi209
Cd	111	In115
Cr	53	Sc45
Hg	202	Bi209

有机-无机复混肥料

（NY 481—2002）

1　范围

本标准规定了有机-无机复混肥料的技术要求、试验方法、检验规则、标识、包装、运输和贮存。

本标准适用于以畜禽粪便、动植物残体等有机物料为主要原料，经发酵腐熟处理，添加无机肥料制成的有机-无机复混肥料。

2　规范性引用文件

下列文件中的条款通过本标准的引用而成为本标准的条款。凡是注明日期的引用文件，其随后所有的修改单（不包括勘误的内容）或修订版均不适用于本标准，然而，鼓励根据本标准达成协议的各方研究是否可使用这些文件的最新版本。凡是未注明日期的引用文件，其最新版本适用于本标准。

GB/T 1250　极限数值的表示方法和判定方法

GB/T 6274　肥料和土壤料理机术语

GB/T 6679　固体化工产品采样通则

GB 8172　城镇垃圾农用控制标准

GB 8569　固体化学肥料包装

GB/T 8571　复混肥料实验室样品制备

GB/T 8573　复混肥料中有效磷含量测定

GB/T 8576　复混肥料中游离水含量测定　真空烘箱法

GB/T 17767.1　有机-无机复混肥料中总氮含量的测定

GB/T 17767.3　有机-无机复混肥料中总钾含量的测定

GB 18382　肥料标识内容和要求

GB 15063—2001　复混肥料（复合肥料）

HG/T 2843　化肥产品　化学分析中常用标准滴定溶液、标准溶液、试剂溶液和指示剂溶液

3　术语和定义

GB/T 6274 确立的以及下列术语和定义适用于本标准。

有机-无机复混肥料 organic-inorganic compound fertilizer

来源于标明养分的有机和无机物质的产品，由有机和无机肥料混合和（或）化合制成。

4　要求

4.1　外观：粒状或粉状产品，无机械杂质，无恶臭。

4.2　有机-无机复混肥料技术指标应符合表 1 要求。

表 1　有机-无机复混肥料技术指标

		指标	
		Ⅰ	Ⅱ
总养分[氮+有效磷（P_2O_5）+钾（K_2O）]/%	≥	20.0	15.0
有机质/%	≥	15	20
水分（H_2O）/%	≥	12	14
酸碱度（pH）		5.5～8.0	

注：组成产品的单一养分含量不得低于 2.0%，且单一养分测定值与标明值负偏差的绝对值不得＞1.5%。

4.3　有机-无机复混肥料中重金属含量、蛔虫卵死亡率和大肠菌群指标应符合 GB 8172 的要求。

5　试验方法

本标准中所用试剂、水和溶液的配制在未注明规格和配制方法时，均应符合 HG/T 2843 的规定。

5.1　外观

目测法测定。

5.2　总氮含量测定

按 GB/T 17767.1 规定进行。

5.3　有效磷含量测定

按 GB/T 8573 规定进行。

5.4　总钾含量测定

按 GB/T 17767.3 规定进行。

5.5　水分测定真空烘箱法

按 GB/T 8576 规定进行。

5.6　有机质含量测定

重铬酸钾容量法。

5.6.1　原理

用定量的重铬酸钾-硫酸溶液在加热条件下使有机-无机肥料中的有机碳氧化，剩余的重铬酸钾用硫酸亚铁标准溶液滴定，同时以二氧化硅为添加物做空白试验。根据氧化前后氧化剂消耗量计算有机碳量，乘以系数 1.724 为有机质含量。

5.6.2　试剂和材料

5.6.2.1　二氧化硅：粉末状。

5.6.2.2　硫酸（ρ=1.84）。

5.6.2.3　邻菲罗啉指示剂：称取 1.485 g 邻菲罗啉和 0.695 g 硫酸亚铁溶于 100 mL 水，贮于棕色瓶中。

5.6.2.4　重铬酸钾-硫酸溶液：$c(1/6\ K_2Cr_2O_7)=0.5\ mol/L$。称取重铬酸钾 49.03 g 溶于 600～800 mL 水中，加水稀释至 1 L，将溶液移入 3 L 大烧杯中。另取 1 L 浓硫酸缓慢加入重铬酸钾溶液内，并不断搅拌。为避免溶液急剧升温，将大烧杯放在盛有冷水的盆内冷却，每加约 100 mL 浓硫酸后稍停片刻，待溶液温度降到不烫手时再加另一部分硫酸。

5.6.2.5　重铬酸钾标准溶液：$c(1/6\ K_2Cr_2O_7)=0.4\ mol/L$。称取经 130℃ 干燥 2～3 h 的重铬酸钾（优级纯）19.612 g，先用少量水溶解，然后无损移入 1 L 容量瓶中，定容混匀。

5.6.2.6　硫酸亚铁标准溶液：称取硫酸亚铁（$FeSO_4·7H_2O$）112 g，溶于 800 mL 水中，加硫酸（5.6.2.2）20 mL，慢慢加入硫酸亚铁溶液内，用水稀释至 1 L（必要时过滤），混匀贮于棕色瓶中。此溶液易被空气氧化，每次使用时应用重铬酸钾标准溶液标定其准确浓度。

　　标定：吸取重铬酸钾标准溶液（5.6.2.5）20 mL 于 250 mL 三角瓶中，加硫酸（5.6.2.2）5 mL，加水 50～60 mL，加邻菲罗啉指示剂 5 滴。用硫酸亚铁标准溶液滴定至溶液由橙黄色转为蓝绿色，最后变为橙红色为终点，根据硫酸亚铁溶液的消耗量，按式（1）计算其准确浓度 c_2：

$$c_2 = \frac{c_1 \times V_1}{V_2} \qquad\qquad (1)$$

式中，c_1 ——重铬酸钾标准溶液的浓度，mol/L；

　　　　V_1 ——吸取重铬酸钾标准溶液的体积，mL；

　　　　V_2 ——滴定时消耗硫酸亚铁标准溶液的体积，mL。

5.6.3　仪器

　　通常实验室用仪器和水浴锅。

5.6.4　分析步骤

5.6.4.1　按 GB/T 8571 规定制备实验室样品，并研磨至通过 0.5 mm 筛。称取试样 0.05～0.5 g（精确至 0.000 1 g）（称样量的多少取决于有机质含量的高低）放入 250 mL 三角瓶中，准确加入重铬酸钾-硫酸溶液（5.6.2.4）25.0 mL。充分摇匀后加一弯颈小漏斗，置于沸水中保温 30 min，每隔约 5 min 摇动一次。取出冷却至室温，用水冲洗小漏斗，洗液承接于三角瓶中，加水至 120 mL，加 6 滴邻菲罗啉指示剂（5.6.2.3），用硫酸亚铁标准溶液（5.6.2.6）滴定至棕红色；同时用二氧化硅（5.6.2.1）代替试样，按照相同分析步骤、使用同样的试剂进行空白试验。

　　如果滴定试样所用硫酸亚铁标准浴液的用量不到空白试验所用硫酸亚铁标准溶液用量的 1/3 时，则应减少称样量，重新测定。

5.6.4.2　氯离子含量的测定：按 GB 15063—2001 中 5.7 的规定测定氯离子含量 c_3（%）。

5.6.5　分析结果的计算和表述

5.6.5.1　计算

　　有机质含量以质量百分数（%）表示，按式（2）计算：

$$有机质(\%)=\left[\frac{(V_0-V)\times c_2 \times 0.03}{m}\times 100-c_3\times 0.084\,7\right]\times 1.724 \qquad（2）$$

式中，V_0——空白试验时消耗硫酸亚铁标准榕液的体积，mL；

　　　V——样品测定时消耗硫酸亚铁标准溶液的体积，mL；

　　　c_2——硫酸亚铁标准溶液的浓度，mol/L；

　　　c_3——氯离子含量，%；

　　　0.003——1/4 碳原子的摩尔质量，g/mol；

　　　1.724——由有机碳换算为有机质的系数；

　　　0.084 7——氯离子换算为碳的换算系数；

　　　m——试样的质量，g。

取平行测定结果的算术平均值作为测定结果。

5.6.5.2　允许差

平行测定结果的绝对差值不大于 0.6%。

不同实验室测定结果的绝对差值不大于 1.2%。

5.7　酸碱度的测定　pH 酸度计法

5.7.1　原理

样品经水浸泡平衡，用 pH 酸度计测定。

5.7.2　试剂和溶液

5.7.2.1　pH 4.01 标准缓冲溶液：称取在 105℃烘过的苯二甲酸氢钾（KHC$_8$H$_4$O$_4$）10.21 g 用水溶解稀释至 1 L。

5.7.2.2　pH 6.87 标准缓冲溶液：称取烘过的磷酸二氢钾（KH$_2$PO$_4$）3.398 g 和无水磷酸氢二钠（Na$_2$HPO$_4$）3.53 g（120～130℃烘 2 h）溶于水中稀释至 1 L。

5.7.2.3　pH 9.18 标准缓冲溶液：称取硼砂（Na$_2$B$_4$O$_7$·10H$_2$O）溶于水中稀释至 1 L。

5.7.3　仪器

通常实验室用仪器和 pH 酸度计。

5.7.4　操作步骤

称取新鲜样品 10.00 g 于 100 mL 烧杯中，加 50 mL 无二氧化碳的水，搅动 1 min，静置 30 min，用 pH 酸度计测定。测定前，用标准缓冲溶液对酸度计进行校验，每测定 10 个样品后，用标准缓冲溶液进行复校一次。

取平行测定结果的算术平均值为测定结果。

5.7.5　允许差

平行测定结果的绝对差值不大于 0.2 pH 单位。

6　检验规则

6.1　本标准中产品质量指标合格判断，采用 GB/T 1250 中"修约值比较法"。

6.2　产品应由企业质量监督部门进行检验，生产企业应保证所有出厂的产品均符合本标准的要求。每批出厂的产品应附有质量证明书，其内容包括生产企业名称、地址、产品名称、批号或生产日期、产品净含量、总养分含量以及分别标明氮、有效磷、钾、有机质含量及本标准编号。

6.3　用户有权按本标准规定的检验规则和检验方法对所收到的产品进行检验,核验核验其质量指标是否符合本标准要求。

6.4　如果检验结果中有一项指标不符合本标准要求时,应重新自二倍量的包装袋中采取样品进行复验,复验即使有一项指标不符合本标准要求时,则整批产品不能验收。

6.5　产品按批检验,以一天或两天的产量为一批,最大批量为 500 t。

6.6　袋装产品按表 2 取样,超过 512 袋时,按式（3）计算结果取样,计算结果如遇小数时,则进为整数。

表 2　取样袋数

总袋数	最少采样袋数	总袋数	最少采样袋数
1～10	全部袋数	181～216	18
11～49	11	217～254	19
50～64	12	255～296	20
65～81	13	297～343	21
82～101	14	344～394	22
102～125	15	395～450	23
126～151	16	451～512	24
151～181	17		

$$采样袋数 = 3 \times \sqrt[3]{N} \tag{3}$$

式中,N——每批产品总袋数。

按表 2 或式（3）计算结果,随机抽取一定袋数,用取样器从每袋最长对角线插入至袋 3/4 处,取出不少于 100 g 样品,每批抽取总样品量不少于 2 kg。

6.7　散装产品按 GB/T 6679 规定进行采样。

6.8　样品缩分:将所采取的样品迅速混匀,用缩分器或四分法将样品缩分至约 1 kg,分装于两个洁净、干燥具有磨口塞的广口瓶或聚乙烯瓶中,密封并贴上标签,注明生产企业名称、产品名称、批号、取样日期、取样人姓名,一瓶作产品质量分析,另一瓶保存两个月,以备查用。

7　标识

包装标识执行 GB 18382,应标明有机质含量和产品登记证号。如产品中氯离子含量大于 3.0%,应在包装容器上标明"含氯"。

8　包装、运输和贮存

包装按 GB 8569 执行,产品应储存于阴凉干燥处,在运输过程中应防潮、防晒、防破裂。

有机-无机复混肥料

(GB/T 18877—2009)

1　范围

本标准规定了有机-无机复混肥料的要求、试验方法、检验规则、标识、包装、运输和贮存。

本标准适用于以人及畜禽粪便、动植物残体、农产品加工下脚料等有机物料经过发酵，进行无害化处理后，添加无机肥料制成的有机-无机复混肥料。

本标准不适用于添腐植酸的有机-无机复混肥料。

2　规范性引用文件

下列文件对于本文件的应用是必不可少的。凡是注明日期的引用文件，仅注明日期的版本适用于本文件。凡是未注明日期的引用文件，其最新版本（包括所有的修改单）适用于本文件。

GB/T 6679　固体化工产品采样通则

GB/T 8170—2008　数值修约规则与极限数值的表示和判定

GB 8569　固体化学肥料包装

GB/T 8573　复混肥料中有效磷含量的测定

GB/T 8576　复混肥料中游离水含量的测定　真空烘箱法

GB/T 8577　复混肥料中游离水含量的测定　卡尔·费休法

GB/T 17767.1　有机-无机复混肥料的测定方法　第1部分：总氮含量

GB/T 17767.3　有机-无机复混肥料的测定方法　第3部分：总钾含量

GB 18382　肥料标识内容和要求

GB/T 19524.1　肥料中粪大肠菌群的测定

GB/T 19524.2　肥料蛔虫卵死亡率的测定

GB/T 22923—2008　肥料中氮、磷、钾的自动分析仪测定法

GB/T 23349　肥料中砷、镉、铅、铬、汞生态指标

GB/T 24890—2010　复混肥料中氯离子含量的测定

GB/T 24891　复混肥料粒度的测定

HG/T 2843　化肥产品　化学分析常用标准滴定溶液、标准溶液、试剂溶液和指示剂溶液

3　术语及定义

下列术语和定义适用于本文件。

3.1　肥料　fertilizer

以提供植物养分为其主要功效的物料.

3.2　无机（矿物）肥料　inorganic（mineral）fertilizer

标明养分呈无机盐形式的肥料，由提取、物理和（或）化学工业方法制成。

3.3　有机肥料　organic fertilizer

主要来源于植物和（或）动物，施于土壤以提供植物营养为其主要功效的含碳物料。

3.4　复混肥料　compound fertilizer

氮、磷、钾3种养分中，至少有两种养分标明量的由化学方法和（或）掺混方法制成的肥料。

3.5　有机-无机复混肥料　organic-inorganic compound fertilizer

含有一定量有机肥料的复混肥料。

3.6　总养分　total primary nutrient

总氮、有效五氧化二磷和总氧化钾之和，以质量分数计。

4　要求

4.1　外观：颗粒状或条状产品，无机械杂质。

4.2　有机-无机复混肥料应符合表1要求，并应符合标明值。

表1　有机-无机复混肥料的要求

项目		指标	
		Ⅰ型	Ⅱ型
总养分（$N+P_2O_5+K_2O$）的质量分数/%	≥	15.0	25.0
水分（H_2O）的质量分数/%	≤	12.0	12.0
有机质的质量分数/%	≥	20	15
粒度（1.00～4.75 mm 或 3.35～5.60 mm）/%	≥	70	
酸碱度（pH）		5.5～8.0	
蛔虫卵死亡率/%	≥	95	
粪大肠菌群数/（个/g）	≤	100	
氯离子的质量分数/%	≤	3.0	
砷及其化合物的质量分数（以As计）/%	≤	0.005 0	
镉及其化合物的质量分数（以Cd计）/%	≤	0.001 0	
铅及其化合物的质量分数（以Pb计）/%	≤	0.015 0	
铬及其化合物的质量分数（以Cr计）/%	≤	0.050 0	
汞及其化合物的质量分数（以Hg计）/%	≤	0.000 5	

a. 标明的单一养分含量不得低于3.0%，且单一养分测定值与标明值负偏差的绝对值不得大于1.5%。

b. 水分以出厂检验数据为准。

c. 指出厂检验数据，当用户对粒度有特殊要求时，可由供需双方协议确定。

d. 如产品氯离子含量大于3.0%，并在包装容器上标明"含氯"，该项目可不做要求。

5　试验方法

警告：试剂中的重铬酸钾及其溶液具有氧化性，硫酸及其溶液、盐酸、硝酸银溶液和氢氧化钠溶液具有腐蚀性，相关操作应在通风橱内进行。本标准并未指出所有可能的安全问题，使用者有责任采取适当的安全和健康措施，并保证符合国家有关法规规定的条件。

5.1　一般规定

本标准中所有试剂、水和溶液的配制，在未注明规格和配制方法时均应按 HG/T 2843 规定。

5.2　外观

采用目测法。

5.3　水分测定

按 GB/T 8577 或 GB/T 8576 规定进行，以 GB/T 8577 中的方法为仲裁法。对于含碳酸氢铵以及其他在干燥过程中会产生非水分的挥发性物质的肥料应采用 GB/T 8577 中的方法测定。

5.4　总氮的测定

按 GB/T 17767.1 或 GB/T 22923—2008 中 3.1 的规定进行，以 GB/T 17767.1 中的方法为仲裁法。

5.5　有效五氧化二磷含量的测定

按 GB/T 8573 中的规定进行。

5.6　总氧化钾含量的测定

按 GB/T 17767.3 中的规定进行。

5.7　有机质含量测定　重铬酸钾容量法

5.7.1　原理

用一定量的重铬酸钾溶液及硫酸在加热条件下使有机-无机复混肥料中的有机碳氧化，剩余的重铬酸钾用硫酸亚铁（硫酸亚铁铵）标准滴定溶液滴定，同时作空白试验。根据氧化前后氧化剂消耗量计算出有机碳含量，将有机碳含量乘以经验常数 1.724 换算为有机质。

5.7.2　试剂和材料

5.7.2.1　硫酸。

5.7.2.2　硫酸溶液：1+1。

5.7.2.3　重铬酸钾溶液：$c(1/6\ K_2Cr_2O_7)$=0.8 mol/L。称取重铬酸钾 39.23 g 溶于 600～800 mL 水中，加水稀释至 1 L，贮于试剂瓶中备用。

5.7.2.4　重铬酸钾基准溶液：$c(1/6\ K_2Cr_2O_7)$=0.250 0 mol/L。称取经 120℃ 干燥 4 h 的基准重铬酸钾 12.257 7 g，先用少量水溶解，然后转移入 1 L 容量瓶中，用水稀释至刻度，混匀。

5.7.2.5　1,10-菲罗啉-硫酸亚铁铵混合指示液。

5.7.2.6　铝片：C.P.。

5.7.2.7　硫酸亚铁（或硫酸亚铁铵）标准滴定溶液：$c(Fe^{2+})$=0.25 mol/L。称取硫酸亚铁（$FeSO_4 \cdot 7H_2O$）70 g（或硫酸亚铁铵[$(NH_4)_2SO_4 \cdot FeSO_4 \cdot 6H_2O$]100 g），溶于 900 mL 水

中，加入硫酸 20 mL，用水稀释至 1 L（必要时过滤），摇匀后贮于棕色瓶中。此溶液易被空气氧化，故每次使用时必须用重铬酸钾基准溶液标定。在溶液中加入两条洁净的铝片，可保持溶液浓度长期稳定。

硫酸亚铁（或硫酸亚铁铵）标准滴定溶液的标定：准确吸取 25.0 mL 重铬酸钾基准溶液于 250 mL 三角瓶中，加 50～60 mL 水、10 mL 硫酸溶液和 1,10-菲罗啉-硫酸亚铁铵混合指示液 3～5 滴，用硫酸亚铁（或硫酸亚铁铵）标准滴定溶液滴定，被滴定溶液由橙色转为亮绿色，最后变为砖红色为终点。根据硫酸亚铁（或硫酸亚铁铵）标准滴定溶液的消耗量，计算其准确浓度 c_2，按式（1）计算：

$$c_2 = \frac{c_1 \times V_1}{V_2} \tag{1}$$

式中，c_1 ——重铬酸钾基准溶液的浓度，mol/L；

      V_1 ——吸取重铬酸钾基准溶液的体积，mL；

      V_2 ——滴定消耗硫酸亚铁（或硫酸亚铁铵）标准滴定溶液的体积，mL。

5.7.3 仪器

5.7.3.1 通常用实验室用仪器。

5.7.3.2 水浴锅。

5.7.4 分析步骤

做两份试料的平行测定。

称取试样 0.1～1.0 g（精确至 0.000 1 g）（含有机碳不大于 15 mg），放入 250 mL 三角瓶中，准确加入 15.0 mL 重铬酸钾溶液和 15 mL 硫酸，并于三角瓶口加一弯颈小漏斗，然后放入已沸腾的 100℃沸水浴中，保温 30 min（保持水沸腾），取下，冷却后用水冲洗三角瓶，瓶中溶液总体积应控制在 75～100 mL，加 3～5 滴 1,10-菲罗啉-硫酸亚铁铵混合指示液，用硫酸亚铁（或硫酸亚铁铵）标准滴定溶液滴定，被滴定溶液由橙色转为亮绿色，最后变成砖红色为滴定终点；同时按以上步骤进行空白试验。

如果滴定试料所用硫酸亚铁（或硫酸亚铁铵）标准滴定溶液的用量不到空白试验所用硫酸亚铁（或硫酸亚铁铵）标准滴定溶液用量的 1/3 时，则应减少称样量，重新测定。

关于氯离子干扰，按 5.12 的规定测定氯离子含量 ω_1（%），然后从有机碳测定结果中加以扣除。

5.7.5 分析结果的表述

有机质含量 ω_2 的质量分数，数值以%表示，按式（2）计算：

$$\omega_2 = \left[\frac{(V_3 - V_4) \times c_2 \times 0.003 \times 1.5}{m_0} \times 100 - \omega_1 \Big/ 12\right] \times 1.724 \tag{2}$$

式中，V_3 ——空白试验时消耗硫酸亚铁（或硫酸亚铁铵）标准滴定溶液的体积，mL；

      V_4 ——测定试料时消耗硫酸亚铁（或硫酸亚铁铵）标准滴定溶液的体积，mL；

      c_2 ——硫酸亚铁（或硫酸亚铁铵）标准滴定溶液的浓度，mol/L；

      0.003 ——1/4 碳的毫摩尔质量，g/mmol；

      1.5 ——氧化校正系数；

ω_1 ——试样中氯离子含量，%；

1/12 ——与1%氯离子相当的有机碳的质量分数；

1.724 ——有机碳与有机质之间的经验转换系数；

m_0 ——试料的质量，g。

取平行测定结果的算术平均值为测定结果。

5.7.6 允许差

平行测定结果的绝对差值不大于1.0%。

不同实验室测定结果的绝对差值不大于1.5%。

5.8 粒度测定筛分法

按照GB/T 24891中的规定进行。

5.9 酸碱度的测定 pH酸度计法

5.9.1 原理

试样经水溶解，用pH酸度计测定。

5.9.2 试剂和溶液

5.9.2.1 苯二甲酸盐标准缓冲溶液：c（$C_6H_4CO_2HCO_2K$）=0.05 mol/L。

5.9.2.2 磷酸盐标准缓冲溶液：c（KH_2PO_4）=0.025 mol/L，c（Na_2HPO_4）=0.025 mol/L。

5.9.2.3 硼酸盐标准缓冲溶液：c（$Na_2B_4O_7$）=0.01 mol/L。

5.9.3 仪器

5.9.3.1 通常实验室用仪器。

5.9.3.2 pH酸度计：灵敏度为0.01 pH单位。

5.9.4 分析步骤

做两份试料的平行测定。

称取试样10.00 g于100 mL烧杯中，加50 mL不含二氧化碳的水，搅动1 min，静置30 min，用pH酸度计测定。测定前，用标准缓冲溶液对酸度计进行校验。

5.9.5 分析结果的表述

试样的酸碱度以pH值表示。

取平行测定结果的算术平均值为测定结果。

5.9.6 允许差

平行测定结果的绝对差值不大于0.1 pH。

5.10 蛔虫卵死亡率的测定

按GB/T 19524.2的规定进行。

5.11 粪大肠菌群数的测定

按GB/T 19524.1的规定进行。

5.12 氯离子含量测定

5.12.1 原理

试样在微酸性溶液中（若用沸水提取的试样溶液过滤后滤液有颜色，将试样和爱斯卡混合试剂混合，经灼烧以除去可燃物，并将氯转化为氯化物），加入过量的硝酸银溶液；使氯离子转化成为氯化银沉淀，用邻苯二甲酸二丁酯包裹沉淀，以硫酸铁铵为指示剂，用硫氰酸铵标准滴定溶液滴定剩余的硝酸银。

5.12.2　试剂和溶液

5.12.2.1　同 GB/T 24890—2010 中的试剂和材料。

5.12.2.2　硝酸银溶液：10 g/L。

5.12.2.3　爱斯卡混合试剂：将氧化镁与无水碳酸钠以 2∶1 的质量比混合后研细至小于 0.25 mm 并混匀。

5.12.3　仪器

5.12.3.1　通常实验室用仪器。

5.12.3.2　箱式电阻炉：温度可控制在 500℃±20℃。

5.12.4　分析步骤

做两份试料的平行测定。

按照 GB/T 24890—2010 中的规定进行。

若滤液有颜色，应准确吸取一定量的滤液（含氯离子约 25 mg）加 2～3 g 活性炭，充分搅拌后过滤，并洗涤 3～5 次，每次用水约 5 mL，收集全部滤液于 250 mL 锥形瓶中，以下按照 GB/T 24890—2010 的分析步骤"加入 5 mL 硝酸溶液，加入 25.0 mL 硝酸银溶液……"进行测定。

对于活性炭无法脱色的样品，可减少称样量，称取 1～2 g 试样，将试样放入内盛 2～4 g（称准至 0.1 g）爱斯卡混合试剂的瓷坩埚中，仔细混匀，再用 2 g 爱斯卡混合试剂覆盖，将瓷坩埚送入 500℃±20℃的箱式电阻炉内灼烧 2 h。将瓷坩埚从炉内取出冷却到室温，将其中的灼烧物转入 250 mL 烧杯中，并用 50～60 mL 热水冲洗坩埚内壁并将冲洗液一并放入烧杯中。用倾泻法使用定性滤纸过滤，用热水冲洗残渣 1～2 次，然后将残渣转移到漏斗中，再用热水仔细冲洗滤纸和残渣，洗至无氯离子为止（用 10 g/L 硝酸银溶液检验），所有滤液都收集到 250 mL 量瓶中，定容到刻度并摇匀。准确吸取一定量的滤液（含氯离子约 25 mg）于 250 mL 锥形瓶中，以下按照 GB/T 24890—2010 的分析步骤"加入 5 mL 硝酸溶液，加入 25.0 mL 硝酸银溶液……"进行测定。

5.12.5　分析结果的表述

见 GB/T 24890—2010 中分析结果的计算。

5.12.6　允许差

见 GB/T 24890—2010 中的规定。

5.13　砷、镉、铅、铬和汞含量的测定

按照 GB/T 23349 中的规定进行。

6　检验规则

6.1　检验类别及检验项目

产品检验包括出厂检验和型式检验，表 1 中蛔虫卵死亡率、大肠菌群、氯离子、砷、镉、铅、铬、汞含量测定为型式检验项目，其余为出厂检验项目。型式检验项目在下列情况时，应进行测定：

a）正式生产时，原料、工艺及设备发生变化；

b）正式生产时，定期或积累到一定量后应周期性进行一次检验；

c）国家质量监督机构提出型式检验的要求时。

6.2　组批

产品按批检验，以一天或两天的产量为一批，最大批量为 500 t。

6.3　采样方案

6.3.1　袋装产品

不超过 512 袋时，按表 2 确定最少采样袋数；大于 512 袋时，按式（3）计算结果确定最少采样袋数，如遇小数，则进为整数。

$$n = 3 \times \sqrt[3]{N} \tag{3}$$

式中，n ——最少采样袋数；

　　　N ——每批产品总袋数。

表 2　采样袋数的确定

总袋数	最少采样袋数	总袋数	最少采样袋数
1～10	全部袋数	181～216	18
11～49	11	217～254	19
50～64	12	255～296	20
65～81	13	297～343	21
82～101	14	344～394	22
102～125	15	395～450	23
126～151	16	451～512	24
151～181	17		

按表 2 或式（3）计算结果随机抽取一定袋数，用取样器沿每袋最长对角线插入袋的 3/4 处，取出不少于 100 g 样品，每批采取总样品量不少于 2 kg。

6.3.2　散装产品

按 GB/T 6679 的规定进行。

6.4　样品缩分

将采取的样品迅速混匀，用缩分器或四分法将样品缩分至不少于 1 kg，再缩分成两份，分装于两个洁净、干燥的 500 mL 具有磨口塞的玻璃瓶或塑料瓶中，密封并贴上标签，注明生产企业名称、产品名称、产品类别、产品等级、批号或生产日期、取样日期和取样人姓名，一瓶做产品质量分析，另一瓶保存两个月，以备查用。

6.5　试样制备

由 6.4 中取一瓶样品，经多次缩分后取出约 100 g 样品（余下未研磨的样品供粒度测定用），迅速研磨至全部通过 1.00 mm 孔径试验筛（如样品潮湿或很难粉碎，可研磨至全部通过 2.00 mm 孔径试验筛），混匀，收集到干燥瓶中，作成分分析用。余下样品供粒度、蛔虫卵死亡率、粪大肠菌群数测定。

6.6　结果判定

6.6.1　本标准中产品质量指标合格判定，采用 GB/T 8170—2008 中的"修约值比较法"。

6.6.2　出厂检验的项目全部符合本标准要求时，判该批产品合格。

6.6.3 如果检验结果中有一项指标不符合本标准要求时，应重新自二倍量的包装袋中采取样品进行检验，重新检验结果中即使有一项指标不符合本标准要求，也应判该批产品不合格。

6.6.4 每批检验合格的出厂产品应附有质量证明书，其内容包括生产企业名称、地址、产品名称、产品类别、批号或生产日期、产品净含量、总养分、配合式、有机质含量、氯离子含量、pH 值和本标准编号。

7 标识

7.1 应在产品包装容器正面标明产品类别（如 I 型、II 型、III 型等），应标明有机质含量（对于III型中的腐植酸肥则应在包装容器上标明腐植酸含量），当 pH 值低于 3.0 时应标明 pH 值。

7.2 产品如含有硝态氮，应在包装容器上标明"含硝态氮"。

7.3 标称硫酸钾（型）、硝酸钾（型）、硫基等容易导致用户误认为不含氯的产品不应同时标明"含氯"。含氯的产品应用汉字明确标注"含氯"，而不是"氯"、"含 Cl"或"Cl"等。标明"含氯"的产品的包装容器上不应有忌氯作物的图片。

7.4 每袋净含量应标明单一数值，如 50 kg。

7.5 其余应符合 GB 18382。

8 包装、运输和贮存

8.1 产品用塑料编织袋内衬聚乙烯薄膜袋或涂膜聚丙烯编织袋包装，在符合 GB 8569 中规定的条件下宜使用经济实用型包装。产品每袋净含量（50±0.5）kg、（40±0.4）kg、（25±0.25）kg、（10±0.1）kg，平均每袋净含量分别不应低于 50.0 kg、40.0 kg、25.0 kg、10.0 kg。当用户对每袋净含量有特殊要求时，可由供需双方协商解决，以双方合同规定为准。

8.2 在标明的每袋净含量范围内的产品中有添加物时，必须与原物料混合均匀，不得以小包装形式放入包装袋中。

8.3 产品应贮存于阴凉干燥处，在运输过程中应防雨、防潮、防晒、防破裂。

有机肥料

(NY 525—2012)

1 范围

本文件规定了有机肥料的技术要求、试验方法、检验规则、标识、包装、运输和贮存。

本文件适用于以畜禽粪便、动植物残体和以动植物产品为原料加工的下脚料为原料，并经发酵腐熟后制成的有机肥料。

本文件不适用于绿肥、农家肥和其他由农民自积自造的有机粪肥。

2 规范性引用文件

下列文件对本文件的应用是必不可少的。凡是注日期的引用文件，仅注明日期的版本适用于本文件。凡是未注明日期的引用文件，其最新版本（包括所有的修改单）适用于本文件。

GB/T 601 化学试剂滴定分析（容量分析）用标准溶液制备

GB/T 6679 固体化工产品采样通则

GB/T 6682 分析实验室用水规格和试验方法

GB/T 8170 数值修约规则与极限数值的表示和判定

GB/T 8576 复混肥料中游离水含量测定 真空烘箱法

GB 18382 肥料标识内容和要求

GB 18877 有机-无机复混肥料

GB/T 19524.1 肥料中粪大肠菌群的测定

GB/T 19524.2 肥料中蛔虫卵死亡率的测定

HG/T 2843 化肥产品 化学分析常用标准滴定溶液、标准溶液、试剂溶液和指示剂溶液

NY 884 生物有机肥

《产品质量仲裁检验和产品质量鉴定管理办法》（国家质量技术监督局令 1999 年 第 4 号）

3 术语和定义

下列术语和定义适用于本文件。

3.1 有机肥 organic fertilizer

主要来源于植物和（或）动物经过发酵腐熟的含碳有机物料，其功能是改善土壤肥力、提供植物营养、提高作物品质。

3.2 鲜样 fresh sample

现场采集的有机肥料样品。

4 要求

4.1 外观颜色为褐色或灰褐色，粒状或粉状，均匀，无恶臭，无机械杂质。

4.2 有机肥料的技术指标应符合表 1 的要求。

表 1

项目	指标
有机质的质量分数（以烘干基计）/%	≥45
总养分（氮+五氧化二磷+氧化钾）的质量分数（以烘干基计）/%	≥5.0
水分（鲜样）的质量分数/%	≤30
酸碱度（pH）	5.5～8.5

4.3 有机肥料中重金属的限量指标应符合表 2 的要求。

表 2

项目	指标/（mg/kg）
总砷（As）（以烘干基计）	≤15
总汞（Hg）（以烘干基计）	≤2
总铅（Pb）（以烘干基计）	≤50
总镉（Cd）（以烘干基计）	≤3
总铬（Cr）（以烘干基计）	≤150

4.4 蛔虫卵死亡率和粪大肠菌群数指标应符合 NY 884 的要求。

5 试验方法

本文件中所用水应符合 GB/T 6682 中三级水的规定。所列试剂，除注明外，均指分析纯试剂。试验中所需标准溶液，按 HG/T 2843 规定制备。

5.1 外观

目视、鼻嗅测定。

5.2 有机质含量测定（重铬酸钾容量法）

5.2.1 方法原理

用定量的重铬酸钾-硫酸溶液在加热条件下使有机肥料中的有机碳氧化，多余的重铬酸钾用硫酸亚铁标准溶液滴定，同时以二氧化硅为添加物做空白试验。根据氧化前后氧化剂消耗量计算有机碳含量，乘以系数 1.724 为有机质含量。

5.2.2 仪器、设备

实验室常用仪器设备。

5.2.3 试剂及制备

5.2.3.1 二氧化硅：粉末状。

5.2.3.2 硫酸（ρ=1.84）。

5.2.3.3 重铬酸钾（$K_2Cr_2O_7$）标准溶液：c（$1/6\ K_2Cr_2O_7$）=0.1 mol/L。

称取经过 130℃烘 3～4 h 的重铬酸钾（基准试剂）4.903 1 g，先用少量水溶解，然后转移入 1 L 容量瓶中，用水稀释至刻度，摇匀备用。

5.2.3.4 重铬酸钾溶液：c（$1/6\ K_2Cr_2O_7$）=0.8 mol/L。

称取重铬酸钾（分析纯）80.0 g，先用少量水溶解，然后转移入 1 L 容量瓶中，稀释至刻度，摇匀备用。

5.2.3.5 硫酸亚铁（$FeSO_4$）标准溶液：c（$FeSO_4$）=0.2 mol/L。

称取（$FeSO_4 \cdot 7H_2O$）（分析纯）55.6 g，溶于 900 mL 水中，加硫酸（5.2.3.2）20 mL 溶解，稀释定容至 1 L，摇匀备用（必要时过滤）。此溶液的准确浓度以 0.1 mol/L 重铬酸钾标准溶液（5.2.3.3）标定，现用现标定。

c（$FeSO_4$）=0.2 mol/L 标准溶液的标定：吸取重铬酸钾标准溶液（5.2.3.3）20.00 mL 加入 150 mL 三角瓶中，加硫酸（5.2.3.2）3～5 mL 和 2～3 滴邻菲罗啉指示剂（5.2.3.6），用硫酸亚铁标准溶液（5.2.3.5）滴定。根据硫酸亚铁标准溶液滴定时的消耗量按式（1）计算其准确浓度 c：

$$c = \frac{c_1 \times V_1}{V_2} \tag{1}$$

式中，c_1 ——重铬酸钾标准溶液的浓度，mol/L；

V_1 ——吸取重铬酸钾标准溶液的体积，mL；

V_2 ——滴定时消耗硫酸亚铁标准溶液的体积，mL。

5.2.3.6 邻菲罗啉指示剂

称取硫酸亚铁（分析纯）0.695 g 和邻菲罗啉（分析纯）1.485 g 溶于 100 mL 水，摇匀备用。此指示剂易变质，应密闭保存于棕色瓶中。

5.2.4 测定步骤

称取过 ϕ1 mm 筛的风干试样 0.2～0.5 g（精确至 0.0001 g），置于 500 mL 的三角瓶中，准确加入 0.8 mol/L 重铬酸钾溶液（5.2.3.4）50.0 mL，再加入 50.0 mL 浓硫酸（5.2.3.2），加一弯颈小漏斗，置于沸水中，待水沸腾后保持 30 min。取出冷却至室温，用水冲洗小漏斗，洗液承接于三角瓶中。取下三角瓶，将反应物无损转入 250 mL 容量瓶中，冷却至室温，定容，吸取 50.0 mL 溶液于 250 mL 三角瓶内，加水至 100 mL 左右，加 2～3 滴邻菲罗啉指示剂（5.2.3.6），用 0.2 mol/L 硫酸亚铁标准溶液（5.2.3.5）滴定近终点时，溶液由绿色变成暗绿色，再逐滴加入硫酸亚铁标准溶液直至生成砖红色为止。同时称取 0.2 g（精确至 0.001 g）二氧化硅（5.2.3.1）代替试样，按照相同分析步骤、使用同样的试剂进行空白试验。

如果滴定试样所用硫酸亚铁标准溶液的用量不到空白试验所用硫酸亚铁标准溶液用量的 1/3 时，则应减少称样量，重新测定。

5.2.5 分析结果的表述

有机质含量以肥料的质量分数表示，按式（2）计算。

$$\omega(\%) = \frac{c(V_0 - V) \times 0.003 \times 100 \times 1.5 \times 1.724 \times D}{m(1 - X_0)} \tag{2}$$

式中，c——标准滴定溶液的浓度，mol/L；

　　　V_0——空白试验时消耗硫酸亚铁的体积，mL；

　　　V——测定试料时消耗硫酸亚铁的体积，mL；

　　　0.003——1/4碳的毫摩尔质量，g/mmol；

　　　1.724——有机碳与有机质之间的经验转换系数；

　　　1.5——氧化校正系数；

　　　m——试料的质量，g。

　　　X_0——风干样含水量；

　　　D——分取倍数，定容体积/分取体积，250/50。

5.2.6 允许差

5.2.6.1 取平行分析结果的算术平均值为测定结果。

5.2.6.2 平行测定结果的绝对差值应符合表3要求。

表3

有机质（ω）/%	绝对差值/%
ω≤40	0.6
40＜ω＜55	0.8
ω≥55	1.0

不同实验室测定结果的绝对差值应符合表4要求。

表4

有机质（ω）/%	绝对差值/%
ω≤40	1.0
40＜ω＜55	1.5
ω≥55	2.0

5.3 总氮含量测定

5.3.1 方法原理

有机肥料中的有机氮经硫酸-过氧化氢消煮，转化为铵态氮。碱化后蒸馏出来的氨用硼酸溶液吸收，以标准酸溶液滴定，计算样品中总氮含量。

5.3.2 试剂

5.3.2.1 硫酸（ρ=1.84）。

5.3.2.2 30%过氧化氢。

5.3.2.3 氢氧化钠溶液：质量浓度为40%的溶液。称取40 g氢氧化钠（化学纯）溶于100 mL水中。

5.3.2.4 2%（m/V）硼酸溶液：称取20 g硼酸溶于水中，稀释至1 L。

5.3.2.5 定氮混合指示剂：称取0.5 g溴甲酚绿和0.1 g甲基红溶于100 mL 95%乙醇中。

5.3.2.6 硼酸-指示剂混合液：每升2%硼酸（5.3.2.4）溶液中加入20 mL定氮混合指示剂

（5.3.2.5），并用稀碱或稀酸调至红紫色（pH 值约 4.5）。此溶液放置时间不宜过长，如在使用过程中 pH 值有变化，需随时用稀碱或稀酸调节。

5.3.2.7　硫酸[$c(1/2H_2SO_4)$=0.05 mol/L]或盐酸[$c(HCl)$=0.05 mol/L]标准溶液：配制和标定，按照 GB/T 601 进行。

5.3.3　仪器、设备

实验室常用仪器设备和定氮蒸馏装置或凯氏定氮仪。

5.3.4　分析步骤

5.3.4.1　试样溶液制备

称取过 ϕ1 mm 筛的风干试样 0.5～1.0 g（精确至 0.000 1 g）置于开氏烧瓶底部，用少量水冲洗沾附在瓶壁上的试样，加 5 mL 硫酸（5.3.2.1）和 1.5 mL 过氧化氢（5.3.2.2），小心摇匀，瓶口放一弯颈小漏斗，放置过夜。在可调电炉上缓慢升温至硫酸冒烟，取下，稍冷加 15 滴过氧化氢，轻轻摇动凯氏烧瓶，加热 10 min，取下，稍冷后再加 5～10 滴过氧化氢并分次消煮，直至溶液呈无色或淡黄色清液后，继续加热 10 min，除尽剩余的过氧化氢。取下稍冷，小心加水至 20～30 mL，加热至沸。取下冷却，用少量水冲洗弯颈小漏斗，洗液收入原开氏烧瓶中。将消煮液移入 100 mL 容量瓶中，加水定容，静置澄清或用无磷滤纸过滤到具塞三角瓶中，备用。

5.3.4.2　空白试验

除不加试样外，试剂用量和操作同 5.3.4.1。

5.3.4.3　测定

5.3.4.3.1　蒸馏前检查蒸馏装置是否漏气，并进行空蒸馏清洗管道。

5.3.4.3.2　吸取消煮清液 50.0 mL 于蒸馏瓶内，加入 200 mL 水。于 250 mL 三角瓶加入 10 mL 硼酸-指示剂混合液（5.3.2.6）承接于冷凝管下端，管口插入硼酸液面中。由筒型漏斗向蒸馏瓶内缓慢加入 15 mL 氢氧化钠溶液（5.3.2.3），关好活塞。加热蒸馏，待馏出液体积约 100 mL，即可停止蒸馏。

5.3.4.3.3　用硫酸标准溶液或盐酸标准溶液（5.3.2.7）滴定馏出液，由蓝色刚变至紫红色为终点。记录消耗酸标准溶液的体积（mL）。空白测定所消耗酸标准溶液的体积不得超过 0.1 mL，否则应重新测定。

5.3.5　分析结果的表述

肥料的总氮含量以肥料的质量分数表示，按式（3）计算。

$$N(\%) = \frac{c(V - V_0) \times 0.014 \times D \times 100}{m(1 - X_0)} \tag{3}$$

式中，c——标定标准溶液的摩尔浓度，mol/L；

$\quad V_0$——空白试验时消耗标定标准溶液的体积，mL；

$\quad V$——样品测定时消耗标定标准溶液的体积，mL；

$\quad 0.014$——氮的摩尔质量，g/mol；

$\quad m$——风干样质量，g；

$\quad X_0$——风干样含水量；

$\quad D$——分取倍数，定容体积/分取体积，100/50。

所得结果应表示至两位小数。

5.3.6　允许差

5.3.6.1　取两个平行测定结果的算术平均值作为测定结果。

5.3.6.2　两个平行测定结果允许绝对差应符合表 5 要求。

表 5

氮（N）/%	允许差/%
N≤0.50	＜0.02
0.50＜N＜1.00	＜0.04
N≥1.00	＜0.06

5.4　磷含量测定

5.4.1　方法原理

有机肥料试样采用硫酸和过氧化氢消煮，在一定酸度下，待测液中的磷酸根离子与偏钒酸和钼酸反应形成黄色三元杂多酸。在一定浓度范围（1～20 mg/L）内，黄色溶液的吸光度与含磷量成正比例关系，用分光光度法定量磷。

5.4.2　试剂

5.4.2.1　硫酸（ρ =1.84）。

5.4.2.2　硝酸。

5.4.2.3　30%过氧化氢。

5.4.2.4　钒钼酸铵试剂：

A 液：称取 25.0 g 钼酸铵溶于 400 mL 水中。

B 液：称取 1.25 g 偏钒酸铵溶于 300 mL 沸水中，冷却后加 250 mL 硝酸（5.4.2.2），冷却。在搅拌下将 A 液缓缓注入 B 液中，用水稀释至 1 L，混匀，贮于棕色瓶中。

5.4.2.5　氢氧化钠溶液：质量浓度为 10%的溶液。

5.4.2.6　硫酸（5.4.2.1）：体积分数为 5%的溶液。

5.4.2.7　磷标准溶液：50 μg/mL。

称取 0.2195 g 经 105℃烘干 2 h 的磷酸二氢钾（基准试剂），用水溶解后转入 1 L 容量瓶中，加入 5 mL 硫酸（5.4.2.1），冷却后用水定容至刻度。该溶液 1 mL 含磷（P）50 μg。

5.4.2.8　2,4-（或 2,6-）二硝基酚指示剂：质量浓度为 0.2%的溶液。

5.4.2.9　无磷滤纸。

5.4.3　仪器、设备

实验室常用仪器设备及分光光度计。

5.4.4　分析步骤

5.4.4.1　试样溶液制备按 5.3.4.1 操作制备。

5.4.4.2　空白溶液制备

除不加试样外，应用的试剂和操作同 5.4.4.1。

5.4.4.3　测定

吸取 5.00～10.00 mL 试样溶液（5.4.4.1）（含磷 0.05～1.0 mg）于 50 mL 容量瓶中，加

水至 30 mL 左右，与标准溶液系列同条件显色、比色，读取吸光度。

5.4.4.4   校准曲线绘制

吸取磷标准溶液（5.4.2.7）0 mL、1.0 mL、2.5 mL、5.0 mL、7.5 mL、10.0 mL、15.0 mL 分别置于 7 个 50 mL 容量瓶中，加入与吸取试样溶液等体积的空白溶液，加水至 30 mL 左右，加 2 滴 2,4-（或 2,6-）二硝基酚指示剂溶液（5.4.2.8），用氢氧化钠溶液（5.4.2.5）和硫酸溶液（5.4.2.6）调节溶液刚呈微黄色，加 10.0 mL 钒钼酸铵试剂（5.4.2.4），摇匀，用水定容。此溶液为 1 mL 含磷（P）0 µg、1.0 µg、2.5 µg、5.0 µg、7.5 µg、10.0 µg、15.0 µg 的标准溶液系列。在室温下放置 20 min 后，在分光光度计波长 440 nm 处用 1 cm 光径比色皿，以空白溶液调节仪器为零点进行比色，读取吸光度。根据磷浓度和吸光度绘制标准曲线或求出直线回归方程。

*波长的选择可根据磷浓度：

磷浓度（mg/L）： 0.75～5.5   2～15   4～17   7～20

波长（nm）：   400   440   470   490

5.4.5   分析结果的表述

肥料的磷含量以肥料的质量分数表示，按式（4）计算：

$$P_2O_5 (\%) = \frac{c_2 \times V_3 \times D \times 2.29 \times 0.000\,1}{m(1-X_0)} \tag{4}$$

式中，c_2 ——由校准曲线查得或由回归方程求得显色液磷浓度，µg/mL；

V_3 ——显色体积，50 mL；

D ——分取倍数，定容体积/分取体积，100/5 或 100/10；

m ——风干样质量，g；

X_0 ——风干样含水量；

2.29 ——将磷（P）换算成五氧化二磷（P_2O_5）的因数；

0.000 1 ——将µg/g 换算为质量分数的因数。

所得结果应表示至两位小数。

5.4.6   允许差

5.4.6.1   取两个平行测定结果的算术平均值作为测定结果。

5.4.6.2   两个平行测定结果允许绝对差应符合表 6 要求。

表 6

磷（P_2O_5）/%	允许差/%
P_2O_5	＜0.02
P_2O_5	＜0.03
P_2O_5	＜0.04

5.5   钾含量测定

5.5.1   方法原理

有机肥料试样经硫酸和过氧化氢消煮，稀释后用火焰光度法测定。在一定浓度范围内，溶液中钾浓度与发射强度成正比例关系。

5.5.2 试剂

5.5.2.1 硫酸（ρ =1.84）。

5.5.2.2 30%过氧化氢。

5.5.2.3 钾标准贮备溶液：1 mg/mL。

称取 1.906 7 g 经 100℃烘 2 h 的氯化钾（基准试剂），用水溶解后定容至 1 L。该溶液 1 mL 含钾（K）1 mg，贮于塑料瓶中。

5.5.2.4 钾标准溶液：100 μg/mL。

吸取 10.00 mL 钾（K）标准贮备溶液（5.4.2.3）于 100 mL 容量瓶中，用水定容，此溶液 1 mL 含钾（K）100 μg。

5.5.3 仪器、设备

实验室常用仪器设备及火焰光度计。

5.5.4 分析步骤

5.5.4.1 试样溶液制备按 5.3.4.1 制备。

5.5.4.2 空白溶液制备

除不加试样外，应用的试剂和操作同 5.5.4.1。

5.5.4.3 校准曲线绘制

吸取钾标准溶液（5.5.2.4）0 mL、1.00 mL、2.50 mL、5.00 mL、7.50 mL、10.00 mL 分别置于 5 个 50 mL 容量瓶中，加入与吸取试样溶液等体积的空白溶液，用水定容，此溶液为 1 mL 含钾（K）0 μg、2.00 μg、5.00 μg、10.00 μg、15.00 μg、20.00 μg 的标准溶液系列。在火焰光度计上，以空白溶液调节仪器为零点，以标准溶液系列中最高浓度的标准溶液调节满度至 80 分度处。再依次由低浓度至高浓度测量其他标准溶液，记录仪器示值。根据钾浓度和仪器示值绘制校准曲线或求出直线回归方程。

5.5.4.4 测定

吸取 5.00 mL 试样溶液（5.5.4.1）于 50 mL 容量瓶中，用水定容。与标准溶液系列同条件在火焰光度计上测定，记录仪器示值。每测定 5 个样品后须用钾标准溶液校正仪器。

5.5.5 分析结果的表述

肥料的钾含量以肥料的质量分数表示，按式（5）计算：

$$K_2O(\%) = \frac{c_3 \times V_4 \times D \times 1.20 \times 0.0001}{m(1-X_0)} \tag{5}$$

式中，c_3——由校准曲线查得或由回归方程求得测定液钾浓度，μg/mL；

V_4——测定体积，本操作为 50 mL；

D——分取倍数，定容体积/分取体积，100/5；

m——风干样质量，g；

X_0——风干样含水量；

1.20——将钾（K）换算成氧化钾（K_2O）的因数；

0.0001——将μg/g 换算为质量分数的因数。

所得结果应表示至两位小数。

5.5.6 允许差

5.5.6.1 取两个平行测定结果的算术平均值作为测定结果。

5.5.6.2　两个平行测定结果允许绝对差应符合表 7 要求。

表 7

钾（K$_2$O）/%	允许差/%
K$_2$O≤0.60	＜0.05
0.60＜K$_2$O≤1.20	＜0.07
1.20＜K$_2$O＜1.80	＜0.09
K$_2$O≥1.80	＜0.12

5.6　水分含量测定（真空烘箱法）

按 GB/T 8576 进行，分别测定鲜样含水量、风干样含水量（X_0）。

5.7　酸碱度的测定（pH 计法）

5.7.1　方法原理

试样经水浸泡平衡，直接用 pH 酸度计测定。

5.7.2　仪器

实验室常用仪器及 pH 酸度计。

5.7.3　试剂和溶液

5.7.3.1　pH 4.01 标准缓冲液：称取经 110℃烘 1 h 的邻苯二钾酸氢钾（KHC$_8$H$_4$O$_4$）10.21 g，用水溶解，稀释定容至 1 L。

5.7.3.2　pH 6.87 标准缓冲液：称取经 120℃烘 2 h 的磷酸二氢钾（KH$_2$PO$_4$）3.398 g 和经 120～130℃烘 2 h 的无水磷酸氢二钠（Na$_2$HPO$_4$）3.53 g，用水溶解，稀释定容至 1 L。

5.7.3.3　pH 9.18 标准缓冲液：称取硼砂（Na$_2$B$_4$O$_7$·10H$_2$O）（在盛有蔗糖和食盐饱和溶液的干燥器中平衡一周）3.8 g，用水溶解，稀释定容至 1 L。

5.7.4　操作步骤

称取过 ϕ1 mm 筛的风干样 5.0 g 于 100 mL 烧杯中，加 50 mL 水（经煮沸去除二氧化碳），搅动 15 min，静置 30 min，用 pH 酸度计测定。

5.7.5　允许差

取平行测定结果的算术平均值为最终分析结果，保留一位小数。平行分析结果的绝对差值不大于 0.2 pH 单位。

5.8　重金属的测定

5.8.1　按 GB 18877 进行。

5.8.2　分析结果的表述

肥料的重金属含量以肥料的质量分数 ω（mg/kg）表示，按式（6）计算：

$$\omega(\text{mg/kg}) = \frac{(\rho - \rho_0) \times V_5 \times D}{m(1 - X_0)} \tag{6}$$

式中，ρ——由校准曲线查得或由回归方程求得测定液中重金属浓度，μg/mL；

ρ_0——由校准曲线查得或由回归方程求得空白溶液中重金属浓度，μg/mL；

V_5——测定体积；

　　　D——分取倍数，定容体积/分取体积；

　　　m——风干样质量，g；

　　　X_0——风干样含水量。

　　所得结果保留一位小数。

5.9　蛔虫卵死亡率的测定按 GB/T 19524.2 进行。

5.10　粪大肠菌群数的测定按 GB/T 19524.1 进行。

6　检验规则

6.1　本文件中质量指标合格判断，采用 GB/T 8170 的规定。

6.2　有机肥料应由生产企业质量监督部门进行检验，生产企业应保证所有出厂的有机肥料均符合 4.2 的要求。每批出厂的产品应附有质量证明书，其内容包括企业名称、产品名称、批号、产品净含量、有机质含量、总养分含量、生产日期和本文件编号。

6.3　重金属含量、蛔虫卵死亡率和粪大肠杆菌群数为型式检验项目，有下列情况时应检验：

　　a）正式生产时，原料、工艺发生变化；

　　b）正式生产时，定期或积累到一定量后，应周期性进行一次检验；

　　c）国家质量监督机构提出型式检验的要求时。

6.4　如果检验结果中有一项指标不符合本标准要求时，应重新自二倍量的包装袋中选取有机肥料样品进行复检；重新检验结果中有一项指标不符合本标准要求时，则整批肥料判为不合格。

6.5　采样

6.5.1　抽样方法

　　有机肥料产品抽样方法见表 8。

表 8

总袋数	最少采样袋数	总袋数	最少采样袋数
1～10	全部袋数	181～216	18
11～49	11	217～254	19
50～64	12	255～296	20
65～81	13	297～343	21
82～101	14	344～394	22
102～125	15	395～450	23
126～151	16	451～512	24
151～181	17		

　　总袋数超过 512 袋时，取样袋数按式（7）计算：

$$采样袋数 = 3 \times \sqrt[3]{N} \tag{7}$$

式中，N——每批产品总袋数。

　　按表 2 或式（3）计算结果，随机抽取一定袋数，用取样器从每袋最长对角线插入至袋 3/4 处，取出不少于 100 g 样品，每批抽取总样品量不少于 2 kg。

6.5.2　散装产品

散装产品取样时，按 GB/T 6679 规定进行。

6.5.3　样品缩分

将选取的样品迅速混匀，用四分法将样品缩分至约 1 000 g，分装于 3 个干净的广口瓶中、密封、贴上标签，注明生产企业名称、产品名称、批号、取样日期、取样人姓名。其中，一瓶用于鲜样水分测定，一瓶风干用于产品分析，一瓶保存至少两个月，以备查用。

6.6　试样制备：将 6.5.3 中一瓶风干后的缩分样品，经多次缩分后取出 100 g 样品，迅速研磨至全部通过φ1 mm 尼龙筛，混匀，收集于干燥瓶中作成分分析用。

6.7　当供需双方对产品质量发生异议需仲裁时，按《产品质量仲裁检验和产品质量鉴定管理办法》有关规定执行。

7　包装、标识、运输和贮存

7.1　有机肥料用覆膜编织袋或塑料编织袋衬聚乙烯内袋包装。每袋净含量（50±0.5）kg、（40±0.4）kg、（25±0.25）kg、（10±0.1）kg。

7.2　有机肥料包装袋上应注明产品名称、商标、有机质含量、总养分含量、净含量、标准号、登记证号、企业名称、厂址。其余按 GB 18382 执行。

7.3　有机肥料应贮存于阴凉干燥处，在运输过程中应防潮、防晒、防破裂。